国家出版基金项目
NATIONAL PUBLICATION FOUNDATION

"十三五"国家重点出版物出版规划项目

光电子科学与技术前沿丛书

n型有机半导体材料
及在光电器件中的应用

占肖卫 等/编著

科学出版社
北 京

内 容 简 介

有机半导体材料具有质轻、柔性、可溶液加工、价廉等优点，在光电器件中的应用越来越广泛。n 型和 p 型有机半导体材料对光电器件同等重要。然而，n 型有机半导体材料的早期发展曾长时间滞后于 p 型有机半导体材料，被认为是有机电子学领域的一个瓶颈。近年来，n 型有机半导体材料的研究取得了突破性进展。本书重点论述 n 型有机半导体材料的分子设计、合成及在有机光电器件（发光二极管、场效应晶体管、有机太阳电池和钙钛矿太阳电池、光电探测器、逻辑电路）中的应用。

本书可供化学、物理、材料、能源、信息领域，特别是有机光电材料和器件领域的本科生、研究生、科技工作者参考、阅读。

图书在版编目（CIP）数据

n 型有机半导体材料及在光电器件中的应用/占肖卫等编著. —北京：科学出版社，2020.5

（光电子科学与技术前沿丛书）

国家出版基金项目"十三五"国家重点出版物出版规划项目

ISBN 978-7-03-064806-8

Ⅰ. n⋯　Ⅱ. 占⋯　Ⅲ. 有机半导体-半导体材料-应用-光电器件-研究

Ⅳ. ①TN304.5 ②TN15

中国版本图书馆 CIP 数据核字（2020）第 062595 号

责任编辑：张淑晓　孙　曼/责任校对：王萌萌
责任印制：肖　兴/封面设计：黄华斌

科 学 出 版 社 出版
北京东黄城根北街 16 号
邮政编码：100717
http://www.sciencep.com
河北鹏润印刷有限公司 印刷

科学出版社发行　各地新华书店经销
*
2020 年 5 月第 一 版　　开本：720×1000　1/16
2020 年 5 月第一次印刷　　印张：18
字数：362 000

定价：128.00 元
（如有印装质量问题，我社负责调换）

"光电子科学与技术前沿丛书"编委会

丛书序

　　光电子科学与技术涉及化学、物理、材料科学、信息科学、生命科学和工程技术等多学科的交叉与融合，涉及半导体材料在光电子领域的应用，是能源、通信、健康、环境等领域现代技术的基础。光电子科学与技术对传统产业的技术改造、新兴产业的发展、产业结构的调整优化，以及对我国加快创新型国家建设和建成科技强国将起到巨大的促进作用。

　　中国经过几十年的发展，光电子科学与技术水平有了很大程度的提高，半导体光电子材料、光电子器件和各种相关应用已发展到一定高度，逐步在若干方面赶上了世界水平，并在一些领域实现了超越。系统而全面地整理光电子科学与技术各前沿方向的科学理论、最新研究进展、存在问题和前景，将为科研人员以及刚进入该领域的学生提供多学科、实用、前沿、系统化的知识，将启迪青年学者与学子的思维，推动和引领这一科学技术领域的发展。为此，我们适时成立了"光电子科学与技术前沿丛书"专家委员会，在丛书专家委员会和科学出版社的组织下，邀请国内光电子科学与技术领域杰出的科学家，将各自相关领域的基础理论和最新科研成果进行总结梳理并出版。

　　"光电子科学与技术前沿丛书"以高质量、科学性、系统性、前瞻性和实用性为目标，内容既包括光电转换导论、有机自旋光电子学、有机光电材料理论等基础科学理论，也涵盖了太阳电池材料、有机光电材料、硅基光电材料、微纳光子材料、非线性光学材料和导电聚合物等先进的光电功能材料，以及有机/聚合物光电子器件和集成光电子器件等光电子器件，还包括光电子激光技术、飞秒光谱技术、太赫兹技术、半导体激光技术、印刷显示技术和荧光传感技术等先进的光电子技术及其应用，将涵盖光电子科学与技术的重要领域。希望业内同行和读者不吝赐教，帮助我们共同打造这套丛书。

在丛书编委会和科学出版社的共同努力下，"光电子科学与技术前沿丛书"获得 2018 年度国家出版基金支持，并入选了"十三五"国家重点出版物出版规划项目。

我们期待能为广大读者提供一套高质量、高水平的光电子科学与技术前沿著作，希望丛书的出版为助力光电子科学与技术研究的深入，促进学科理论体系的建设，激发创新思想，推动我国光电子科学与技术产业的发展，做出一定的贡献。

最后，感谢为丛书付出辛勤劳动的各位作者和出版社的同仁们！

"光电子科学与技术前沿丛书"编委会

2018 年 8 月

本书序

　　20世纪40年代有机半导体的发现以及70年代有机导体和导电聚合物的发现促进了化学、物理、材料、信息、能源等学科领域的交叉和融合，由此诞生了新兴交叉学科——有机电子学。目前，有机电子学主要涵盖有机导体、有机半导体、有机超导体和有机铁磁体等方面的研究。有机光电材料在发光二极管、场效应晶体管、太阳电池、光电探测器、传感器、信息存储、非线性光学和热电等领域具有广阔的应用前景。相对无机半导体材料而言，有机半导体材料具有原料价格低廉、易于制备和调控、质量轻、柔性可弯曲、可溶液加工等优点。

　　n型有机半导体材料作为有机光电材料的重要组成部分，对光电器件非常重要。然而，其早期发展长期滞后于p型有机半导体材料，被认为是本领域的瓶颈问题。近年来，n型有机半导体材料的研究取得突破性进展，高性能新材料体系不断涌现，场效应晶体管和有机太阳电池等器件的性能显著提升。然而，n型有机半导体材料仍然存在诸多问题，如品种少、电子迁移率低、空气中稳定性差等。

　　这部专著的编著者长期从事有机光电材料和器件的研究，特别是在n型有机半导体材料和器件应用方面开展了有重要影响的系统性工作。此书结合编著者的研究专长和研究成果，重点阐述n型有机半导体材料的分子设计、合成及在有机光电器件(发光二极管、场效应晶体管、有机太阳电池和钙钛矿太阳电池、光电探测器、逻辑电路)中的应用，对n型有机半导体材料和器件领域进行全面阐述。鉴于国内外鲜有专门论述 n 型有机半导体材料及相关器件的图书，本书具有较高的学术价值，对化学、物理、材料、能源、信息领域，特别是对有机光电材料和器件领域的本科生、研究生、科技工作者具有较高的参考价值。

朱道本

2019 年 3 月

前　言

自导电聚合物发现以来，有机电子学领域快速发展。与传统的无机半导体材料相比，有机半导体材料具有质轻、柔性、可溶液加工、价廉等优点，在光电器件中的应用越来越广泛。根据载流子传输类型，有机半导体材料分为以空穴为载流子的 p 型材料、以电子为载流子的 n 型材料和载流子既可以为空穴，又可以为电子的双极性材料。n 型有机半导体材料对发光二极管、场效应晶体管、太阳电池、光电探测器和逻辑电路等光电器件都非常重要。然而，n 型有机半导体材料早期发展长期滞后于 p 型有机半导体材料，被认为是有机电子学领域发展的瓶颈和挑战性科学问题之一。近年来，n 型有机半导体材料的发展突飞猛进，各种新材料层出不穷，在有机光电器件中的应用也不断取得突破性进展。

近十年来，本书编著者在 n 型有机半导体材料的分子设计、化学合成及在有机光电器件中的应用等方面开展了大量的研究工作，取得了有重要影响的研究成果。本书结合编著者的研究专长和研究成果以及自身的研究经验和心得体会，综合近期该领域的研究进展，整理编写而成。本书围绕 n 型有机半导体材料这条主线，重点阐述有机半导体的分子设计、合成及其在有机光电器件中的应用，共分为 7 章。第 1 章介绍 n 型有机半导体的设计与合成，第 2 章介绍 n 型有机半导体在发光二极管中的应用，第 3 章介绍 n 型有机半导体在场效应晶体管中的应用，第 4 章介绍 n 型有机半导体在有机太阳电池中的应用，第 5 章介绍 n 型有机半导体在钙钛矿太阳电池中的应用，第 6 章介绍 n 型有机半导体在光电探测器中的应用，第 7 章介绍 n 型有机半导体在逻辑电路中的应用。

　　本书由北京大学占肖卫主持撰写,参与撰写的有:北京大学代水星(第1章),河北工业大学秦大山(第2章),北京石油化工学院马兰超(第3章),北京大学王嘉宇(第4章)、张明煜(第5章),北京交通大学张福俊、苗建利(第6章),中国科学院大学黄辉、杨雷(第7章)等。全书由占肖卫制定撰写大纲、统稿、修改和定稿。

　　本书相关研究工作得到了科技部、国家自然科学基金委员会、中国科学院等的资助,在此表示衷心的感谢,同时感谢合作者对本书相关研究工作的支持,感谢在本书撰写和编辑过程中提供帮助的所有人!

　　近年来,n型有机半导体新材料发展迅速,在各类光电器件中的应用成果也不断涌现。虽然编著者已尽力撰写,但由于知识面和写作水平有限,书中难免存在不足和疏漏之处,敬请各位专家学者和广大读者谅解和指正。

编著者

2019年3月

目　录

第 *1* 章

n 型有机半导体的设计与合成

有机半导体是有机电致发光器件、有机场效应晶体管(OFET)、有机太阳电池以及有机光电探测器、存储器和逻辑电路的核心组成部分，具有广阔的应用前景，也是有机光电功能材料和器件研究领域的热点。根据载流子种类的不同，有机半导体材料主要分为空穴传输型(p 型)材料和电子传输型(n 型)材料，此外还有少部分双极性材料(载流子既可以为空穴，也可以为电子)。文献报道的有机半导体材料以 p 型材料为主，这种材料在空气中比较稳定，有相对较高的空穴迁移率，主要有并苯类化合物及其衍生物、杂原子取代的有机共轭芳烃、噻吩类化合物、四硫富瓦烯(TTF)类化合物和共轭大环类化合物等。n 型有机半导体相对较少，性能也不高，而且大部分 n 型材料对空气敏感，当施加正向电场时，半导体与绝缘层界面上诱导产生的负离子，尤其是碳负离子很容易与空气中的氧气和水反应，制备的器件稳定性差，限制了其实际应用。高性能的 n 型材料可以用于制备 p-n 结、双极性晶体管、互补逻辑电路和有机光伏器件等。因此，设计合成具有高迁移率、高稳定性和良好加工性的 n 型有机半导体材料是有机电子器件制备与应用研究的一个重大挑战。目前研究较多的 n 型有机半导体材料有富勒烯及其衍生物、芘/萘酰亚胺衍生物，以及氟原子、氰基、酰胺基等吸电子基取代的化合物。对 n 型有机半导体材料的基本要求是：①具有共轭结构及电子离域，电子迁移率较高；②电子亲和势较高，易接受电子；③化学、光、热、空气稳定性好；④可溶液加工；⑤易合成，成本低。

1.1 富勒烯体系

1995 年，Yu 等[1]首次将富勒烯衍生物用作有机太阳电池受体。他们将聚合物 MEH-PPV（图 1-1）作为电子给体，富勒烯衍生物作为电子受体，将二者共混作为活性层，制备的体异质结型太阳电池能量转换效率将近 3%，开创了体异质结型有机太阳电池的先河。在近 20 年的发展过程中，由于富勒烯具有高的电子迁移率、好的接受电子能力，以及各向同性的电子传输性能，所以富勒烯及其衍生物在电子受体材料中占据主导地位[2-17]。图 1-2(a) 给出了 C_{60}、$PC_{61}BM$[18,19] 和 $PC_{71}BM$[20] 的分子结构。$PC_{61}BM$ 首先是由 Hummelen 和 Wudl 等在 1995 年合成的 [18]，具体的合成路线如图 1-2(b) 所示[19]。$PC_{61}BM$ 在可见光区的吸收比较弱，为了增强 $PC_{61}BM$ 的吸收，Hummelen 等在 2003 年用类似于合成 $PC_{61}BM$ 的方法合成了 $PC_{71}BM$[20]。相对于 $PC_{61}BM$，$PC_{71}BM$ 在可见光区的吸收得到了一定程度上的增强，进一步提高了聚合物太阳电池的能量转换效率。

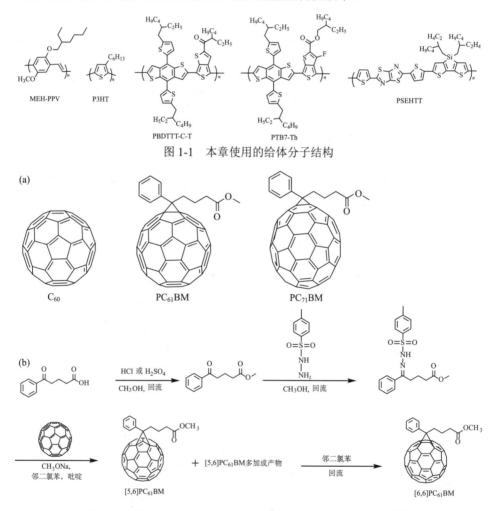

图 1-1　本章使用的给体分子结构

图 1-2　富勒烯及其衍生物结构图(a) 和 $PC_{61}BM$ 合成路线(b) [18-20]

1.2　酰亚胺体系

1.2.1　苝酰亚胺

目前酰亚胺类 n 型材料主要分苝酰亚胺(PDI)和萘酰亚胺(NDI)两大类。苝酰亚胺 [21-25]，即苝-3,4,9,10-四羧酸二酰亚胺，由稠环芳烃苝和强吸电子基酰亚胺两个单元组成。苝酰亚胺由其酸酐合成而来(图 1-3)。苝单元上有 8 个位点，酰亚胺取代基的间位称为 bay 位(湾位)，酰亚胺取代基的邻位称为 ortho 位。4 个湾位是主要的反应位点，可以引入不同的官能团，如溴化(图 1-3)。早在 1913 年，Kardos 就合成并报道了该系列化合物。由于一些苝酰亚胺分子具有低的溶解性、很高的光热稳定性和化学惰性，以及从红到紫甚至到黑的强着色力，可作为高级工业颜料和染料，尤其在汽车行业得到应用发展，引起了人们的广泛关注。由于苝酰亚胺还具有强的电子亲和力、较强的分子间 π-π 相互作用、较高吸光能力和高载流子迁移率等优异的光电性质，作为当前一种最有前景的 n 型有机半导体之一，广泛应用于发光二极管、太阳电池、场效应晶体管等有机光电器件。

图 1-3　苝酰亚胺的合成路线[21-25]

2015 年，孙艳明等[26]将 PDI 单元的湾位溴化，再经 Suzuki 偶联反应，在湾位上引入四个可自由旋转的苯环，在 N 位上引入两个环己基，合成了化合物 **a1**(图 1-4)。理论计算发现，N 位上两个环己基与 PDI 平面呈 15°夹角，而湾位上四个可自由旋转的苯环与 PDI 平面呈 42°夹角。这一设计有效降低了 PDI 分子在固态下的自聚集，减弱了分子间的相互作用，提升了分子的溶解性。紫外-可见吸收

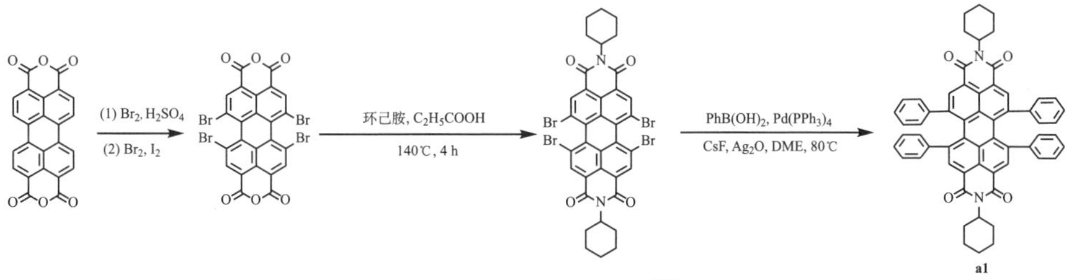

图 1-4　**a1** 的合成路线[26]

光谱测试发现，**a1** 分别在 449 nm 和 603 nm 有吸收峰，与 PDI 特征吸收类似。循环伏安测试发现，**a1** 的 LUMO 能级位于−3.82 eV，HOMO 能级位于−5.69 eV，带隙 1.87 eV，与光学带隙（$E_g = 1.89$ eV）接近。

2012 年，王朝晖等[27]通过溴化、偶联、关环和氨基化等步骤合成了 **a2**（图 1-5）。随后，Nuckolls 等[28]也设计合成了类似的分子 **a3**。研究发现，**a3** 中两

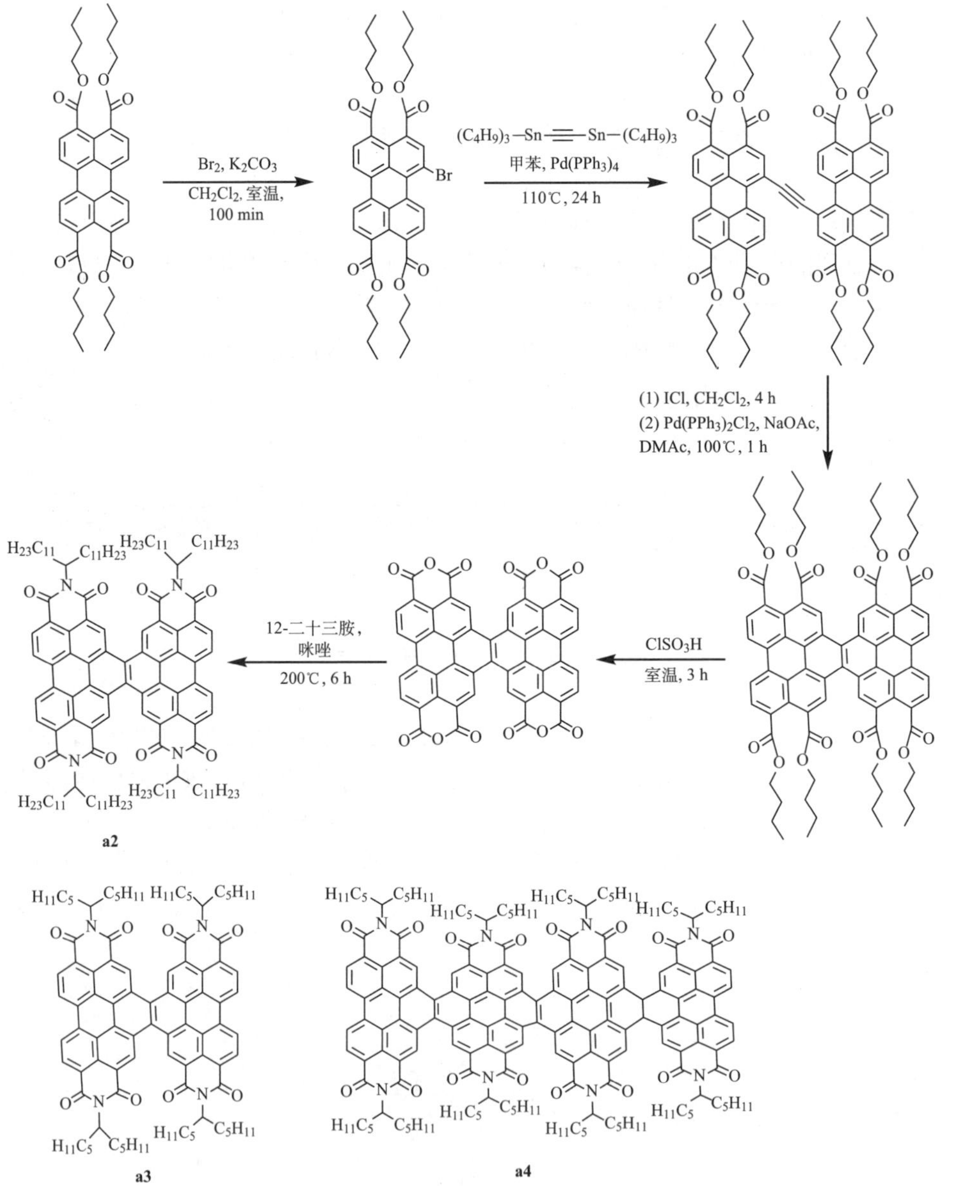

图 1-5　**a2** 的合成及 **a3** 和 **a4** 的结构式

个 PDI 单元平面有一定的扭曲，这使得 **a3** 不太容易发生聚集。紫外-可见吸收光谱测试发现，**a3** 在 300～600 nm 范围内有四个吸收峰，这与 **a2** 类似。**a3** 的摩尔消光系数可达 1.1×10^5 L/(mol·cm)。循环伏安测试发现，**a3** 的 LUMO 能级位于 -3.77 eV，HOMO 能级位于 -6.04 eV，带隙 2.27 eV。该课题组接着又合成了 **a4**[29]，与 **a3** 相比，**a4** 具有更高的摩尔消光系数[1.8×10^5 L/(mol·cm)]，在场效应晶体管中有更高的电子迁移率[$0.04\sim0.05$ cm^2/(V·s)]、更低的 LUMO 能级(-3.91 eV)以及更宽的吸收光谱，在有机太阳电池中可用作电子受体。

2014 年，王朝晖等[30]将两个苝酰亚胺单元通过铜催化的偶联反应，形成单键相连的化合物 **a5**(图 1-6)。**a5** 中两个 PDI 单元平面呈 70° 夹角。紫外-可见吸收光谱测试发现，**a5** 在 400～600 nm 范围内有两个吸收峰，这与 **a1** 不同。循环伏安测试发现，**a5** 的 LUMO 能级位于 -3.92 eV，HOMO 能级位于 -5.87 eV，带隙 1.95 eV。接着，王朝晖等[31]利用 Stille 偶联反应，将 S 单元引入到 **a5** 中 PDI 单元的外侧湾位上，得到了稠环结构更大的化合物 **a6**。S 原子的引入增大了分子间的相互作用，使 **a6** 在有机场效应晶体管和有机太阳电池中展示出较好的器件性能。同时由于 S 原子体积较大，化合物 **a6** 中两个 PDI 单元发生了更大的扭曲，两个 PDI 单元平面呈 80° 夹角，比化合物 **a5** 更加扭曲。更加扭曲的结构使得 **a6**

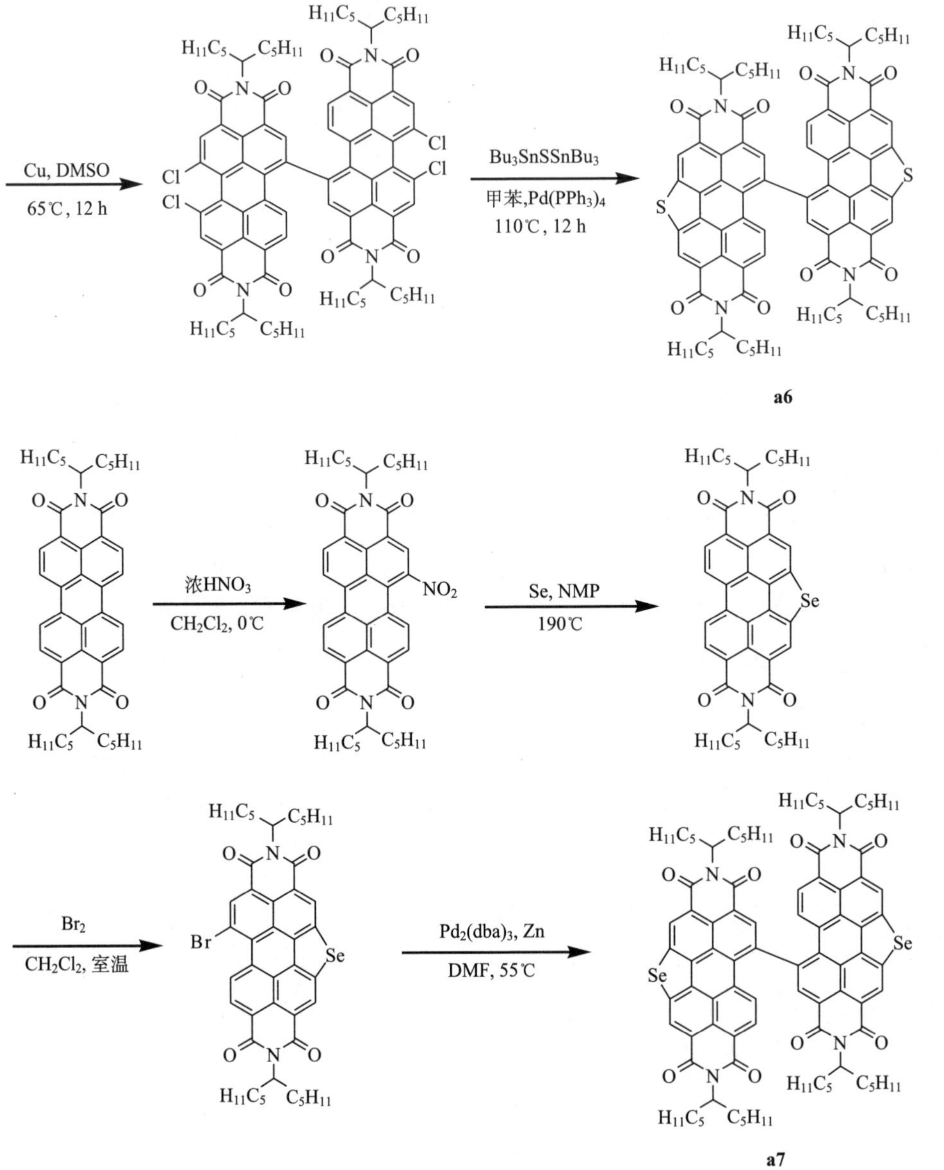

图 1-6 **a5**、**a6** 和 **a7** 的合成路线[30-32]

薄膜的最大吸收波长较化合物 **a5** 蓝移。**a6** 的摩尔消光系数达 1.4×10^5 L/(mol·cm)，比化合物 **a5**[7.7×10^4 L/(mol·cm)]高。循环伏安测试发现，**a6** 的 LUMO 能级位于 -3.85 eV，比化合物 **a5** 的 LUMO 能级上移，这归因于 S 原子具有给电子效应，使得 **a6** 在有机太阳电池中作为电子受体，从而提高了电池的开路电压。随后，王朝晖等[32]又用原子半径更大的 Se 原子代替 S 原子，合成了化合物 **a7**。与化合物 **a6** 相比，**a7** 中两个 PDI 单元平面呈 77° 夹角，与 **a6** 类似。循环伏安测试发现，**a7** 的 LUMO 能级位于−3.87 eV，与化合物 **a6** 的 LUMO 能级类似。空间电荷限制电流(space charge limited current, SCLC)测试结果表明，**a7** 的电子迁移率为 $6.4×10^{-3}$ cm^2/(V·s)，比 **a6** 的电子迁移率高 2 倍。

詹传郎等[33]利用 Stille 偶联反应合成了 **a8**(图 1-7)。研究发现，**a8** 中 PDI-噻吩-PDI 三个单元之间的平面呈 50°～65° 的夹角，表明化合物 **a8** 是一个高度扭曲的分子，扭曲的分子结构有利于降低 PDI 母体分子的过度聚集，从而和给体形成合适尺寸的相分离尺度。紫外-可见吸收光谱测试发现，**a8** 在 400～600 nm 范围内有一个吸收峰，这与 **a1** 不同。循环伏安测试发现，**a8** 的 LUMO 能级位于−3.84 eV，HOMO 能级位于−5.65 eV，带隙 1.81 eV。空间电荷限制电流测试结果表明，**a8** 的电子迁移率为 $3.9×10^{-3}$ cm^2/(V·s)。

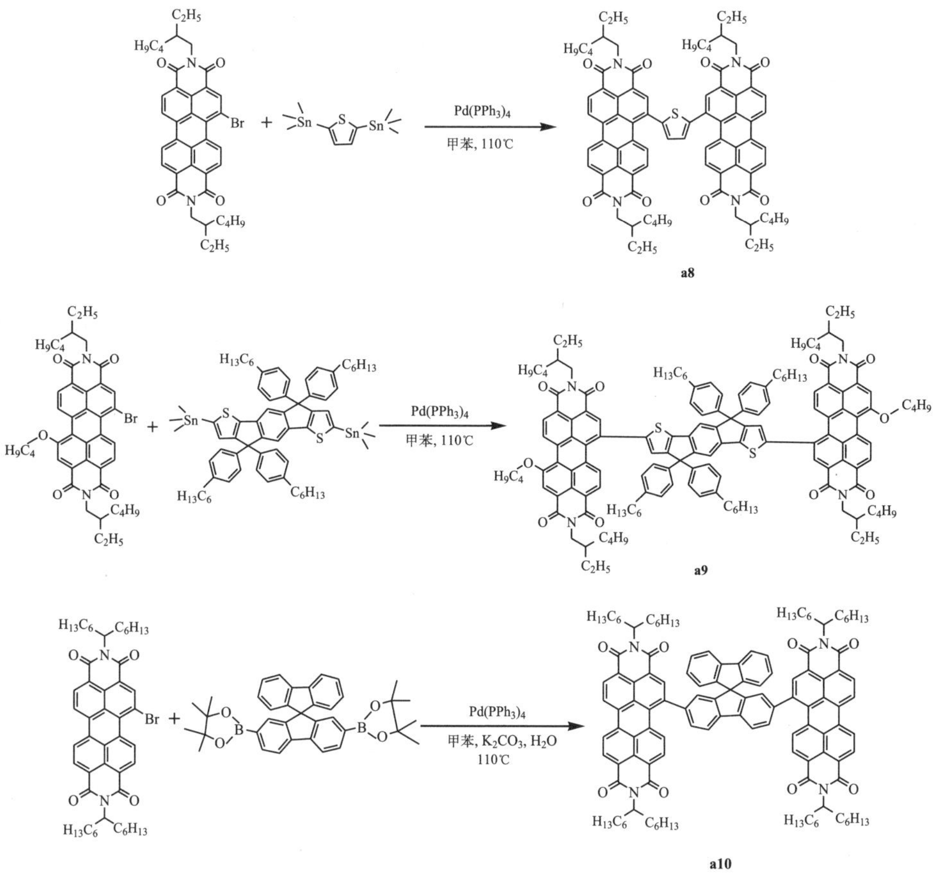

图 1-7　**a8**、**a9** 和 **a10** 的合成路线[33-35]

占肖卫等[34]将空间位阻较大的引达省并二噻吩(IDT)单元桥连两个 PDI 单元,利用 Stille 偶联反应合成了 **a9**(图 1-7)。PDI 和 IDT 间二面角更大,分子更加扭曲。紫外-可见吸收光谱测试发现,**a9** 在 300～800 nm 范围内有两个吸收峰,光学带隙为 1.54 eV,比 **a8** 小很多,这主要是由于 IDT 给电子性比噻吩强,分子内电荷转移更强。循环伏安测试发现,**a9** 的 LUMO 能级位于–3.83 eV,HOMO能级位于–5.53 eV,LUMO 能级与 **a8** 类似,但 HOMO 能级比 **a8** 高。SCLC 测试结果表明,**a9** 的电子迁移率为 3.9×10^{-4} cm^2/(V·s)。

颜河等[35]将空间位阻较大的螺芴连在两个 PDI 单元之间,利用 Suzuki 偶联反应合成了 **a10**(图 1-7)。与 **a9** 相似,**a10** 分子也很扭曲。紫外-可见吸收光谱测试发现,**a10** 在 400～600 nm 范围内有两个吸收峰,光学带隙 2.01 eV。循环伏安测试发现,**a10** 的 LUMO 能级位于–3.83 eV,HOMO 能级位于–5.90 eV。SCLC 测试结果表明,**a10** 的电子迁移率为 7.8×10^{-5} cm^2/(V·s),比 **a9** 低近一个数量级。

2 个 PDI 单元除了在湾位连接外,还可以通过 N 位连接。Langhals 等[36]首次将两个苝酰亚胺单元在 N 位通过单键相连,得到化合物 **a11** 和 **a12**(图 1-8)。研究发现,化合物 **a11** 中两个 PDI 平面的夹角为 90°,表明 **a11** 是一个极其扭曲的结构。紫外-可见吸收光谱测试发现,**a11** 在 400～600 nm 范围内有两个吸收峰,光学带隙 2.06 eV,与 **a5** 类似,但吸收光谱的宽度比 **a5** 窄。循环伏安测试发现,**a11**的 LUMO 能级位于–3.76 eV,HOMO 能级位于–5.87 eV。SCLC 测试结果表明,PTB7-Th/**a11** 的电子迁移率为 4.3×10^{-4} cm^2/(V·s)。2016 年,Jen 等[37]以 **a11** 作为受体,制作了有机太阳电池器件。

化合物 **a12** 三个 PDI 平面的两两夹角均为 90°,表明 **a12** 也是一个极其扭曲的结构,这与 **a11** 类似。紫外-可见吸收光谱测试发现,**a12** 在 400～600 nm 范围内有两个吸收峰,光学带隙 2.09 eV,与 **a11** 类似。循环伏安测试发现,**a12** 的 LUMO能级位于–3.93 eV,HOMO 能级位于–6.01 eV,均比化合物 **a11** 的低。随后,侯剑辉等[38]以 **a12** 作为受体,制作了有机太阳电池器件。

除了线形 PDI 二聚体外,人们还合成了星形 PDI 三聚体和四聚体。占肖卫等[39]将空间位阻较大的三苯胺作为桥连单元,通过三苯胺三硼酸酯和 PDI 单溴之间的 Suzuki 偶联反应一步法合成了首个星形 PDI 三聚体 **a13**(图 1-9)。化合物 **a13** 中三个 PDI 平面的两两夹角均为 120°,表明 **a13** 是一个扇形结构。紫外-可见吸收光谱测试发现,**a13** 在 536 nm 处有一个强吸收峰,摩尔消光系数达 9.09×10^4 L/(mol·cm),光学带隙 1.70 eV。循环伏安测试发现,**a13** 的 LUMO能级位于–3.70 eV,HOMO 能级位于–5.40 eV,均比单个 PDI 的高,这是由三苯胺核的给电子性引起的。

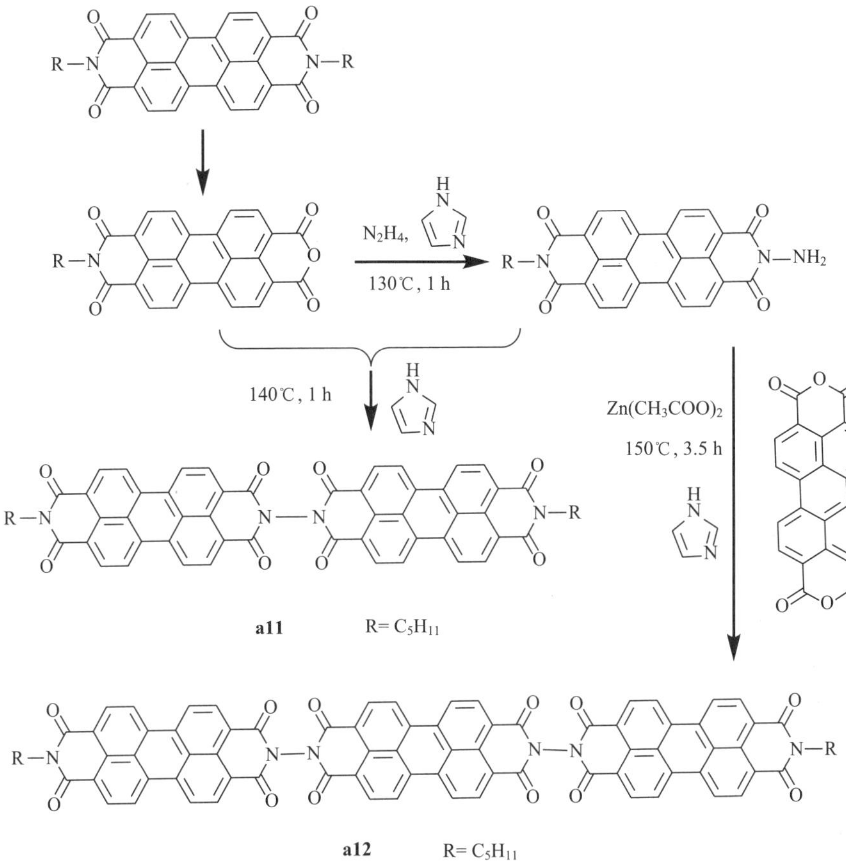

图 1-8　**a11** 和 **a12** 的合成路线[36]

2014 年，颜河等[40]用平面性比三苯胺好的四苯基乙烯作为桥连单元，通过四苯基乙烯四硼酸酯和 PDI 单溴间的 Suzuki 偶联反应一步合成了类星形 PDI 四聚体 **a14**。化合物 **a14** 中相邻两个 PDI 平面的夹角为 90°，是一个极度扭曲的结构。紫外-可见吸收光谱测试发现，**a14** 在 540 nm 处有一个最大吸收峰，光学带隙 2.10 eV。循环伏安测试发现，**a14** 的 LUMO 能级位于-3.72 eV，HOMO 能级位于-5.77 eV。随后该课题组 [41]又通过四苯基硅基与 4 个苝酰亚胺单元在湾位相连，得到化合物 **a15**，合成方法与 **a14** 相同。紫外-可见吸收光谱测试发现，**a15** 在 540 nm 处有一个最大吸收峰，与 **a14** 类似，光学带隙 2.16 eV。循环伏安测试发现，**a15** 的 LUMO 能级位于-3.75 eV，HOMO 能级位于-6.01 eV。

2015 年，Zhang 等[42]将四苯基甲基与 4 个苝酰亚胺单元在 N 位相连，得到星形 PDI 四聚体 **a16**。反应利用甲基四苯基胺和苝的酸酐，在 180℃下，加入少量的乙酸锌作为催化剂，以喹啉做溶剂，合成了 **a16**。化合物 **a16** 为一个极度扭曲的结构，属于非晶化合物。紫外−可见吸收光谱测试发现，**a16** 在 450～550 nm 范围内有两个吸收峰，光学带隙 2.14 eV。循环伏安测试发现，**a16** 的 LUMO 能级在−3.82 eV，HOMO 能级位于−5.96 eV。SCLC 测试结果表明，PBDTTT-C-T/**a16** 的电子迁移率为 1.78×10^{-6} cm^2/(V·s)。

a13 $R = \overset{\cdots}{\underset{C_4H_9}{\diagup}} C_2H_5$

a14 $R = \overset{\cdots}{\underset{C_6H_{13}}{\diagup}} C_6H_{13}$

a15 $R = \overset{\cdots}{\underset{C_8H_{17}}{\diagup}} C_6H_{13}$

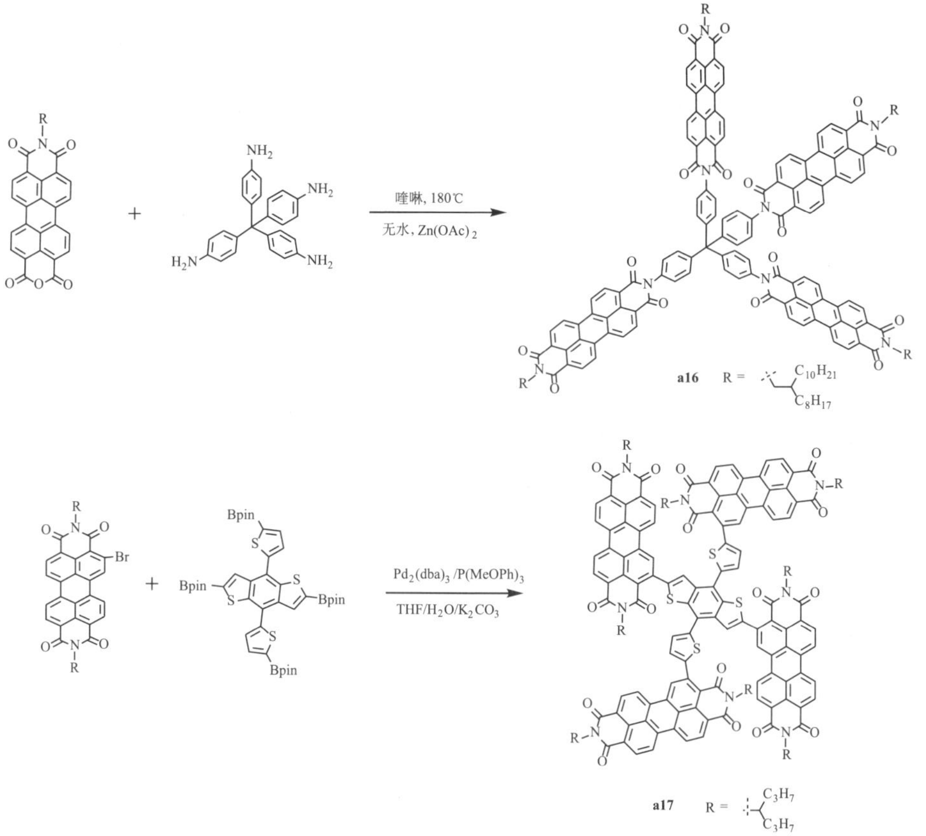

图 1-9　**a13～a17** 的设计与合成[39-43]

2016 年，俞陆平等[43]利用铱配合物为催化剂，合成了二噻吩并苯二噻吩的四硼酸酯，将其与 PDI 邻位的溴反应，得到了具有四面体结构的 PDI 四聚体 **a17**。化合物 **a17** 的噻吩单元与 PDI 单元的二面角为 55°。紫外-可见吸收光谱测试发现，**a17** 在 400～550 nm 范围内有三个吸收峰，光学带隙 2.25 eV，摩尔消光系数达 2.33×10^5 L/(mol·cm)。循环伏安测试发现，**a17** 的 LUMO 能级位于 –3.89 eV，HOMO 能级位于 –5.71 eV。SCLC 测试结果表明，PTB7-Th/**a17** 的电子迁移率为 1.08×10^{-5} cm²/(V·s)。

2007 年，占肖卫课题组[44]合成了世界上第一种苝酰亚胺聚合物 **P1**（图 1-10），并将 **P1** 作为受体，用于制备全聚合物太阳电池。**P1** 是采用 Stille 偶联反应，以 PDI 二溴化物和三并噻吩双丁基锡为反应物一步反应合成的。**P1** 具有良好的溶解性，可以溶于常见的溶剂，如三氯甲烷、四氢呋喃和氯苯。同时，**P1** 还具有优良的热稳定性，**P1** 的分解温度为 410℃，玻璃化转变温度为 215℃。紫外-可见吸收光谱测试发现，**P1** 在 300～850 nm 范围内有三个吸收峰，吸收边在 850 nm 处，光学带隙为 1.70 eV。循环伏安测试发现，**P1** 的 LUMO 能级在–3.90 eV，HOMO 能级位于–5.90 eV。有机场效应晶体管(OFET)测试结果表明，**P1** 的电子迁移率为 1.3×10^{-2} cm^2/(V·s)。接着，该课题组又将二噻吩乙烯基引入到苝酰亚胺聚合物中，合成了聚合物 **P2**[45]。紫外-可见吸收光谱测试发现，**P2** 在 300～850 nm

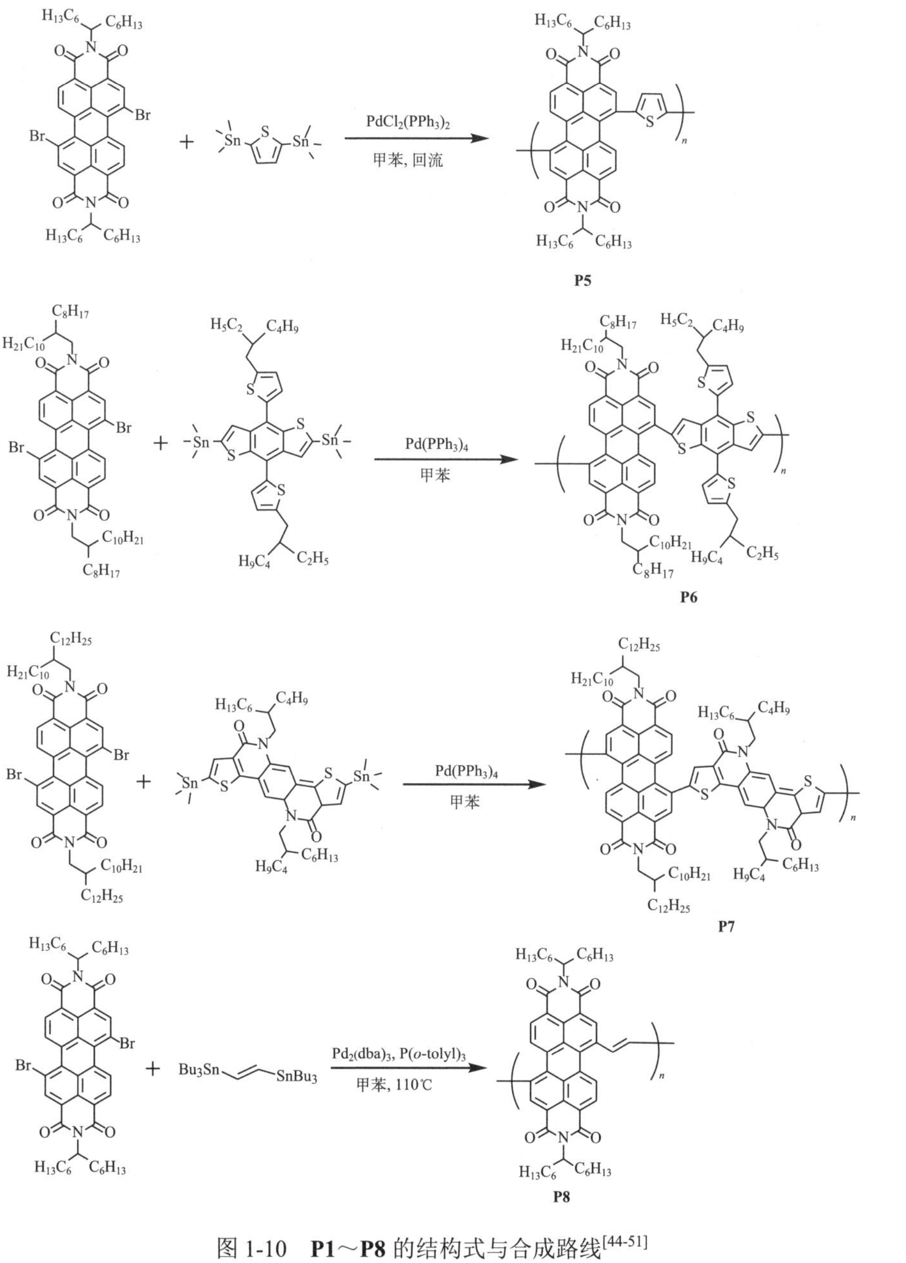

图 1-10　**P1～P8** 的结构式与合成路线[44-51]

范围内也有三个吸收峰，与 **P1** 类似，吸收边在 780 nm 处，光学带隙比 **P1** 宽。循环伏安测试发现，**P2** 的 LUMO 能级在 −3.67 eV，HOMO 能级位于 −5.70 eV，分别比 **P1** 的 LUMO 能级和 HOMO 能级上移 0.23 eV 和 0.2 eV，这主要是由于二噻吩乙烯基的给电子能力比三并噻吩强。SCLC 测试结果表明，PBDTTT-C-T/**P2** 的

电子迁移率为 $6\times10^{-5}\,cm^2/(V\cdot s)$。随后，该课题组又将 IDT 单元引入到苝酰亚胺聚合物中，合成了化合物 **P3**[46]。紫外-可见吸收光谱测试发现，**P3** 在 300～850 nm 范围内同样具有三个吸收峰，吸收边在 820 nm 处。循环伏安测试发现，**P3** 的 LUMO 能级在–3.90 eV，HOMO 能级位于–5.64 eV。SCLC 测试结果表明，P3HT (图 1-1)/**P3** 的电子迁移率为 $4.5\times10^{-5}\,cm^2/(V\cdot s)$。

2013 年，赵达慧课题组[47]以 PDI 二溴化物和联二噻吩双甲基锡为反应物，采用 Stille 偶联反应，合成了聚合物 **P4**。紫外-可见吸收光谱测试发现，**P4** 在 300～800 nm 范围内有三个吸收峰，最大吸收峰位于 600 nm，吸收边在 730 nm，比 **P1**～**P3** 的吸收边蓝移，这是由于联二噻吩的给电子能力不如三并噻吩、二噻吩乙烯基以及 IDT 单元强。通过吸收边可推算，光学带隙约为 1.70 eV。循环伏安测试发现，**P4** 的 LUMO 能级位于–3.80 eV，HOMO 能级位于–5.50 eV。SCLC 测试结果表明，P3HT/**P4** 的电子迁移率为 $5\times10^{-4}\,cm^2/(V\cdot s)$。随后，该课题组[48]将联二噻吩双甲基锡换成单噻吩双甲基锡，与 PDI 二溴化合物发生 Stille 偶联反应，合成了 **P5**。紫外-可见吸收光谱测试发现，**P5** 在 300～800 nm 范围内有一个主吸收峰，这与 **P1**～**P4** 都不同，最大吸收峰位于 563 nm，吸收边在 700 nm，较 **P4** 的蓝移，这是由于噻吩的给电子能力比联二噻吩还要弱。反光电子能谱(IPES)测试发现，**P5** 的 LUMO 能级位于–3.80 eV，紫外光电子能谱(UPS)测试的 HOMO 能级位于–5.72 eV。

2015 年，李永舫课题组[49]以 PDI 二溴化物和苯并二噻吩(BDT)双甲基锡为反应物，采用 Stille 偶联反应，合成了 **P6**。热分析表明，**P6** 的分解温度为 360℃，没有玻璃化转变温度，表明 **P6** 是非晶聚合物。紫外-可见吸收光谱测试发现，**P6** 在 300～800 nm 范围内有三个吸收峰，最大吸收峰位于 656 nm，吸收边在 757 nm，光学带隙为 1.64 eV。循环伏安测试发现，**P6** 的 LUMO 能级位于–3.89 eV，HOMO 能级位于–5.70 eV。SCLC 测试结果表明，**P6** 的电子迁移率为 $3.11\times10^{-3}\,cm^2/(V\cdot s)$。

2015 年，俞陆平课题组[50]合成了新的构筑单元 TPTQ，以 PDI 二溴化物和 TPTQ 双甲基锡为反应物，采用 Stille 偶联反应，合成了 **P7**。紫外-可见吸收光谱测试发现，**P7** 在 300～750 nm 范围内有两个吸收峰，最大吸收峰位于 505 nm，吸收边在 700 nm，与 **P1**～**P6** 比发生了蓝移，这是由于 TPTQ 是拉电子单元，分子内电荷转移弱。光学带隙为 1.77 eV。循环伏安测试发现，**P7** 的 LUMO 能级位于–3.97 eV，HOMO 能级位于–5.97 eV，两者比 **P1**～**P6** 都低，这也是 TPTQ 是拉电子单元的缘故。

2016 年，颜河课题组[51]以 PDI 二溴化物和乙烯二丁基锡为反应物，采用 Stille 偶联反应，合成了 **P8**。紫外-可见吸收光谱测试发现，**P8** 在 300～700 nm 范围内有两个吸收峰，最大吸收峰位于 600 nm，吸收边在 714 nm，光学带隙为 1.74 eV。循环伏安测试发现，**P8** 的 LUMO 能级位于–4.03 eV。理论模拟计算的

PDI 二面角在 2°～9°之间，说明乙烯基比以上共聚基团更有利于提高聚合物骨架的平面性。

1.2.2　萘酰亚胺

萘酰亚胺(NDI)，即萘-1,4,5,8-四羧酸二酰亚胺，由稠环的萘和强吸电子酰亚胺组成，是一类重要的 n 型有机半导体，已广泛应用于超分子化学、电荷转移体系、有机场效应晶体管和有机太阳电池等研究领域。用于 NDI 化学修饰的方法有两种：一种是通过酰胺化反应在亚胺的 N 原子上引入不同取代基；另一种是在萘的骨架上引入修饰基团。相对于 NDI 的 N 原子上的化学修饰，其萘骨架取代反应的相关研究较少。

2015 年，Kim 课题组[52]以 NDI 二溴化物和 2,5-二甲基锡噻吩为反应物，通过 Stille 偶联反应合成了萘酰亚胺聚合物 **d1**(图 1-11)。凝胶渗透色谱(GPC)测试表明，**d1** 的数均分子量为 48200，多分散指数为 2.1。**d1** 具有优良的热稳定性，结晶温度为 260℃，熔融温度为 280℃。紫外-可见吸收光谱测试发现，**d1** 在 600 nm 处有一个吸收峰，吸收边在 670 nm，光学带隙为 1.85 eV，摩尔消光系数为 3.8×10^4 L/(mol·cm)。循环伏安测试发现，**d1** 的 LUMO 能级位于–3.79 eV，HOMO 能级位于–5.64 eV。有机场效应晶体管(OFET)测试结果表明，PTB7-Th(图 1-1)/**d1** 的电子迁移率为 8.4×10^{-5} cm²/(V·s)。

2013 年，Jenekhe 课题组[53]将硒吩引入到萘酰亚胺聚合物中，以 NDI 二溴化物和 2,5-二甲基锡硒吩为反应物，以 $Pd_2(dba)_3$ 和 P(o-tolyl)₃ 为催化剂，通过 Stille 偶联反应合成了 **d2**。GPC 测试表明，**d2** 的数均分子量为 26100，多分散指数为 1.2。紫外-可见吸收光谱测试发现，**d2** 在 353 nm 和 621 nm 处各有一个吸收峰，其中，621 nm 处的吸收峰源于分子内的电荷转移，光学带隙为 1.70 eV。摩尔消光系数为 2.9×10^4 L/(mol·cm)。循环伏安测试发现，**d2** 的 LUMO 能级位于 –4.0 eV，HOMO 能级位于–5.7 eV。OFET 测试结果表明，PSEHTT(图 1-1)/**d2** 的电子迁移率为 1.3×10^{-4} cm²/(V·s)。SCLC 测试结果表明，PSEHTT/**d2** 的电子迁移率为 5.8×10^{-5} cm²/(V·s)。

2009 年，Facchetti 课题组[54]以 NDI 二溴化物和联二噻吩双甲基锡为反应物，通过钯催化的 Stille 偶联反应合成了萘酰亚胺聚合物 **d3**。GPC 测试表明，**d3** 的数均分子量为 250000，多分散指数为 5。紫外-可见吸收光谱测试发现，**d3** 在 391 nm 和 697 nm 处各有一个吸收峰，其中，697 nm 处的吸收峰源于分子内的电荷转移。与 **d1** 相比，**d3** 的薄膜吸收红移 90 nm。通过吸收边推算，光学带隙约为 1.45 eV。循环伏安测试发现，**d3** 的 LUMO 能级位于–3.91 eV，HOMO 能级位于–5.36 eV。OFET 测试结果表明，**d3** 的电子迁移率为 0.06 cm²/(V·s)。

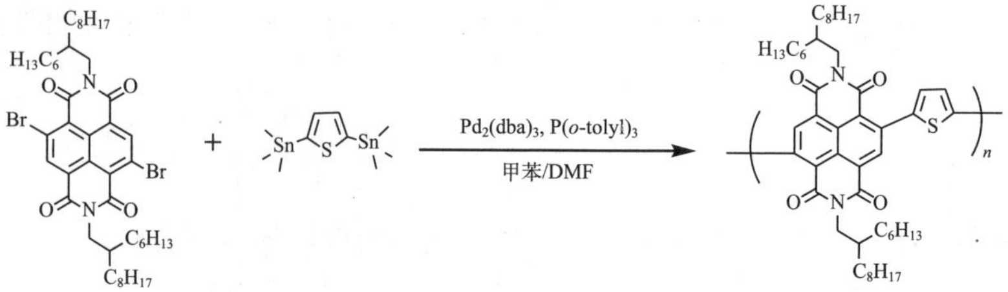
$Pd_2(dba)_3$, P(o-tolyl)$_3$
甲苯/DMF

d1

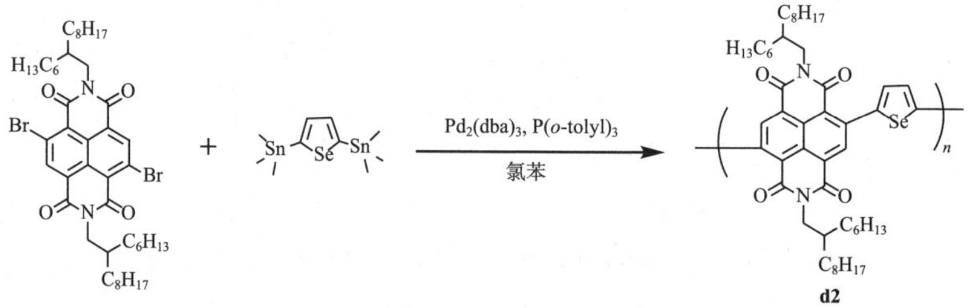
$Pd_2(dba)_3$, P(o-tolyl)$_3$
氯苯

d2

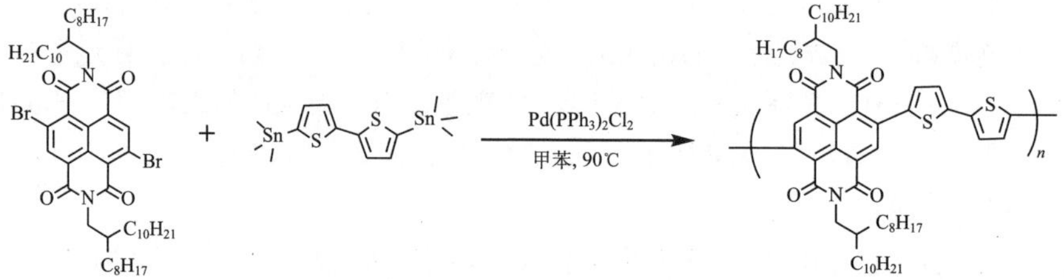
$Pd(PPh_3)_2Cl_2$
甲苯, 90℃

d3

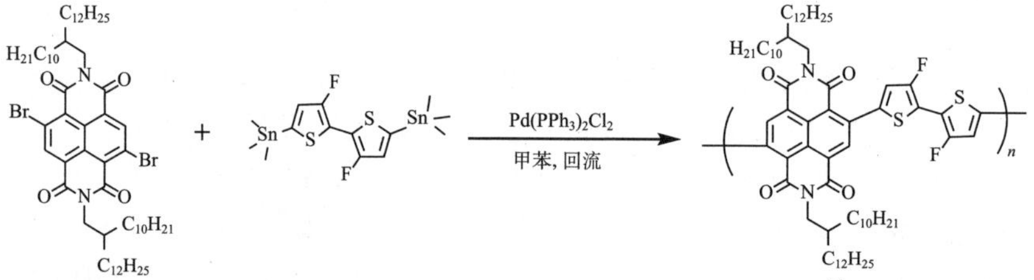
$Pd(PPh_3)_2Cl_2$
甲苯, 回流

d4

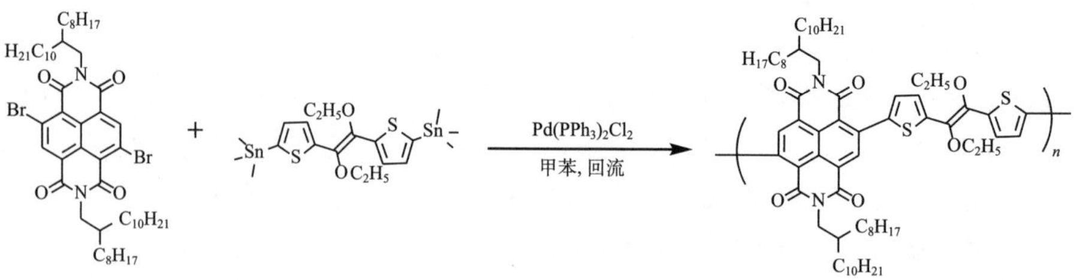
$Pd(PPh_3)_2Cl_2$
甲苯, 回流

d5

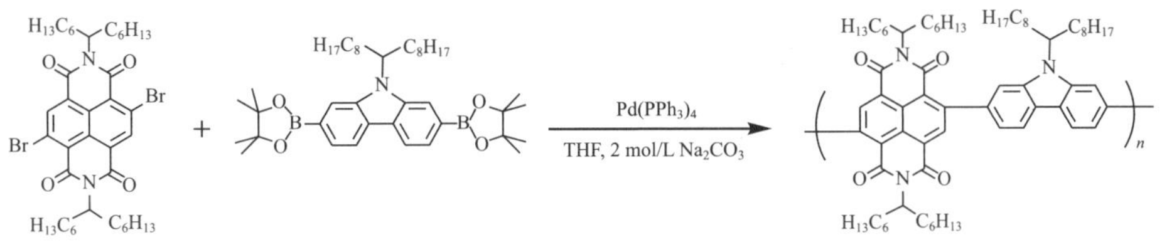

图 1-11　**d1～d6** 的结构式与合成路线[52-57]

2015 年，Jen 课题组[55]在联二噻吩基团的噻吩 β 位上引入了两个 F 原子，利用钯催化的 Stille 偶联反应合成了萘酰亚胺聚合物 **d4**。F 原子的拉电子效应增加了聚合物的电子亲和势，有利于电子注入。另外，由于 F 原子可以和 H 原子形成氢键，因此能够有效促进分子自组装和结晶。GPC 测试表明，**d4** 的数均分子量为 39500，多分散指数为 1.9。紫外-可见吸收光谱测试发现，**d4** 在 300～800 nm 范围内有两个吸收峰，最大吸收峰位于 630 nm。与 **d3** 相比，**d4** 的薄膜吸收蓝移 67 nm，这是由于 F 原子的拉电子作用减弱了联二噻吩的给电子性和分子内的电荷转移。**d4** 的薄膜吸收边位于 780 nm，光学带隙约为 1.59 eV，比 **d3** 的光学带隙宽。循环伏安测试发现，**d4** 的 LUMO 能级位于 -3.91 eV，HOMO 能级位于 -5.50 eV，与 **d3** 相比，**d4** 的 LUMO 能级没有变化，但 HOMO 能级下移了 0.14 eV，这与 F 原子的引入减弱了联二噻吩的给电子性有关。OFET 测试结果表明，**d4** 的电子迁移率为 $0.005\ \mathrm{cm^2/(V\cdot s)}$。

2014 年，Marks 课题组[56]利用 $\mathrm{Pd(PPh_3)_2Cl_2}$ 催化的 Stille 偶联反应，将烷氧基取代的二噻吩乙烯基与 NDI 共聚，合成了聚合物 **d5**。二噻吩乙烯基基团的乙烯基双键上的两个烷氧基有两个作用：一是提高共轭体系的 HOMO 能级；二是可以利用 S 和 O 间超分子相互作用，增加分子的平面性，从而有利于空穴和电子的传输。紫外-可见吸收光谱测试发现，**d5** 在 300～900 nm 范围内有两个吸收峰，分别位于 399 nm 和 725 nm。399 nm 处的吸收峰源于给电子基团 $\pi\text{-}\pi^*$ 跃迁，而 725 nm 的吸收峰源于给电子的二噻吩乙烯基单元与缺电子的 NDI 单元之间的分子内电荷转移。**d5** 的薄膜吸收边位于 867 nm，光学带隙为 1.43 eV。循环伏安测试发现，**d4** 的 LUMO 能级位于 -4.04 eV，HOMO 能级位于 -5.63 eV。OFET 测试结果表明，**d5** 的电子迁移率为 $0.1～0.2\ \mathrm{cm^2/(V\cdot s)}$。

2011 年，Hashimoto 课题组[57]利用咔唑二硼酸酯与 NDI 二溴化物为反应物，通过 $\mathrm{Pd(PPh_3)_4}$ 催化的 Suzuki 偶联反应，合成了萘酰亚胺聚合物 **d6**。紫外-可见吸收光谱测试发现，**d6** 在 323 nm 和 545 nm 处各有一个吸收峰，其中，545 nm

处的吸收峰源于分子内的电荷转移。**d6** 的薄膜吸收边位于 700 nm，光学带隙为 1.77 eV。循环伏安测试发现，**d6** 的 LUMO 能级位于–3.66 eV，HOMO 能级位于–5.83 eV。

1.2.3 其他酰亚胺

除了 PDI 和 NDI 两种最常用的酰亚胺单元外，二噻吩并苝酰亚胺和二噻吩并萘酰亚胺也常用于合成 n 型有机半导体。PDI 和 NDI 两侧各拓展一个噻吩单元，一方面构筑单元平面增大，刚性增强，分子间相互作用增强；另一方面 S 原子引入，由于 S-S 相互作用增强分子堆积。2016 年，Tajima 课题组[58]利用单噻吩、联二噻吩、二并噻吩和三并噻吩为给电子单元，与二噻吩并萘酰亚胺共聚，通过 Pd(PPh₃)₄ 催化的 Stille 偶联反应合成了一系列噻吩并萘酰亚胺聚合物 **e1~e4**（图 1-12）。GPC 测试表明，**e1~e4** 的数均分子量分别为 13800、19000、28700 和 27400，多分散指数分别为 1.9、2.6、2.4 和 3.3。紫外-可见吸收光谱测试发现，**e1~e4** 在 400 nm、550 nm 和 800 nm 处各有一个类似的吸收峰，其中，800 nm 处的吸收峰源于分子内的电荷转移。**e1~e4** 的薄膜吸收边分别位于 880 nm、925 nm、935 nm 和 950 nm，光学带隙分别约为 1.4 eV、1.3 eV、1.3 eV 和 1.3 eV。循环伏安测试发现，**e1~e4** 的 LUMO 能级分别在–4.0 eV、–4.1 eV、–4.0 eV 和–4.1 eV，HOMO 能级分别位于–5.8 eV、–5.7 eV、–5.6 eV 和–5.6 eV。

2012 年，Facchetti 课题组[59]合成了二噻吩并苝酰亚胺单元，以二噻吩并苝酰亚胺二溴化物与噻吩或烷氧基取代的联二噻吩双甲基锡为反应物，以氯苯为溶剂，Pd₂(dba)₃ 和 P(o-tolyl)₃ 为催化剂，在 135℃下发生 Stille 偶联反应，合成了聚合物 **e5** 和 **e6**。与苝酰亚胺单元相比，二噻吩并苝酰亚胺单元更容易发生聚集。GPC 测试表明，**e5** 和 **e6** 的数均分子量分别为 11000 和 51000，多分散指数分别为 1.6 和 1.7。联二噻吩上的烷氧基侧链使得聚合物主链扭曲，增加了聚合物的溶解度，导致 **e6** 的数均分子量比 **e5** 高近 4 倍。紫外-可见吸收光谱测试发现，**e5** 和 **e6** 在小于 500 nm 和大于 600 nm 附近各有一个吸收峰，其中，大于 600 nm 处的吸收峰源于分子内的电荷转移。**e5** 的薄膜吸收边位于 550 nm，光学带隙为 1.86 eV；**e6** 的薄膜吸收边位于 781 nm，光学带隙为 1.31 eV。循环伏安测试发现，两者 LUMO 能级相同（均为–3.70 eV），但 **e6** 的 HOMO 能级（–5.01 eV）明显高于 **e5** 的（–5.56 eV），这与 **e6** 中烷氧基侧链的给电子效应有关。OFET 测试结果表明，**e5** 的电子迁移率为 0.1~0.2 cm²/(V·s)；**e6** 的电子迁移率为 0.01~0.02 cm²/(V·s)。

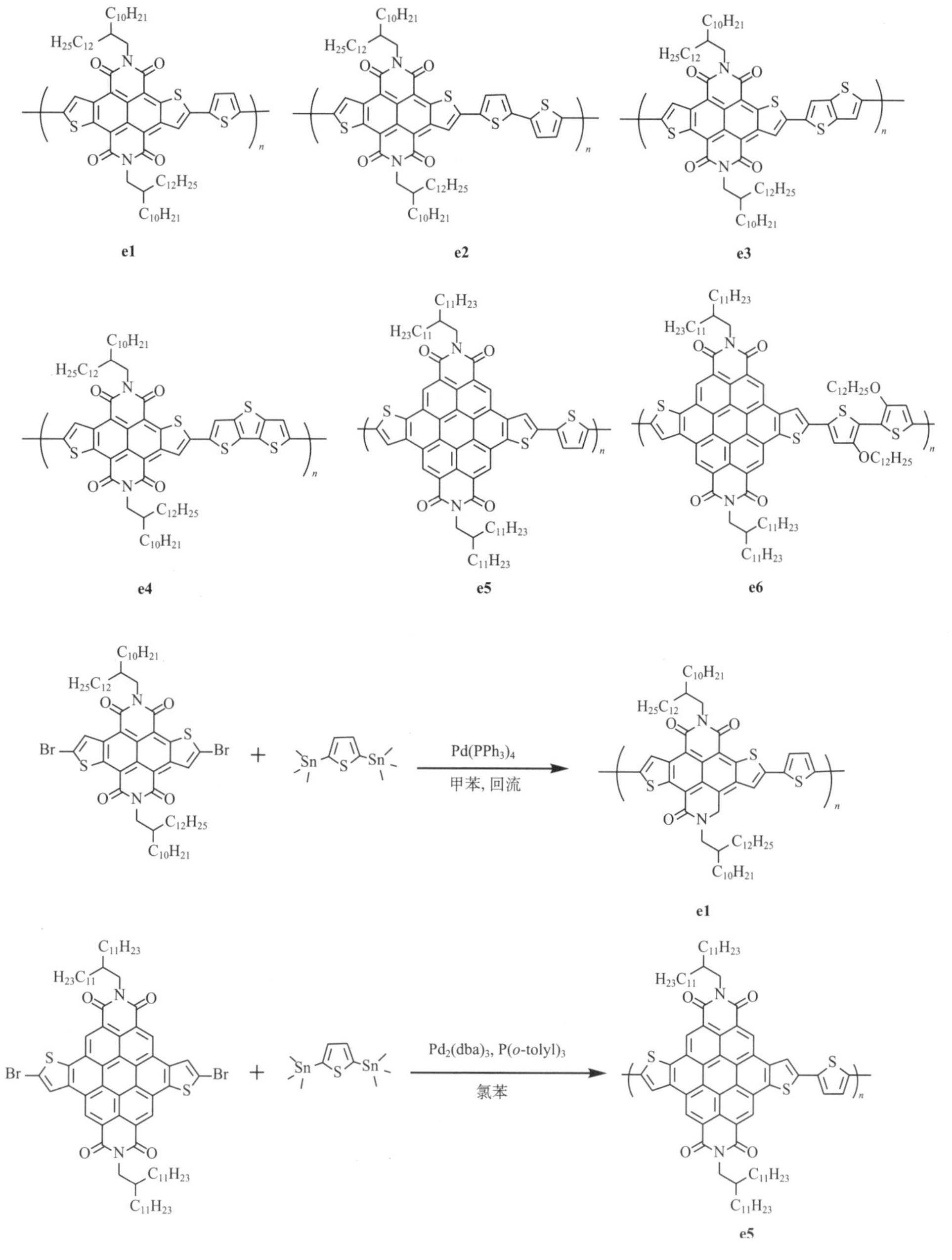

图 1-12　**e1**～**e6** 的结构式与 **e1** 和 **e5** 的合成路线[58, 59]

1.3 稠环电子受体体系

稠环电子受体(fused-ring electron acceptor, FREA)是占肖卫课题组发明的一类高性能电子受体。与传统的非富勒烯受体相比，FREA 具有好的溶解性和热稳定性、很强的可见光吸收[摩尔消光系数约为 10^5 L/(mol·cm)]、强的近红外光响应(吸收边 700~1000 nm)、可调的能级、较高的电子迁移率、高效率、好的器件稳定性，以及可批量合成等优点[60-62]。该类材料一般采用给电子单元双醛和缺电子端基通过脑文格(Knoevenagel)反应合成(图 1-13)[63,64]。

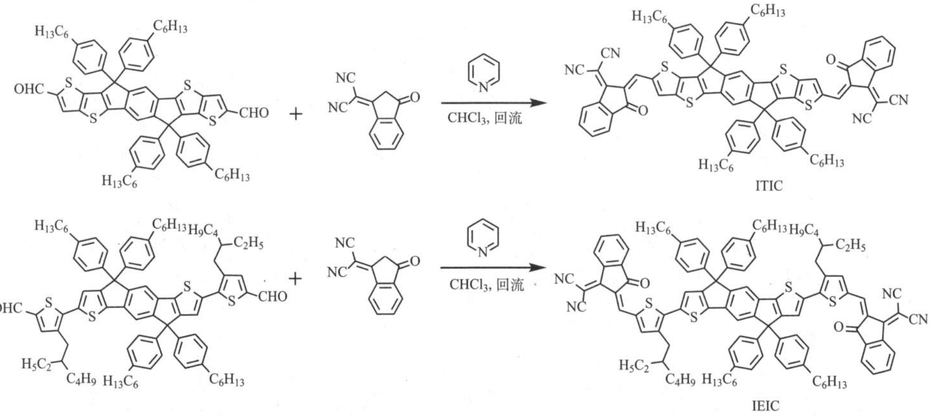

图 1-13 ITIC 和 IEIC 的合成路线[63,64]

一般地，稠环电子受体由给电子稠环骨架(D)、侧链(R)和拉电子端基(A)三个模块组成，有的还有共轭桥连单元(B)(图 1-14)。稠环核具有刚性共平面结构，其强的 π-π 相互作用有利于分子间的堆积，从而提高载流子迁移率。另外，稠环核具有大的共轭结构，给电子能力强，与拉电子端基间可发生分子内电荷转移，从而拓宽吸收光谱[65]。按照核的共轭长度，稠环核可分为四并[66]、五并[67,68]、六并[69]、七并[63,70,71]、八并[72,73]、九并[74]、十并[72]和十一并[75]稠环核等。

为了方便比较，选择侧链和端基都相同，核的大小逐渐递增的两组材料进行剖析(图 1-15)。占肖卫课题组合成了 4 种基于 IDT 单元和二氟氰基茚酮端基的化合物，分别为 F5IC、F7IC、F9IC 和 F11IC。F5IC 的薄膜吸收边位于 756 nm，吸收峰位于 694 nm。电化学测得的 LUMO 和 HOMO 能级分别位于-4.05 eV、-5.82 eV。与五并稠环电子受体 F5IC 相比，七并稠环电子受体 F7IC 吸收边红移了 71 nm，达 827 nm；LUMO 能级变化很小(-4.03 eV)，但 HOMO 能级上移了 0.05 eV，从而导致吸收红移。九并稠环电子受体 F9IC 的薄膜吸收边位于 837 nm，

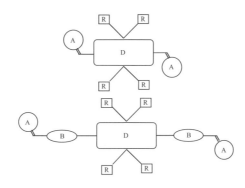

图 1-14 稠环电子受体的结构示意图

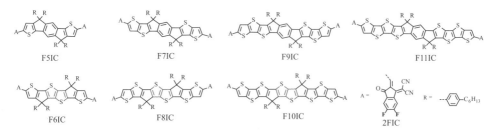

图 1-15 含不同芳核的稠环电子受体的分子结构

仅比七并稠环电子受体 F7IC 红移 10 nm。同样地,相较于 F5IC 和 F7IC,F9IC 的 LUMO 能级基本没有变化(–4.02 eV),但 HOMO 能级比 F5IC 上移了 0.3 eV。F11IC 的 LUMO 和 HOMO 能级分别为–3.94 eV、–5.44 eV,比 F5IC、F7IC 和 F9IC 的能级都高。F5IC、F7IC、F9IC、F11IC 的摩尔消光系数分别为 1.9×10^5 L/(mol·cm)、2.0×10^5 L/(mol·cm)、2.5×10^5 L/(mol·cm) 和 2.4×10^5 L/(mol·cm),说明逐渐增加稠环芳核的共轭长度有利于提高材料的吸光能力。

虽然十一并稠环核相比五并稠环核具有更红移的吸收,但是 F11IC 的吸收边仍然小于 900 nm,这说明分子内电荷转移已达到极限,通过在外围继续拓展噻吩环很难有效拓展吸收光谱。占肖卫课题组发展了一种增强稠环核给电子能力的新策略:将 IDT 中间的苯环换成给电子能力更强的二并噻吩。另外,二并噻吩的平面性更好,分子间相互作用更强,分子堆积更紧密,可红移吸收,提高电子迁移率[69]。

六并稠环受体 F6IC 薄膜的吸收位于 600~900 nm,吸收边在 900 nm[72],比五并稠环受体 F5IC 红移 144 nm,比更大的稠环受体 F7IC 和 F9IC 红移 60~75 nm。F6IC 的 LUMO 和 HOMO 能级分别位于–4.02 eV、–5.66 eV。与 F5IC 相比,LUMO 能级基本未变,但 HOMO 能级上移 0.16 eV。另外,F6IC 的电子迁移率为 1.0×10^{-3} cm²/(V·s),比 F5IC [8.1×10^{-5} cm²/(V·s)]高一个数量级。继续在 F6IC 的外围利

用噻吩单元增加共轭长度，占肖卫课题组合成了更大的 F8IC 和 F10IC[72]。相比 F6IC，F8IC 和 F10IC 的吸收红移至 1000 nm，LUMO 能级基本不变，但 HOMO 能级逐渐上移(F8IC：–5.43 eV；F10IC：–5.26 eV)。

在稠环电子受体中，拉电子端基是关键组成部分，它所起的作用有：①降低分子的 LUMO 能级，以便接收电子；②形成强的 π-π 堆积，以实现电子的快速传输；③与给电子的中心芳核形成分子内的推拉电子效应，拓宽吸收光谱。常用的拉电子端基主要有氰基茚酮、氟代氰基茚酮、甲基氰基茚酮或甲氧基氰基茚酮、噻吩氰基茚酮、萘氰基茚酮和苯并噻二唑罗丹宁等(图 1-16)。根据拉电子端基拉电子能力的强弱，可以调节目标分子的 LUMO 或 HOMO 能级，使其可以与多种不同能级的高性能给体材料匹配。

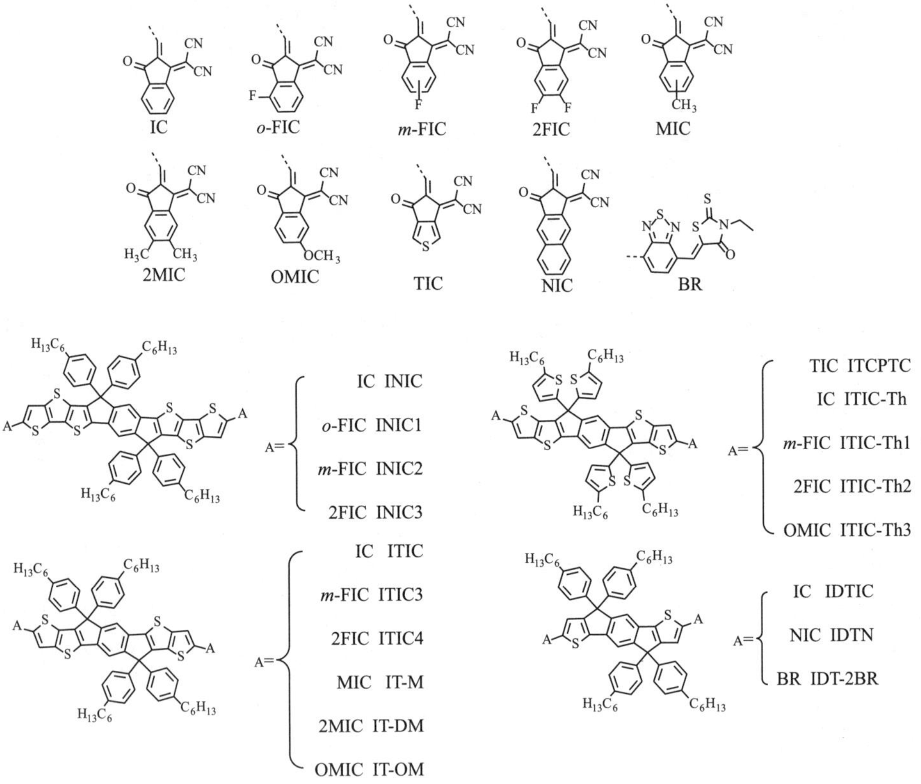

图 1-16 含不同端基的稠环电子受体的分子结构

氰基茚酮具有很强的拉电子能力，可以实现低 LUMO 能级，还可以形成强的 π-π 堆积，从而能获得高的电子迁移率。2017 年，占肖卫课题组首次报道了氟代氰基茚酮[74]，即在氰基茚酮的苯基上引入一个或者两个氟原子。与氰基茚酮相比，氟代氰基茚酮拉电子能力进一步增强，从而调控 LUMO 能级并使吸收红移；另外，通过 F-S、F-H 和 F-π 等非共价键相互作用可提高载流子迁移率。他们把氟代氰基茚酮引入到九并稠环电子受体 INIC 系列中，从而合成了 4 种化合物 INIC、INIC1、INIC2 和 INIC3[74]，它们的薄膜最大吸收峰分别位于 706 nm、720 nm、728 nm 和 744 nm。氟取代的 INIC1、INIC2 和 INIC3 分子比无氟的 INIC 的吸收红移，间位 F 取代的分子 INIC2 比邻位 F 取代的分子 INIC1 红移更多，双 F 取代的 INIC3 分子比单 F 取代的 INIC1 和 INIC2 红移更多。随着氟原子个数的增加，分子的 LUMO 能级逐渐降低，由–3.88 eV（INIC）降低到–4.02 eV（INIC3），氟原子的取代位置对 LUMO 影响不大。同样，氟取代分子的 HOMO 能级比无氟的 INIC 低。随着氟原子个数的增加，SCLC 测得的电子迁移率从 6.1×10^{-5} cm^2/(V·s)（INIC）提高到 1.7×10^{-4} cm^2/(V·s)（INIC3）。

随后，占肖卫课题组又将氟代氰基茚酮与苯环侧链的七并稠环引达省并二并噻吩（IDTT）相连，合成了 ITIC3[73] 和 ITIC4[75]。相比 ITIC，ITIC3 和 ITIC4 的吸收红移分别近 20 nm 和 36 nm。ITIC3 和 ITIC4 的 LUMO 和 HOMO 能级与 ITIC 相比均为逐渐下移。同样的结果也出现在氟代的 ITIC-Th 体系中。ITIC-Th1 和 ITIC-Th2 比 ITIC-Th 的吸收红移[76]，LUMO 和 HOMO 能级与 ITIC-Th 相比均逐渐下移。

侯剑辉课题组将甲基[77]和甲氧基[78]分别引入到氰基茚酮的苯基上，合成了 MIC、2MIC 和 OMIC。与氰基茚酮相比，MIC、2MIC 和 OMIC 削弱了氰基茚酮的拉电子能力，提高了分子的 LUMO 能级，从而有利于提高器件的开路电压。他们同样以苯环侧链 IDTT 为核，MIC、2MIC 和 OMIC 分别为拉电子端基，合成了 IT-M、IT-2M 和 IT-OM。与 ITIC 相比，IT-M、IT-2M 和 IT-OM 的 LUMO 和 HOMO 能级均逐渐上移。杨楚罗课题组将氰基茚酮的苯基替换成噻吩单元，合成了噻吩氰基茚酮（TIC）[79]。与氰基茚酮（IC）相比，TIC 的空间位阻小，还存在 S-S 相互作用。将 TIC 与苯环侧链 IDTT 相连，合成了 ITCPTC。ITCPTC 比 ITIC 的吸收红移 10 nm，LUMO 能级下降 0.06 eV，HOMO 能级基本保持不变。

除了将氰基茚酮的苯基进行修饰外，将苯基换成萘基，增加分子内共轭也是调节分子 LUMO 或 HOMO 能级的有效方法[80]。侯剑辉课题组将萘基氰基茚酮与五并稠环引达省并二噻吩（IDT）相连，合成了 IDTN。与含 IC 端基的 IDTIC 相比，IDTN 的吸收红移 53 nm，摩尔消光系数更高[2.5×10^5 L/(mol·cm)]，HOMO 能级上移，LUMO 能级下移[81]。

苯并噻二唑罗丹宁（BR）拉电子端基在稠环电子受体中应用得比较早。2015 年，占肖卫课题组将 BR 与 IDT 相连，合成了中宽带隙的稠环电子受体 IDT-2BR[82]。IDT-2BR 的吸收边位于 750 nm，摩尔消光系数为 1.3×10^5 L/(mol·cm)。LUMO 和 HOMO 能级分别位于–3.69 eV、–5.52 eV。

在有机半导体中，侧链起着举足轻重的作用，能够有效抑制分子间的过度自聚集，提升溶解性；侧链的长度、拓扑结构以及连接位置影响分子的堆积方式，进而影响分子的光学和电学性质。稠环电子受体的侧链通过 sp^3 碳原子非共轭或者 sp^2 碳原子共轭连接稠环核（图 1-17）。李永舫课题组通过把侧链对位上的烷基直链移动到间位，合成了 m-ITIC[83]。与 ITIC 相比，m-ITIC 展现了相似的吸收和 HOMO/LUMO 能级，但分子在薄膜状态下的堆积增强了，从而将材料的电子迁移率[2.45×10^{-4} cm^2/(V·s)]提高了 1.5 倍。占肖卫课题组将明星分子 ITIC 中的苯环侧链替换成噻吩侧链，合成了 ITIC-Th[84]。噻吩比苯环的体积小，还存在 S-S 相互作用，有利于分子堆积；噻吩具有 σ 诱导效应，可用于调控能级。ITIC-Th 的吸收边位于 772 nm，与 ITIC 类似，但摩尔消光系数比 ITIC 略高，说明侧链对材料的吸光能力有一定影响。ITIC-Th 的 LUMO 能级较 ITIC 下移 0.1 eV，HOMO 能级较 ITIC 下移 0.18 eV，这是由噻吩侧链的 σ 诱导效应引起的。ITIC-Th 的电子迁移率为 6.1×10^{-4} cm^2/(V·s)，比 ITIC[3.0×10^{-4} cm^2/(V·s)]高一倍。

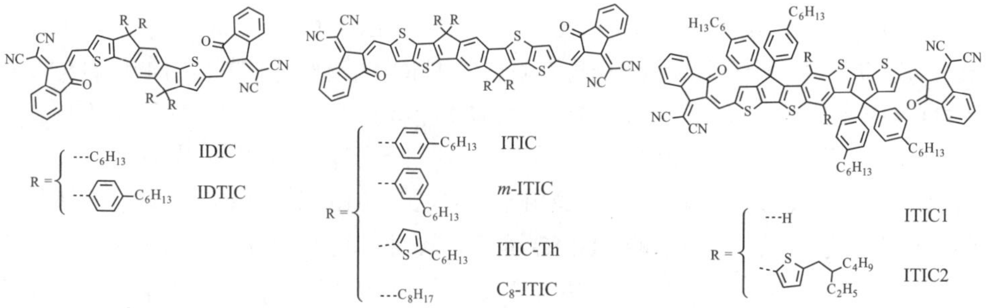

图 1-17 含不同侧链的稠环电子受体的分子结构

Heeney 课题组在 ITIC 分子基础上，将己基苯基侧链换成空间位阻更小的辛基直链，合成了平面性更好的 C$_8$-ITIC 分子[85]。与 ITIC 相比，C$_8$-ITIC 分子堆积增强，薄膜吸收红移 36 nm。C$_8$-ITIC 的摩尔消光系数比 ITIC 的略高。C$_8$-ITIC 的 LUMO 和 HOMO 能级较 ITIC 均上移 0.01 eV。与此类似，带己基侧链的 IDIC 比带己基苯基侧链的 IDTIC 的性能高。

二维共轭结构可以增强分子的堆积，提高电子迁移率。占肖卫课题组在 ITIC1 的基础上，引入两个噻吩共轭侧链，合成了 ITIC2[86]。ITIC2 的最大吸收峰（738 nm）与 ITIC1（734 nm）基本相同，摩尔消光系数[2.7×10^5 L/(mol·cm)]比 ITIC1[1.5×10^5 L/(mol·cm)]高，说明共轭侧链增强了吸光能力。ITIC2 的 LUMO 能级（−3.80 eV）较 ITIC1（−3.84 eV）上移 0.04 eV，HOMO 能级（−5.43 eV）较 ITIC1（−5.48 eV）上移 0.05 eV，说明共轭侧链的引入提升了分子能级。

1.4　总结与展望

　　近年来，n 型有机半导体可谓发展迅速，涌现出一大批新型的 n 型有机半导体材料。例如，在有机太阳电池领域，最引人关注的一类 n 型有机半导体材料是稠环电子受体。稠环电子受体是占肖卫课题组在 2015 年首次报道的。经过短短 3 年时间的发展，基于稠环电子受体的有机太阳电池的能量转换效率由起初的 6.8% 发展到超过 17%[87]，稠环电子受体因此受到了高度关注[88-100]。但是，n 型有机半导体与 p 型有机半导体相比，依然需要大力发展，具体包括：①需要设计、合成对空气稳定的 n 型有机半导体。电子传输过程中极易被空气中的水、氧等捕获，从而造成材料性能的降低。因此，n 型有机半导体要想走向应用，这是必须解决的问题。②分子结构简单化，有利于简化材料的合成步骤，提高产量，降低成本。③合成高电子迁移率的 n 型有机半导体。高电子迁移率是 n 型有机半导体材料的一个关键指标，在已报道的文献中可以发现，平面的大并稠环结构(如稠环电子受体)有利于提高材料的电子迁移率，从而实现高性能的 n 型有机半导体材料。④虽然目前基于稠环电子受体的 n 型有机半导体其电子迁移率已经超过 1×10^{-3} cm^2/(V·s)，但是它们都是通过脑文格反应生成的，在酸性或碱性环境中易分解，影响材料的纯度和性能。未来发展高电子迁移率、高稳定性和低成本的 n 型有机半导体材料任务艰巨。

参 考 文 献

[1]　Yu G, Gao J, Hummelen J C, et al. Polymer photovoltaic cells: Enhanced efficiencies via a network of internal donor-acceptor heterojunctions. Science, 1995, 270: 1789-1791.

[2]　He Y J, Chen H Y, Hou J H, et al. Indene-C$_{60}$ bisadduct: A new acceptor for high-performance polymer solar cells. J Am Chem Soc, 2010, 132: 1377-1382.

[3]　Faist M A, Shoaee S, Tuladhar S, et al. Understanding the reduced efficiencies of organic solar cells employing fullerene multiadducts as acceptors. Adv Energy Mater, 2013, 3: 744-752.

[4]　Cheng Y J, Hsieh C H, Li P J, et al. Morphological stabilization by *in situ* polymerization of fullerene derivatives leading to efficient, thermally stable organic photovoltaics. Adv Funct Mater, 2011, 21: 1723-1732.

[5]　Liao M, Tsai C, Lai Y, et al. Morphological stabilization by supramolecular perfluorophenyl-C$_{60}$ interactions leading to efficient and thermally stable organic photovoltaics. Adv Funct Mater, 2014, 24: 1418-1429.

[6]　Mikroyannidis J A, Kabanakis A N, Sharma S S, et al. A simple and effective modification of PCBM for use as an electron acceptor in efficient bulk heterojunction solar cells. Adv Funct Mater, 2011, 21: 746-755.

[7]　Chow P C, Albert-Seifried S, Gélinas S, et al. Nanosecond intersystem crossing times in

fullerene acceptors: Implications for organic photovoltaic diodes. Adv Mater, 2014, 26: 4851-4854.

[8] Matsuo Y, Kawai J, Inada H, et al. Addition of dihydromethano group to fullerenes to improve the performance of bulk heterojunction organic solar cells. Adv Mater, 2013, 25: 6266-6269.

[9] Zhao G J, He Y J, Li Y F. 6.5% Efficiency of polymer solar cells based on poly (3-hexylthiophene) and indene-C_{60} bisadduct by device optimization. Adv Mater, 2010, 22: 4355-4358.

[10] Wang T S, Liao X X, Wang J Z, et al. Indan-C_{60}: From a crystalline molecule to photovoltaic application. Chem Commun, 2013, 49: 9923-9925.

[11] Zhang P, Li C, Li Y W, et al. A fullerene dyad with a tri(octyloxy)benzene moiety induced efficient nanoscale active layer for the poly(3-hexylthiophene)-based bulk heterojunction solar cell applications. Chem Commun, 2013, 49: 4917-4919.

[12] Li Y F. Fullerene-bisadduct acceptors for polymer solar cells. Chem Asian J, 2013, 8: 2316-2328.

[13] Guo X, Cui C H, Zhang M J, et al. High efficiency polymer solar cells based on poly(3-hexylthiophene)/indene-C_{70} bisadduct with solvent additive. Energ Environ Sci, 2012, 5: 7943-7949.

[14] Lai Y Y, Cheng Y J, Hsu C S. Applications of functional fullerene materials in polymer solar cells. Energ Environ Sci, 2014, 7: 1866-1883.

[15] Treat N D, Varotto A, Takacs C J, et al. Polymer-fullerene miscibility: A metric for screening new materials for high-performance organic solar cells. J Am Chem Soc, 2012, 134: 15869-15879.

[16] Singh T B, Marjanovic N, Matt G J, et al. High-mobility n-channel organic field-effect transistors based on epitaxially grown C_{60} films. Org Electron, 2005, 6: 105-110.

[17] Ding L M, He D, Xiao Z, et al. A highly efficient fullerene acceptor for polymer solar cells. Phys Chem Chem Phys, 2014, 16: 7205-7208.

[18] Hummelen J C, Knight B W, Lepeq F, et al. Preparation and characterization of fulleroid and methanofullerene derivatives. J Org Chem, 1995, 60: 532-538.

[19] He Y J, Li Y F. Fullerene derivative acceptors for high performance polymer solar cells. Phys Chem Chem Phys, 2011, 13: 1970-1983.

[20] Wienk M M, Kroon J M, Verhees W J H, et al. Efficient methano[70]fullerene/MDMO-PPV bulk heterojunction photovoltaic cells. Angew Chem Int Edit, 2003, 42: 3371-3375.

[21] Zhan X W, Facchetti A, Barlow S, et al. Rylene and related diimides for organic electronics. Adv Mater, 2011, 23: 268-284.

[22] Zhao X G, Zhan X W. Electron transporting semiconducting polymers in organic electronics. Chem Soc Rev, 2011, 40: 3728-3743.

[23] Jiang W, Li Y, Wang Z H. Tailor-made rylene arrays for high performance n-channel semiconductors. Acc Chem Res, 2014, 47: 3135-3147.

[24] Guo X G, Facchetti A, Marks T J. Imide and amide-functionalized polymer semiconductors. Chem Rev, 2014, 114: 8943-9021.

[25] Lin Y Z, Li Y F, Zhan X W. Small molecule semiconductors for high-efficiency organic photovoltaics. Chem Soc Rev, 2012, 41: 4245-4272.

[26] Cai Y H, Huo L J, Sun X B, et al. High performance organic solar cells based on a twisted bay-substituted tetraphenyl functionalized perylenediimide electron acceptor. Adv Energy Mater, 2015, 5: 1500032.

[27] Li Y, Wang C, Li C, et al. Synthesis and properties of ethylene-annulated di (perylene diimides). Org Lett, 2012, 14: 5278-5281.

[28] Zhong Y, Trinh M T, Chen R, et al. Efficient organic solar cells with helical perylene diimide electron acceptors. J Am Chem Soc, 2014, 136: 15215-15221.

[29] Zhong Y, Trinh M T, Chen R, et al. Molecular helices as electron acceptors in high-performance bulk heterojunction solar cells. Nat Commun, 2015, 6: 8242.

[30] Jiang W, Ye L, Li X G, et al. Bay-linked perylene bisimides as promising non-fullerene acceptors for organic solar cells. Chem Commun, 2014, 50: 1024-1026.

[31] Sun D, Meng D, Cai Y H, et al. Non-fullerene-acceptor-based bulk-heterojunction organic solar cells with efficiency over 7%. J Am Chem Soc, 2015, 137: 11156-11162.

[32] Meng D, Sun D, Zhong C, et al. High-performance solution-processed non-fullerene organic solar cells based on selenophene-containing perylene bisimide acceptor. J Am Chem Soc, 2016, 138: 375-380.

[33] Zhang X, Lu Z H, Ye L, et al. A potential perylene diimide dimer-based acceptor material for highly efficient solution-processed non-fullerene organic solar cells with 4.03% efficiency. Adv Mater, 2013, 25: 5791-5797.

[34] Lin Y Z, Wang J Y, Dai S X, et al. A twisted dimeric perylene diimide electron acceptor for efficient organic solar cells. Adv Energy Mater, 2014, 4: 1400420.

[35] Zhao J B, Li Y K, Lin H R, et al. High-efficiency non-fullerene organic solar cells enabled by a difluorobenzothiadiazole-based donor polymer combined with a properly matched small molecule acceptor. Energ Environ Sci, 2015, 8: 520-525.

[36] Langhals H, Jona W. Intense dyes through chromophore-chromophore interactions: Bi-and trichromophoric perylene-3,4:9,10-bis(dicarboximide)s. Angew Chem Int Ed, 1998, 37: 952-955.

[37] Wu C H, Chueh C C, Xi Y Y, et al. Influence of molecular geometry of perylene diimide dimers and polymers on bulk heterojunction morphology toward high-performance nonfullerene polymer solar cells. Adv Funct Mater, 2015, 25: 5326-5332.

[38] Liang N N, Sun K, Zheng Z, et al. Perylene diimide trimers based bulk heterojunction organic solar cells with efficiency over 7%. Adv Energy Mater, 2016, 6: 1600060.

[39] Lin Y Z, Wang F Y, Wang J Y, et al. A star-shaped perylene diimide electron acceptor for high-performance organic solar cells. Adv Mater, 2014, 26: 5137-5142.

[40] Liu Y H, Mu C, Jiang K, et al. A tetraphenylethylene core-based 3D structure small molecular acceptor enabling efficient non-fullerene organic solar cells. Adv Mater, 2015, 27: 1015-1020.

[41] Liu Y H, Lai J Y L, Chen S S, et al. Efficient non-fullerene polymer solar cells enabled by tetrahedron-shaped core based 3D-structure small-molecular electron acceptors. J Mater Chem A,

2015, 3: 13632-13636.

[42] Chen W Q, Yang X, Long G K, et al. A perylene diimide (PDI)-based small molecule with tetrahedral configuration as a non-fullerene acceptor for organic solar cells. J Mater Chem C, 2015, 3: 4698-4705.

[43] Wu Q H, Zhao D L, Schneider A M, et al. Covalently bound clusters of alpha-substituted PDI: Rival electron acceptors to fullerene for organic solar cells. J Am Chem Soc, 2016, 138: 7248-7251.

[44] Zhan X W, Tan Z A, Domercq B, et al. A high-mobility electron-transport polymer with broad absorption and its use in field-effect transistors and all-polymer solar cells. J Am Chem Soc, 2007, 129: 7246-7247.

[45] Dai S X, Lin Y Z, Cheng P, et al. Perylene diimide-thienylenevinylene-based small molecule and polymer acceptors for solution-processed fullerene-free organic solar cells. Dyes Pigments, 2015, 114: 283-289.

[46] Dai S X, Cheng P, Lin Y Z, et al. Perylene and naphthalene diimide polymers for all-polymer solar cells: A comparative study of chemical copolymerization and physical blend. Polym Chem, 2015, 6: 5254-5263.

[47] Zhou Y, Yan Q F, Zheng Y Q, et al. New polymer acceptors for organic solar cells: The effect of regio-regularity and device configuration. J Mater Chem A, 2013, 1: 6609-6613.

[48] Zhou Y, Kurosawa T, Ma W, et al. High performance all-polymer solar cell via polymer side-chain engineering. Adv Mater, 2014, 26: 3767-3772.

[49] Zhang Y D, Wan Q, Guo X, et al. Synthesis and photovoltaic properties of an n-type two-dimension-conjugated polymer based on perylene diimide and benzodithiophene with thiophene conjugated side chains. J Mater Chem A, 2015, 3: 18442-18449.

[50] Jung I H, Zhao D, Jang J, et al. Development and structure/property relationship of new electron accepting polymers based on thieno[2',3':4,5]pyrido[2,3-g]thieno[3,2-c]quinoline- 4,10-dione for all-polymer solar cells. Chem Mater, 2015, 27: 5941-5948.

[51] Guo Y K, Li Y K, Awartani O, et al. A vinylene-bridged perylenediimide-based polymeric acceptor enabling efficient all-polymer solar cells processed under ambient conditions. Adv Mater, 2016, 28: 8483-8489.

[52] Lee C, Kang H, Lee W, et al. High-performance all-polymer solar cells via side-chain engineering of the polymer acceptor: The importance of the polymer packing structure and the nanoscale blend morphology. Adv Mater, 2015, 27: 2466-2471.

[53] Earmme T, Hwang Y, Murari N M, et al. All-polymer solar cells with 3.3% efficiency based on naphthalene diimide-selenophene copolymer acceptor. J Am Chem Soc, 2013, 135: 14960-14963.

[54] Chen Z H, Zheng Y, Yan H, et al. Naphthalenedicarboximide- vs perylenedicarboximide-based copolymers. Synthesis and semiconducting properties in bottom-gate n-channel organic transistors. J Am Chem Soc, 2009, 131: 8-9.

[55] Jung J W, Jo J W, Chueh C C, et al. Fluoro-substituted n-type conjugated polymers for additive-free all-polymer bulk heterojunction solar cells with high power conversion efficiency

of 6.71%. Adv Mater, 2015, 27: 3310-3317.

[56] Huang H, Zhou N J, Ortiz R P, et al. Alkoxy-functionalized thienyl-vinylene polymers for field-effect transistors and all-polymer solar cells. Adv Funct Mater, 2014, 24: 2782-2793.

[57] Zhou E J, Cong J Z, Wei Q S, et al. All-polymer solar cells from perylene diimide based copolymers: Material design and phase separation control. Angew Chem Int Edit, 2011, 50: 2799-2803.

[58] Nakano K, Nakano M, Xiao B, et al. Naphthodithiophene diimide-based copolymers: Ambipolar semiconductors in field-effect transistors and electron acceptors with near-infrared response in polymer blend solar cells. Macromolecules, 2016, 49: 1752-1760.

[59] Usta H, Newman C, Chen Z, et al. Dithienocoronenediimide-based copolymers as novel ambipolar semiconductors for organic thin-film transistors. Adv Mater, 2012, 24: 3678-3684.

[60] Dai S X, Zhan X W. Fused-ring electron acceptors for organic solar cells. Acta Polym Sin, 2017, 11: 1706-1714.

[61] Yan C Q, Barlow S, Wang Z H, et al. Non-fullerene acceptors for organic solar cells. Nat Rev Mater, 2018, 3: 18003.

[62] Dai S X, Zhan X W. Nonfullerene acceptors for semitransparent organic solar cells. Adv Energy Mater, 2018, 8: 1800002.

[63] Lin Y Z, Wang J Y, Zhang Z G, et al. An electron acceptor challenging fullerenes for efficient polymer solar cells. Adv Mater, 2015, 27: 1170-1174.

[64] Lin Y Z, Zhang Z G, Bai H T, et al. High-performance fullerene-free polymer solar cells with 6.31% efficiency. Energ Environ Sci, 2015, 8: 610-616.

[65] Lin Y Z, Zhan X W. Oligomer molecules for efficient organic photovoltaics. Acc Chem Res, 2016, 49: 175-183.

[66] Xu S J, Zhou Z, Liu W, et al. A twisted thieno[3,4-b]thiophene-based electron acceptor featuring a 14-π-flectron indenoindene core for high-performance organic photovoltaics. Adv Mater, 2017, 29: 1704510.

[67] Bai H T, Wang Y F, Cheng P, et al. An electron acceptor based on indacenodithiophene and 1, 1-dicyanomethylene-3-indanone for fullerene-free organic solar cells. J Mater Chem. A, 2015, 3: 1910-1914.

[68] Lin Y Z, He Q, Zhao F W, et al. A facile planar fused-ring electron acceptor for as-cast polymer solar cells with 8.71% efficiency. J Am Chem Soc, 2016, 138: 2973-2976.

[69] Wang W, Yan C Q, Lau T K, et al. Fused hexacyclic nonfullerene acceptor with strong near-infrared absorption for semitransparent organic solar cells with 9.77% efficiency. Adv Mater, 2017, 29: 1701308.

[70] Li Y X, Lin J D, Che X Z, et al. High efficiency near-infrared and semitransparent non-fullerene acceptor organic photovoltaic cells. J Am Chem Soc, 2017, 139: 17114-17119.

[71] Zhao F W, Dai S X, Wu Y, et al. Single-junction binary-blend nonfullerene polymer solar cells with 12.1% efficiency. Adv Mater, 2017, 29: 1700144.

[72] Dai S X, Li T F, Wang W, et al. Enhancing the performance of polymer solar cells via core engineering of NIR-absorbing electron acceptors. Adv Mater, 2018, 30: 1706571.

[73] Li T F, Dai S X, Ke Z F, et al. Fused tris(thienothiophene)-based electron acceptor with strong near-infrared absorption for high-performance as-cast solar cells. Adv Mater, 2018, 30: 1705969.

[74] Dai S X, Zhao F W, Zhang Q Q, et al. Fused nonacyclic electron acceptors for efficient polymer solar cells. J Am Chem Soc, 2017, 139: 1336-1343.

[75] Jia B Y, Dai S X, Ke Z F, et al. Breaking 10% efficiency in semitransparent solar cells with fused-undecacyclic electron acceptor. Chem Mater, 2017, 30: 239-245.

[76] Li Z Y, Dai S X, Xin J M, et al. Enhancing the performance of the electron acceptor ITIC-Th via tailoring its end groups. Mater Chem Front, 2018, 2: 537-543.

[77] Li S S, Ye L, Zhao W C, et al. Energy-level modulation of small-molecule electron acceptors to achieve over 12% efficiency in polymer solar cells. Adv Mater, 2016, 28: 9423-9429.

[78] Li S S, Ye L, Zhao W C, et al. Significant influence of the methoxyl substitution position on optoelectronic properties and molecular packing of small-molecule electron acceptors for photovoltaic cells. Adv Energy Mater, 2017, 7: 1700183.

[79] Xie D J, Liu T, Gao W, et al. A novel thiophene-fused ending group enabling an excellent small molecule acceptor for high-performance fullerene-free polymer solar cells with 11.8% efficiency. Solar RRL, 2017, 1: 1700044.

[80] Feng H R, Qiu N L, Wang X, et al. An A-D-A type small-molecule electron acceptor with end-extended conjugation for high performance organic solar cells. Chem Mater, 2017, 29: 7908-7917.

[81] Li S S, Ye L, Zhao W C, et al. Design of a new small-molecule electron acceptor enables efficient polymer solar cells with high fill factor. Adv Mater, 2017, 29: 1704051.

[82] Wu Y, Bai H T, Wang Z Y, et al. A planar electron acceptor for efficient polymer solar cells. Energ Environ Sci, 2015, 8: 3215-3221.

[83] Yang Y K, Zhang Z G, Bin H J, et al. Side-chain isomerization on an n-type organic semiconductor ITIC acceptor makes 11.77% high efficiency polymer solar cells. J Am Chem Soc, 2016, 138: 15011-15018.

[84] Lin Y Z, Zhao F W, He Q Q, et al. High-performance electron acceptor with thienyl side chains for organic photovoltaics. J Am Chem Soc, 2016, 138: 4955-4961.

[85] Fei Z P, Eisner F D, Jiao X C, et al. An alkylated indacenodithieno[3,2-*b*]thiophene-based nonfullerene acceptor with high crystallinity exhibiting single junction solar cell efficiencies greater than 13% with low voltage losses. Adv Mater, 2018, 30: 1705209.

[86] Wang J Y, Wang W, Wang X H, et al. Enhancing performance of nonfullerene acceptors via side-chain conjugation strategy. Adv Mater, 2017, 29: 1702125.

[87] Meng L X, Zhang Y M, Wan X J, et al. Organic and solution-processed tandem solar cells with 17.3% efficiency. Science, 2018, 361: 1094-1098.

[88] Zhang Y M, Kan B, Sun Y N, et al. Nonfullerene tandem organic solar cells with high performance of 14.11%. Adv Mater, 2018, 30: 1707508.

[89] Zhang S Q, Qin Y P, Zhu J, et al. Over 14% efficiency in polymer solar cells enabled by a chlorinated polymer donor. Adv Mater, 2018, 30: 1800868.

[90] Xiao Z, Jia X, Ding L M. Ternary organic solar cells offer 14% power conversion efficiency. Sci Bull, 2017, 62: 1562-1564.

[91] Li H, Xiao Z, Ding L M, et al. Thermostable single-junction organic solar cells with a power conversion efficiency of 14.62%. Sci Bull, 2018, 63: 340-342.

[92] Yao H F, Cui Y, Yang C Y, et al. Organic solar cells with an efficiency approaching 15%. Acta Polym Sin, 2018, 17297: 223-230.

[93] Xu X P, Yu T, Bi Z Z, et al. Realizing over 13% efficiency in green-solvent-processed nonfullerene organic solar cells enabled by 1,3,4-thiadiazole-based wide-bandgap copolymers. Adv Mater, 2018, 30: 1703973.

[94] Fan Q P, Zhu Q L, Xu Z, et al. Chlorine substituted 2D-conjugated polymer for high-performance polymer solar cells with 13.1% efficiency via toluene processing. Nano Energy, 2018, 48: 413-420.

[95] Zhu J, Ke Z, Zhang Q, et al. Naphthodithiophene-based nonfullerene acceptor for high-performance organic photovoltaics: Effect of extended conjugation. Adv Mater, 2018, 30: 1704713.

[96] Yu R N, Yao H, Cui Y, et al. Improved charge transport and reduced nonradiative energy loss enable over 16% efficiency in ternary polymer solar cells. Adv Mater, 2019, 31(36): 1902302

[97] Sun C K, Pan F, Bin H J, et al. A low cost and high performance polymer donor material for polymer solar cells. Nat Comm, 2018, 9: 743.

[98] Luo Z H, Bin H J, Liu T, et al. Fine-tuning of molecular packing and energy level through methyl substitution enabling excellent small molecule acceptors for nonfullerene polymer solar cells with efficiency up to 12.54%. Adv Mater, 2018, 30: 1706124.

[99] Xue P Y, Xiao Y Q, Li T F, et al. High-performance ternary organic solar cells with photoresponses beyond 1000 nm. J Mater Chem A, 2018, 6: 24210-24215.

[100] Dai S X, Chandrabose S, Xin J M, et al. High-performance organic solar cells based on polymer donor/small molecule donor/nonfullerene acceptor ternary blends. J Mater Chem A, 2019, 7: 2268-2274.

第 **2** 章

---

n 型有机半导体在发光二极管中的应用

2.1 有机发光二极管简介

有机发光二极管(organic light emitting diode,OLED),又称有机电致发光器件,是一种自发光的薄膜型电子器件,同无机 LED 一样,它可以应用于显示和照明领域。与传统的 LCD 显示方式不同,OLED 显示技术不需要背光源,具有全固态、高对比度、无视角限制、响应速度快、工作范围广等特点,易于实现柔性显示和 3D 显示。此外,OLED 具有可大面积成膜、发光光谱接近太阳光等优良特性,被认为是一种健康的平面型光源。

2.1.1 有机发光二极管的发展历史

1963 年,Pope 等首次观察到了蒽单晶的电致发光现象[1]。由于蒽单晶发光层过厚(10~20 μm)以及使用导电银胶和 0.1 mol/L 的 NaCl 溶液作为电极,所以器件的驱动电压高(400 V)、量子效率低,但是该工作揭开了有机固体电致发光的序幕。

Kampas 等于 1977 年[2]、Vincett 等于 1982 年[3]采用真空沉积技术制备了OLED,并在一定程度上提高了器件性能,但是由于在器件结构和材料选择上存在明显的缺陷,OLED 的效率和寿命没有本质性提高。

1987 年,美国柯达公司的 Tang(邓青云)和 Vanslyke 提出了双层结构的设计思想[4],并选择具有较好成膜性能的有机功能材料制备 OLED。在 10 V 驱动电压下,器件亮度达到 1000 cd/m^2,功率效率为 1.5 lm/W,寿命超过 1000 h。双层结构极大地提高了 OLED 的效率和寿命,使人们看到了 OLED 作为新一代平板显示材料的潜力,从此荧光 OLED 成为世界范围的研究热点。

1990 年,英国剑桥大学 Friend 研究小组首次报道了聚对苯撑乙烯的电致发光现象[5],从而引起了研究人员对共轭聚合物发光材料的浓厚兴趣。1992 年聚合物电致发光薄膜在美国被评为该年度化学领域的十大成果之一。

　　1999 年，Forrest 研究小组在 OLED 中使用了一种磷光金属配合物，在 4.3 V 驱动电压下，器件发出绿光，亮度达到 100 cd/m^2，外量子效率达到 7.5%，功率效率为 19 lm/W[6]。有机磷光发光材料的成功研发，使人们真正看到了 OLED 成长为新一代平板显示材料的希望。从此磷光 OLED 成为研究热点。

　　2002 年，Leo 研究小组在 OLED 中引入了有机 p 型掺杂层和有机 n 型掺杂层，制备出具有低驱动电压的 pin OLED[7]；红光磷光 pin OLED 在初始亮度 500 cd/m^2 下，半衰期寿命可到 1×10^6 h[8]。2009 年，Leo 研究小组报道了白光 pin OLED，其功率效率超过 100 lm/W，达到了商用荧光灯管的水平[9]。

　　2012 年，Adachi 研究小组基于热致延迟荧光(thermally activated delayed fluorescence，TADF)原理，开发出一类新型的高效率有机发光材料[10]。由于 TADF 发光材料能够同时利用单线态和三线态激子发光，TADF OLED 的外量子效率能够达到 20%以上(对应的内量子效率接近 100%)，因此，TADF 发光材料成为有机电致发光领域一个新的研究热点。

　　经过近 30 年的发展，OLED 在工作原理、材料研发、制备技术等方面取得了长足进步。目前，中小尺寸有源矩阵有机发光二极管(AMOLED)显示屏已实现规模化的商业应用。三星公司生产的 5.5 in(1 in=2.54 cm)、1080P 高清 AMOLED 显示屏的良品率超过 80%，单价为 14.3 美元，低于目前同等尺寸、规格的 LCD 显示屏(14.7 美元)。2017 年 AMOLED 共出货 4.4 亿块，其中包括 1.4 亿块柔性显示屏，市场营收达到 271 亿美元。智能手机、电视、手表分别占到 AMOLED 市场应用的 87.4%、5.6%、3.2%。预计 AMOLED 市场营收的年增长率为 22%，到 2022 年将达到 805 亿美元。

2.1.2　有机半导体材料的物理特性

1. 有机半导体材料的能级结构

　　有机固体是有机分子通过范德瓦耳斯力连接而形成的。有机分子一般由 C、H、O、N、S、Si 等原子通过共价键按一定顺序结合而形成。根据价键理论，共价键分 σ 键和 π 键两种。有机分子的能级结构一般由分子轨道理论来描述，其核心思想是杂化原子轨道线性重组形成分子轨道。如图 2-1 所示，σ 轨道和 π 轨道为成键分子轨道，每一个轨道都被自旋相反的两个电子所占据，反键分子轨道包括 σ*轨道和 π*轨道，均为空轨道。非键 n 轨道具有一对孤对电子。

　　有机半导体材料的光活性主要来自电子受光激发后在分子轨道间的跃迁，主要有 σ→σ*、π→π*、n→σ*和 n→π*等，如图 2-1 所示。由于 σ→σ*跃迁和 n→σ*跃迁所需的光激发能量较高(一般位于远紫外光区)，不能产生我们所期望的光电响应(如发射可见光)。n→π*和 π→π*跃迁所需的光激发能量较低(一般位于近紫外到近红外光区之间)，是决定有机半导体材料光电性能的主要因素。总之，有机半导体材料的分子结构中一般含有共轭双键(提供 π 电子)和 O、N、S、Si 等杂原子(提供 n 电子),将生色团或助色团引入有机分子中,能够有效调节有机材料的光电性能。

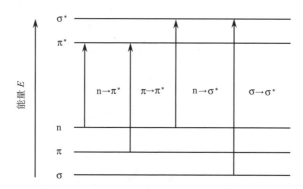

图 2-1　有机分子中的分子轨道及电子跃迁示意简图

有机固体同无机固体在以下两个方面存在明显的差异。首先,有机分子间的范德瓦耳斯力较弱,导致有机固体中载流子或电子-空穴对(又称为激子)的平均自由程和晶胞参数在同一个数量级上;其次,有机固体的介电常数较小,一般在 3～4 之间,远小于无机固体,如硅的介电常数为 11,因此有机固体中电子-空穴对的库仑束缚能比无机固体大得多。

2. 有机分子的激发态

1)有机分子对光的吸收

有机分子吸收光子后,如图 2-2 所示,从基态(S_0)被激发至较高能态(激发态,S_1 或 T_1)。或者说,被吸收的光子能量可以使有机分子中处于较低能量轨道的电子跃迁至较高能量的轨道,如图 2-3 所示。S_1 的电子总自旋量子数为 0,即自旋反对称,称为单线态激子;T_1 的电子总自旋量子数为 1,即自旋对称,称为三线态激子。光的吸收是有机分子中最快的光化学过程,时间尺度约为 10^{-15} s。

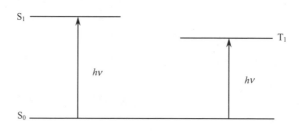

图 2-2　有机分子的态和光吸收示意图

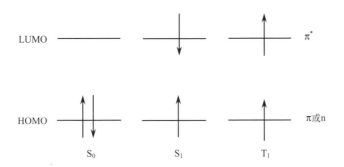

图 2-3 有机分子中态的轨道和电子构型

由图 2-3 可以看出，S_0 和 S_1 的电子自旋方向相同，因此 $S_0 \rightarrow S_1$ 跃迁是自旋允许的，相应光吸收峰的摩尔消光系数大；有机分子的荧光来自 $S_1 \rightarrow S_0$ 的辐射跃迁，这是自旋允许的过程。S_0 和 T_1 的电子自旋方向不相同，所以 $S_0 \rightarrow T_1$ 跃迁是自旋禁阻的，相应光吸收峰的摩尔消光系数小；有机分子的磷光来自 $T_1 \rightarrow S_0$ 的辐射跃迁，这是自旋禁阻的过程。有机分子中基态和激发态的特性一般由最高占据分子轨道(HOMO，对应于无机固体的价带)和最低未占分子轨道(LUMO，对应于无机固体的导带)来描述，HOMO 可以是 π 轨道或 n 轨道，LUMO 一般为 π^* 轨道。

2) 激发态的能量

有机分子中的 S_0、S_1、T_1 的能量表述如下[11]：

$$E(S_0)=0 \quad (定义) \tag{2-1}$$

$$E(S_1)=E(n, \pi^*)+K(n, \pi^*)+J(n, \pi^*) \tag{2-2}$$

$$E(T_1)=E(n, \pi^*)+K(n, \pi^*)-J(n, \pi^*) \tag{2-3}$$

其中：$E(n, \pi^*)$ 为电子从 n 轨道跃迁至 π^* 轨道所需要的能量；K 为由库仑斥力引起的电子排斥能；J 为由电子交换引起的电子排斥能，K 和 J 均为正值。通过式(2-2)和式(2-3)，能够得到 S_1 和 T_1 之间的能量差 ΔE_{ST}：

$$\Delta E_{ST}= E(S_1)-E(T_1)=2J(n, \pi^*)>0 \tag{2-4}$$

$J(n, \pi^*)$ 值取决于 n 轨道和 π^* 轨道的重叠积分 $\langle n | \pi^* \rangle$；同理，$J(\pi, \pi^*)$ 值取决于 π 轨道和 π^* 轨道的重叠积分 $\langle \pi | \pi^* \rangle$。一般而言，n 轨道垂直于 π^* 轨道，所以 $\langle n | \pi^* \rangle$ 值较小；π 轨道平行于 π^* 轨道，所以 $\langle \pi | \pi^* \rangle$ 值较大。图 2-4 比较了甲醛分子的态能量，可以看到，(n, π^*) 激发态的 ΔE_{ST} 要小于 (π, π^*) 激发态。

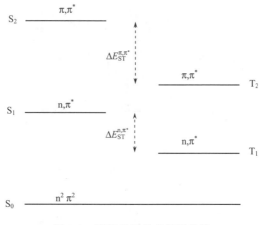

图 2-4　甲醛分子的态能量比较

3) 激子束缚能

激子又称为电子-空穴对，其中电子和空穴通过库仑静电力互相吸引。激子是一种电中性的准粒子，能够存在于绝缘体、半导体和部分液体中。

半导体吸收光子，处于价带的电子被激发跃迁至导带，并在价带处留下一个空位（即空穴），这个过程称为激子的形成。由于激子周围大量的电子对处于导带的电子具有库仑斥力作用，综合结果表现为处于导带的电子被处于价带的空穴有效地吸引，这种吸引作用能够稳定体系，使其达到能量平衡。因此，激子的能量 $E(S_1)$ 要小于导带和价带的能级差 E_T。这样激子束缚能或库仑束缚能 E_B 定义如下[12]：

$$E_B = E_T - E(S_1) \qquad (2-5)$$

其中：$E(S_1)$ 也称为光学带隙，可通过测量物质的吸收光谱获得；在有机材料中，$E_T = |E_{HOMO} - E_{LUMO}|$，$E_{HOMO}$ 为 HOMO 能级，E_{LUMO} 为 LUMO 能级。

当材料的介电常数较小时，电子间的库仑斥力较强（根据库仑静电力方程即可得出），E_B 较大，此时的激发态称为 Frenkel 激子，如图 2-5（a）所示。Frenkel 激子的 E_B 一般在 0.1～1 eV 之间，在室温下不能自发地解离成自由载流子，有机材料中的激发态属于这一类。当材料的介电常数较大时，介质的库仑屏蔽作用较强，激子中电子和空穴间的库仑引力较弱，E_B 变小，此时的激发态称为 Wannier-Mott 激子，如图 2-5（b）所示。Wannier-Mott 激子的 E_B 一般小于 0.1 eV，在室温下能够自发地分离成自由载流子，无机材料中的激发态属于这一类。

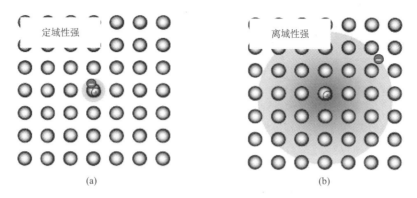

图 2-5　Frenkel 激子(a) 和 Wannier-Mott 激子(b) 示意图

Frenkel 激子的半径约为 1 nm；Wannier-Mott 激子的半径约为 10 nm

3. 有机固体中 HOMO 能级和 LUMO 能级的测定

在有机固体中，HOMO 能级和 LUMO 能级是非常重要的材料参数，对于材料性能评价和器件设计，具有重要的指导意义。

1)E_{HOMO} 的测定

$-E_{\text{HOMO}}$ 称为电离势 (IP)，体现的是有机材料给出电子的能力，能够用来评价正极/空穴传输层界面处的空穴注入势垒，通常采用紫外光电子能谱仪 (UPS) 来测定。虽然 UPS 测出的 E_{HOMO} 数值比较可靠，但是 UPS 设备昂贵，操作复杂，因此很多实验室采用电化学循环伏安法测定 E_{HOMO}，计算公式如下[13]：

$$E_{\text{HOMO}} = -4.8\ \text{eV} - qV_{\text{CV,Ox}} \tag{2-6}$$

其中：q 为基本电荷；$V_{\text{CV,Ox}}$ 为有机材料相对于二茂铁标准电极的氧化电势。也可以采用更为精确的计算公式[12]：

$$E_{\text{HOMO}} = -(1.4\pm0.1)\times qV_{\text{CV,Ox}} - (4.6\pm0.08)\ \text{eV} \tag{2-7}$$

2)E_{LUMO} 的测定

$-E_{\text{LUMO}}$ 称为电子亲和势 (EA)，体现的是有机材料得到电子的能力，能够用来评价负极/电子传输层界面处的电子注入势垒。可采用反向光电子能谱 (IPES) 来测定，也可以通过光学带隙 $E(\text{S}_1)$ 估算得到：

$$E_{\text{LUMO}} = E_{\text{HOMO}} + E(\text{S}_1) \tag{2-8}$$

或者采用循环伏安法测定 E_{LUMO}，计算公式如下[13]：

$$E_{\text{LUMO}} = -4.8\ \text{eV} - qV_{\text{CV, Re}} \tag{2-9}$$

其中：$V_{CV,Re}$ 为有机材料相对于二茂铁标准电极的还原电势。也可以采用更为精确的计算公式[12]：

$$E_{LUMO} = -(1.19\pm0.08) \times qV_{CV,Re} - (4.78\pm0.17) \text{ eV} \tag{2-10}$$

4. 有机固体的载流子迁移率

当没有外加电场时，固体中的载流子(电子和空穴)做无规则运动，在任何方向上都不产生净位移。当有外加电场时，载流子会被电场加速。由于受到缺陷、杂质、声子的散射作用，载流子不能被无限加速，相反，它们只能以一个有限的平均速度前进，被称为漂移速度 v，表述为

$$v = \mu E \tag{2-11}$$

其中：E 为电场强度；μ 为载流子迁移率。

μ 是衡量载流子在电场作用下运动能力的主要参数，运动得越快，μ 越大；运动得越慢，μ 越小。同一种半导体材料中，空穴迁移率 μ_h 和电子迁移率 μ_e 有可能不同。目前有机半导体的 μ 可达到 $1\sim10$ $cm^2/(V \cdot s)$[14]，已经达到了 a-Si 水平。OLED 中所使用的有机小分子空穴传输材料的 μ_h 一般在 $10^{-5}\sim10^{-3}$ $cm^2/(V \cdot s)$ 之间，与有机小分子电子传输材料的 μ_e 基本相当。载流子传输一般被认为是电子或空穴在陷阱态之间的跳跃过程[14]。μ 与分子间距、电场强度、温度、分子取向和分子间的重叠程度等有明显的依赖关系。描述无序态有机半导体中载流子传输的理论有 Poole-Frenkel 效应[15]、小极化子模型[16]、无序机理[17]。

测量 μ 是有机半导体材料性能表征的一个重要部分。目前经常使用的测量 μ 的方法有飞行时间(time of flight，TOF)法[18]、空间电荷限制电流(SCLC)分析法[19]、瞬态电致发光(transient electroluminescence)法[20]、有机场效应晶体管(OFET)法[21]等，其中经常使用且测量较为准确的方法是 TOF 法和 SCLC 分析法。

在 TOF 法测量中，μ 可表述为

$$\mu = d^2/(V/\tau) \tag{2-12}$$

其中：d 为有机薄膜厚度(通常在 $5\sim20$ μm 之间)；V 为外加偏压；τ 为渡越时间。一般认为，TOF 法测量的 μ 较为准确，不足之处在于该方法中使用的有机薄膜太厚，实验中较难实现。

SCLC 分析法是目前使用较为广泛的 μ 测量方法。当驱动电压较大时，单极性器件(电流只由一种载流子组成)的正(负)极向有机半导体注入空穴(电子)的效率高，此时的器件电流密度 J 取决于载流子传输过程，可以认为是 SCLC，服从 Mott-Gurney 关系[22]：

$$J = \frac{9}{8}\varepsilon\varepsilon_0\mu\frac{V^2}{d^3} \tag{2-13}$$

其中：V 为外加偏压；d 为有机薄膜的厚度；ε 为有机材料的介电常数；ε_0 为自由空间的电容率。但是，Mott-Gurney 关系假设 μ 与电场强度 E 是不相关的，这不适用于有机半导体的情况。根据 Poole-Frenkel 效应，μ 与 E 的关系如下：

$$\mu(E) = \mu_0\exp(\beta\sqrt{E}) \tag{2-14}$$

其中：μ_0 为零电场强度时的载流子迁移率；β 为特征系数。

因此，对电流密度更近似的描述如下[23]：

$$J_{SCLC} = \frac{9}{8}\varepsilon\varepsilon_0\mu_0\exp\left(0.89\beta\sqrt{\frac{V}{d}}\right)\frac{V^2}{d^3} \tag{2-15}$$

由于单极性器件制备简单，所以式(2-15)经常用于 μ 的测量计算。

2.1.3　有机发光二极管的工作原理

1. OLED 的基本结构和加工方式

图 2-6(a) 是一个双层结构 OLED 的示意图[4]。可以看出，OLED 是一种夹心式器件，由金属负极、氧化铟锡(ITO)正极以及夹在中间的两层或多层有机薄膜组成。OLED 中有机薄膜的总厚度一般在 $100\sim200$ nm 之间，可采用真空热蒸发或溶液印刷技术制备；金属负极通常采用真空热蒸发方法制备；ITO 和玻璃基底一起称为 ITO 玻璃，是一种商业化的透明导电材料。

真空热蒸发法制备 AMOLED 已经非常成熟。图 2-6(b) 所示为真空热蒸发镀膜设备的示意图，工作原理如下：首先对一个密闭腔体抽真空，使其真空度达到 $10^{-3}\sim10^{-5}$ Pa，然后采用电阻加热的方式，加热陶瓷坩埚中的有机材料，当温度升

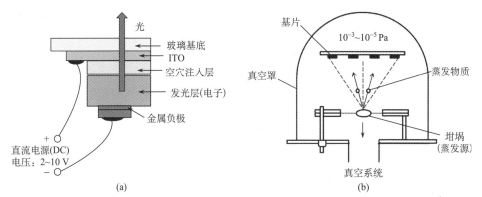

图 2-6　双层结构 OLED 的结构示意图(a)和真空热蒸发镀膜设备示意图(b)

高到一定值时，有机材料会被蒸发形成分子束，沉积在基片上就形成了有机薄膜。三星和 LG Display 公司的 AMOLED 产品均基于此技术制备。此外，Kateeva、LG Display、广东聚华印刷显示技术有限公司等厂家目前正在研发 OLED 喷墨印刷技术，这种技术将有助于降低大尺寸 AMOLED 面板的制备成本。

2. OLED 的工作过程

以三层结构 OLED 为例，简要阐述 OLED 的基本工作原理和能级结构。如图 2-7 所示，OLED 的工作原理由三个基本的过程组成[24]：①载流子注入过程。施加一定的正向偏压下，电子从负极注入到电子传输层中，空穴从正极注入到空穴传输层中。②载流子传输过程。在外加电场的作用下，电子在电子传输层中向发光层输运并进入其中，空穴在空穴传输层中向发光层输运并进入其中。③载流子复合。进入发光层的电子和空穴会复合形成激子，激子辐射衰减释放出光子。其中，过程①和②决定了 OLED 的功耗，即载流子从电极被输运至发光层的效率，功耗越低，工作电压就越低，器件就越节能；过程③决定了 OLED 的发光效率和发光颜色。到目前为止，过程③已经得到了很好的实现，如何实现过程①和②是推动 OLED 产业进一步发展的关键技术问题。

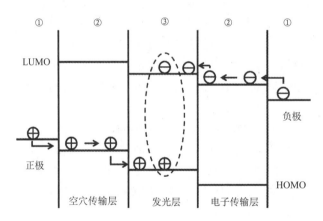

图 2-7　OLED 的工作原理和能级结构图[24]

1）载流子注入

载流子注入是指载流子通过金属/有机层界面从金属进入有机层的过程。该过程的难易程度对器件的功耗、效率和寿命有直接的影响。金属/有机层界面处存在肖特基势垒 Φ_B。Campbell 等[25]认为，当 $\Phi_B<0.4\ \mathrm{eV}$ 时，该界面为欧姆接触(ohmic contact)，界面电阻小，载流子注入容易，器件电流符合 SCLC；当 $\Phi_B>0.4\ \mathrm{eV}$ 时，该界面为肖特基接触(Schottky contact)，界面电阻大，载流子注入较为困难，大部分载流子聚集在金属/有机层界面处，器件电流受界面电阻限制。一般而言，使用高功函材料如 Au、ITO 等作为正极，可以提高空穴注入效率；选用低功函金属如 Ca、Na、Li 等作为负极，可以提高电子注入效率。隧穿注入和热发射注入是两种常见的载流子注入方式[26, 27]。载流子注入方式可以通过器件的电流密度-电压(J-V)特性曲线反映出来。

2) 载流子传输

载流子传输是指有机空穴(电子)传输层将空穴(电子)输运至发光层。有机空穴传输材料的电导率 σ 越大，它所产生的电压降就越小，空穴传输能力就越强：

$$\sigma = N_h q \mu_h \tag{2-16}$$

其中：N_h 为空穴密度；q 为基本电荷；μ_h 为空穴迁移率。同理，有机电子传输材料的 σ 越大，它所产生的电压降就越小，电子传输能力就越强：

$$\sigma = N_e q \mu_e \tag{2-17}$$

其中：N_e 为电子密度；μ_e 为电子迁移率。本征有机材料的 σ 一般在 $10^{-14} \sim 10^{-10}$ S/cm 量级。通过 p 型或 n 型掺杂，有机材料的电导率能够显著提高[28]。

3) 载流子复合和辐射发光

a. 自旋统计

当空穴和电子在发光层复合时，如图 2-8 所示，形成 S_1 的概率为 25%，形成 T_1 的概率为 75%[29]。如果有机发光层只能利用 S_1 发光，那么 OLED 的最大内量子效率只有 25%。如果有机发光层既能利用 S_1 又能利用 T_1 发光，那么 OLED 的最大内量子效率可达到 100%。

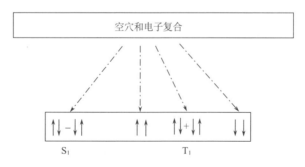

图 2-8　电激发下有机固体中激子的形成[29]

b. 发光层中电子和空穴复合的动力学过程[29]

假定空穴在有机发光层中是定域的，电子能够被有机分子传输。当电子离空穴较远时，电子和空穴间没有关联，互不影响。当电子和空穴间的距离小于临界

值 R_C 时，空穴开始吸引电子。临界值 R_C 的物理意义是此处的库仑引力能 ΔE(e-h) 等于热能 k_BT，表述如下：

$$\Delta E(\text{e-h}) = \frac{q^2}{4\pi\varepsilon_0\varepsilon R_C} = k_BT \tag{2-18}$$

其中：k_B 为玻尔兹曼常量。如果 $\varepsilon=3$，当 $T=300$ K 时，$R_C\approx180$ Å。这说明电子离空穴很远时，它就已经开始受到空穴势场的影响。电子和空穴互相束缚，形成了电荷转移(CT)激发态，25%的 CT 激发态的电子总自旋量子数为 0，75%的 CT 激发态的电子总自旋量子数为 1。不过此时的 CT 激发态很容易发生热解离。

在长程库仑引力的作用下，电子进一步向空穴靠近。当电子和空穴之间的距离小于 10~15 Å 时，电子和空穴的波函数开始轻微重叠，电子-电子交换作用导致了单线态和三线态的能量不一致，此时，电子和空穴复合形成了 Frenkel 激子，并且满足自旋统计。

当一个电子(空穴)在有机电子(空穴)传输层中被陷阱捕获时，它不对器件电流产生贡献，但是会增加器件电压，所以衡量有机电子(空穴)传输层导电能力的参数是 σ。但是在有机发光层中，如果一个电子(空穴)被陷阱捕获，那么它有可能与路过的空穴(电子)复合形成激子，从而对器件电流产生贡献。根据 Langevin 双分子复合方程[30]，有机发光层的 μ 越大，载流子复合速率就越大，载流子的损耗就越小。

将电子和空穴有效地限制在有机发光层中，对于实现高效率的载流子复合是十分重要的。因此，有机空穴传输层和发光层界面处的 ΔE_{LUMO} 要大、ΔE_{HOMO} 要小；有机发光层和电子传输层界面处的 ΔE_{LUMO} 要小、ΔE_{HOMO} 要大。

c. 发光层中激子的辐射发光

有机分子中的激发态能够以三种方式辐射发光：荧光(只利用 S_1)、磷光(利用 S_1 和 T_1)、热致延迟荧光(利用 S_1 和 T_1)。

激子辐射发光的概率取决于激子所处的环境，当激子处于有序单畴中或给体/受体界面时，辐射衰减概率会被大大降低。严格控制器件中激子形成的位置、降低发光层中分子间的相互作用，对于提高器件效率是大有帮助的。

3. OLED 的性能参数

表征 OLED 时，一般测定驱动电压 V(V) 变化时器件的电流密度 J(mA/cm^2)、发光亮度 L(cd/m^2) 及发光光谱。器件的电流效率 CP(cd/A) 表述为

$$\text{CP} = \frac{L}{J} \tag{2-19}$$

假设 OLED 为理想朗伯体，器件的功率效率 PE(lm/W) 表述为

$$PE = \frac{\pi L}{VJ} \tag{2-20}$$

器件的外量子效率(EQE)可通过下述公式计算：

$$EQE = \frac{\pi L \int \dfrac{F'(\lambda)\lambda}{hc}\,d\lambda}{\int F'(\lambda)y(\lambda)\,d\lambda} \div \frac{J}{q} \tag{2-21}$$

其中：λ 为波长；h 为普朗克常量，c 为光速；$F'(\lambda)$ 为器件的电致发射光谱强度；$y(\lambda)$ 为相对发光效率函数。器件 EQE 还可以由下述公式表示：

$$EQE = \gamma \cdot \eta_{S/T} \cdot \Phi_F \cdot \eta_{out} \tag{2-22}$$

其中：γ 为描述电子和空穴平衡的参数；$\eta_{S/T}$ 为自旋统计参数(荧光 OLED 时为 0.25，磷光 OLED 时为 1)；Φ_F 为光致发光效率；η_{out} 为器件的光耦合输出效率。

2.2　有机发光二极管中的 n 型有机半导体

在 OLED 中，n 型有机半导体经常作为电子传输层，与低功函负极如钙、镁等接触，实现电子注入。用于传输电子的 n 型有机半导体需要满足以下几个条件[24]：电子迁移率高，负极界面处的电子注入势垒小，具有可逆的还原特性，成膜性好，热稳定性高。如果器件中的电子传输层不具备较好的空穴阻挡能力，那么需要引入一个额外的 n 型有机半导体作为空穴阻挡层。空穴阻挡层需要满足以下条件：电子接受能力较弱，具有稳定的阴离子自由基，能够阻挡空穴逃离发光层并将电子传输至发光层，同时阻挡激子向电子传输层扩散。有些 n 型有机半导体也可以作为有机发光染料的母体材料。

n 型有机半导体在 OLED 中的主要作用是传输电子和阻挡空穴，通常在分子结构中含有拉电子基团。如图 2-9 所示，杂原子芳环如吡啶(pyridine，**1**)、均三嗪(sym-triazine，**2**)、1,3,4-噁二唑(1,3,4-oxadiazole，**3**)、三唑(triazole，**4**)、吡嗪(pyrazine，**5**)、二(均三甲苯基)硼(dimesitylborane，**6**)、苯并咪唑(benzimidazole，**7**)等均可作为具有拉电子性能的构筑单元。具有电子传输性能且呈无定形态的 n 型有机半导体的分子设计原则是，将拉电子基团引入中心苯环的 1、3、5 位置或将拉电子基团引入 1,3,5-三苯基苯的邻、间、对位，从而形成非平面的分子。将具有拉电子性能的二(均三甲苯基)硼基团引入 π 电子共轭体系，也可以形成一类具有无定形态的电子传输材料。

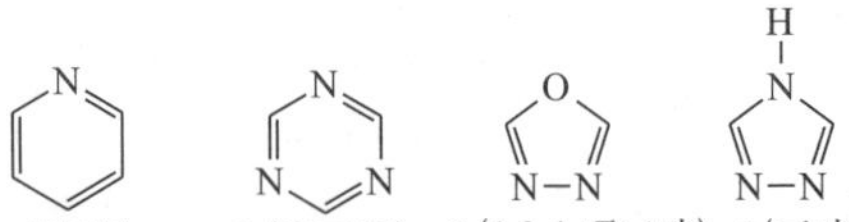

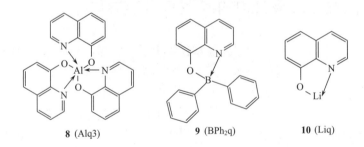

图 2-9　用于构造 n 型有机半导体的拉电子单元

1 (吡啶)　2 (均三嗪)　3 (1,3,4-噁二唑)　4 (三唑)
5 (吡嗪)　6 [二(均三甲苯基)硼]　7 (苯并咪唑) 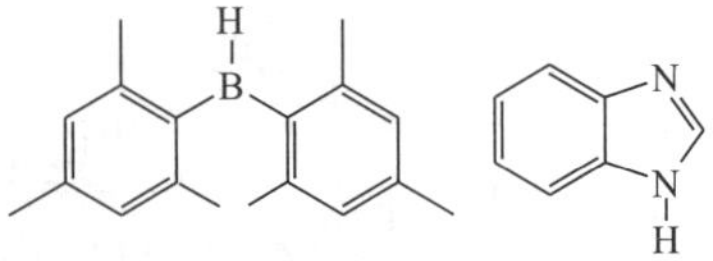

图 2-10 列出了含有铝、硼、锂原子的络合物。三(8-羟基喹啉)铝(**8**)是一种应用广泛的绿光荧光染料,同时也是性能优异的电子传输材料,还可以用作红光和黄光染料的母体,具有多晶性[31]。含硼化合物如 BPh₂q(**9**)可以作为电子传输材料,也能够发出荧光,但是与 *N,N'*-二苯基-*N,N'*-二(1-萘基)-1,1'-联苯-4,4'-二胺(NPB)易形成激基复合物(exciplex)[32]。Liq(**10**)是一种能够作为负极缓冲层、增强电子注入性能的 n 型有机半导体,它的蒸发温度低于 LiF 的[33]。

8 (Alq3)　　**9** (BPh₂q)　　**10** (Liq)

图 2-10　含有铝、硼、锂原子的金属络合物

图 2-11 列出了含有 1,3,4-噁二唑、三唑、邻菲咯啉单元的 n 型有机半导体分子。在早期的 OLED 研究中,*t*-Bu-PBD(**11**)被广泛用作电子传输材料,但是这种材料在空气中容易结晶,导致器件稳定性差[34]。其他含有噁二唑基团的有机分子 OXD-7(**12**)、含三唑基团的 TAZ(**13**)也可以用作电子传输材料[35,36]。另外,含有邻菲咯啉单元的 Bphen(**14**)和 BCP(**15**)是一类性能优良的电子传输材料[6,37]。

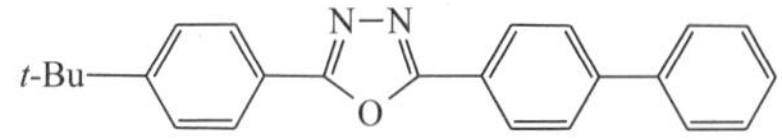

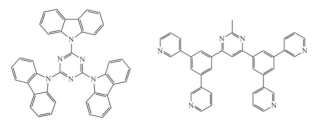

11 (*t*-Bu-PBD) 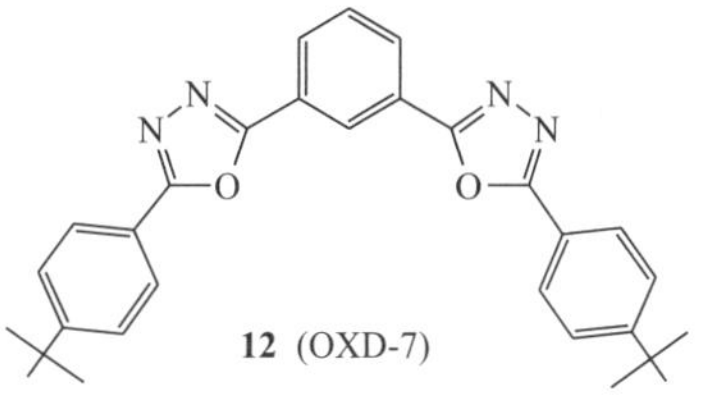　　**12** (OXD-7)

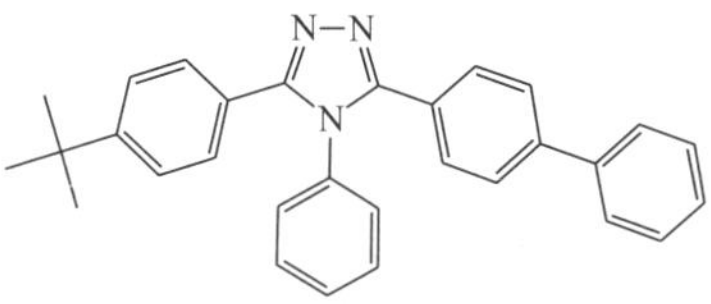

13 (TAZ) 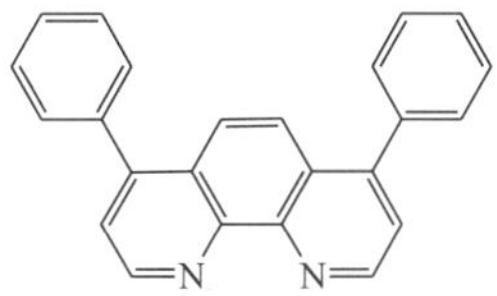　　**14** (Bphen) 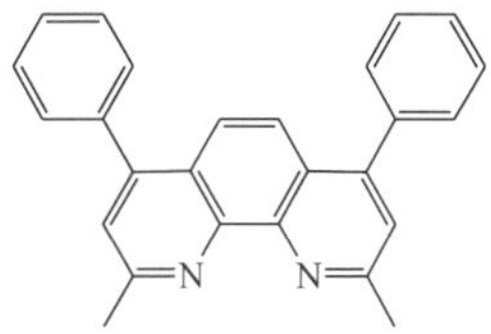　　**15** (BCP)

图 2-11　含有 1,3,4-噁二唑、三唑、邻菲咯啉单元的 n 型有机半导体分子

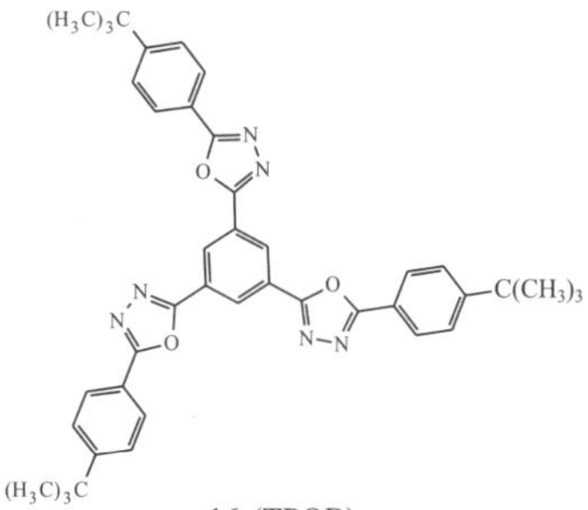

16 (TPOB) 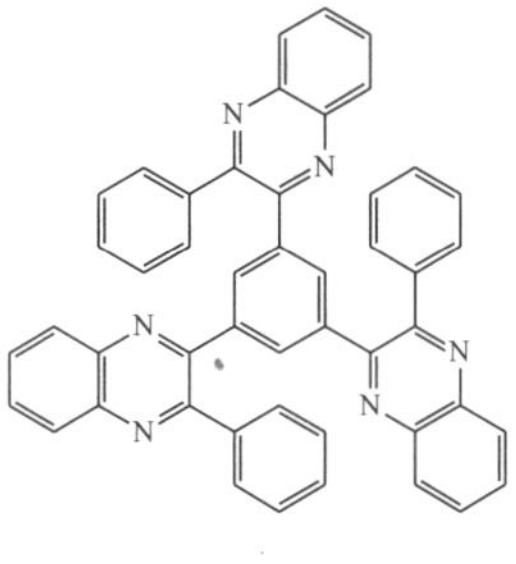　　**17** (TPQ) 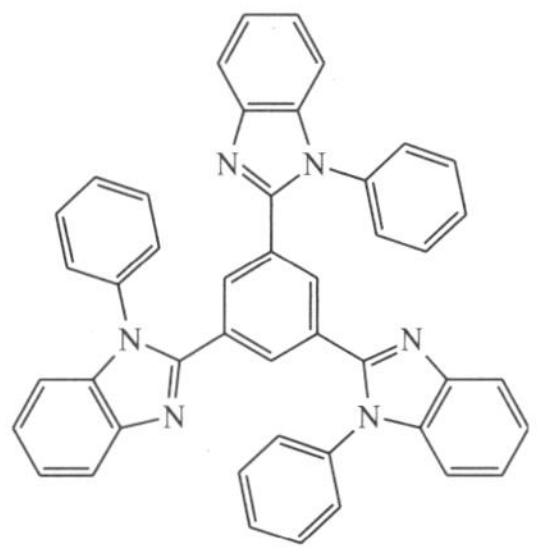　　**18** (TPBI)

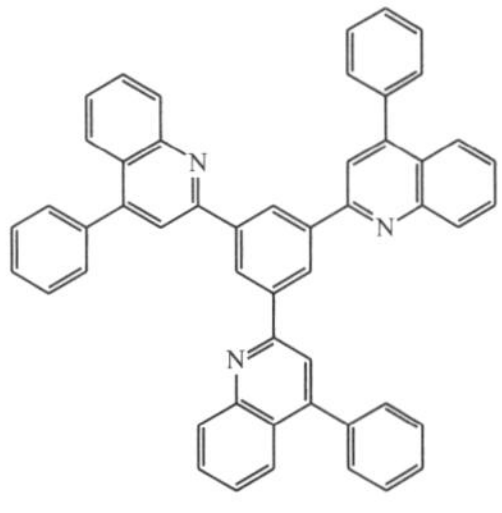

19 (TQB) 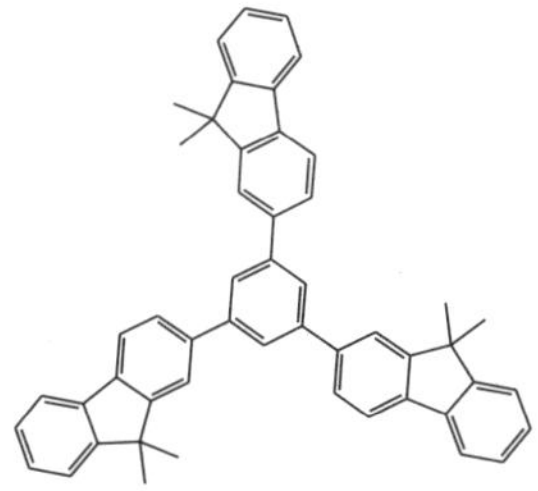　　**20** (TFB) 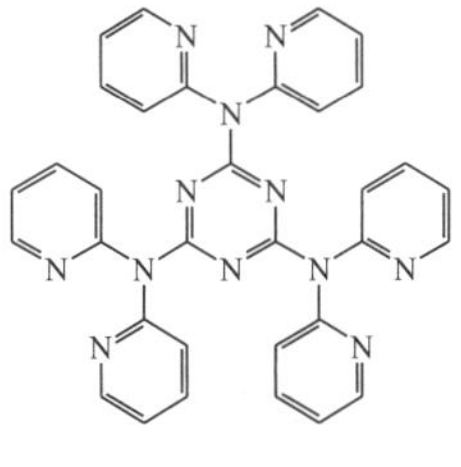　　**21**

22 (TRZ2)　　**23** (B3PyPPM)

图 2-12　以苯、均三嗪、嘧啶为核的 n 型有机半导体分子

　　图2-12列出了以苯、均三嗪、嘧啶为核的n型有机半导体分子。将噁二唑、喹喔啉、苯并咪唑、吡啶、芴等基团引入中心苯环的1、3、5位，可以得到以下电子传输材料：TPOB(**16**)、TPQ(**17**)、TPBI(**18**)[38-40]、TQB(**19**)[41]、TFB(**20**)。其中，TFB是一种空穴阻挡材料[42]。将吡啶和咔唑基团引入中心均三嗪环核，可以得到**21**[43]和TRZ2(**22**)[44]。将吡啶基团引入中心嘧啶环核，可以得到B3PyPPM(**23**)[45]。

　　图2-13列出了以1,3,5-三苯基苯和1,3,5-三苯基均三嗪为中心核的n型有机半导体分子，如**24**[43]、TBB(**25**)和**26**[46]、**27**[43]、Tm3PyPhTAZ(**28**)[47]、B3T(**29**)[48]、

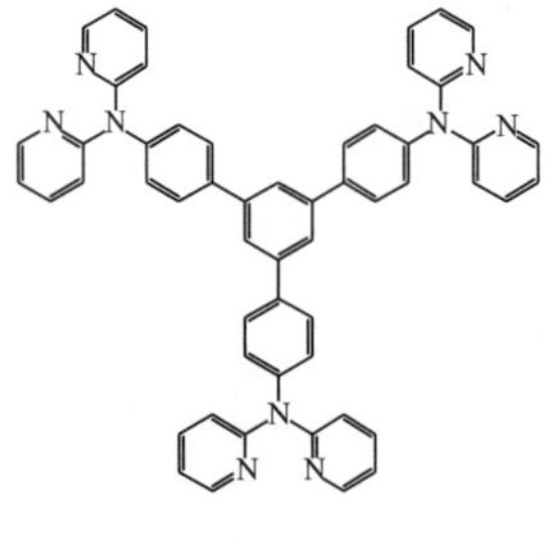

24 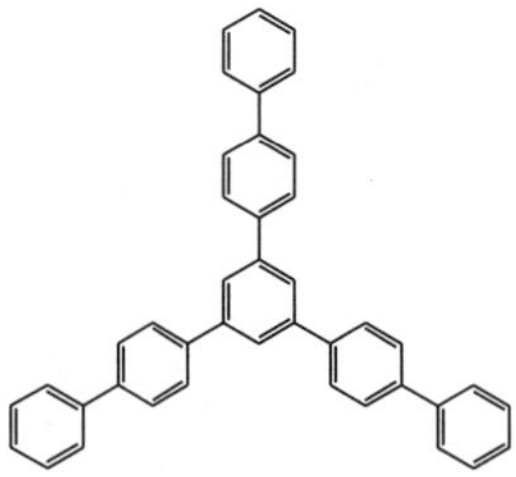　　　　25 (TBB) 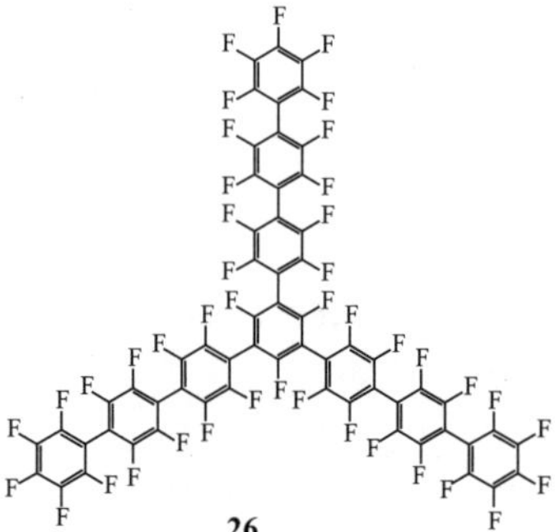　　　　26

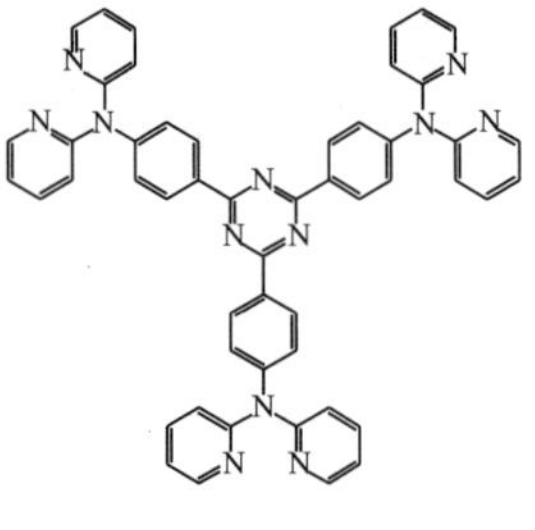

27 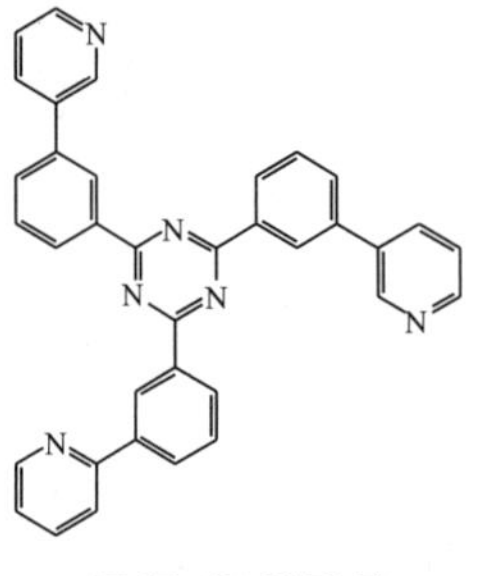　　　　28 (Tm3PyPhTAZ) 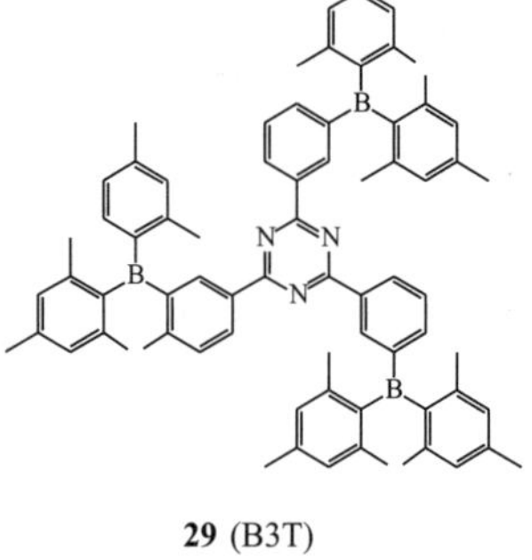　　　　29 (B3T)

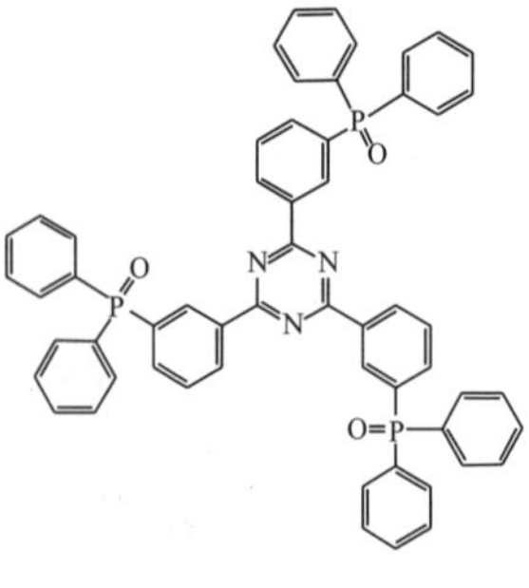

30 (PO-T2T) 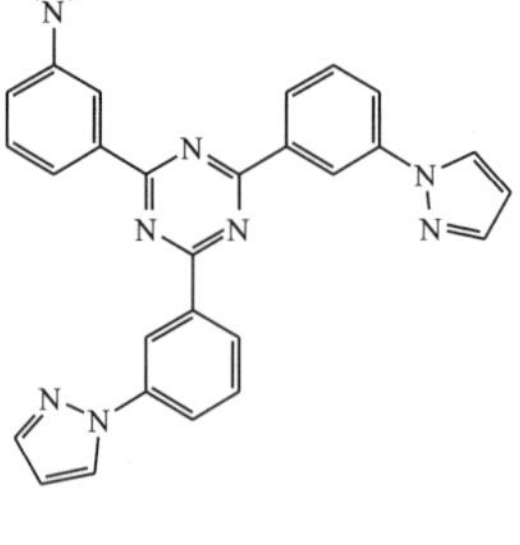　　　　31 (3P-T2T)

图2-13　以1,3,5-三苯基苯和1,3,5-三苯基均三嗪为核的n型有机半导体分子

PO-T2T(**30**)[49]、3P-T2T(**31**)[50]。TBB 和 **26** 可以与其他的电子传输材料如 Alq3
在 OLED 中联用,起到阻挡空穴的作用,这样可以允许发光层发出蓝光或蓝紫光。
化合物 **24** 和 **27** 作为电子传输材料,同时它们也是蓝光发光材料。

图 2-14 列出了以三芳基硼为核的 n 型有机半导体分子,这类化合物有
TBPhB(**32**)和 TTPhB(**33**)[51]、3TPYMB(**34**)[52]。这些材料能够作为空穴阻挡层,
与电子传输层 Alq3 联用。

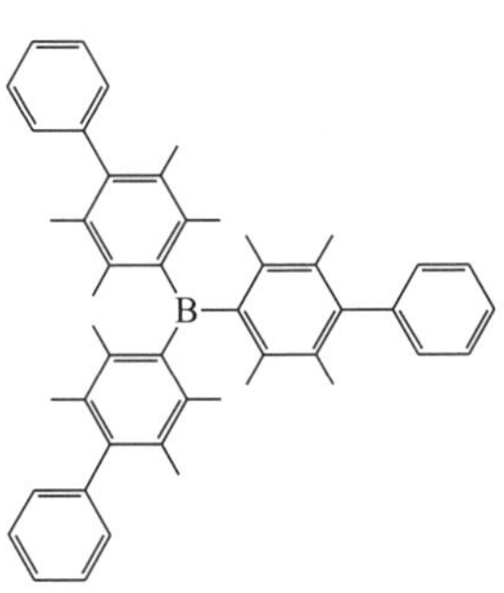

32 (TBPhB) 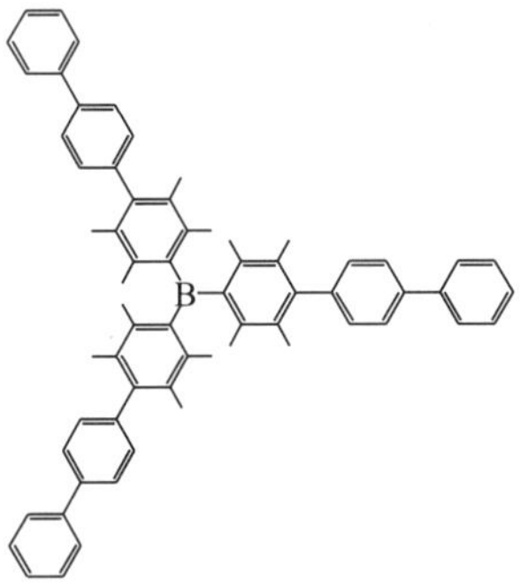　　　　**33** (TTPhB) 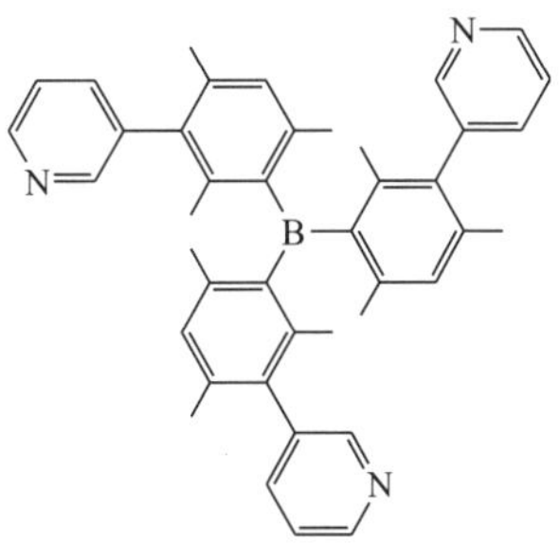　　　　**34** (3TPYMB)

图 2-14　三芳基硼类 n 型有机半导体分子

图 2-15 列出了 X 形状的低聚苯化合物(**35**~**37**)。这些材料的电子亲和势及
电离势分别为 2.4~3.3 eV 和 5.9~6.5 eV,可以用作空穴阻挡材料,实现蓝光
发射[53]。

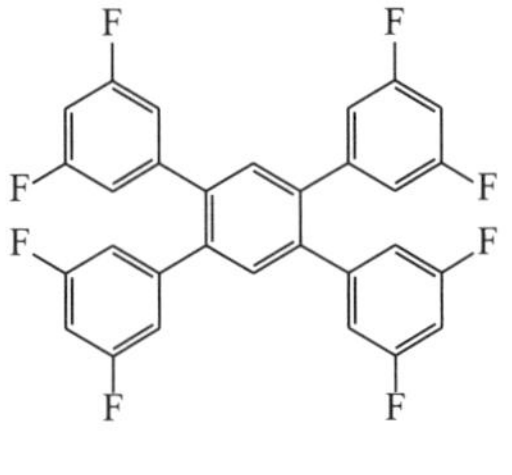

35 [X-OPP(3)-F$_2$] 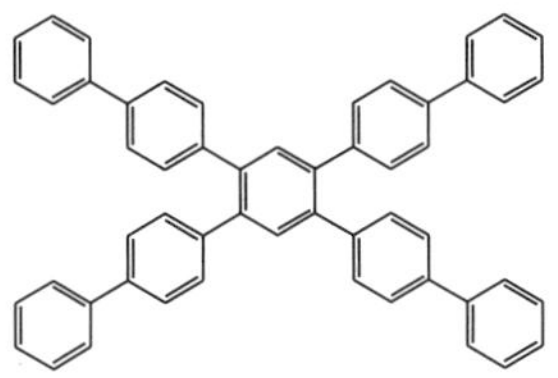　　　**36** [X-OPP(5)-H] 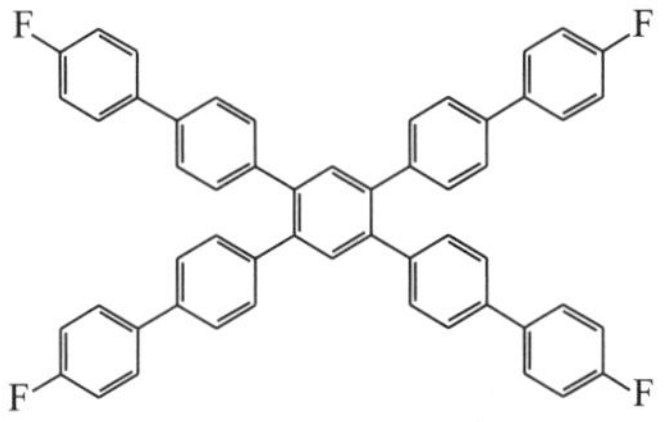　　　**37** [X-OPP(5)-CF$_3$]

图 2-15　X 形状的低聚苯化合物

图 2-16 列出了具有螺旋结构中心的化合物(**38**、**39**)[54,55]。TBPPSF(**39**)能够
用作发光材料。

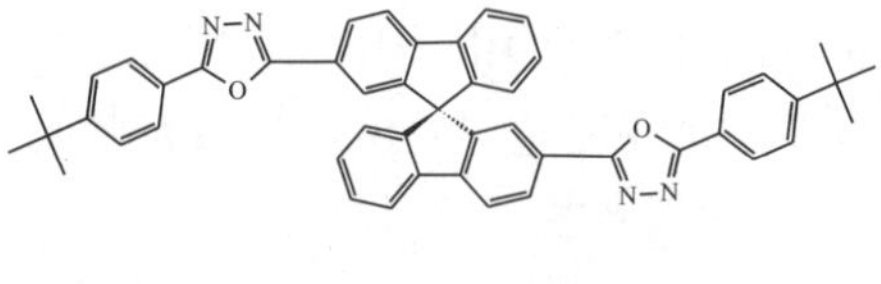

38 (Spiro-PBD) 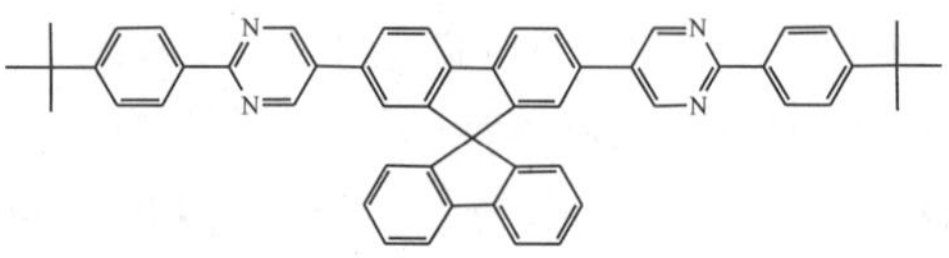 **39** (TBPPSF)

图 2-16　具有螺旋结构中心的化合物

图 2-17 列出了含有四苯基硅的化合物 TSPO1（**40**）[56]、UGH3（**41**）[57]，它们不但能够传输电子，还能有效地阻挡发光层中激子的扩散。

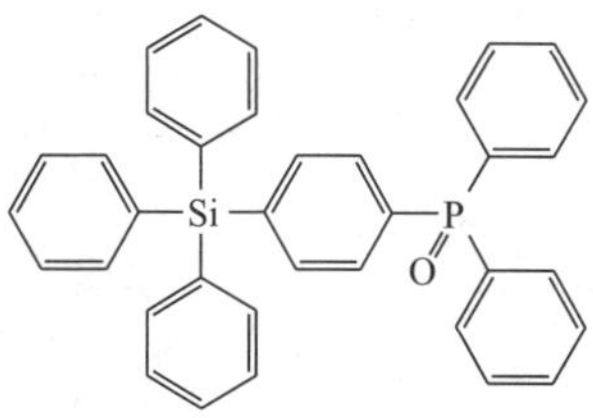

40 (TSPO1) 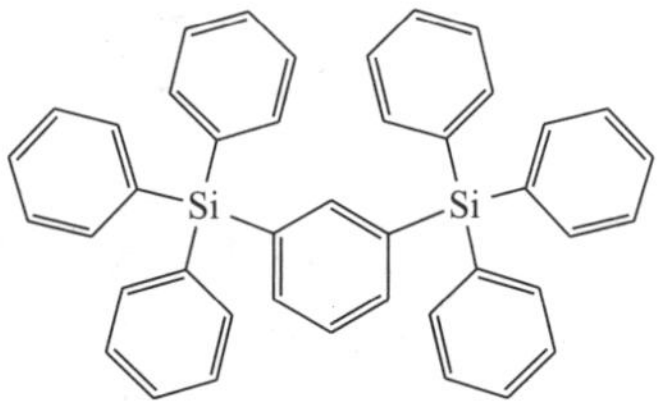 **41** (UGH3)

图 2-17　含有四苯基硅的 n 型有机半导体分子

图 2-18 列出了一些双极性有机半导体分子，如 CzOxa（**42**）[58]、NPAFN（**43**）[59]、DBFSPOCz（**44**）[60]、CbBPCb（**45**）[61]。这些材料既能传输电子又能传输空穴，因为它们的分子结构中既有拉电子基团又有推电子基团。

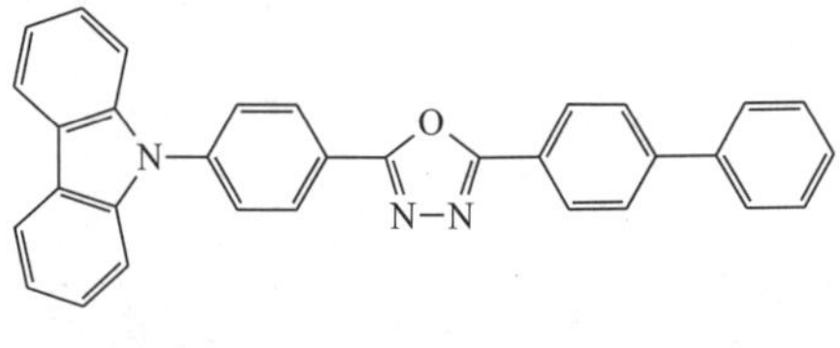

42 (CzOxa) 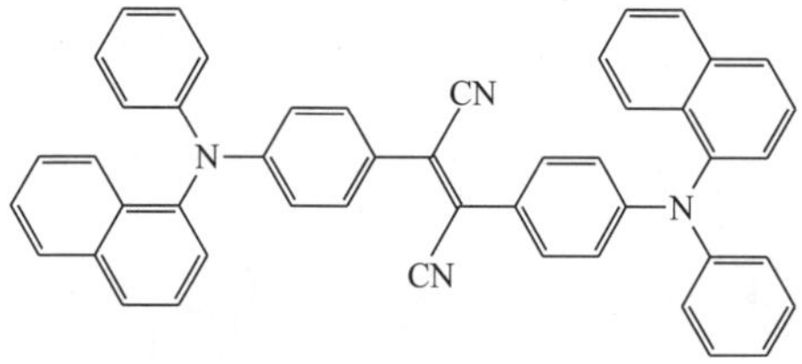 **43** (NPAFN)

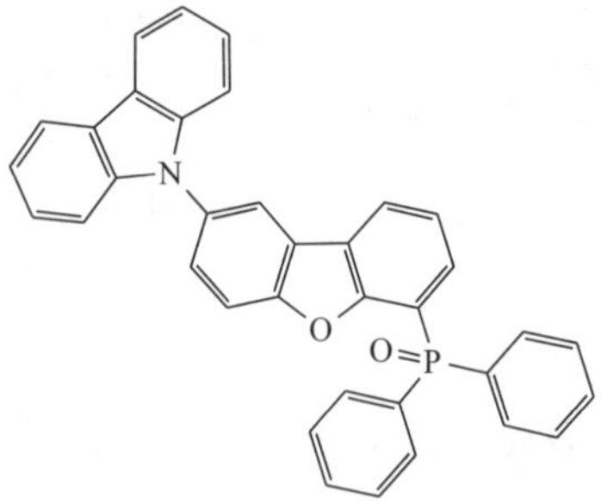

44 (DBFSPOCz) 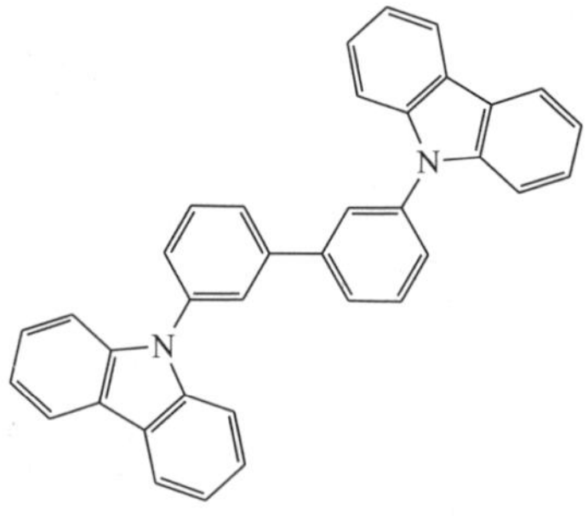 **45** (CbBPCb)

图 2-18　双极性有机半导体分子

表 2-1 列出了一些常用的 n 型有机半导体的能级参数和玻璃化转变温度。部分有机材料的玻璃化转变温度 T_g 超过 80 ℃，可以满足 OLED 的热稳定性要求。

表 2-1　一些 n 型有机半导体的性能参数

化合物	T_g/℃	IP/eV	EA/eV	参考文献
8		5.8	3.1	[31]
11		6.3	2.4	[34]
13		6.5	2.8	[36]
16	142			[38]
17	151			[39]
18		6.2	2.7	[40]
19		6.82	3.42	[41]
20	133			[42]
21		5.07	1.35	[43]
22		6.0	2.6	[44]
23	116	6.52	2.55	[45]
25	88			[46]
26	135			[46]
28		6.44	3.09	[47]
29		6.7	3.2	[48]
30		7.5	3.47	[49]
31		6.4	3.0	[50]
32	127	6.1	2.6	[51]
33	163	6.1	2.6	[51]
34	106	6.77	3.3	[56]
35		6.20	3.27	[53]
36		5.90	2.40	[53]
37		6.40	2.87	[53]
38	163			[54]
39	195	6.1	3.0	[55]
40		6.7	2.52	[56]
41		7.2	2.8	[56]
42		6.22	3.13	[58]
43	109			[59]
45		6.25	2.79	[61]

注：IP=$|E_{HOMO}|$；EA=$|E_{LUMO}|$。

2.3 荧光有机发光二极管

2.3.1 有机分子的荧光

有机分子从 S_1 弛豫回到 S_0 时，可释放出荧光。

激发过程：$$S_0 + h\nu_{ex} \rightarrow S_1 \qquad (2\text{-}23)$$

发射过程：$$S_1 \rightarrow S_0 + h\nu_{em} + 热量 \qquad (2\text{-}24)$$

其中：ν_{ex} 为激发光的频率；ν_{em} 为发射光的频率。由于 $S_1 \rightarrow S_0$ 荧光发射是自旋允许的，所以有机分子的荧光寿命很短（10^{-9} s）。在有机荧光分子中，ΔE_{ST} 在 $0.5 \sim 1.0$ eV 之间，E_B 在 $0.1 \sim 1$ eV 之间。从图 2-19 可以看出，有机荧光分子的光致发光效率要想达到 100%，k_r^S 需要远大于 k_{nr}^S 和 k_{ISC}。图 2-20 列出了一些具有较高发光效率的有机荧光染料。

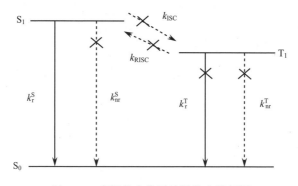

图 2-19 有机荧光分子的激发态能级图

k_r^S 为 $S_1 \rightarrow S_0$ 辐射跃迁的速率常数，k_{nr}^S 为 $S_1 \rightarrow S_0$ 非辐射跃迁的速率常数，k_{ISC} 为 $S_1 \rightarrow T_1$ 系间窜越的速率常数，k_{RISC} 为 $T_1 \rightarrow S_1$ 反系间窜越的速率常数，k_r^T 为 $T_1 \rightarrow S_0$ 辐射跃迁的速率常数，k_{nr}^T 为 $T_1 \rightarrow S_0$ 非辐射跃迁的速率常数；叉形记号标识的过程会降低有机荧光分子的发光效率

图 2-21 给出了一些 OLED 中经常使用的高性能有机空穴传输材料。这些材料的特点是分子结构中含有三苯胺、咔唑等推电子单元，具有可逆的氧化过程并且能够阻挡电子和激子，它们的薄膜为无定形态[24]。

2.3.2 荧光有机发光二极管中的 n 型有机半导体

Liu 等[62]报道了一种红光荧光 OLED，采用 Alq3（**8**）作为电子传输层，Alq3：红荧烯：2% DCJTB 作为红光发光层。器件的电流密度在 6.8 V 下达到了 20 mA/cm²，电流效率和功率效率分别达到 4.4 cd/A 和 2.1 lm/W。

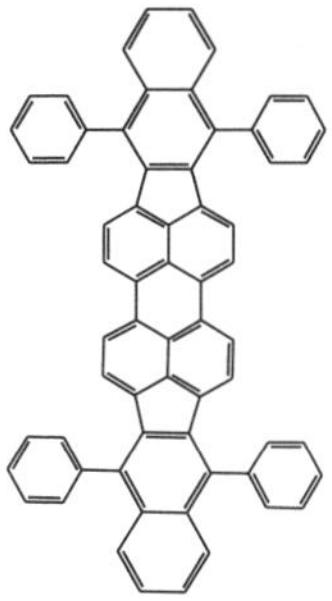

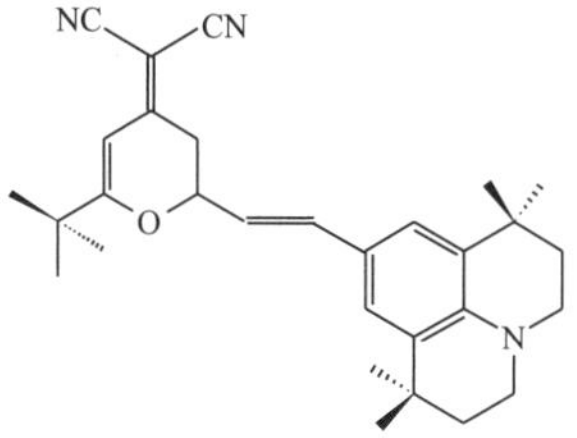

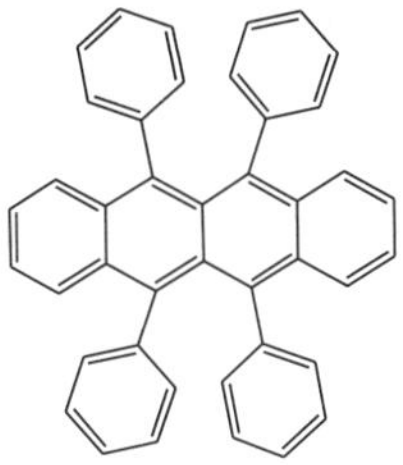

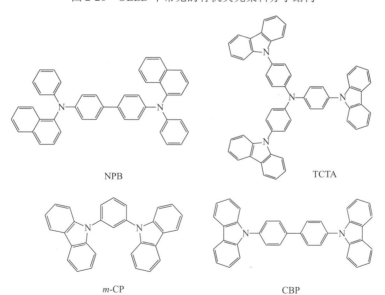

红光：　　　　DBP　　　　　　　　　DCJTB　　　　　　　　　红荧烯

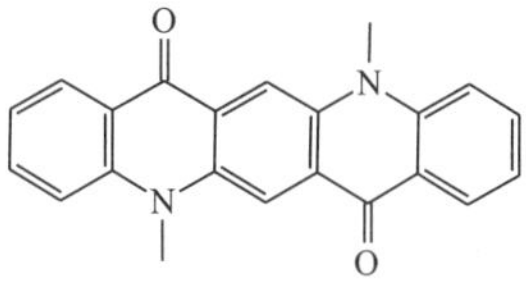

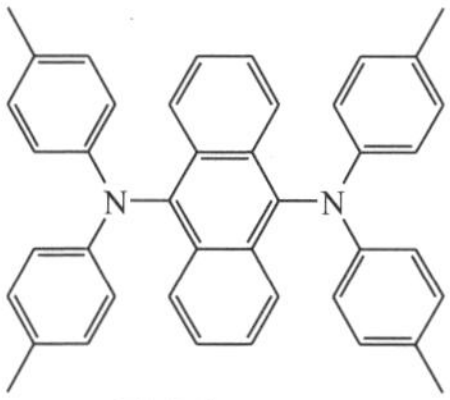

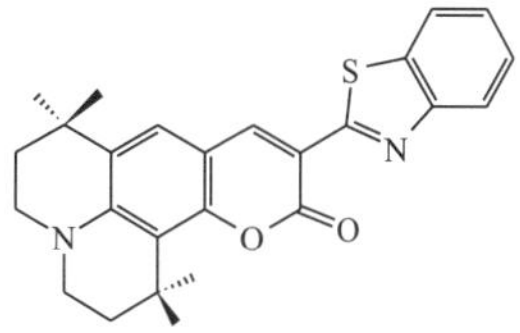

绿光：　　　　DMQA　　　　　　　　　TTPA　　　　　　　　　C545T

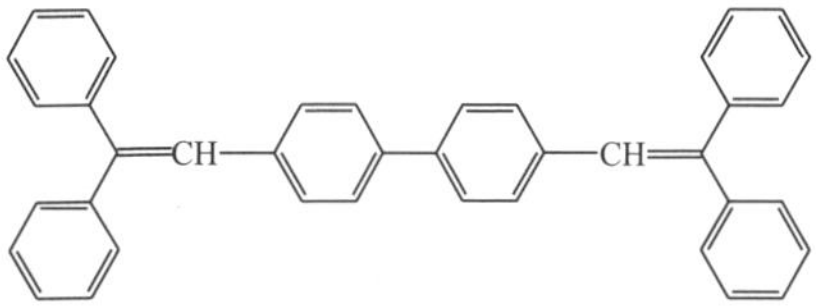

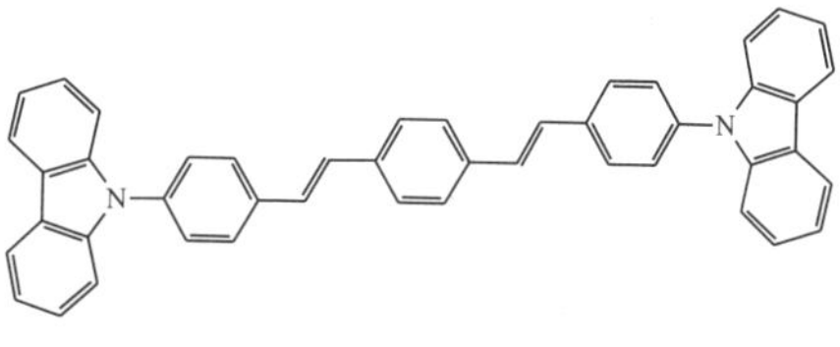

蓝光：　　　　DPVBI　　　　　　　　　　　　　　BCzSB

图 2-20　OLED 中常见的有机荧光染料分子结构

NPB　　　　　　　　　　　　　　TCTA

m-CP　　　　　　　　　　　　CBP

图 2-21　OLED 中常用的有机空穴传输材料分子结构

　　Bang 等[63]报道了一种绿光荧光 OLED，它采用 Alq3 作为电子传输层，Alq3：0.3% C545T 和 NPB：0.3% C545T 作为绿光发光层。器件的电流效率在电流密度为 10 mA/cm² 时达到 15.7 cd/A，对应的外量子效率为 4.4%。

　　Hosokawa 等[64]报道了一种蓝光荧光 OLED，它采用 Alq3 作为电子传输层，DPVBi：2.4% BCzVBi 作为蓝光发光层。器件在 7 V 时，功率效率达到 1.5 lm/W，电流密度达到 8.28 mA/cm²，发光亮度达到 277 cd/m²。

2.4　磷光有机发光二极管

2.4.1　有机分子的磷光

　　当有机分子从 T_1 弛豫回到 S_0 时，可释放出磷光。

　　激发过程：
$$S_0 + h\nu_{ex} \rightarrow S_1 \tag{2-25}$$

$$S_1 \rightarrow T_1$$

　　发射过程：
$$T_1 \rightarrow S_0 + h\nu_{em} + 热量 \tag{2-26}$$

其中：ν_{ex} 为激发光的频率；ν_{em} 为发射光的频率。由于 $T_1 \rightarrow S_0$ 磷光发射是自旋禁阻的，所以有机分子的磷光寿命很长（$10^{-6} \sim 10^{-3}$ s）。从图 2-22 可以看出，有机磷光分子的光致发光效率要想达到 100%，k_{ISC} 须远大于 k_r^S 和 k_{nr}^S，并且 k_r^T 大于 k_{RISC} 和 k_{nr}^T。图 2-23 列出了一些高发光效率的有机磷光染料。可以发现，这些有机磷光分子都含有重金属离子，这是因为重金属离子能够产生很强的自旋轨道耦合效应，可以使 $S_1 \rightarrow T_1$ 系间窜越和 $T_1 \rightarrow S_0$ 磷光发射过程高效率地发生。换句话说，有机重金属配合物可以同时利用 T_1 和 S_1 发出高效率的磷光。这些有机磷光分子的 ΔE_{ST} 约为 0.37 eV，E_B 在 $0.1 \sim 1$ eV 之间。

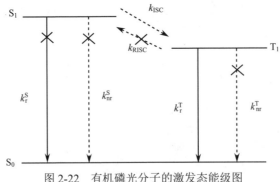

图 2-22　有机磷光分子的激发态能级图

叉形记号标识的过程会降低有机磷光分子的发光效率

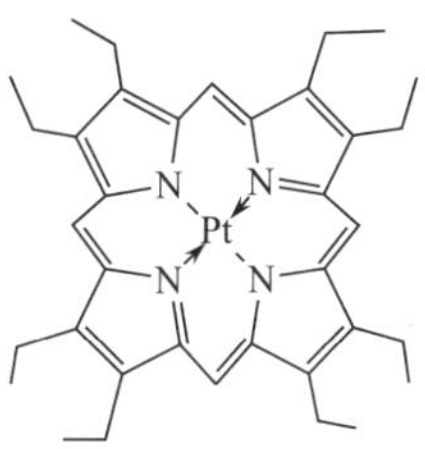

PtOEP (红光) 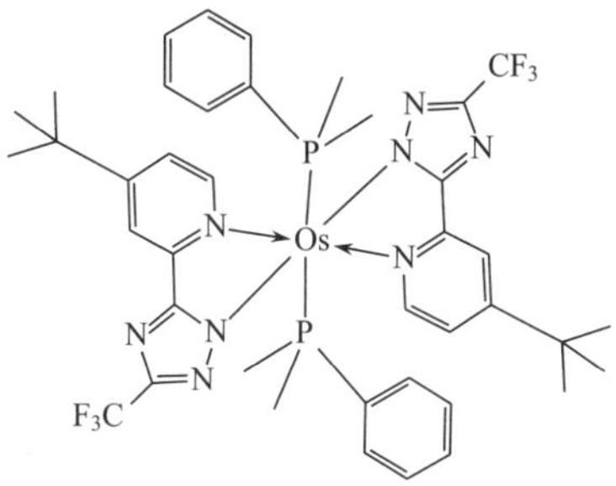　　　　Os(fptz)₂(PPhMe2)₂　　　　lr(mphmq)₂tmd
　　　　　　　　　　　　(红光)　　　　　　　　　　　(红光)

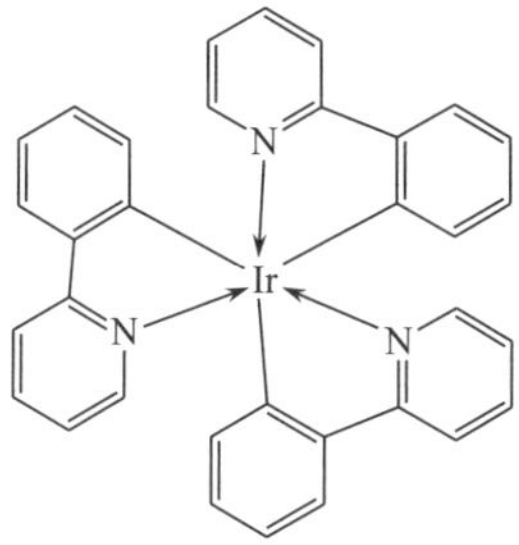

Ir(PPy)₃ (黄绿光) 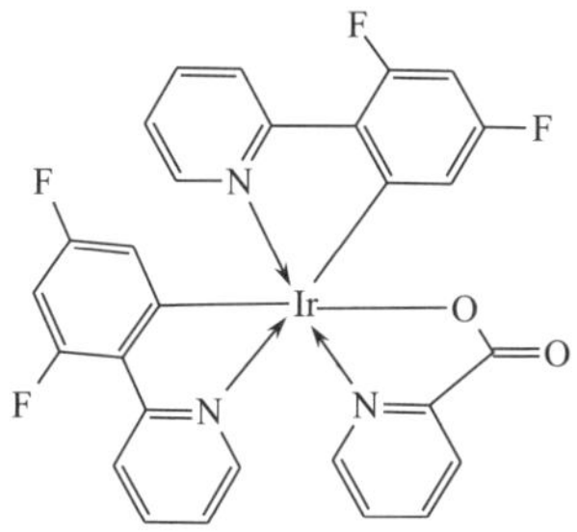　　　　　　　　FIrpic (蓝光)

图 2-23　高发光效率的有机磷光染料分子结构

2.4.2　磷光有机发光二极管中的 n 型有机半导体

在磷光 OLED 中，用于传输电子的 n 型有机半导体通常是缺电子芳香族化合物，它们含有噁二唑、三唑、咪唑、吡啶和嘧啶等基团，能够有效地从负极获取电子并起到阻挡空穴和激子的作用。

Kim 等[65]报道了一种红光磷光 OLED。他们采用 NPB：B3PyPPM：3.5mol%（摩尔分数）Ir(mphmq)₂tmd 作为发光层，B3PyPPM（**23**）和 n 型掺杂 B3PyPPM 作为电子传输层。器件在亮度 350 cd/m² 时的外量子效率达到 35.6%，在 1000 cd/m²（驱动电压约为 3.3 V）时的外量子效率和功率效率分别达到 35.1% 和 53.6 lm/W。

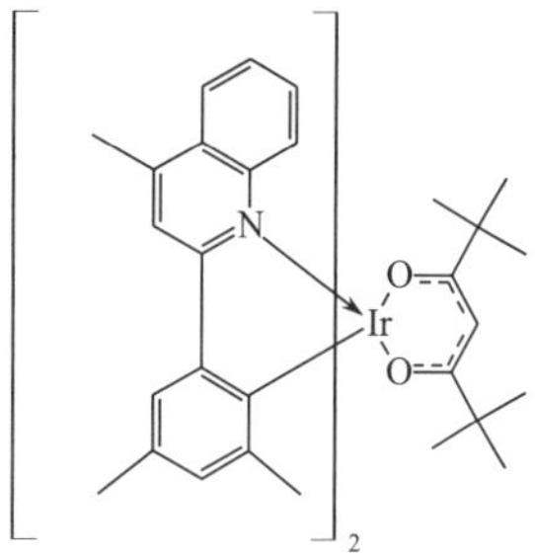

Su 等[47]报道了一种绿光磷光 OLED。他们采用 CBP：8 wt%（质量分数）Ir(PPy)₃ 作为发光层，Tm3PyphTAZ（**28**）作为电子传输层。器件在 2.42 V 时，亮度达到 100 cd/m²，功率效率和外量子效率分别为 109 lm/W 和 23.4%。当器件亮度为 1000 cd/m² 时，功率效率和外量子效率分别为 85.5 lm/W 和 21.0%。

Lee 等[61]报道了一种蓝光磷光 OLED。他们使用 TSPO1（**40**）作为电子传输层，CbBPCb（**45**）：FIrpic 作为发光层。器件在 100 cd/m² 下的外量子效率达到 30%。

2.5 热致延迟荧光有机发光二极管

2.5.1 有机分子的热致延迟荧光

虽然磷光有机金属配合物得到了快速发展，并实现了 100% 的器件内量子效率，但是由于铱、铂等贵金属价格昂贵且储量有限，发展能够高效利用 T_1 和 S_1 发光的纯有机分子具有重要的现实意义。

由于没有自旋轨道耦合效应，有机分子中 $T_1 \rightarrow S_0$ 磷光发射是自旋禁阻的，因此有机分子的磷光发光效率通常很低。不过，如图 2-24 所示，有机分子可以通过以下途径利用 T_1 发光：T_1 通过热激发回到 S_1（反系间窜越），然后 S_1 弛豫回落到 S_0，发出光子，这个过程被称为热致延迟荧光 (TADF)[11]。

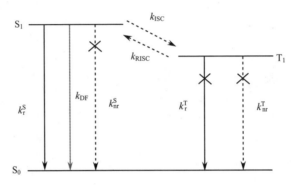

图 2-24　有机 TADF 分子的激发态能级图[11]

k_{DF} 为热致延迟荧光的速率常数；叉形记号标识的过程会降低有机 TADF 分子的发光效率

有机 TADF 分子的光致发光包括两部分，一个是快速荧光（即普通的荧光）：

激发过程：
$$S_0 + h\nu_{ex} \rightarrow S_1 \tag{2-27}$$

发射过程：
$$S_1 \rightarrow S_0 + h\nu_{em} + \text{热量} \tag{2-28}$$

另一个是 TADF：

激发过程：
$$S_0 + h\nu_{ex} \rightarrow S_1 \tag{2-29}$$
$$S_1 \rightarrow T_1 \rightarrow S_1$$

发射过程：
$$S_1 \rightarrow S_0 + h\nu_{em} + \text{热量} \tag{2-30}$$

在有机 TADF 分子中，ΔE_{ST} 为 0.05~0.1 eV，E_B 为 0.1~1 eV；有机 TADF 分子若想达到 100% 的光致发光效率，如图 2-24 所示，k_{ISC} 和 k_r^S 要大于 k_{nr}^S，并且 k_{RISC} 要大于 k_{nr}^T 和 k_r^T。

　　一般而言，由于电子交换相互作用，普通有机分子的 ΔE_{ST} 为 0.5～1.0 eV，因此 $T_1 \to S_1$ 反系间窜越过程很弱，很难观察到 TADF 现象。要想实现高效率的 TADF，首先有机分子的 ΔE_{ST} 要小于 0.1 eV，这就要求有机分子的 HOMO 和 LUMO 之间的重叠要很小，但是 HOMO 和 LUMO 之间的重叠小会极大地降低 $S_1 \to S_0$ 荧光发射发生的概率，导致光致发光效率很低。Adachi 等[10]根据 D-A（给体-受体）型分子设计的思想，合成了新型有机 TADF 分子，其能够同时具有小的 ΔE_{ST} 和高的光致发光效率。例如 4CzIPN，如图 2-25(a) 所示，这种分子的 LUMO 位于拉电子单元（氰基）上，HOMO 位于推电子单元（咔唑）上，这两个基团在空间上是分开的，所以 4CzIPN 的 ΔE_{ST} 很小。另外，由于氰基单元能够使分子的 S_1 和 S_0 几何构型相差较小（斯塔克位移小），所以 4CzIPN 具有很高的光致发光效率。图 2-25(b) 给出了构造有机 TADF 分子时经常使用的推电子单元和拉电子单元[66]。有机 TADF 分子的激发态实际上是一种分子内的电荷转移（CT）激发态。

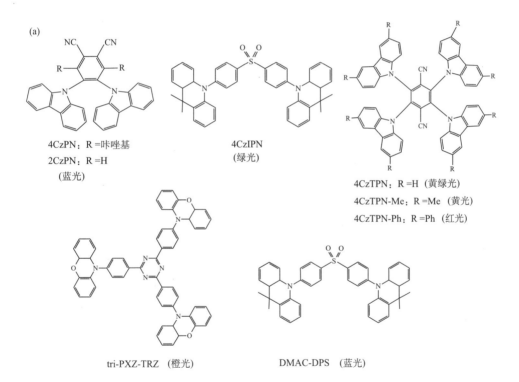

(a)

4CzPN：R =咔唑基
2CzPN：R =H
（蓝光）

4CzIPN
（绿光）

4CzTPN：R =H （黄绿光）
4CzTPN-Me：R =Me （黄光）
4CzTPN-Ph：R =Ph （红光）

tri-PXZ-TRZ （橙光）

DMAC-DPS （蓝光）

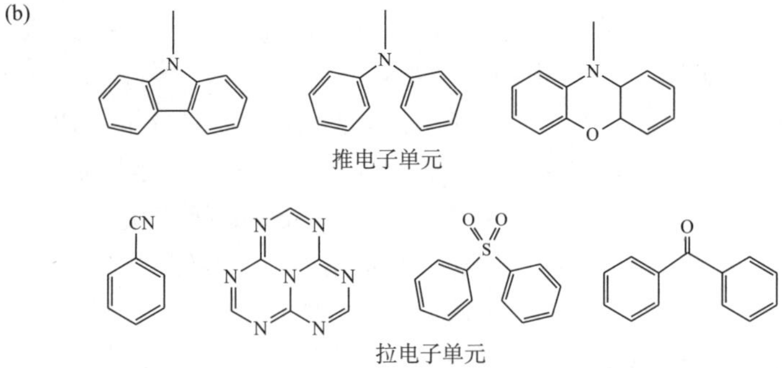

图 2-25　一些高效率的有机 TADF 分子 (a) [10] 和构造有机 TADF 分子用的推电子单元和拉电子单元 (b) [66]

2.5.2　TADF 有机发光二极管中的 n 型有机半导体

Nakanotani 等[67]报道了一种红光 TADF OLED。器件使用 TPBI(**18**)作为电子传输层，CBP∶15 wt% tri-PXZ-TRZ∶1 wt% DBP 为发光层，tri-PXZ-TRZ 为 TADF 材料，DBP 为传统的红光荧光染料。器件的最大外量子效率达到 17.5%。当驱动电压为 6.4 V 时，器件发光亮度达到 1000 cd/m², 外量子效率为 10.9%。

Uoyama 等[10]报道了一种绿光 TADF OLED。器件使用 TPBI(**18**)作为电子传输层，CBP∶5 wt% 4CzIPN 为发光层。器件的外量子效率达到 19.3%，考虑到光耦合输出效率为 20%～30%，器件的内量子效率为 64.3%～96.5%。

Zhang 等[68]报道了一种蓝光 TADF OLED。器件使用了 TPBI(**18**)和 DPEPO (图 2-26)作为电子传输层，DPEPO∶10 wt% DMAC-DPS 作为发光层。器件的外量子效率最高达到 19.5%，在亮度为 1000 cd/m² 时，也能维持在 16%。

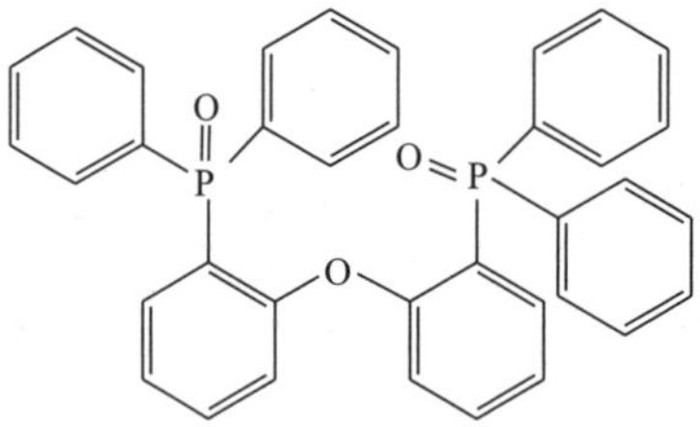

图 2-26　DPEPO 的分子结构式

2.6　分子间热致延迟荧光有机发光二极管

2.6.1　有机分子间 TADF

近年来，有机分子间 TADF 得到了广泛关注和研究[69]。有机分子间 TADF 来源于有机给体和受体分子间形成了电荷转移络合物，或称为分子间 CT 态。当有机给体和受体分子间的 ΔE_{LUMO} 和 ΔE_{HOMO} 较大时，容易形成分子间 CT 态。从给体和受体混合物的吸收光谱中较难观察到分子间 CT 态的存在，但是在光激发或电激发的条件下，如图 2-27 所示，有机给体和受体间可以产生 CT 态。如图 2-28 所示，三线态 CT 态(CT_3)通过热激发回到单线态 CT 态(CT_1)，即反系间窜越过程，然后 CT_1 弛豫回落到 S_0，产生分子间 TADF。由于分子间 CT 态的 LUMO 轨道在受体分子上、HOMO 轨道在给体分子上，二者在空间上的重叠很小，所以分子间 CT 态的 ΔE_{ST} 很小，为 0.05～0.1 eV，因此系间窜越和反系间窜越能够高效率地发生。分子间 CT 态的 E_B 仍旧大，为 0.1～1 eV。

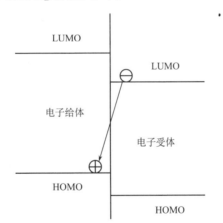

图 2-27　分子间电荷转移络合物的形成

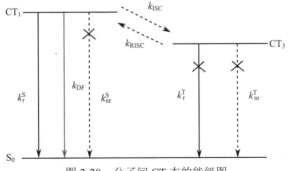

图 2-28　分子间 CT 态的能级图

k_{DF} 为分子间 TADF 的速率常数；叉形记号标识的过程能够降低分子间 TADF 的发光效率

2.6.2 分子间 TADF 有机发光二极管中的 n 型有机半导体

Hung 等[70]报道了一种黄光分子间 TADF OLED。器件采用 3P-T2T(**31**, 图 2-13)作为电子传输层,TCTA 作为空穴传输层,二者的界面产生激基复合物(即分子间 CT 态)。器件在 3.8 V 时的发光亮度达到 1000 cd/m², 外量子效率达到 7.7%。

Zhao 等[50]报道了一种红光分子间 TADF OLED。器件采用 3P-T2T(**31**)作为电子传输层,TCTA∶3P-T2T∶1% DCJTB 作为发光层, 其中 TCTA∶3P-T2T 产生激基复合物。电流密度为 1000 cd/m² 时, 器件的电流效率达到 22.4 cd/A。

Shin 等[49]报道了一种蓝光分子间 TADF OLED。采用 PO-T2T(**30**)和 n 型掺杂 PO-T2T 作为电子传输层,*m*CBP∶PO-T2T∶10% FIrpic 作为发光层,*m*CBP 和 PO-T2T 能够形成激基复合物。器件的启动电压为 2.6 V, 最大外量子效率达到 34.1%, 最大功率效率为 79.6 lm/W, 100 cd/m² 时的功率效率也能达到 65.5 lm/W。

2.7 电掺杂有机发光二极管

同无机 LED 一样,OLED 本质上也是一种二极管,因此功耗问题是 OLED 研究中最基础的一个科学问题。在 OLED 中引入电掺杂技术和材料,能够显著降低载流子传输过程中的欧姆损耗,降低工作电压(即降低功耗),提高器件性能,这就是电掺杂有机发光二极管(常用 pin OLED 表示)技术的核心思想[71]。图 2-29 所示为 pin OLED 的基本结构,它由一个 p 型掺杂空穴传输层、一个电子阻挡

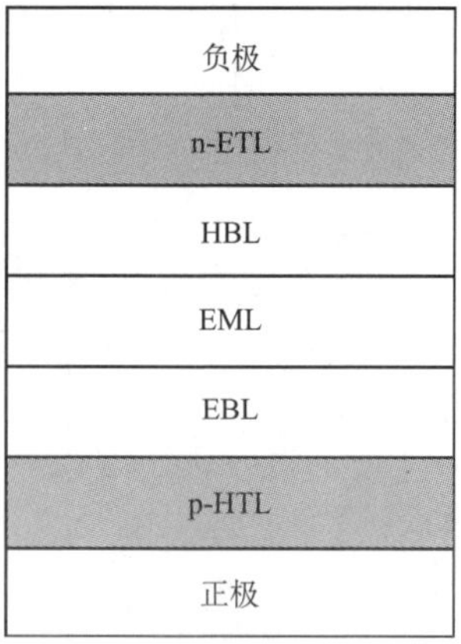

图 2-29　pin OLED 的结构示意图[24]

p-HTL、EBL、EML、HBL、n-ETL 分别表示 p 型掺杂空穴传输层、电子阻挡层、发光层、空穴阻挡层、n 型掺杂电子传输层

层、一个发光层、一个空穴阻挡层和一个 n 型掺杂电子传输层所组成。因此 pin OLED 具有以下两个特点：①金属和掺杂层界面处为准欧姆接触，电荷注入非常充分；②电荷传输过程中的欧姆损耗小。所以，pin OLED 具有低功耗、低驱动电压、高亮度、高稳定性的优点，已经成为当前 OLED 工业界的准制备技术标准。

2.7.1　有机材料 p 型和 n 型掺杂的基本原理

有机固体材料的本征电导率一般在 $10^{-14} \sim 10^{-10}$ S/cm 之间，比 GaN 和 Si 低 5～7 个数量级以上，因此，有机固体材料的载流子输运能力很差，OLED 中的能量损耗大部分都发生在图 2-7 的过程②中，通过电掺杂提高有机材料的电导率能够有效地解决这个问题。图 2-30 描述了有机 n 型和 p 型掺杂的基本原理[28,72]。当掺杂剂 HOMO 轨道的能级比较接近母体材料的 LUMO 轨道时，电子会自发地从掺杂剂转移至母体材料的 LUMO 轨道中，从而导致母体材料中自由电子的浓度显著增加，这是有机材料的 n 型掺杂过程。当母体材料 HOMO 轨道的能级位置比较接近掺杂剂的 LUMO 轨道时，电子会自发地从母体材料转移至掺杂剂的 LUMO 轨道中，从而导致母体材料中自由空穴的浓度显著增加，这是有机材料的 p 型掺杂过程。掺杂态有机材料的电导率比本征态高出 5 个数量级以上，是当前 OLED 材料的主流发展方向之一。有机电掺杂的理论和材料研究近期取得了一定进展[73,74]。

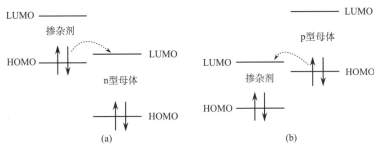

图 2-30　有机材料的 n 型(a) 和 p 型(b) 掺杂的基本原理[28,72]

2.7.2　n 型半导体作为掺杂剂制备有机 p 型掺杂材料

图 2-31 所示为 HAT-CN 和 F4-TCNQ 的分子结构式。这两种 n 型半导体的 LUMO 能级位置较低，能够作为 p 型掺杂剂与有机 p 型母体材料如 NPB、TCTA、*m*-MTDATA、ZnPc 形成 p 型掺杂体系，提高空穴传输材料的电导率[28]。有机 p 型掺杂材料 Meo-TPD：F4-TCNQ 的电导率可达到 1×10^{-5} S/cm。

由于 MoO₃、HAT-CN、F4-TCNQ 等材料的功函较高(大于 5.0 eV)，因此能够作为正极修饰层，增强正极向空穴传输层的空穴注入效率。

HAT-CN   F4-TCNQ

图 2-31　HAT-CN 和 F4-TCNQ 的分子结构式

2.7.3　n 型半导体作为母体材料制备有机 n 型掺杂材料

图 2-32 给出了一些能够实现有机 n 型掺杂的母体材料和掺杂剂[75]。n 型母体材料有 Bphen、BCP、TPBI、NTCDA、PTCDA、C_{60} 等，掺杂剂有碱金属、LCV、PyB、$[Cr(bpy)_3]^0$ 等。本征 C_{60} 的电导率为 3.80×10^{-8} S/cm，而 C_{60}：PyB 的电导率能达到 1.39×10^{-3} S/cm，提高了近 5 个数量级。

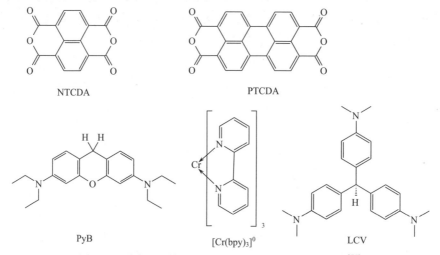

NTCDA   PTCDA

PyB $[Cr(bpy)_3]^0$ LCV

图 2-32　有机 n 型掺杂的母体材料和掺杂剂分子结构[75]

2.8　有机发光二极管存在的问题及未来发展方向

虽然 OLED 在发光材料、载流子传输材料以及工作机理研究方面取得了巨大的进步，但是目前 OLED 的实际性能与理论极限之间仍然有相当的距离。Leo 等[76]根据非平衡态下的固体黑体辐射方程，计算出亮度为 100 cd/m^2 时红光、绿光、蓝光 OLED 的理论工作电压分别为 1.65 V、1.95 V、2.28 V。根据目前已有的报道[47]，亮度为 100 cd/m^2 时绿光 OLED 实际所能达到的工作电压最小为 2.42 V，与理论值相差较大。从实用角度看，尽管 AMOLED 显示屏在智能手机中的应用取得了成功，但是在电视、电脑显示器、虚拟实境、手表、照明等产品更新速度较慢的领域中的应用仍待发展，这说明进一步提高 OLED 的性能和可靠性是十分重要的。

由于 OLED 的内量子效率在亮度 100 cd/m^2 时已经接近 100%，所以，OLED 性能的进一步提高依赖于大幅度降低载流子注入数量损失和传输损失。因此，n 型有机半导体及有机 n 型掺杂材料的研究是 OLED 未来发展的一个重要方向。今后需要从以下几个方面发展有机 n 型掺杂材料。

(1) 发展可溶液加工的有机 n 型掺杂材料。目前商业化 OLED 中使用的有机 n 型掺杂材料均为真空蒸镀制备，材料利用率低，采用溶液加工技术可以提高材料利用率，降低生产成本。

(2) 发展高电导率、低功函、可见光透明的有机 n 型掺杂材料。高电导率能够降低电子输运过程中的欧姆损耗，低功函能够提高电子向发光层的注入效率，可见光透明可以提高光的取出效率，这些特性对于提升 OLED 在未来市场中与 LED 的竞争能力，具有至关重要的意义。

(3) 发展空气中稳定的 n 型掺杂剂。碱金属和金属有机化合物 (如 [Cr(bpy)$_3$]^0) 是目前 OLED 中使用较多的 n 型掺杂剂，虽然性能优异，但是它们在空气中的稳定性差，不易保存和操作。开发空气中稳定的 n 型掺杂剂能够避免这些问题，同时也有利于提高器件稳定性。

有机 n 型掺杂材料是 OLED 的核心材料之一，意义重大，它的发展需要化学、材料、物理、器件、产业等多领域人员的协同合作、共同攻关。

参 考 文 献

[1] Pope M, Kallmann H P, Magnante P. Electroluminescene in organic crystals. J Chem Phys, 1963, 38: 2042-2043.

[2] Kampas F J, Gouterman M. Porphyrin films. Electroluminescence of octaethylporphin. Chem Phys Lett, 1977, 48: 233-236.

[3] Vincett P S, Barlow W A, Hann R A, et al. Electrial conduction and low voltage blue electroluminescence in vapor-deposited organic films. Thin Solid Films, 1982, 94: 171-179.

[4] Tang C W, Vanslyke S A. Organic electroluminescent diodes, Appl Phys Lett, 1987, 51: 913-915.

[5] Burroughes J H, Bradley D D C, Brown A R, et al. Light-emitting diodes based on conjugated polymer. Nature, 1990, 347: 539-541.

[6] Baldo M A, Lamansky S, Burrows P E, et al. Very high-efficiency green organic light-emitting devices based on electrophosphorescence. Appl Phys Lett, 1999, 75: 4-6.

[7] Huang J S, Pfeiffer M, Werner A, et al. Low-voltage organic electroluminescent devices using pin structures. Appl Phys Lett, 2002, 80: 139-141.

[8] Meerheim R, Walzer K, Pfeiffer M, et al. Ultrastable and efficient red organic light emitting diodes with doped transport layers. Appl Phys Lett, 2006, 89: 061111.

[9] Reineke S, Lindner F, Schwartz G, et al. White organic light-emitting diodes with fluorescent tube efficiency. Nature, 2009, 459: 234-238.

[10] Uoyama H, Goushi K, Shizu K, et al. Highly efficient organic light-emitting diodes from delayed fluorescence. Nature, 2012, 492: 234-238.

[11] Turro N J. Modern Molecular Photochemistry. Mill Valley: Benjamin/Cummings Dub. Co., 1978: 29.

[12] Djurovich P I, Mayo E I, Forrest S R, et al. Measurement of the lowest unoccupied molecular orbital energies of molecular organic semiconductors. Org Electron, 2009, 10: 515-520.

[13] Pommerehne J, Vestweber H, Guss W, et al. Efficient two layer LED on a polymer blend basis. Adv Mater, 1995, 7: 551-554.

[14] Zhang Y, De Boer B, Blom P W M. Trap-free electron transport in poly(*p*-phenylene vinylene) by deactivation of traps with n-type doping. Phys Rev B, 2010, 81: 085201.

[15] Gill W D, Kanazawa K K. Transient photocurrent for field-dependent mobilities. J Appl Phys, 1972, 43: 529-534.

[16] Shein L B, Mack J X. Adiabatic and non-adiabatic small polaron hopping in molecularly doped polymers. Chem Phys Lett, 1988, 149: 109-117.

[17] Borsenberger P M, Partmeier L, Bassler H. Charge transport in disordered molecular solids. J Chem Phys, 1991, 94: 5447-5454.

[18] Tiwari S, Greenham N C. Charge mobility measurement techniques in organic semiconductors. Opt Quant Electron, 2009, 41: 69-89.

[19] Malliaras G G, Salem J R, Brock P J, et al. Electrical characteristics and efficiency of single-layer organic light-emitting diodes. Phys Rev B, 1998, 581: 13411-14414.

[20] Hosokawa C, Tokailin H, Higashi H, et al. Transient behavior of organic thin film electroluminescence. Appl Phys Lett, 1992, 60: 1220-1222.

[21] Coropceanu V, Cornil J, Filho D, et al. Charge transport in organic semiconductors. Chem Rev, 2007, 107: 926-952.

[22] Lampert M A, Mark P. Current Injection in Solids. New York: Academic Press, 1970.

[23] Murgatroyd P N. Theory of space-charge-limited current enhanced by Frenkel effect. J Phys D Appl Phys, 2003, 3: 151-156.

[24] Shirota Y, Kageyama H. Charge carrier transporting molecular materials and their applications in devices. Chem Rev, 2007, 107: 953-1010.

[25] Campbell I H, Davids P S, Smith D L, et al. The Schottky energy barrier dependence of charge injection in organic light-emitting diodes. Appl Phys Lett, 1998, 72: 1863-1865.

[26] Vestweber H, Pommerehne J, Sander R, et al. Majority carrier injection from ITO anodes into

organic light-emitting diodes based upon polymer blends. Synth Metal, 1995, 68, 263-268.

[27] Braun D, Heeger A J. Visible light emission from semiconducting polymer diodes. Appl Phys Lett, 1991, 58: 1982-1984.

[28] Walzer K, Maennig B, Pfeiffer M, et al. Highly efficient organic devices based on electrically doped transport layers. Chem Rev, 2007, 107: 1233-1271.

[29] Segal M, Baldo M A, Holmes R J, et al. Excitonic singlet-triplet ratios in molecular and polymeric organic materials. Phys Rev B, 2003, 68: 075211.

[30] Pivrikas A, Juška G, Österbacka R, et al. Langevin recombination and space-charge-perturbed current transients in regiorandom poly(3-hexylthiophene). Phys Rev B, 2005, 71: 125205.

[31] Mascaro D J, Thompson M E, Smith H I, et al. Forming oriented organic crystals from amorphous thin films on patterned substrates via solvent-vapor annealing. Org Electron, 2005, 6: 211-220.

[32] Wu Q G, Esteghamatian M, Hu N X, et al. Synthesis, structure, and electroluminescence of BR_2q (R=Et,Ph,2-naphthyl and q=8-hydroxyquinolato). Chem Mater, 2000, 12: 79-83.

[33] Sasabe H, Kido J. Recent progress in phosphorescent organic light-emitting devices. Eur J Org Chem, 2013, 2013: 7653-7663.

[34] Adachi C, Tsutsui T, Saito S. Organic electroluminescent device having a hole conductor as an emitting layer. Appl Phys Lett, 1989, 55: 1489-1491.

[35] O'Brien D, Bleyer A, Lidzey D G, et al. Efficient multilayer electroluminescence devices with poly(m-phenylenevinylene-co-2, 5-dioctyloxy-p-phenylenevinylene) as the emissive layer. Appl Phys, 1997, 82: 2662-2670.

[36] Kido J, Hongawa K, Okuyama K, et al. Bright blue electroluminescence from poly (N-vinylcarbazole). Appl Phys Lett, 1993, 63: 2627-2629.

[37] Kido J, Matsumoto T. Bright organic electroluminescent devices having a metal-doped electron-injecting layer. Appl Phys Lett, 1998, 73: 2866-2868.

[38] Ogawa H, Okuda R, Shirota Y. Exciplex emission in an organic electroluminescent device using electron-transporting-1,3,5-tris (4-tert-butylphenyl-1,3,4-oxadiazolyl) benzene and hole- transporting N,N'-bis (3-methylphenyl)-N,N'-diphenyl-[1,1'-biphenyl]-4,4'-diamine. Mol Cryst Liq Cryst, 1998, 315: 187-192.

[39] Jandke M, Strohriegl P, Berleb S, et al. Phenylquinoxaline polymers and low molar mass glasses as electron-transport materials in organic light-emitting diodes. Macromolecules, 1998, 31: 6434-6443.

[40] Gao Z, Lee C S, Bello I, et al. Bright-blue electroluminescence from a silyl-substituted ter-(phenylene-vinylene) derivative. Appl Phys Lett, 1999, 74: 865-867.

[41] Earmme T, Ahmed E, Jenekhe S A. Solution-processed highly efficient blue phosphorescent polymer light-emitting diodes enabled by a new electron transport material. Adv Mater, 2010, 22: 4744-4748.

[42] Okumoto K, Shirota Y. New class of hole-blocking amorphous molecular materials and their application in blue-violet-emitting fluorescent and green-emitting phosphorescent organic electroluminescent devices. Chem Mater, 2003, 15: 699-707.

[43] Pang J, Tao Y, Freiberg S, et al. Syntheses, structures, and electroluminescence of new blue luminescent star-shaped compounds based on 1,3,5-triazine and 1,3,5-trisubstituted benzene. J Mater Chem, 2002, 12: 206-212.

[44] Inomata H, Goushi K, Masuko T, et al. High-efficiency organic electrophosphorescent diodes using 1,3,5-triazine electron transport materials. Chem Mater, 2004, 16: 1285-1291.

[45] Sasabe H, Gonmori E, Chiba T, et al. Wide-energy-gap electron-transport materials containing 3,5-dipyridylphenyl moieties for an ultra-high efficiency blue organic light-emitting device. Chem Mater, 2008, 20: 5951-5953.

[46] Sakamoto Y, Suzuki T, Miura A, et al. Synthesis, characterization, and electron-transport property of perfluorinated phenylene dendrimers. J Am Chem Soc, 2000, 122: 1832-1833.

[47] Su S J, Sasabe H, Pu Y J, et al. Tuning energy levels of electron-transport materials by nitrogen orientation for electrophosphorescent devices with an "ideal" operating voltage. Adv Mater, 2010, 22: 3311-3316.

[48] Sun C, Hudson Z H, Helander M G, et al. A polyboryl-functionalized triazine as an electron transport material for OLEDs. Organometallics, 2011, 30: 5552-5555.

[49] Shin H, Lee J H, Moon C K, et al. Sky-blue phosphorescent OLEDs with 34.1% external quantum efficiency using a low refractive index electro transporting layer. Adv Mater, 2016, 28: 4920-4925.

[50] Zhao B, Zhang T Y, Chu B, et al. Highly efficient red OLEDs using DCJTB as the dopant and delayed fluorescent exciplex as the host. Sci Rep, 2015, 5: 10697.

[51] Kinoshita M, Kita H, Shirota Y. A novel family of boron-containing hole-blocking amorphous molecular materials for blue-and blue-violet-emitting organic electroluminescent devices. Adv Funct Mater, 2002, 12: 780-786.

[52] Tanaka D, Takeda T, Chiba T, et al. Novel electron-transport material containing boron atom with a high triplet excited energy level. Chem Lett, 2007, 36: 262-263.

[53] Li Z H, Tong K L, Wong M S, et al. Novel fluorine-containing X-branched oligophenylenes: Structure-hole blocking property relationships. J Mater Chem, 2006, 16: 765-772.

[54] Salbeck J, Weissörtel F, Bauer J. Spiro linked compounds for use as active materials in organic light emitting diodes. Macromol Symp, 1998, 125: 121-132.

[55] Oyston S, Wang C, Hughes G, et al. New 2,5-diaryl-1,3,4-oxadiazole-fluorene hybrids as electron transporting materials for blended-layer organic light emitting diodes. J Mater Chem, 2005, 15: 194-203.

[56] Yook K S, Lee J Y. Organic materials for deep blue phosphorescent organic light-emitting diodes. Adv Mater, 2012, 24: 3169-3190.

[57] Lee J, Lee J I, Song K I, et al. Effects of interlayers on phosphorescent blue organic light-emitting diodes. Appl Phys Lett, 2008, 92: 203305.

[58] Guan M, Bian Z Q, Zhou Y F, et al. High-performance blue electroluminescent devices based on 2-(4-biphenylyl)-5-(4-carbazole-9-yl)phenyl-1,3,4-oxadiazole. Chem Commun, 2003, 21: 2708-2709.

[59] Yeh H C, Yeh S J, Chen C T. Readily synthesised arylamino fumaronitrile for non-doped red

organic light-emitting diodes. Chem Commun, 2003, 20: 2632-2633.

[60] Han C M, Zhang Z S, Xu H, et al. Controllably tuning excited-state energy in ternary hosts for ultralow-voltage-driven blue electrophosphorescence. Angew Chem, 2012, 51 (40)：10104-10108.

[61] Lee C W, Lee J Y. Above 30% External quantum efficiency in blue phosphorescent organic light-emitting diodes using pyrido[2,3-*b*]indole derivatives as host materials. Adv Mater, 2013, 25: 5450-5454.

[62] Liu T H, Iou C Y, Chen C H. Doped red organic electroluminescent devices based on a cohost emitter system. Appl Phys Lett, 2003, 83: 5241-5243.

[63] Bang H S, Lee C, Yun J. Improved lifetime and efficiency of green organic light-emitting diodes with a fluorescent dye (C545T)-doped hole transport layer. Proc of SPIE, 2007, 6655: 1-7.

[64] Hosokawa C, Higashi H, Nakamura H, et al. Highly efficient blue electroluminescence from a distyrylarylene emitting layer with a new dopant. Appl Phys Lett, 1995, 67: 3583-3585.

[65] Kim K H, Lee S, Moon C K, et al. Phosphorescent dye-based supramolecules for high-efficiency organic light-emitting diodes. Nat Commun, 2014, 5: 4769-4769.

[66] Tao Y, Yuan K, Chen T, et al. Thermally activated delayed fluorescence materials towards the breakthrough of organoelectronics. Adv Mater, 2014, 26: 7931-7958.

[67] Nakanotani H, Higuchi T, Furukawa T, et al. High-efficiency organic light-emitting diodes with fluorescent emitters. Nat Commun, 2014, 5: 4016.

[68] Zhang Q S, Li B, Huang S P, et al. Efficient blue organic light-emitting diodes employing thermally activated delayed fluorescence. Nat Photon, 2014, 8: 326-332.

[69] Goushi K, Kou Y, Sato K, et al. Organic light-emitting diodes employing efficient reverse intersystem crossing for triplet-to-singlet state conversion. Nat Photon, 2012, 6: 253-258.

[70] Hung W Y, Fang G C, Chang Y C, et al. Highly efficient bilayer interface exciplex for yellow organic light emitting diode. Appl Mater, 2013, 5: 6826-6831.

[71] Tietze M L, Benduhn J, Pahner P, et al. Elementary steps in electrical doping of organic semiconductors. Nat Commun, 2018, 9: 1182.

[72] Qin D S. Improved designs for p-i-n OLEDs towards the minimal power loss of devices. Proc of SPIE, 2014, 9137: 63-69.

[73] Lin X, Wegner B, Lee K M, et al. Beating the thermodynamic limit with photo-activation of n-doping in organic semiconductors. Nat Mater, 2017, 16: 1209-1215.

[74] Gaul C, Hutsch S, Schwarze M, et al. Insight into doping efficiency of organic semiconductors from the analysis of the density of states in n-doped C_{60} and ZnPc. Nat Mater, 2018, 17: 439-444.

[75] Lüssem B, Riede M, Leo K. Doping of organic semiconductors. Phys Status Solidi, 2013, 210: 9-43.

[76] Meerheim R, Walzer K, He G F, et al. Highly efficient organic light emitting diodes (OLED) for displays and lighting. Proc of SPIE, 2006, 6192: 1-16.

第**3**章

n 型有机半导体在场效应晶体管中的应用

　　场效应晶体管根据导电沟道中多数载流子极性差异，分为电子传输型、空穴传输型和双极性型。有机场效应晶体管(OFET)自诞生以来就引起了人们的广泛兴趣，受到了越来越多的关注。它可作为价廉、柔性电路的主要组成部分，主要应用于射频标签、柔性显示、电子纸和传感器等方面。有机半导体表现出不同于无机半导体的很多特性，尤其是电荷传输性质、发光性质和传感性质等[1-3]，OFET是研究这些性质很好的媒介。

3.1　有机场效应晶体管简介

3.1.1　器件结构

　　有机场效应晶体管主要由栅极、介电层、有机半导体层和源电极(S)、漏电极(D)构成(图 3-1)。

　　栅极和源漏电极通常采用低电阻的材料，包括金、银、铝、铜等各种金属及其合金材料以及金属氧化物(如氧化铟锡，ITO)导电材料，沉积方法可以是真空热蒸镀、磁控溅射、等离子体增强的化学气相沉积等。为适应全有机器件的制备需要，一些可以打印的高导电聚合物如聚(3,4-乙撑基二氧噻吩)∶聚（苯乙烯磺酸盐）[(poly(3,4-ethylenedioxythiophene)∶poly(styrenesulfonate)，PEDOT∶PSS]和聚苯胺(polyaniline，PANI)等也用来制备源漏电极。

　　介电层可以是无机介电材料、有机介电材料和无机-有机杂化材料。制备方法有等离子体增强的化学气相沉积、热氧化或者甩膜等。无机介电材料包括二氧化硅(SiO$_2$)、三氧化二铝(Al$_2$O$_3$)和氮化硅(Si$_3$N$_4$)等，SiO$_2$可在高掺杂硅栅极上进行原位热生长，是现在集成电路中使用最广泛的介电材料。有机介电材料包括聚合物介电材料和自组装单分子层介电材料。聚合物介电材料包括聚甲基丙烯酸甲酯(PMMA)、聚苯乙烯(PS)、聚丙烯腈和聚乙烯醇(PVA)等(图 3-2)。

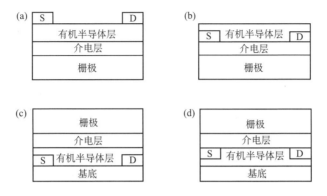

图 3-1　常见有机场效应晶体管的结构示意图

(a) 底栅顶接触结构（BGTC）；(b) 底栅底接触结构（BGBC）；(c) 顶栅底接触结构（TGBC）；(d) 顶栅顶接触结构（TGTC）

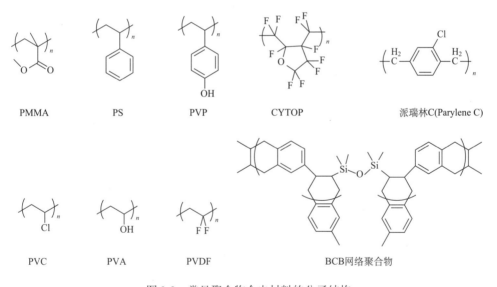

图 3-2　常见聚合物介电材料的分子结构

　　自组装单分子层介电材料包括正十八烷基磷酸和正十八烷基三氯硅烷，能够制备疏水表面，减少缺陷。通过条件的优化，自组装单分子层可作为高介电常数、高击穿电压和高电容的介电层，由于单分子介电层特别薄，所以可以用来制备超短沟道的器件[4-7]。

　　无机-有机杂化介电层综合了无机介电材料介电常数大和有机介电材料质轻，

并能与有机半导体材料形成良好接触的优点；同时解决了无机材料表面缺陷多和有机材料不耐高压的问题。所以，无机-有机杂化材料是介电层的理想选择之一。最典型的是正十八烷基三氯硅烷(OTS)修饰的二氧化硅[8, 9]。

有机半导体层按半导体分子量不同，可分为小分子半导体层和高分子半导体层，其中，小分子半导体层研究较多。按形态不同，有机半导体层分为薄膜半导体层、单晶态半导体层和纳米线半导体层。薄膜半导体层最常见，研究得最多，因为其制备较容易，方法包括真空蒸镀、甩膜、滴膜和打印等[10]。而单晶态半导体层，分子排列规整度高，缺陷少，在有机半导体层的研究方面有不可替代的作用。有机半导体层是本章重点，后面有详尽叙述。

根据介电层和有机半导体层的相对位置不同，有机场效应晶体管可以分为底栅(bottom gate, BG)结构和顶栅(top gate, TG)结构，其中底栅结构是指栅极位于有机半导体层的下部[图 3-1(a)和(b)]；如果栅极位于有机半导体层的上部，该结构就是顶栅结构[图 3-1(c)和(d)]。根据有机半导体层和源漏电极的相对位置不同，可以分为顶接触(top contact, TC)结构和底接触(bottom contact, BC)结构。顶接触结构是指源漏电极位于有机半导体层的上部[图 3-1(a)和(d)]；而底接触结构是指源漏电极在有机半导体层的下部[图 3-1(b)和(c)]。图 3-1(a)~(c)是较为常见的三种结构。

对于 BGTC[图 3-1(a)]器件，一般采用掩模技术制备电极，在这种构型中，有机半导体层和源漏电极的接触良好，从而具有较好的器件性能，实验中往往用于新的有机半导体材料的场效应性能的测试[11,12]；掩模技术的缺点在于很难制备长度小于 10 μm 的沟道。BGBC[图 3-1(b)]和 TGBC[图 3-1(c)]是很多高性能 OFET 采用的器件构型[13,14]。BGBC 结构更有利于有机电路的制备，如果能够改善源漏电极/有机半导体层的接触，这种器件构型会有很广泛的应用。研究发现，蒸镀后热退火，可以显著降低 BGBC 的接触电阻[15]。随着溶液法加工技术的发展，这种结构受到越来越多的重视。同样，TGBC 结构也十分适合大面积打印技术的应用以及高性能单晶场效应晶体管的制备。同时，TG 器件中，顶部栅极对半导体层起到封装作用，防止空气中水分、氧气进入沟道，提高器件的空气稳定性，尤其是 n 型 OFET[16-19]。同时，顶栅结构中可供选择的绝缘层种类较多，有利于器件性能的优化[19-21]。

3.1.2 器件工作原理

OFET 是通过栅极电压控制有机半导体层导电性的有源器件，以增强型 OFET 为例，工作原理如下：由于在零栅极电压下有机半导体层载流子密度很低，电导很小，所以整个晶体管处于关闭状态；施加栅极电压以后，由于介电层的电容作用，在绝缘层和有机半导体层的界面处会诱导出大量的载流子，形成导电沟道，有机半导体层的导电性大大提升，晶体管处于导通状态。所以对于增强型 OFET，随着栅极电压的增大，源漏电流会有很大程度的增大，开关比很大。

固定栅极电压 (V_g) 时，增大源漏电压 (V_d)，源漏电流-电压 (I_d-V_d) 关系曲线上先后出现线性区、非线性区和饱和区三个特征区域。未施加源漏电压时，沟道内的载流子密度是均匀的。当源漏电压远远小于 V_g-V_{Th} 时，沟道内载流子密度在沟道内呈线性梯度分布，此时，沟道的作用相当于电阻，源漏电流随着源漏电压的增大而线性增加，即晶体管处于线性区[图 3-3(a)]。随着源漏电压的进一步增大，当源漏电压恰好等于 V_g-V_{Th}(V_{Th} 是阈值电压)时，在漏电极与沟道的交界处的电场强度为零，诱导的载流子数目为零，导电沟道被夹断，源漏电流达到饱和，电流不再随着源漏电压的增大而增大，这一点称为夹断点 $(V_{d, sat})$ [图 3-3(b)]。当源漏电压继续增大时，夹断点(电势为 $V_{d,sat}$)和漏电极之间沟道内的载流子会被耗尽，由于从源电极到沟道夹断点的电势差基本不变，所以源漏电流不发生变化，电流恒定，器件处于饱和区[图 3-3(c)][22]。

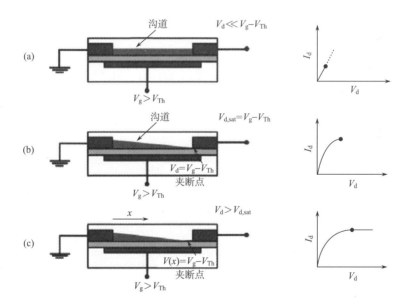

图 3-3　有机场效应晶体管工作原理示意图[22]

(a)器件处于线性区；(b)器件处于夹断点位置；(c)器件处于饱和区

为表达器件在不同工作区工作的电流-电压关系曲线，需引入梯度沟道近似假设，即栅极电压产生的垂直于电流方向的电场强度远大于源漏电压产生的平行于电流方向的电场强度。

对栅极上施加电压后 $(V_g > V_{Th})$，绝缘层和有机半导体层界面处诱导出大量的载流子，而其中部分栅极电压 (V_{Th}) 诱导的载流子被各种缺陷俘获，所以沟道中的载流子电量为

$$Q_{\mathrm{mob}} = C_{\mathrm{i}}(V_{\mathrm{g}} - V_{\mathrm{Th}}) \tag{3-1}$$

其中：C_{i} 为绝缘层电容。公式中，假设沟道电势为零。

然而，栅极电压在沟道上不同的位置诱导的电荷密度不同：

$$Q_{\mathrm{mob}} = C_{\mathrm{i}}[V_{\mathrm{g}} - V_{\mathrm{Th}} - V(x)] \tag{3-2}$$

忽略扩散，诱导的源漏电流为

$$I_{\mathrm{d}} = W\mu Q_{\mathrm{mob}} E_x \tag{3-3}$$

其中：W 为沟道宽度；μ 为载流子迁移率；E_x 为位置 x 处的电场强度，将 $E_x = \mathrm{d}V/\mathrm{d}x$ 代入式 (3-3) 得

$$I_{\mathrm{d}}\mathrm{d}x = W\mu C_{\mathrm{i}}[V_{\mathrm{g}} - V_{\mathrm{Th}} - V(x)]\mathrm{d}V \tag{3-4}$$

对等式两边进行积分：

$$\int_0^L I_{\mathrm{d}}\mathrm{d}x = \int_0^{V_{\mathrm{d}}} W\mu C_{\mathrm{i}}[V_{\mathrm{g}} - V_{\mathrm{Th}} - V(x)]\mathrm{d}V \tag{3-5}$$

得

$$I_{\mathrm{d}} = \frac{W}{L}\mu C_{\mathrm{i}}[(V_{\mathrm{g}} - V_{\mathrm{Th}})V_{\mathrm{d}} - \frac{1}{2}V_{\mathrm{d}}^2] \tag{3-6}$$

在线性区，$V_{\mathrm{d}} \ll V_{\mathrm{g}} - V_{\mathrm{Th}}$，上式可简化为

$$I_{\mathrm{d}} = \frac{W}{L}\mu_{\mathrm{lin}} C_{\mathrm{i}}(V_{\mathrm{g}} - V_{\mathrm{Th}})V_{\mathrm{d}} \tag{3-7}$$

源漏电流 I_{d} 与 V_{g} 成正比，线性区载流子迁移率 μ_{lin} 可在固定 V_{d} 的情况下，通过 I_{d} 对 V_{g} 求斜率得到：

$$\mu_{\mathrm{lin}} = \frac{\partial I_{\mathrm{d}}}{\partial V_{\mathrm{g}}} \cdot \frac{L}{WC_{\mathrm{i}}V_{\mathrm{d}}} \tag{3-8}$$

当 $V_{\mathrm{d}} = V_{\mathrm{g}} - V_{\mathrm{Th}}$ 时，沟道被夹断，电流不再增加而达到饱和，忽略由耗尽区引起的沟道缩短，将 V_{d} 替换为 $V_{\mathrm{g}} - V_{\mathrm{Th}}$，此时式 (3-6) 可化为

$$I_{\mathrm{d,sat}} = \frac{W}{2L}\mu_{\mathrm{sat}} C_{\mathrm{i}}(V_{\mathrm{g}} - V_{\mathrm{Th}})^2 \tag{3-9}$$

在饱和区，饱和源漏电流（$I_{d,sat}$）的均方根和栅极电压（V_g）成正比，对式（3-9）求导，得饱和区载流子迁移率（μ_{sat}）表达式：

$$\mu_{sat} = \frac{\partial I_{d,sat}}{\partial V_g} \cdot \frac{L}{WC_i} \cdot \frac{1}{V_g - V_{Th}} \tag{3-10}$$

有机场效应晶体管的电学性能主要通过晶体管的输出曲线[图 3-4(a)]和转移曲线[图 3-4(b)和(c)]来体现，其中输出曲线是源漏电流随源漏电压的变化曲线，场效应晶体管的输出曲线具有典型的线性区和饱和区之分。而晶体管的所有性能参数都通过转移曲线获取，其中载流子迁移率分为线性区载流子迁移率和饱和区载流子迁移率，线性区载流子迁移率由 I_d 对 V_g 作图后计算得到，其斜率为 $k = \dfrac{W\mu}{L}C_i V_d$，$\mu = \dfrac{kL}{WC_i V_d}$，此外对该曲线线性拟合并反向延长，延长线与横轴的交点对应电压就是阈值电压（V_{Th}）；而饱和区载流子迁移率通过 $\sqrt{I_d}$ 对 V_g 作图后计算得到，其斜率为 $k = \dfrac{W\mu}{2L}C_i$，$\mu = \dfrac{2kL}{WC_i}$，对该曲线线性拟合并反向延长，延长线与横轴的交点对应电压就是阈值电压（V_{Th}）。饱和区载流子迁移率相比于线性区载流子迁移率更为常用。器件的开关比一般是转移曲线中电流的最大值与最小值的比值。

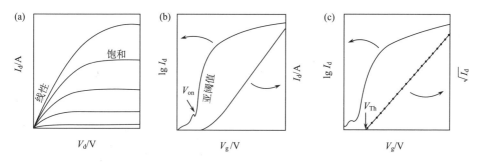

图 3-4　有机场效应晶体管的输出曲线和转移曲线[22]

(a)输出曲线；(b)线性区转移曲线；(c)饱和区转移曲线

3.1.3　器件性能参数

有机场效应晶体管的性能参数是衡量器件性能好坏的重要标准，主要包括载流子迁移率（μ）、源漏电流开关比（I_{on}/I_{off}）、阈值电压（V_{Th}）、亚阈值斜率（S）等，具体定义如下。

载流子迁移率 μ：它是在单位电场强度下，载流子在单位时间内传输的距离，单位是 $cm^2/(V \cdot s)$。对于有机场效应晶体管而言，通过转移曲线得到的载流子迁移率反映了器件中多数载流子在一定电场强度下的传输速度。由于饱和区和线性区存在差别，因此计算得到的载流子迁移率也分为饱和区载流子迁移率和线性区载流子迁移率。载流子迁移率是有机场效应晶体管重要的参数，直接决定了有机场效应晶体管的工作频率。

开关比 I_{on}/I_{off}：它是在一定源漏电压下，一定栅极电压范围内，晶体管分别处于"开"态和"关"态时的源漏电流的比值。它由转移曲线获取，并反映晶体管开关性能的好坏。影响开关比的主要因素包括：载流子迁移率、介电层电容、栅极电场强度、有机半导体的本征导电性、测试环境的变化等。开关比是有源矩阵晶体管驱动的关键参数。

阈值电压 V_{Th}：有机场效应晶体管中诱导出导电沟道的最小栅极电压，该参数也通过器件的转移特性获取。对于有机场效应晶体管而言，载流子注入和传输过程中存在大量的缺陷，而阈值电压就是诱导出的载流子填满这些缺陷时的栅极电压，所以缺陷密度是影响阈值电压的重要因素，此外，绝缘层的电容和电极与半导体的接触（非欧姆接触）电阻也会影响阈值电压。低的阈值电压是实现低功耗器件的必要条件。

亚阈值斜率 S：它是衡量器件开关性能好坏的一个重要参数，表明晶体管由"关"态切换到"开"态时电流变化的迅速程度。它反映了有机场效应晶体管器件工作在"开"态和"关"态间所需的电压跨度，单位是 mV/dec。定义为

$$S = \frac{dV_g}{d(\lg I_d)} \tag{3-11}$$

该参数与有机半导体和绝缘层的界面态密度、电极和有机半导体的接触等因素有关，小的亚阈值斜率说明晶体管的打开速度快。亚阈值斜率和阈值电压一起成为决定晶体管器件操作电压的重要参数。亚阈值区对于低功耗晶体管应用于数字逻辑电路和存储器件具有重要的意义。

3.2 n 型有机半导体简介

3.2.1 n 型有机半导体在场效应晶体管中的作用

n 型有机半导体主要用作场效应晶体管的半导体层，起到传输电子的作用。n 型场效应晶体管和 p 型场效应晶体管共同构成互补反相器，是逻辑电路的基本元素[23,24]。

　　n 型有机半导体层在场效应晶体管中起着至关重要的作用，不仅能够传输电子，而且很多有机半导体具有强的光吸收特性、发光特性和气体传感特性，进而构建 n 型光响应场效应晶体管[25]、n 型发光场效应晶体管[26,27]、气体传感场效应晶体管等[28]。通过将 n 型半导体与 p 型半导体共混，或构建双层 n-p 异质结，能制备双极性场效应晶体管(图 3-5)。

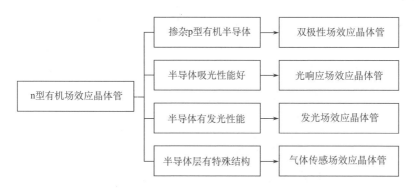

图 3-5　功能场效应晶体管的类型

　　研究应用于场效应晶体管的 n 型有机半导体，能总结已有的设计经验和材料体系，进而指导新材料的合成和场效应器件的构筑，因此 n 型有机半导体的研究具有一定的理论意义，并且它有广阔的应用前景。

3.2.2　场效应晶体管对 n 型有机半导体的要求

　　(1)半导体材料应有足够高的化学纯度。杂质会导致陷阱的产生，引起阈值电压的漂移，降低载流子迁移率和器件长期稳定性；并且能够形成较大的本征电流，增大关闭状态下的沟道电导率。同时，杂质也是影响批次稳定性的重要因素。因此，半导体应有足够高的纯度。

　　(2)半导体材料应有合适的能级结构，即有合适的 LUMO(最低未占分子轨道)能级和 HOMO(最高占据分子轨道)能级。拥有较低的 LUMO 能级的半导体，容易被还原，利于电子注入，因为通常作为源漏电极的金属(如金)，功函较大。同时，低的 LUMO 能级可提高电子传输的热力学稳定性。电子在有机半导体中多采用跳跃模式传输，电子传输过程中会出现分子自由基阴离子状态，足够低的 LUMO 能级意味着电子传输材料的还原电势低于空气中水和氧气的还原电势，在电子传输过程中，就可避免这些杂质捕获电子。一般来说，-4.0 eV 是界限，LUMO 能级低于-4.0 eV 可实现在空气中的稳定。反之，在空气中不稳定。合适的 HOMO 能级也是实现 n 型半导体的前提。如果半导体能够传输电子，但同时 HOMO 能级与源漏电极功函匹配，将很可能转变为双极性材料，不符合 n 型半导体的设计初衷。HOMO 能级不能过高，因为容易被空气中的 O_2 掺杂，导致器件不稳定。因此，半导体要有合适的 LUMO 能级和 HOMO 能级。

有机半导体的能级结构由 π 共轭体系和取代基团共同决定。总的来说，分子要有一定程度的共轭且 π 体系具有缺电子性。较低的 LUMO 能级，可通过扩展 π 体系来实现，这可同时升高 HOMO 能级，从而降低 HOMO 和 LUMO 之间的能级差。器件很可能表现出双极性，所以要选择大小合适的 π 共轭体系[29-31]。分子设计过程中，通过引入吸电子基团(氰基、羰基、酯基、酰胺基、硝基等)，一方面，能够增加共轭长度(这是次要的作用，很微弱的作用)，另一方面，吸电子基团反键轨道和 π 共轭体系的 LUMO 能级接近，因此，可以实现有效的耦合，起到稳定 LUMO 的作用，LUMO 的稳定能降低重组能，提高器件迁移率。另一种做法是引入具有吸电子诱导效应的基团，如全氟烷基链，直接影响 σ 轨道的能级，有效降低 π 体系中原子核的电子密度，降低 LUMO 能级，同时也降低 HOMO 能级[32]。

(3)半导体层的堆积结构要有利于电荷传输。同样的半导体分子，排列方式不同，器件性能也会有很大的差异[29,33,34]。这是因为它们的转移积分不同，转移积分越大，迁移率越高。一般来说，紧密的 π-π 堆积有利于转移积分的增加，即近邻分子间的电子波函数的较大重叠有利于提高电荷在分子间的传输速度。共轭分子上的电荷不仅可以在分子内运动，而且由于分子间的紧密堆积，电荷也可以在近邻的分子间跃迁。同时，半导体紧密堆积能够阻止空气中 H_2O 和 O_2 的入侵，从而提高器件动力学稳定性。

(4)有机半导体有良好的成膜性或者能形成质量高的单晶。有机半导体薄膜连续且有序，有利于电荷的有效输运。例如，在气相沉积或溶液法制备的多晶薄膜中，晶粒间的相互连接有助于提高电荷的迁移率；而在聚合物中，有时完全无定形的均质平整薄膜却能显著减小电荷输运中受到的局部扰动。单晶由于缺陷少，能够体现有机半导体的本征电荷传输，很多半导体的最高迁移率都是通过单晶器件实现的[35,36]。

3.2.3　有机半导体层制备方法

同样的半导体材料，采用不同的制备方法，得到的器件性能，无论是迁移率还是稳定性方面，都可能有很大的差别。所以应结合材料的物理化学性质，选择适合的制备技术。简便、可行、成本低廉的制备技术，是场效应晶体管走向应用的关键。

1. 真空沉积技术

真空沉积技术可应用于大部分有机小分子半导体成膜，是指高真空或超高真空下，通过加热源使有机半导体升华成气态，在基底上沉积成膜。基底温度和蒸镀速率是影响分子堆积和薄膜形貌最为重要的因素，进而影响器件性能[12,37]。真空沉积技术可以解决不溶有机半导体的成膜问题；精确控制薄膜生长的速度和厚度；制备出结晶度高的半导体薄膜；制备多层薄膜时，不会破坏前一层薄膜。然而，真空沉积技术不适用于聚合物材料和热稳定性差的材料的成膜；它严重依赖真空设备，大面积制备成本高。

2. 溶液法技术

甩膜法用于可溶性有机半导体的成膜，要求半导体溶液具有合适的黏度和对基底的黏附力。溶液在基底表面的浸润性直接决定是否可以用甩膜法制膜。如果不浸润，即接触角大于 90°，就很难制备高质量的薄膜。溶剂、溶液黏度和旋涂转速是决定成膜质量的关键性因素。甩膜法容易实现大面积制备，但是甩膜过程中，溶剂的挥发过快，虽然膜的均匀性好，但是微观结构的结晶性较差，导致器件性能不理想。所以要得到高有序性的薄膜需要在旋涂后进行热处理或溶剂处理。而且在甩膜过程中，用于成膜的材料最多占溶质的一半，对材料的浪费较大。

滴膜法是将有机半导体溶液直接滴于基底上，溶剂自然挥发后，半导体析出成膜。滴膜法制备的薄膜，一般结晶性较好，因为溶剂挥发缓慢，有机半导体有充分的时间结晶。缺点是膜的均匀性差，难以形成很平整的薄膜，所以这种方法仅适合于底接触结构中有机半导体层的制备。

喷墨打印是一种特殊的滴膜技术，能够做到有机半导体的定点定量打印，即实现了溶液法和图案化的统一。同时，喷墨打印具有溶液法制备器件的优势，容易实现大面积制备并降低成本，是有机场效应晶体管走向产业化的关键技术。

剪切拉膜(SS)法是保持基底温度恒定，溶液完全覆盖基底，在剪切力作用下，溶质在基底上析出成膜(图 3-6)。SS 法制备的薄膜结晶度高，通常沿拉膜的方向形成细长的晶粒，对于很多有机材料，这种形貌有利于器件性能的提高，比用旋涂法制备的器件的性能高。另外，它还是一种用非合成的方法调控分子的堆积排列的方法，缩短分子间 π-π 堆积的距离[38]。对于一些聚合物溶液，通过剪切拉膜，提高薄膜的有序性，实现载流子传输的各向异性。SS 法节约半导体，可用来制备大面积的薄膜器件，还可以筛选材料[38-40]。不足之处是，SS 法制备的薄膜表面粗糙度较大，器件之间的差异较大，也不是所有的材料都可以通过 SS 法提高性能。

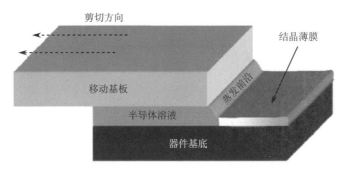

图 3-6　剪切拉膜示意图[40]

3. 单晶制备技术

单晶因其特殊的形貌和结构而自成体系。有机单晶最常用的制备方法是物理气相沉积(PVT)。PVT 系统包含高温区和低温区。有机半导体在高温区升华, 低温区结晶。有机半导体纯度、升华区和结晶区温度及其温度梯度、真空度和载气都是影响分子排列、晶体尺寸、形貌和质量的重要参数。其他制备单晶的方法包括滴涂法、溶剂交换法等。半导体单晶没有宏观的晶界, 表面平滑均一, 分子排列在微米尺度内有序, 是电荷传输的理想状态。单晶的制备过程是对半导体的进一步纯化, 减少电荷缺陷, 有利于研究半导体本征电荷传输性质。缺点是单晶适用范围有限, 有些材料难以生长单晶。

3.3 有机小分子半导体

有机小分子半导体结构简单, 易修饰, 易提纯, 批次稳定性好, 可采用真空镀膜法和溶液法制备薄膜器件和单晶/微纳米器件。

这类有机小分子通常由共轭内核和吸电子取代基构成, 核和取代基共同决定半导体材料的性质。共轭内核包括苯、并苯、茈、联噻吩、联噻唑、茚并芴、大环酞菁、寡聚苯乙烯、富勒烯、吡咯并吡咯二酮; 吸电子取代基包括卤原子(F、Cl 等)、氰基、羰基、酯基、酰胺、酰亚胺等, 吸电子 σ 诱导基团主要指全氟烷基链。取代方式包括对称取代和不对称取代。

共轭内核和吸电子取代基常常一起构成共轭小分子的基本骨架, 如图 3-7 所示。结合 n 型小分子半导体的发展和学者的研究兴趣, 可将其分为以下几类:

(1)酰亚胺类, 主要包括茈酰亚胺、萘酰亚胺、苯并咪唑茈酰亚胺以及拓展的茈酰亚胺和萘酰亚胺等;

(2)醌式结构类半导体, 包括苯醌和噻吩醌式结构;

(3)基于苯并二呋喃二酮的寡聚对苯乙烯类衍生物;

(4)吸电子基团或吸电子诱导基团修饰的并苯、低聚噻吩类;

(5)吡嗪类和噻唑类;

(6)吸电子基团修饰的酞菁类;

(7)富勒烯及其衍生物。

3.3.1 酰亚胺类有机小分子

芳香二酰亚胺及其衍生物具有较高的热稳定性和化学稳定性并且具有可调控的光电性能, 引起了人们的广泛重视[41]。在 π 共轭骨架外引入酰亚胺基团, 可降低分子 LUMO 能级, 在共轭骨架上引入吸电子取代基, 可进一步降低 LUMO 能

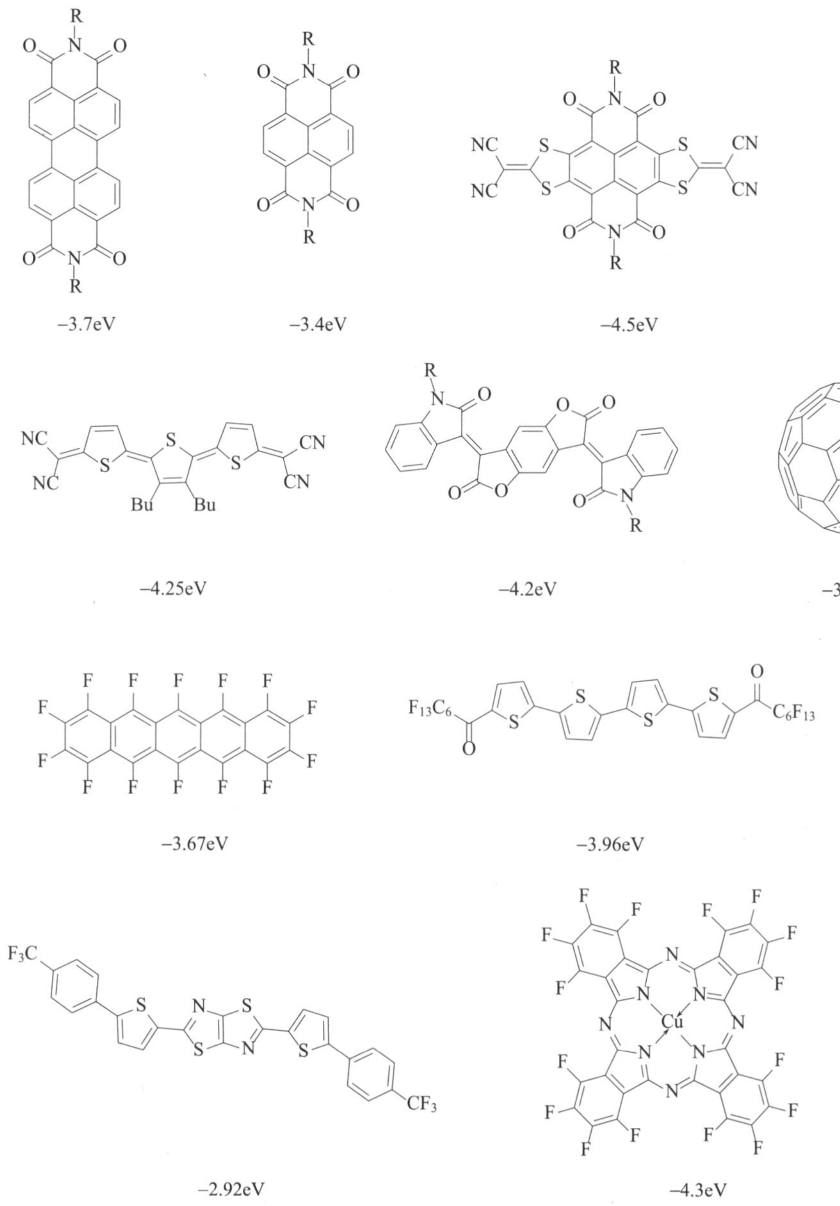

−3.7eV

−3.4eV

−4.5eV

−4.25eV

−4.2eV

−3.9eV

−3.67eV

−3.96eV

−2.92eV

−4.3eV

图 3-7　n 型半导体骨架及其 LUMO 能级

级，稳定电子传输过程中出现的阴离子自由基，提高器件的空气稳定性。另外，由于 π 轨道波函数在酰亚胺的两个 N 原子位置上形成节点，因此，在 N 上连接不同取代基，不会显著改变电子结构[42]。但是，在 N 上引入不同的取代基能调控分子的物理性质，如溶解性、加工性、结晶性和自组装能力，有利于得到高性能有机半导体薄膜。同时，通过调节芳香骨架的共轭长度可改变带隙。

1. 萘酰亚胺类

萘酰亚胺的前身是萘四羧酸二酐 **a1**（图 3-8），真空蒸镀，基底温度为 55℃时，薄膜电子迁移率达到 $1 \times 10^{-3} \sim 3 \times 10^{-3}$ cm^2/(V·s)，好于基底温度为室温时的 10^{-4} cm^2/(V·s)[43]。虽然两种条件下，薄膜中晶粒大小相近，但是高温下，薄膜的连续性更好，排列更有序，同时，半导体和介电层界面的粘连变强，少量的杂质高温下解吸出来。使用聚甲基丙烯酸甲酯（PMMA）作为绝缘层和半导体层之间的缓冲层，能提高电子迁移率，改善稳定性，使得器件可在空气中工作[44]。未取代的酰亚胺 **a2**，是酰亚胺最简单的形式，迁移率处于 10^{-4} cm^2/(V·s)数量级[43]。

1）N 上烷基链取代

N-取代的酰亚胺中，直链烷基链取代的 **a3~a6** 是最简单的形式。以这些材料作为半导体活性层的器件，在惰性气体氛围或真空中的性能要好于在空气中，有些器件在空气中甚至没有场效应性能，如 **a4**[45]，其中性能最好的是 **a6**[46]。器件制备过程中，使用聚乙烯醇（PVA）作为绝缘层，热蒸镀法制备半导体层，真空中场效应晶体管电子迁移率达到 1 cm^2/(V·s)，使用热蒸镀法容易得到平滑的二维薄膜（表面粗糙度≈5.64 nm），而用溶液法则会得到棒状结晶结构（表面粗糙度≈47.9 nm），平整的薄膜有利于性能的提升。

以上是直链烷基作为 N 上取代基，直链烷基柔韧性好；与此相反，环烷基取代基刚性较好，所占体积比相应的直链烷基小。以环己基为取代基的 **a7** 在连续氩气气流，22%相对湿度条件下，饱和区电子迁移率达到 6.2 cm^2/(V·s)[42]，而以正己基为取代基的 **a3** 电子迁移率仅为 0.16 cm^2/(V·s)。究其原因，环己基体积小，刚性好，薄膜与单晶堆积结构相同（相邻两分子最近的堆积距离仅为 3.34 Å），衍射峰强且尖锐，最多可达五级衍射，半导体层中的分子以近似垂直的状态在介电层上进行堆积，使得相邻分子的转移积分达到最大。

2）N 上碳氟链取代

在 N 的取代基上引入氟原子，由于碳氟链的电子诱导效应、憎水性和超分子相互作用，器件表现出一定程度的空气稳定性。在同一项研究中，相比碳氢链，以碳氟链为取代基团的有机半导体，电化学还原电势下降 150 mV。更重要的一点是，碳氟链通过超分子相互作用使分子形成更紧密的堆积，进而更有效地阻挡水和氧气的侵入。连接较短烷基链（CH$_2$C$_3$F$_7$）的 **a8** 单晶晶体管电子迁移率达 0.7 cm^2/(V·s)[47]。在 20~50℃下进行真空沉积，电子迁移率为 0.01 cm^2/(V·s)，开关比为 4×10^5[45]。而以碳氢链为取代基的半导体 **a4**，在空气中没有场效应性能。半导体 **a9** 在基底温度为 70℃，沟道宽长比为 1.5 时，空气中电子迁移率达到 0.1 cm^2/(V·s)，开关比达到 10^5[45]。

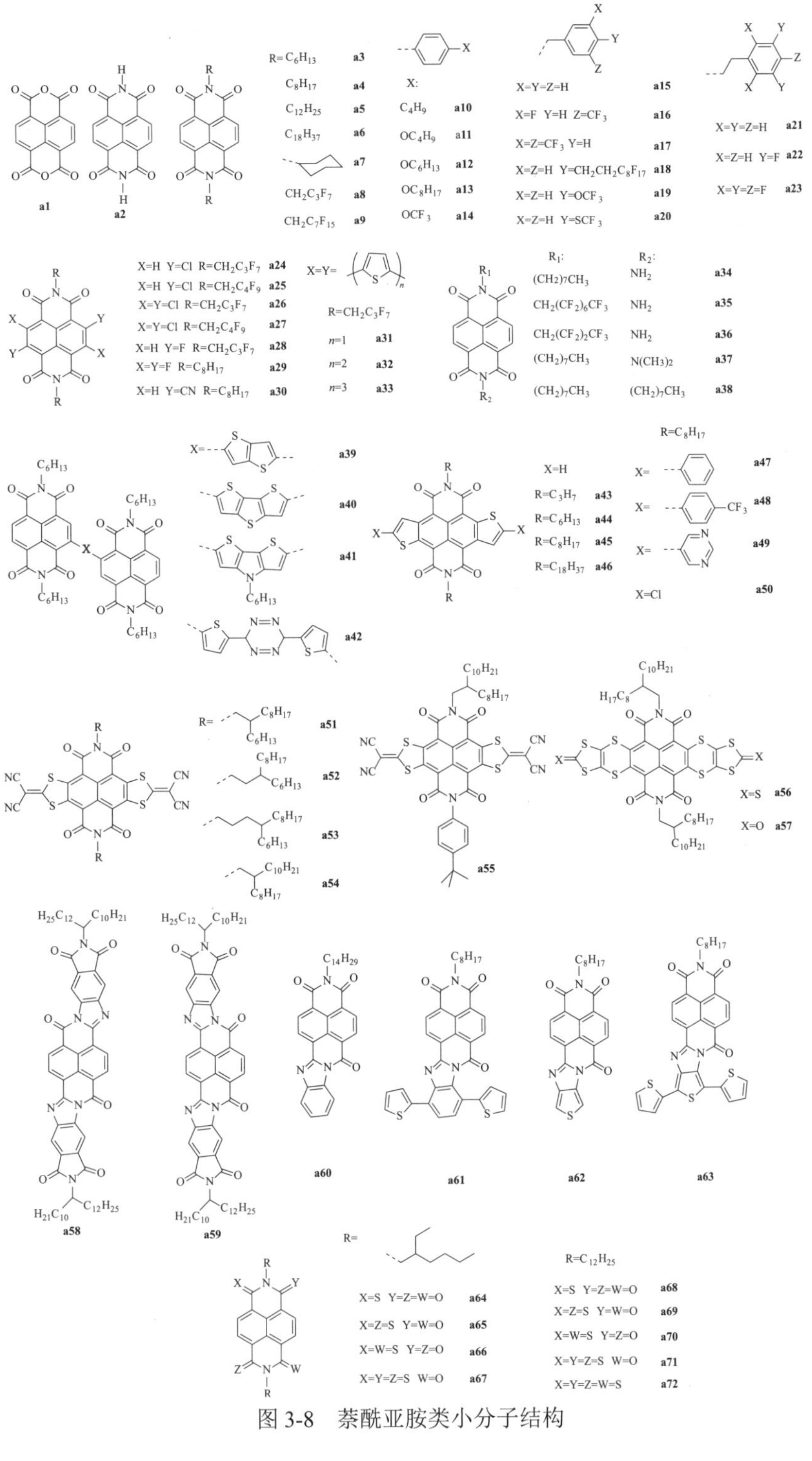

图 3-8　萘酰亚胺类小分子结构

3）N 上苯环取代

在 N 上引入带苯环的取代基，对位烷基链取代的苯环直接和 N 相连，得 **a10**[48]。使用区域浇铸(zone-casting)法制备的 **a10** 薄膜中分子排列垂直于基底，聚氯代对二甲苯(Parylene C)(图 3-2)作为顶栅构型的介电层，得到的场效应晶体管最高电子迁移率达到 0.18 cm²/(V·s)，开关比达到 10⁴，开启电压为 3～5 V。这比用升华法制备半导体层的电子迁移率高两个数量级。器件在空气中放置三个月后，主要电学参数没有明显改变，电子迁移率和开态电压的改变均低于 10%。对位烷氧基取代 **a11～a13** [49]，同样使用区域浇铸法制备半导体层，三种半导体中器件性能最好的为 **a13**，电子迁移率为 0.049 cm²/(V·s)。

以上使用区域浇铸方法制备的、对位取代苯基作为 N 上取代基的萘酰亚胺薄膜作为活性层的器件，均表现出场效应活性。但对于 **a14**，对位取代基换为三氟甲氧基，使用真空蒸镀法制备半导体层，器件没有场效应性质[50]。究其原因，LUMO 能级转移积分低。而在苯基和萘酰亚胺的N之间引入亚甲基的**a19**会显著提高分子间LUMO 能级转移积分，沿 b 轴方向计算的最大转移积分为 79.7 meV。使用基底变温法制备半导体薄膜，70℃时电子迁移率最高，为 0.7 cm²/(V·s) [50]。将三氟甲氧基(OCF₃)替换为三氟甲硫基(SCF₃)得到的 **a20**，在分子排列和分子间转移积分上与 **a19** 相似，电子迁移率为 0.17 cm²/(V·s)，虽然低于 **a19**，但是表现出更好的环境稳定性，这是由于 **a20** 疏水性更好，能够防止水分和氧气扩散进入沟道[51]。

N 上苯甲基取代的最简单分子是 **a15**，它的电子迁移率和 **a16** 相当，为 1.2× 10⁻³ cm²/(V·s)。前者在空气中性能衰减很快；后者在空气中放置一个月，器件性能仅有很小的衰减。F 基团的引入，有利于提高器件的空气稳定性[52]。将 **a16** 中的 F 替换为 CF₃ 得到 **a17**，使用水平气相沉积法获得的单晶中，分子骨架互相平行，π-π 堆积沿 a 轴方向，最近的分子间距离为 3.14 Å。使用 F 取代的 **a17** 单分子层修饰基底，薄膜电子迁移率达到 0.15 cm²/(V·s)[53]。在亚甲基苯对位上引入较长的 F 取代烷基链得到 **a18**，**a18** 在空气中的电子迁移率达 0.57 cm²/(V·s)，开关比为 10⁴ [53]。

增长苯基和 N 之间的烷基链，即侧链连接苯乙基，所得 **a21** 和 **a22** 的性能很差，甚至几乎没有场效应性能，这是由于形成了不利的结晶排列。性能最好的是 **a23**，电子迁移率最高达到 0.23 cm²/(V·s) [54]。

4）核上带吸电基团

萘环上 Cl 取代研究得最多，如 **a24～a27**，性能也最好。其 LUMO 能级随氯取代个数增多而降低[55]。没有氯取代时，LUMO 能级为–3.72 eV；四个氯取代时，LUMO 能级下降为–4.13 eV。二氯取代后，核的扭转角小(二面角≤7°)，小的扭转角使得 π 共轭核中的电子更容易离域。同样使用真空蒸镀法制备薄膜，二氯取代的半导体电子迁移率[空气中 $\mu_{max,a24} = 0.91\ cm^2/(V \cdot s)$，$\mu_{max,a25} = 1.43\ cm^2/(V \cdot s)$]
远高于四氯取代[空气中 $\mu_{max,a26} = 0.021\ cm^2/(V \cdot s)$，$\mu_{max,a27} = 0.040\ cm^2/(V \cdot s)$]，
因为后者核的扭曲比前者严重，因而堆积距离较远，π-π 轨道重叠减少。而二氯
取代的萘酰亚胺平面性好，堆积更紧密，这也是它在空气中稳定性好的原因[55]。
以简单的 Si/SiO$_2$ 为基底，使用剪切拉膜法，**a24** 电子迁移率达到 0.95 cm^2/(V · s)，
循环施加 1000 次偏压后，电子迁移率达到 4.26 cm^2/(V · s)[55,56]。溶液法制得的
鱼骨状排列的 α 相带状单晶电子迁移率达到 8.6 cm^2/(V · s)，β 相单晶的制备也比
较简单，在空气中升华就可得到，电子迁移率达到 3.5 cm^2/(V · s)[57]。

　　F 取代与 Cl 取代相比，四氟取代的核几乎是一个平面，扭转角小于 1.6°，二
氟取代的扭转角为 3.0°，小于相应四氯和二氯取代的核的扭转角(分别为 7.2° 和
5.1°)。这是因为 F 的原子半径(0.5 Å)小于 Cl(1 Å)，所以 F 与相邻 O 的排斥减弱，
扭转角较小，平面性较好。即便如此，分子间 π-π 堆积的距离也较大，二氟取代
和四氟取代的 **a28** 和 **a29** 的 π-π 堆积的距离分别达到 3.372 Å 和 3.299 Å，滑动角
度较小，分别为 48° 和 46°，堆积密度较小，分别为 2.2021 g/cm^3 和 1.397 g/cm^3；
而性能最好的二氯取代的 **a24**，堆积距离、滑动角度、堆积密度分别为 3.274 Å、
62°、2.046 g/cm^3。使用底栅顶接触构型，基底变温法制备场效应晶体管器件，基
底温度为 40℃，**a28** 电子迁移率达到 0.1 cm^2/(V · s)。而基底温度 100℃时，**a29**
电子迁移率为 0.02 cm^2/(V · s)[58]。

　　在核上引入氰基，可降低 LUMO 能级，提高空气稳定性。例如，**a30** 与 **a4**
相比，电子迁移率近似，但前者有更好的空气稳定性。**a30** 带隙约 3.0 eV[59]，可
见光区没有吸收，适合制备透明电子器件[60]。**a30** 真空中电子迁移率为
0.15 cm^2/(V · s)，制成的柔性、透明器件空气中电子迁移率为 0.03 cm^2/(V · s)，
刚性器件空气中电子迁移率 0.08 cm^2/(V · s)。

5) 其他萘酰亚胺衍生物

　　a31～**a33** 为一系列可溶的核与噻吩相连的衍生物，萘核决定 LUMO 能级，
噻吩决定 HOMO 能级，随噻吩个数增多(从 **a31** 到 **a33**)，材料逐渐表现出双
极性[61]，这是在 n 型半导体设计中要避免的问题。

　　前述有机小分子都是对称取代，若两个 N 原子上取代基不同，如 **a34**～
a38，得到的材料的电子迁移率通常较低，其中 **a34** 的电子迁移率最高，为
$3 \times 10^{-4}\ cm^2/(V \cdot s)$[62]。

6) 萘酰亚胺二聚体

　　两个萘单元通过共轭桥连，得到 **a39**～**a42**，桥连单元为富电子时，从紫外-
可见吸收光谱上可看到明显的红移，说明发生了分子内电荷转移。以二噻吩并吡
咯为桥连单元的 **a41**，是这一组中性能最好的，表现出电子占优势的双极性性质，

电子迁移率达到 $1.5\ cm^2/(V \cdot s)$；空穴迁移率较低，仅为 $9.8 \times 10^{-3}\ cm^2/(V \cdot s)$ [63]。引入四嗪单元作为桥连单元，一方面可以稳定化合物本身和电荷传输过程中形成的自由基阴离子，另一方面可限制空穴的注入，实现纯粹的 n 型电荷传输。采用顶栅器件构型，以 CYTOP 和 Al_2O_3 为介电层，喷墨打印法制备半导体层，基于 **a42** 的器件电子迁移率达到 $0.17\ cm^2/(V \cdot s)$ [64]。

7) 稠合萘酰亚胺

核拓展的萘酰亚胺也是一类重要的 n 型有机半导体。以二噻吩稠合的萘酰亚胺为核，N 上取代基为正辛基的 **a45** [65] 电子迁移率最高，空气中电子迁移率为 $5.0 \times 10^{-2}\ cm^2/(V \cdot s)$。X 射线衍射显示，当 N 上取代基为正丙基(**a43**)或正己基(**a44**)时，结晶度小；而为正十八烷基(**a46**)时，分子倾斜较大。这些都不利于器件性能的提升。以正辛基作为 N 上取代基，在 α 位上进行氯取代的 **a50**，是在 α 位上取代的半导体(**a47**~**a50**)中性能最好的。真空蒸镀法制备的场效应晶体管，空气中电子迁移率为 $0.73\ cm^2/(V \cdot s)$。分子间 Cl···O=C 相互作用，有利于形成二维砖层结构；而其他分子则形成一维柱状结构，前者的分子间耦合比较强。

将萘酰亚胺与二氰基乙烯硫杂环进行稠合，就可合成一系列 π 扩展的衍生物(**a51**~**a54**)。扩展的平面 π 共轭体系促进了分子间 π-π 堆积，有利于获得高的电子迁移率。引入丙二氰基导致的较大缺电子性，对于实现电子注入和在空气中的稳定传输很重要。以 **a54** 为半导体层，采用 BGBC 构型，以五氟苯硫酚对电极进行修饰，器件电子迁移率达到 $1.2\ cm^2/(V \cdot s)$，开关比为 10^7，阈值电压为 $-4.5\ V$，亚阈值斜率为 $0.85\ V/dec$ [66,67]。在空气中进行退火，性能没有明显下降，原因是它有较低的 LUMO 能级、紧密的 π-π 堆积和较长的烷基链，能够阻止 O_2 的入侵。对系列小分子半导体的研究表明，侧链长度对薄膜微结构有一定影响，但对最终器件性能的影响有限。相反，分叉点的位置对分子排列有微妙且重要的影响，导致电子迁移率在 0.001~$3.0\ cm^2/(V \cdot s)$ 之间变化。向远离核方向后推烷基链分叉点，得到 3 位分叉的化合物 **a52**，它有比较紧密的平面内分子堆积，单元晶胞面积 $127\ Å^2$，晶粒大小为 $1000\ nm \times 3000\ nm$，在空气中的电子迁移率高达 $3.5\ cm^2/(V \cdot s)$ [68]。

在 N 上进行不对称取代，取代基分别为支链烷基链和对(叔丁基)苯基，得 **a55**，虽然电子迁移率仅为 $0.3\ cm^2/(V \cdot s)$，但表现出很好的光响应性能。入射白光光强为 $107\ \mu W/cm^2$ 时，光响应度为 $27000\ A/W$，光暗电流比为 1.1×10^7 [25,69]。超薄膜导电沟道能够与检测物发生直接、强烈的相互作用，以 **a55** 超薄膜为半导体层的底栅结构 OFET 对 NH_3 有灵敏的响应，10 ppm(1ppm=10^{-6})的 NH_3 可引起电流的巨大变化 [28]，通空气后，电流迅速恢复。

在核上引入更大的富硫杂环得 **a56** 和 **a57**，其 LUMO 能级分别降至 $-4.41\ eV$ 和 $-4.35\ eV$，同时分子间 S-S 相互作用较强，电子迁移率分别达到 $0.05\ cm^2/(V \cdot s)$ 和 $0.04\ cm^2/(V \cdot s)$ [70]。

在 N 上进行稠合，会改变核本身的能级结构。邻苯二甲酰胺对萘酰亚胺进行稠合，可得到互为同分异构体的 **a58** 和 **a59**。采用 BGTC 构型，以正十八烷基三甲氧基硅烷(OTMS)修饰的 SiO₂ 作为介电层，采用溶液旋涂法制备半导体层，器件电子迁移率达 0.056 cm²/(V·s)，并同时表现出好的空气稳定性和操作稳定性[71]。

在以不对称稠合的萘酰亚胺为核的半导体 **a60**～**a63** 中，**a62** 性能最好，使用六甲基二硅氮烷(HMDS)修饰的基底，控制基底温度 110℃，真空中电子迁移率为 0.35 cm²/(V·s)，在空气中下降到 0.1 cm²/(V·s)[72-74]。

8) 酰亚胺中 O 替换为 S

S 和 O 是同主族元素，将 C═O 替换为 C═S，是调控化合物光学和电学性能的有效途径。硫代降低 LUMO 能级，强的 S-S 相互作用可增强分子间相互作用。例如，硫代之前，电子迁移率几乎测不出，进行不同程度的硫代后得到 **a64**～**a67**，其中 **a66** 电子迁移率最高，达 0.01 cm²/(V·s)[75]。而 N 上连接线形烷基链更有利于固态堆积，性能略有提升，在 **a68**～**a72** 中，**a69** 性能最好，电子迁移率为 0.07 cm²/(V·s)[76]。

2. 苝酰亚胺类

与萘酰亚胺相似，很多苝酰亚胺类化合物以苝四酸酐为原料合成，苝四酸酐 **b1**(图 3-9)本身为 n 型半导体，以其为半导体层，真空或脱水的条件下，器件电子迁移率为 10⁻⁴ cm²/(V·s)[77]。使用聚乙烯吡咯烷酮(PVP)或 PMMA 对 SiO₂ 表面—OH 进行钝化，以水平气相物理传输法制备的 **b1** 单晶 OFET 电子迁移率达到 3.5×10^{-3} cm²/(V·s)。而以未修饰的 SiO₂ 为介电层，电子迁移率下降一个数量级。表面 OH 对器件性能影响很大[78]。

1) N 上连烷基链

b2～**b5** 是 N 上连直链烷基的苝酰亚胺，其中，对 **b5** 的研究最多，**b5** 的性能也最好。采用 BGTC 器件构型，以直接蒸镀的 **b5** 薄膜作为半导体层，电子迁移率为 0.6 cm²/(V·s)。140℃退火后，电子迁移率达到 2.1 cm²/(V·s)。因为退火后，晶粒结晶度增强，晶界减少，电子捕获陷阱减少，有利于电子的传输。以上都是在真空环境下的器件性能[79]。精确控制蒸镀速率，先慢后快，可减小晶界深度，同时使用硫修饰电极，器件在空气中的电子迁移率达到 0.69 cm²/(V·s)[12]。使用 BGBC 构型后，器件电子迁移率进一步提高到 3.5 cm²/(V·s)[15]，这是因为底接触的构型能够减小接触电阻。使用高介电常数聚合物 CYTOP 修饰的 Al₂O₃ 作为介电层，蒸镀 **b5** 后，在 80℃下退火，使得界面陷阱最小化。因为 80℃不会破坏 CYTOP($T_g\approx110℃$)和半导体之间的界面[80]。将半导体层通过溶液法制成纳米线，**b2** 纳米线、**b3** 纳米线和 **b5** 纳米线的电子迁移率分别为 $(6.9\pm2.7)\times10^{-5}$ cm²/(V·s)、$(7.2\pm7.0)\times10^{-3}$ cm²/(V·s)、$(6.7\pm3.0)\times10^{-3}$ cm²/(V·s)。纳米线的电子迁移率低于薄膜的电子迁移率，但空气稳定性显著提高，在空气中放置数日后，器件仍然可工作[81]。

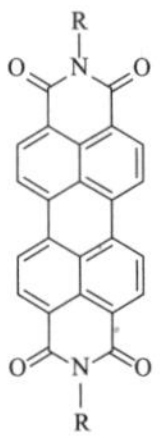

$R=C_5H_{11}$ **b2**
C_8H_{17} **b3**
$C_{12}H_{25}$ **b4**
$C_{13}H_{27}$ **b5**
b6 
b7 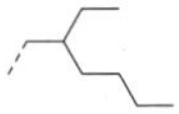

$C_3H_6OC_{12}H_{25}$ **b8**
$CH_2C_3F_7$ **b9**
b10 
$R_1 = C_{13}H_{27}$ **b12**
C_8H_{17} **b13**
b11

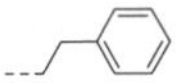

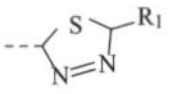

R_1:
C_2H_5
C_4H_9
C_6H_{13}
C_6H_{13}

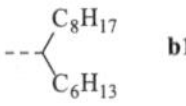

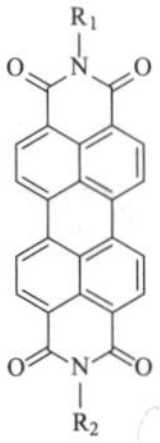

R_2:
CH_2CF_3 **b14** 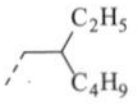
$C_{11}H_{22}$—P—OH **b15** 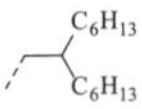

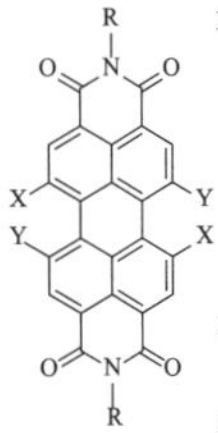

$X=H$ $Y=F$ $R=CH_2C_3F_7$ **b16**
C_3H_7 **b17**
$R=$ **b18**
$X=Y=F$ $R=CH_2C_3F_7$ **b19**
$X=Y=Cl$ $R=CH_2C_7F_{15}$ **b20**
C_8F_{17} **b21**

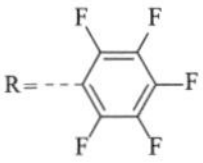

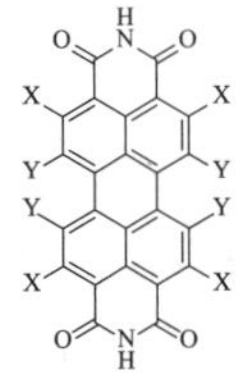

$X=H$ $Y=Cl$ **b22**
$X=Y=Cl$ **b23**

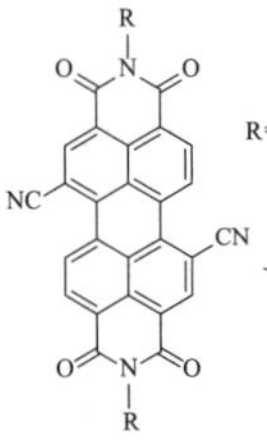

$R=CH_2C_3F_7$ **b24**
C_8H_{17} **b25**
b26 

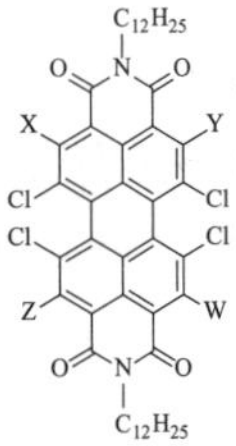

$X=CN$ $Y=Z=W=H$ **b27**
$X=W=CN$ $Y=Z=H$ **b28**
$X=Y=Z=CN$ $W=H$ **b29**
$X=Y=Z=W=CN$ **b30**

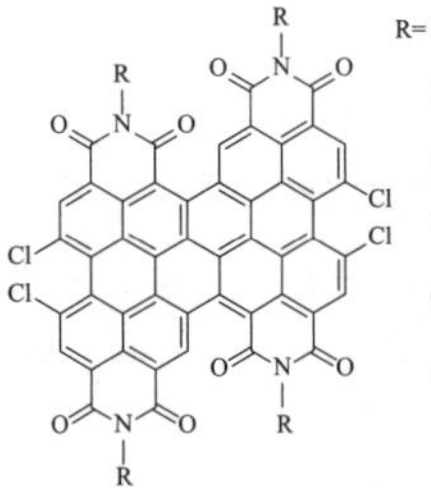

$R=C_8H_{17}$ **b31**
C_9H_{19} **b32**
$C_{10}H_{21}$ **b33**
$C_{11}H_{23}$ **b34**
$C_{12}H_{25}$ **b35**
$C_{18}H_{37}$ **b36**

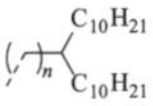

$C_{10}H_{21}$
$C_{10}H_{21}$
$n=1$ **b37**
$n=2$ **b38**
$n=3$ **b39**
$n=4$ **b40**

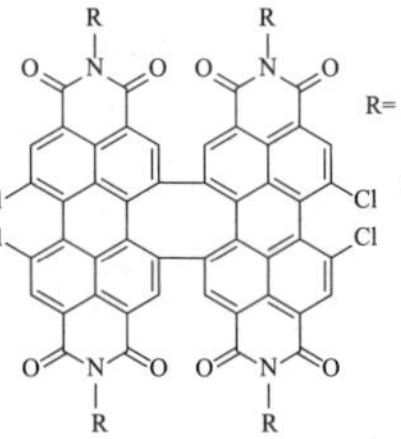

$R=C_{12}H_{25}$ **b41**
$C_{18}H_{37}$ **b42**
C_7H_{15}
C_7H_{15} **b43**

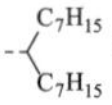

$CH(C_6H_{13})_2$
b44

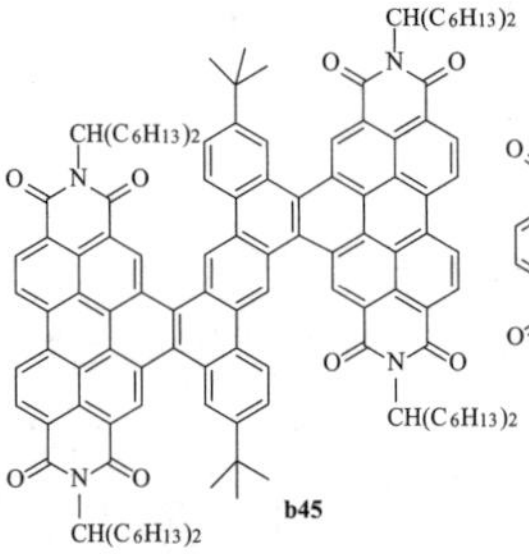

$X=$
b45

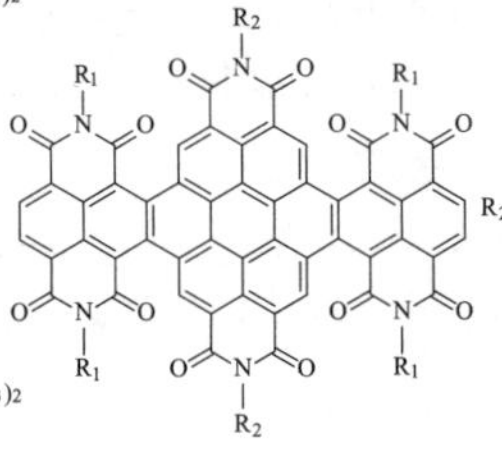

$CH(C_6H_{13})_2$

$R_1=C_8H_{17}$
$R_2=$ **b46** 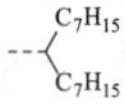
C_7H_{15}
C_7H_{15} **b47**

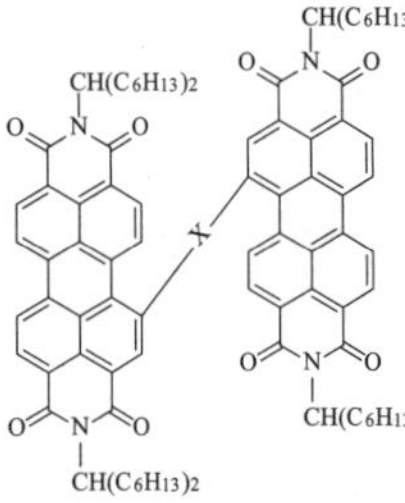

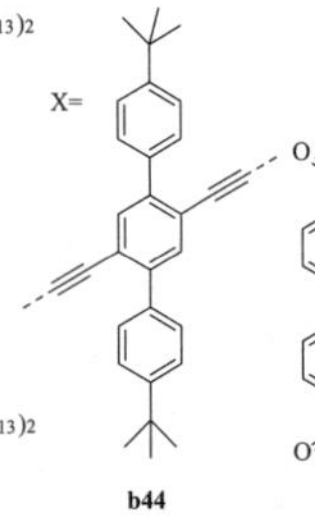

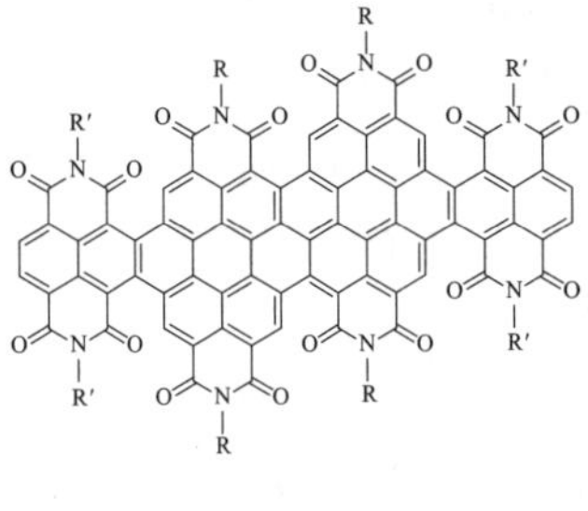

$R'=C_8H_{17}$
$R=$ **b48** 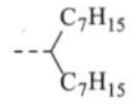
C_7H_{15}
C_7H_{15} **b49**
$C_{12}H_{25}$ **b50** 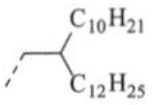
$C_{10}H_{21}$
$C_{12}H_{25}$ **b51**

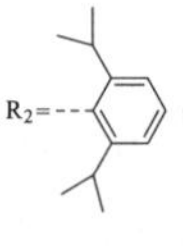

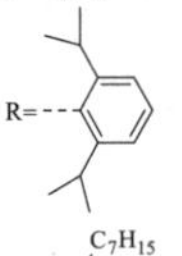

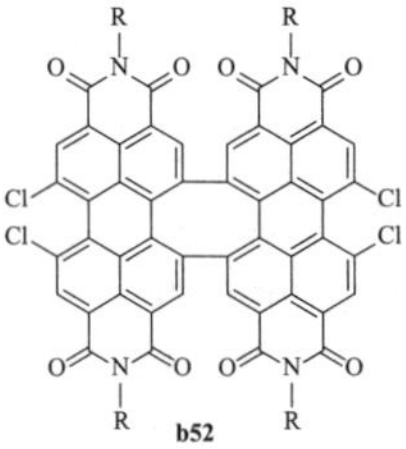

b52

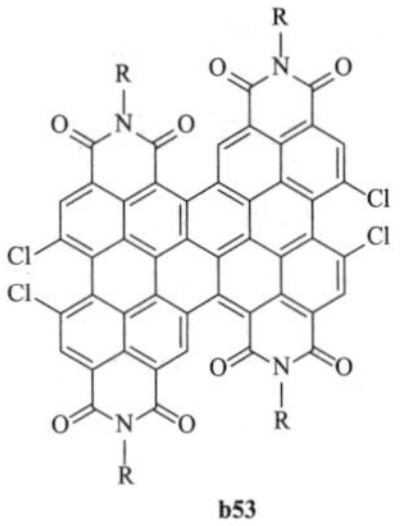

b53

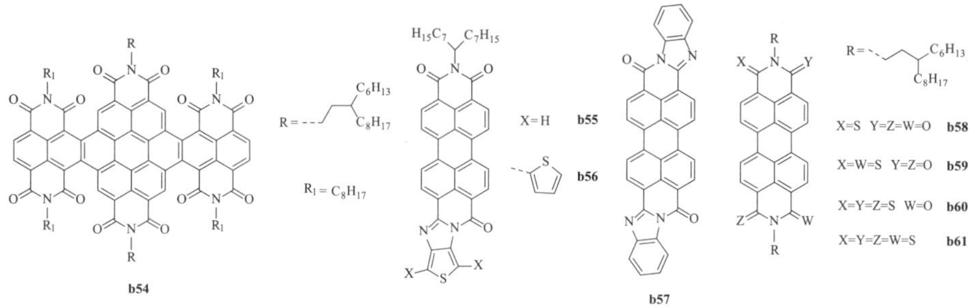

图 3-9   苝酰亚胺类小分子

N 上取代基为环烷基的 **b6** 的场效应晶体管电子迁移率仅为 1.9×10^{-4} cm²/(V·s)，大大低于前述 N 上连直链烷基的器件性能。这是由于相比苝核，环烷基体积太小，无法诱导形成大的台阶状的晶粒，不利于器件性能的提升[82]。N 上连支链烷基链的衍生物 **b7**，在磷酸单分子层正十八烷基磷酸(ODPA)修饰后的 SiO₂ 上易形成结晶性好、缺陷少的薄膜，电子迁移率达到 0.014 cm²/(V·s)[83]。

在侧链上引入醚键，如 **b8**，有利于增加溶解度，同时能保持有序紧密堆积，基于旋涂制备的 **b8** 薄膜的场效应晶体管电子迁移率为 0.52 cm²/(V·s)，阈值电压仅为 2 V[84]。

N 上以不同长度的碳氟链为取代基时，**b9** 性能最好，电子迁移率达到 0.72 cm²/(V·s)，暴露在空气中，器件性能仅有很小的下降，并在 50 天以上保持稳定，虽然 **b9** 芳香核上没有吸电子取代基降低 LUMO 能级，但分子紧密堆积和碳氟链对空气的物理隔离也能起到提高半导体空气稳定性的作用[85,86]。

2)N 上连苯环或杂环

b10 中五氟取代苯直接与 N 相连，控制基底温度为 75℃，蒸镀时制备的器件电子迁移率达到 0.068 cm²/(V·s)，开关比超过 10^5，阈值电压仅为 0.4 V。由于取代的氟原子较多，LUMO 能级低，器件空气稳定性较好，暴露于空气中 72 h，电子迁移率不会下降[87]。苯环通过乙基与 N 相连，得到 **b11**，使用光刻胶辅助的倾斜基底法，制备出大面积、精确图案化、空气稳定性好的 n 型单晶亚微米阵列。单个器件最高电子迁移率可达 2.67 cm²/(V·s)，在空气中放置 50 天以上，器件性能稳定，同时阵列中器件之间的差异很小[88,89]。

N 上连杂环基团，如噻二唑，并不能显著改善材料的性能。**b12** 电子迁移率为 0.016 cm²/(V·s)，而 **b13** 电子迁移率仅为 $10^{-6} \sim 10^{-5}$ cm²/(V·s) 数量级[90]。

3)N 上不对称取代

N 上连不同取代基时，如 **b14**，一端连接碳氟链，另一端连接支链烷基链，使用简单的溶液法能原位制备单晶，半导体分子呈双层排列，使用 PS(聚苯乙烯)

钝化的 SiO_2 做绝缘层，场效应晶体管电子迁移率为 1.2 $cm^2/(V \cdot s)$，开关比大于 10^5 [91]。以自组装单分子层作为半导体层也是制备场效应晶体管的重要思路。以原子层沉积法制备的 Al_2O_3 为介电层，以一端 N 上连磷酸根锚定基团（R^2），另一端连支链烷基（R^1）的 **b15** 作为半导体，在极稀的溶液中，通过缩合反应，将 **b15** 自组装到介电层表面，表面覆盖率接近 100%，沟道长度为 100 μm 时，电子迁移率达到 10^{-3} $cm^2/(V \cdot s)$ [92]。

4）苝被卤原子或氰基取代

卤原子的种类、数量和取代位置会影响半导体性质。对于氟原子取代的苝酰亚胺 **b16~b19**，就真空蒸镀法制备的半导体薄膜而言，二氟取代物的电子迁移率高于四氟取代物，**b16** 的电子迁移率为 0.5~0.9 $cm^2/(V \cdot s)$，而 **b19** 的迁移率低一个数量级。前者采用鱼骨状形式排列，后者取代基多，导致苝核骨架严重扭曲，减小了分子间能级耦合，降低了电子迁移率[86,93]。

氯原子取代多为四氯取代和八氯取代（**b20~b23**）。对于 N 上没有取代基的氯取代半导体 **b22** 和 **b23**，真空蒸镀法制备半导体层时，八氯取代的器件性能好于四氯取代，从分子能级角度，较多个数的氯取代可降低 LUMO 能级；从分子排列的角度，氢键和扭曲的共轭核协同促进二维 π-π 堆积，构成电子传输通道。因此，基于 **b23** 的场效应晶体管在空气中稳定运行，电子迁移率达 0.91 $cm^2/(V \cdot s)$，开关比达到 10^7 数量级[94,95]。对于四氯取代的苝酰亚胺，器件性能最好的半导体是采用较长的碳氟链作为 N 上取代基，如 **b20**，通过物理气相传输法得到的单个微米带晶体的器件电子迁移率为 1.43 $cm^2/(V \cdot s)$ [86,96,97]。

以二氰基取代的苝酰亚胺为核，N 上连接碳氟链的半导体 **b24** 研究最多、最全面。**b24** 的单晶显示，多元环的扭转角为 58°，形成有一定错位的、面对面分子堆积，最小的分子间距离为 3.4 Å。这使得分子间有比较大的 π-π 交叠，有利于电荷传输。

滴膜法和旋涂法制备的薄膜晶粒取向不可控，形成混合多晶形貌。利用毛细作用力，将 **b24** 的邻二氯苯溶液吸入两块（一块平放）以很小角度（<0.2°）放置的坡形空间中，控制基板温度 120℃，溶液蒸发，并沿向夹角的方向收缩，最终形成面积大于 200 $μm^2$ 的单晶，使用 BGTC 构型，以疏水的三乙氧基-1H, 1H, 2H, 2H-十三氟正辛基硅烷自组装单分子层（F-SAMS）修饰基底，电子迁移率达 1.3 $cm^2/(V \cdot s)$，阈值电压为–8 V，开关比约为 10^5 [33]。

BGBC 有利于提高开关速度（原因是沟道长度变短，开关速度正比于 $1/L^2$），减少寄生电荷的形成。HMDS 修饰基底，3,5-二(三氟甲基)苯硫酚修饰电极，采用 BGBC 构型，沟道长度为 2.5 μm，以溶液旋涂的 **b24** 为半导体层，真空烘箱中 110℃退火 60 min，场效应晶体管电子迁移率为 0.15 $cm^2/(V \cdot s)$ [98,99]。

使用 PMMA 修饰的 SiO_2 为介电层，随后制备 Ti/Au 作为源漏电极，最后通过物理气相沉积法制备 **b24** 单晶,自下而上的制备方法避免了对半导体材料的损伤,双层介电层使 SiO_2 表面羟基产生的电子陷阱最小化。真空中电子迁移率达 1～6 $cm^2/(V \cdot s)$,空气中为 0.8～3 $cm^2/(V \cdot s)$。而使用顶接触,真空蒸镀法制备的薄膜电子迁移率仅为 0.64 $cm^2/(V \cdot s)$ [29,100]。

使用真空介电层时,室温下,**b24** 单晶场效应晶体管电子迁移率为 5.1 $cm^2/(V \cdot s)$。随温度的下降,电子迁移率线性增加,$T=230\,K$ 时,电子迁移率为 10.8 $cm^2/(V \cdot s)$,表现出类似无机半导体的带状传输行为[101]。

当使用离子液体作为栅介电层时,基于 **b24** 的单晶器件在<1 V 的电压下即可工作,电子迁移率达 5 $cm^2/(V \cdot s)$ [102]。

除碳氟链外,N 上连正辛基时,如 **b25**,采用底接触构型,正十八烷基硫醇修饰电极,HMDS 修饰基底,真空蒸镀,控制基底温度 100℃,器件电子迁移率为 0.14 $cm^2/(V \cdot s)$ [99]。当 N 上连接环己基时,如 **b26**,真空蒸镀法制备半导体层,电子迁移率为 0.1 $cm^2/(V \cdot s)$ [100]。

苝核上可连两种不同的取代基,bay 位(湾位)上 Cl 取代,非湾位 CN 取代,如 **b27**～**b30**,随着 CN 个数的增多,LUMO 能级线性下降,四个 CN 取代时,LUMO 能级下降至–4.64 eV,器件在空气中稳定,电子迁移率为 0.03 $cm^2/(V \cdot s)$ [103]。

5)拓展的苝酰亚胺

π 共轭芳环的拓展能够增强分子间的堆积,促进电子传输;连接在分子骨架上的四个烷基链可显著提升材料的溶解性和加工性;四氯取代可进一步降低化合物 LUMO 能级,增强环境稳定性。**b35** 的 LUMO 能级低至–4.22 eV,与 Ag 电极功函(4.2 eV)匹配。使用 Au 膜掩模制备器件,以 Ag 为电极,通过溶剂蒸气扩散制备的 **b35** 的单个单晶纳米带最高电子迁移率达 4.65 $cm^2/(V \cdot s)$。器件表现出优异的空气稳定性,在空气中放置一个半月,性能没有明显衰减[104]。

研究不同长度的直链烷基链,如辛基(**b31**)、壬基(**b32**)、癸基(**b33**)、十一烷基(**b34**)、十二烷基(**b35**)和十八烷基(**b36**),对场效应晶体管性能的影响,可以发现当十八烷基取代时,性能最好。160℃退火后,**b36** 电子迁移率达到 0.7 $cm^2/(V \cdot s)$,开关比约为 4×10^7 [105]。

N 位上支链烷基进行取代(**b37**～**b40**),当分叉点位置与 N 相隔两个碳时,即 **b38**,性能最好,140℃退火后,电子迁移率为 0.86 $cm^2/(V \cdot s)$,这是因为薄膜中晶粒尺寸较大,分子之间形成有效的平面内堆积[106]。

将两个苝酰亚胺通过两个单键直接相连,得到垂直缠结的联二苝酰亚胺 **b41**、**b42** 和 **b43**。由于结构高度扭曲,与母体相比,它们的 LUMO 能级改变很少。在 **b41**～**b43** 中,侧链为正十八烷基的 **b42** 的电子迁移率达到 0.16 $cm^2/(V \cdot s)$,开关比约为 5×10^6 [107]。

除苝酰亚胺之间直接相连外,还可通过共轭三键或者共轭芳环连接,如 **b44**

和 **b45**，电子迁移率分别为 0.079 cm^2/(V·s) 和 0.014 cm^2/(V·s) [108]。

花酰亚胺与萘酰亚胺稠合，也能极大限度地拓展共轭体系(**b46~b51**)，得到吸收光谱宽、吸收强度大的有机半导体，同时还有高的电子亲和势。旋涂法制备的 **b47** 薄膜，220℃退火，电子迁移率达 0.25 cm^2/(V·s) [109,110]。更大的稠环化合物 **b50** 的电子迁移率较低，为 0.18 cm^2/(V·s) [111]。

为了研究不同稠合核对有机半导体性能的影响，花酰亚胺上取代基均为 3-己基十一烷基，内核分别为两个单键相连的花酰亚胺二聚体(**b52**)、三个单键相连的花酰亚胺二聚体(**b53**)和花酰亚胺-萘酰亚胺杂化阵列(**b54**)，从 **b52** 到 **b54**，π共轭体系逐渐延伸，分子平面性变好，因此 π-π 重叠变大，电子迁移率提高，**b54** 电子迁移率达 0.44 cm^2/(V·s) [110]。

和萘酰亚胺类似，咪唑可与花酰亚胺在酰亚胺位置稠合。在 **b55~b57** 中，**b55** 性能较好，真空蒸镀，基底温度 110℃时，电子迁移率为 0.15 cm^2/(V·s)，略低于萘酰亚胺的类似物 **a62**；但 **b56** 的性能优于 **a63**，这是由于前者薄膜结晶度高，分子重组能低[72]。当使用高质量的 OTS 作为单分子修饰层时，**b57** 电子迁移率达到 0.05 cm^2/(V·s) [112]。

6)酰亚胺中 O 替换为 S

和萘酰亚胺类似，半导体的电子迁移率与硫取代的个数呈正相关关系(**b58~b61**)。当花酰亚胺中的羰基全部替换为硫羰基时，即 **b61**，电子迁移率提高两个数量级，达到 0.16 cm^2/(V·s)。在这一系列化合物的薄膜中，分子的堆积方向均为长轴垂直于基底。硫取代个数越多，薄膜中正交晶相的比例越高，更有利于电荷传输[113]。

3. 其他酰亚胺类

酰亚胺类材料的丰富性还体现在其内核并环的个数可以改变(图 3-10)。例如，内核仅有一个环，苯二酰亚胺通常作为绝缘介电层材料聚酰亚胺的构筑单元，但作为 n 型电子传输材料也是情理之中。N 上连接含氟取代基时，如 **c1~c3**，电子迁移率在 10^{-2} cm^2/(V·s) 数量级。性能最好的是 **c2**，其最高电子迁移率为 0.079 cm^2/(V·s)，但在空气中测试时，电子迁移率下降到 0.054 cm^2/(V·s)。因为在可见光区没有吸收，苯二酰亚胺类材料一个很大的优势是在透明电子学方面的应用[114]。

内核环的个数介于萘酰亚胺和花酰亚胺之间的是蒽酰亚胺和芘酰亚胺。与前两者相似，蒽酰亚胺在湾位上没有吸电子取代基时，在空气中不工作。在湾位引入氰基时，如 **c4** 在空气中电子迁移率为 0.02 cm^2/(V·s)，开关比大于 10^7 [30]。芘酰亚胺是一类非常有潜力的 n 型半导体，以银做电极，**c5** 和 **c6** 单晶场效应晶体管电子迁移率分别可达 3.08 cm^2/(V·s) 和 2.36 cm^2/(V·s)，足以和经典的萘酰亚胺和花酰亚胺媲美，芘酰亚胺继承芘的好的发光特性，显示出良好的双光子荧光性能[115]，兼具高电子迁移率和好的发光性能，在有机发光场效应晶体管方面有潜在的应用。

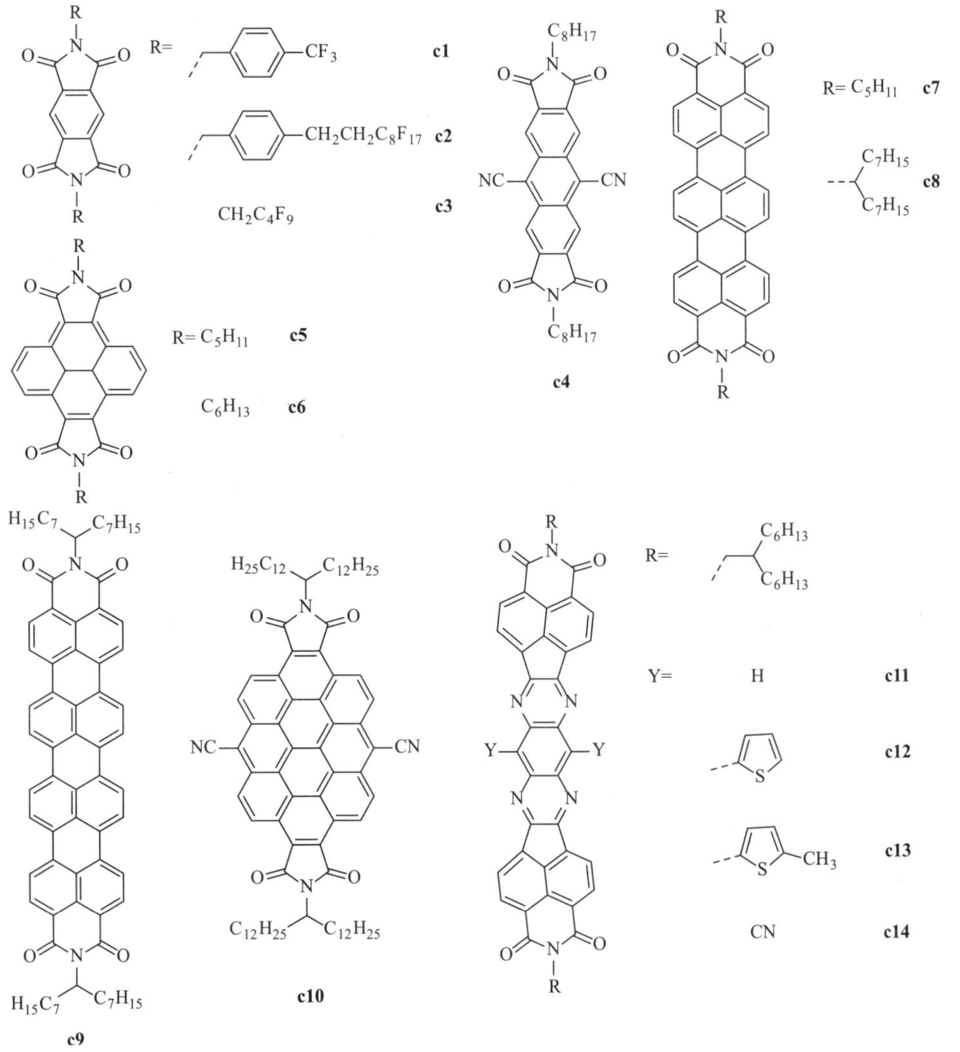

图 3-10　其他酰亚胺类小分子

随酰亚胺内核环个数的增多，如三萘嵌二苯酰亚胺类和以更大环为核的二酰亚胺类半导体，更倾向于表现双极性。在三萘嵌二苯酰亚胺的 N 上连接正戊基时，**c7** 半导体表现出单极性电子传输特性[116]；但连接支链烷基链时，**c8** 却表现出双极性传输特性[31]。对于更大的共轭体系 **c9**，使用滴膜法制备半导体层，得到的器件为双极性，高温退火后，转变为 n 型，这是半导体层形貌导致电荷传输极性变化的典型例子[117]。

因此，对于更大内核构成的酰亚胺，若欲使其表现出稳定的 n 型性能，较好的做法是引入吸电子取代基，或者在内核中使用缺电子单元。**c10** 含有氰基，以 OTS 修饰的 SiO$_2$ 为介电层，旋涂法制备半导体层，采用顶接触构型，金作为电极，OFET 电子迁移率达 0.03 cm^2/(V·s)[118]。以杂原子环为核的萘二酰亚胺 **c11~c14**，通过改变取代基可实现 LUMO 能级在–3.6 eV~–4.3 eV 之间的精细调控，电子迁移率位于 0.021~0.12 cm^2/(V·s)，而连接 CN 的 **c14** 虽然 LUMO 能级最有利，但电子迁移率却是最低的，这是由于 **c14** 倾向边对边的排列，结晶性相对较差[119]。

3.3.2 醌式结构

1. 苯醌类

苯醌类半导体研究较早，是典型的 n 型有机半导体(图 3-11)。7,7,8,8-四氰基对苯二醌二甲烷(TCNQ) **d1** LUMO 能级低至–4.8 eV。当以 Si$_3$N$_4$/SiO$_2$ 为介电层时，薄膜电子迁移率虽仅为 3×10^{-5} cm^2/(V·s)[120]，但以真空为介电层时，单晶晶体管的场效应电子迁移率为 1.6 cm^2/(V·s)[121]。**d3** 单晶晶体管电子迁移率为 0.2 cm^2/(V·s)，同样条件下，**d1** 电子迁移率为 0.1 cm^2/(V·s)。**d1** 和 **d3** 的电子迁移率随温度的降低而降低。与 **d1** 和 **d3** 不同，对于 **d2** 单晶，室温电子迁移率为 6~7 cm^2/(V·s)。当温度降低到 150 K 时，电子迁移率增加到 25 cm^2/(V·s)，表现出带状传输性质。**d2** 的晶胞中包含单个的分子，晶体中的所有分子相互平行，LUMO 能级交叠产生的带宽很大，并有明显的三维特征，有利于电子离域，这很可能是带状传输的根源[122]。**d4** 也是一种简单的醌式结构，使用 Au 做电极时，接触电阻最小，电子迁移率为 0.011 cm^2/(V·s)[123]。对 **d1** 进行延展，得到并七苯的衍生物 **d5**。与前述苯醌类半导体相比，**d5** 的优势是溶解性好，可溶液加工，但电子迁移率仅为 0.01 cm^2/(V·s)[124]。**d6** 和 **d7** 的电子迁移率也不高，仅为 10^{-4}~10^{-3} cm^2/(V·s)[125]。

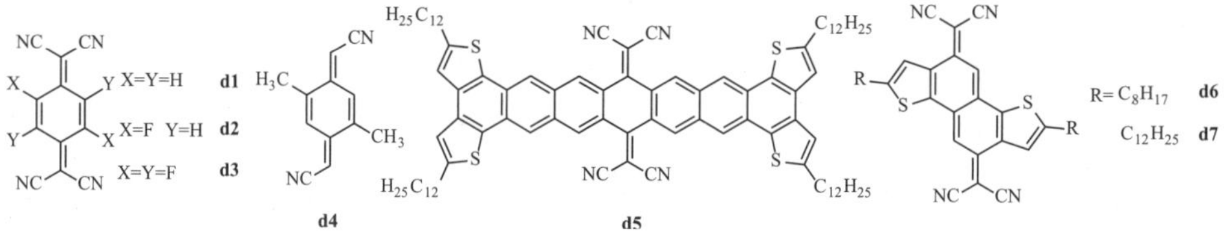

图 3-11 苯醌类小分子

2. 噻吩醌类

d1(TCNQ)在有机溶剂中的溶解性差，共轭长度低，由其衍生出的半导体数量有限，且难以制备高质量的薄膜，从而限制了其在有机场效应晶体管中的应用。噻吩醌式分子与 TCNQ 相比，π体系的扩展更容易；促溶基团的引入更容易；由于 S-S 相互作用强，分子间作用力增大，分子 LUMO 能级的耦合增强。

e1 和 **e2** 是简单的噻吩醌式结构(图 3-12)，真空蒸镀法所得到的薄膜电子迁移率在 $10^{-5} \sim 10^{-4}$ $cm^2/(V \cdot s)$ 数量级[126]。联三噻吩醌式半导体 **e3** 结构也比较简单，是最早研究的噻吩醌式结构。以 SiO_2 或 Al_2O_3 为介电层，控制基底温度 130℃，Au 或 Ag 作为源漏电极，饱和电子迁移率达到 0.2 $cm^2/(V \cdot s)$[127]。薄膜中，分子是以二聚体的形式进行 π-π 堆积，二聚体间距分别为 3.47 Å 和 3.63 Å。丁基赋予 **e3** 一定的溶解性，以氯苯为溶剂制备的场效应晶体管电子迁移率仅为 0.002 $cm^2/(V \cdot s)$，阈值电压却达到 –60 V[128]。为提升溶解性，改善成膜加工性，二(丁氧甲基)环戊基取代的噻吩醌式分子 **e4~e9** 被合成出来，但这类分子不适合作为半导体，因为可溶基团空间位阻大，减小了固体状态下分子间相互作用，故没有对其电子传输性能进行研究[129]。为了既保持好的溶解性，又有较强的分子间相互作用，仅中间噻吩上保留促溶基团二(己氧甲基)环戊基的 **e10** 被合成出来。**e10** 旋涂成膜后，150℃进行退火处理，分子堆积得到改善，结晶度提高，分子间作用力增强，场效应晶体管的电子迁移率达到 0.16 $cm^2/(V \cdot s)$[130]。

除了在噻吩基团上连接烷基链来提升溶解性外，还可以通过将酰基或酯基取代氰基提高溶解度，因为在酰基和酯基上可以方便地引入烷基促溶基团。尽管酰基和酯基吸电子能力低于氰基，**e11** 和 **e12** 的 LUMO 能级依然低于 –4.0 eV，通过溶液法制备 **e11** 和 **e12** 的薄膜，在空气中电子迁移率分别达到 0.015 $cm^2/(V \cdot s)$ 和 0.06 $cm^2/(V \cdot s)$[131]。

与联三噻吩醌式结构相似，二氰基亚甲基取代的联四噻吩 **e13** 薄膜的性能也与半导体中分子堆积密切相关，不同的分子堆积导致不同的半导体能级，进而影响电荷注入和器件传输电荷的极性。以四氢呋喃为溶剂，旋涂法制备薄膜，器件表现出电子主导的双极性[$\mu_e = 5 \times 10^{-3}$ $cm^2/(V \cdot s)$，$\mu_h = 6 \times 10^{-5}$ $cm^2/(V \cdot s)$]。但选用氯仿为溶剂时，器件表现出空穴主导的双极性。可见，只有选用合适的制备条件，器件的电子传输性能才能显现出来[132]。

二维拓展的二氰基亚甲基取代的联三噻吩醌式结构小分子(**e14~e17**)，分子平面性极好，另外 A-D-A-D-A 型电子结构具有比较低的 LUMO 能级。对这类材料的系统研究表明，分子结构细微的不同，可能导致器件性能有很大的差异。**e14** 薄膜在 100℃退火后，最高电子迁移率达 5.2 $cm^2/(V \cdot s)$。**e14** 中，两侧噻吩所稠合的噻吩中的硫原子都朝向外侧，中间噻吩稠合的五元环酰亚胺上的氮原子连接支链烷基作为取代基，这说明同时对侧链和硫原子取向进行优化有利于得到最好的器件性能，因为这样能够改善薄膜的结晶性和晶区结构[133,134]。

在噻吩醌式分子中引入呋喃结构单元，得到呋喃-噻吩醌式 n 型有机半导体分子 **e18**。该化合物显示了高的电子迁移率，使用不含卤素的四氢呋喃做溶剂，旋涂法制备的薄膜电子迁移率为 1.11 $cm^2/(V \cdot s)$，微米带的最高电子迁移

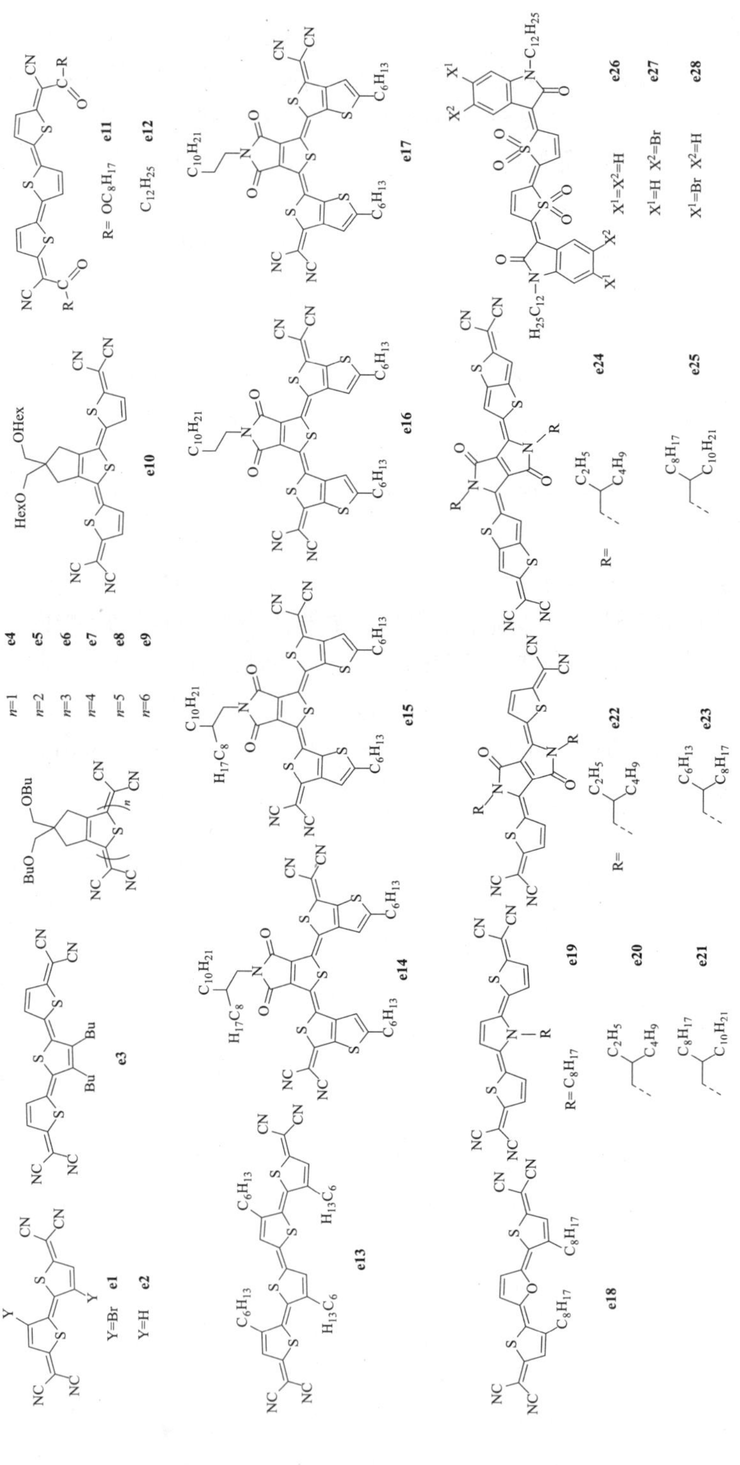

图 3-12　简单的噻吩醌式结构

率为 7.7 cm^2/(V·s)。**e18** 在单晶中呈层状 π-π 堆积，有强的 π-π 和 CN···H(噻吩)相互作用；**e18** 在薄膜中呈面对面(face-to-face)的 π-π 堆积，且 π-π 堆积的方向与载流子传输方向一致，呋喃-噻吩醌式分子是一类优异的高性能 n 型有机半导体[135]。

将吡咯基团引入噻吩醌式分子，通过在吡咯的 N 上连接烷基链，提高了半导体的溶液加工性，同时不破坏分子骨架本身的平面性(**e19~e21**)。**e20** 以 2-乙基己基为取代基，通过旋涂法制备的薄膜，电子迁移率达 0.014 cm^2/(V·s)[136]。含吡咯并吡咯二酮的噻吩醌式半导体也是一类有潜力的 n 型半导体材料(**e22~e25**)。**e22** 烷基链较短，采用真空蒸镀法制备，控制基底温度 120℃，薄膜的电子迁移率达 0.55 cm^2/(V·s)，开关比为 10^6；**e23** 烷基链长，使用溶液法制备，薄膜的电子迁移率为 0.35 cm^2/(V·s)，开关比为 10^5~10^6 [137]。使用噻吩并噻吩替换噻吩，**e24** 和 **e25** 的电子迁移率略有下降，分别为 0.22 cm^2/(V·s) 和 0.16 cm^2/(V·s)[138](属于稠合噻吩范畴，但结构与 **e22** 和 **e23** 相似，故放此处介绍)。

噻吩-S, S-二氧化靛吩呤也是一类 n 型有机半导体材料[139]，经噻吩醌式结构氧化得到，因而拥有比后者更低的 LUMO 和 HOMO 能级。在 5, 5′- 二溴或 6, 6′-二溴取代后得 **e27** 或 **e28**，LUMO 和 HOMO 能级进一步降低。**e28**、**e27** 和 **e26** 电子迁移率分别为 0.11 cm^2/(V·s)，0.071 cm^2/(V·s) 和 0.046 cm^2/(V·s)。在三个半导体中，**e28** 有最长的 π 体系，而 **e27** 比 **e26** 有更高的结晶度。

含有噻吩并噻吩醌式结构的 **f1~f3**(图 3-13)，电子迁移率对烷基链位置的依赖很大。烷基链在 3, 3′位置时，即 **f2**，电子迁移率达到 0.22 cm^2/(V·s)，比 **f3** 和 **f1** 分别提高了 1 个数量级和 3 个数量级。烷基链位置的不同，不会引起分子骨架的扭曲和前线分子轨道电子云密度的改变，但会导致薄膜中分子堆积的不同，而 **f2** 能形成最有利于电子传输的分子排列和薄膜形貌，薄膜结晶性好，分子间 π-π 堆积距离为 3.5 Å[140]。

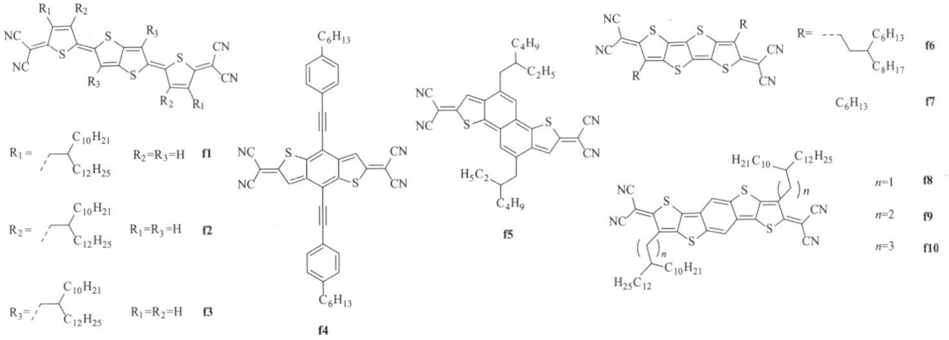

图 3-13　噻吩稠环类醌式结构

二噻吩并苯醌式结构共轭长度短，旋涂法制备的器件电子迁移率在 10^{-3} cm²/(V·s)数量级。在二噻吩并苯醌式结构上下两侧各连接一个烷基苯炔单元，构筑分子 **f4**，通过滴膜法构筑的微纳米晶体管最高电子迁移率达 0.88 cm²/(V·s)[141]。在两个噻吩基团之间稠合萘环，得 **f5**，也获得相对较高的电子迁移率，0.1 cm²/(V·s)[142]。

四并噻吩醌式结构也是一类有潜力的半导体。通过溶液法制备的 **f6** 的薄膜器件，未经后处理，空气中电子迁移率达到 0.9 cm²/(V·s)，同时表现出优良的环境稳定性和连续工作稳定性[143]。较长的分叉烷基链使得化合物 **f6** 很难得到单晶，为深入研究堆积结构和器件性能的关系，正己基取代的 **f7** 被合成出来。通过溶剂挥发法制得的 **f7** 单晶，表现出侧滑的 π-π 堆积(π-π 堆积距离 3.46 Å)，且相邻分子间有较强的 S-N 和 S-C 相互作用，形成二维电荷传输网络[144]。在四并噻吩醌式结构中间插入苯环，进一步扩大共轭体系，得 **f8**~**f10**。结果发现，随分叉点位置远离共轭内核，器件表现出双极性，只有 **f8** 表现出电子传输性质，电子迁移率为 0.57 cm²/(V·s)。在设计 n 型半导体时，需要考虑分叉点位置对电荷传输极性的影响[145]。

3.3.3 并苯及吡嗪衍生物

1. 并苯衍生物

n 型并苯衍生物是通过引入吸电子基团将 p 型半导体转化成 n 型半导体，例如，并五苯(pentacene)是典型的 p 型小分子，而全氟取代并五苯 **g1**(图 3-14)则是 n 型。X 射线单晶衍射表明，其分子排列与并五苯一样，都是鱼骨状，两层分子间夹角分别为 91.2°和 51.9°。控制基底温度 50℃，真空蒸镀法制备薄膜，采用底栅顶接触器件构型，优化后器件电子迁移率为 0.11 cm²/(V·s)[24]。改变并五苯中五个苯环之间的连接方式，得到三氟甲基苯取代的蒽 **g2**，其电子迁移率为 3.4×10^{-3} cm²/(V·s)[12]。

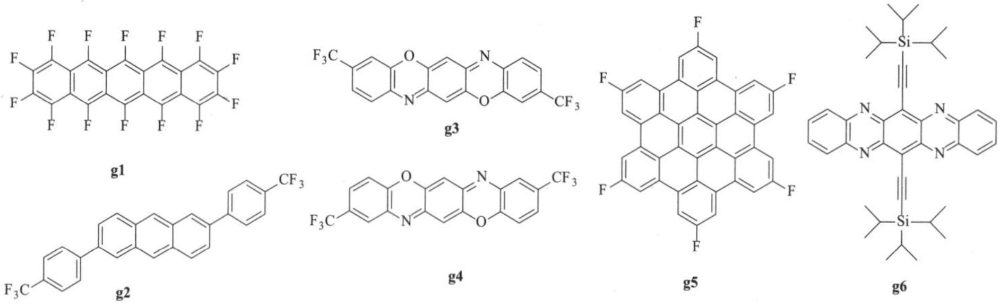

图 3-14　并苯衍生物及类似物半导体的分子结构

在并五苯中引入 N、O 杂原子，三氟甲基作为取代基，得到同分异构体 **g3** 和 **g4**。通过改变基底温度，得到优化的器件电子迁移率分别为 0.07 cm²/(V·s) 和 0.03 cm²/(V·s)。器件表现出好的空气稳定性，是由于碳氟基团的引入使分子有比较紧密的堆积，能够防止 O₂ 的入侵[146]。

F 取代基同时降低了六苯并晕苯 **g5** 的 HOMO 和 LUMO 能级，LUMO 能级为 –3.2 eV，基于真空蒸镀的场效应晶体管电子迁移率为 0.016 cm²/(V·s)，开关比为 10⁴ [147]。

以上均为蒸镀法制备薄膜。借鉴三异丙基硅基乙炔(Tips)取代的并五苯的分子设计方法，在四氮杂并五苯的 6、13 位上分别引入 Tips 后得到 **g6**。**g6** 不仅可通过蒸镀法，还可通过溶液法(滴膜法和浸渍法)制备半导体层。同时，使用磷酸自组装单分子层修饰介电层界面，减少氧化物介电层表面的缺陷。滴膜法、浸渍法和蒸镀法得到的器件在真空中的电子迁移率分别为 11 cm²/(V·s)，11.1 cm²/(V·s) 和 6.8 cm²/(V·s)。空气中的电子迁移率分别为 3.4 cm²/(V·s)，3.7 cm²/(V·s) 和 1.9 cm²/(V·s)[148]。半导体薄膜的制备方法对电荷传输模式影响很大，滴膜法和浸渍法得到的器件表现出带状传输性质，而蒸镀的薄膜为热激发的跳跃传输模式。这是因为热蒸镀薄膜中有大量不可控的晶界，而热激发有利于电荷在晶粒之间传输。

2. 吡嗪衍生物

吡嗪具有缺电子性，在调控半导体电子亲和势方面有重要的作用。二氰基吡嗪并喹喔啉 **h1** (图 3-15)是最早研究的吡嗪类半导体，电子迁移率在 10⁻⁶ cm²/(V·s) 数量级[149]。同样以吡嗪并喹喔啉为核，只是三个芳香环相对位置不同，以三氟甲基苯为取代基，**h2** 在氮气中电子迁移率达 0.03 cm²/(V·s)。当内核变为联二喹喔啉时，**h3** 电子迁移率下降；变为吡嗪并吡啶时，**h4** 器件没有场效应性能。这三种半导体的性能表现出对内核极大的依赖性，这是由于大的吡嗪核导致半导体 LUMO 能级低，重组能小，薄膜更有序，晶粒尺寸更大，因此电子迁移率更高[150]。在吡嗪半导体中引入对氰基苯取代的吡咯酮，可将 **h5** 和 **h6** 的 LUMO 能级分别降至–4.05 eV 和–4.04 eV；同时 HOMO 能级分别降低至–5.85 eV 和–5.88 eV，形成空穴注入势垒，阻止了空穴的注入，有利于观察到单极性电子传输。**h5** 和 **h6** 电子迁移率分别为 0.04 cm²/(V·s) 和 0.16 cm²/(V·s)[151]。连接直链烷基链的 **h5** 溶解性差，导致薄膜表面粗糙，针孔较多，严重影响器件性能；而 **h6** 连有支链烷基链，溶解性好，自组装能力强，易形成高度结晶、均一的薄膜。

在吡嗪类并苯基础上引入 B ← N 配位键，可有效降低 LUMO 能级，提高电子亲和势，是一种制备 n 型有机半导体的新策略，**h7** 电子迁移率为 0.21 cm²/(V·s)[152]。

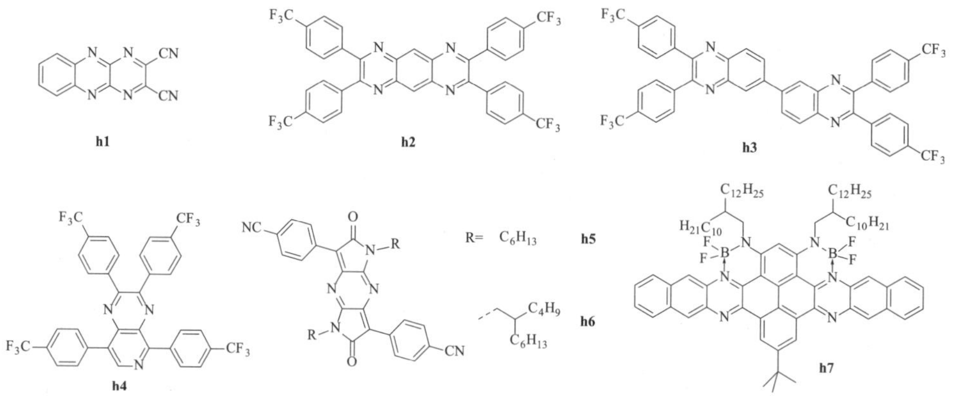

图 3-15 吡嗪衍生物及类似物半导体的分子结构

3.3.4 联噻吩和联噻唑类

1. 联噻吩类

联噻吩类半导体的多样性体现在噻吩个数不同(即核大小不同)以及碳氟链取代位置不同。分子的排列形式与核的长度无关,取代基一定,取代基位置一定,薄膜中分子的排列形式即可确定。改变取代基种类和位置,可改变分子与基底垂直方向的夹角。而碳氟链取代的噻吩与相应碳氢链取代的半导体分子有相似的微观结构,包括分子长度、核或链的倾斜角度等。但是,它们传输的载流子种类不同,这是由于能级不同,从电极注入半导体的正负电荷不同。分子垂直于基底取向,并有足够的共轭长度,大的晶粒,平滑、连续性好的形貌,是实现高电子迁移率的必要条件。系列碳氟链取代的联噻吩类半导体 **i1**～**i10**(图 3-16)中,**i3** 在基底温度为 100℃时,电子迁移率最高,达 0.22 cm²/(V·s)[153-155]。

以全氟苯基为取代基的联噻吩半导体 **i11**～**i13**,随噻吩核的缩短,电子迁移率显著下降,**i13** 在基底温度为 90℃时,电子迁移率达 0.43 cm²/(V·s)[156]。将全氟苯基移至联噻吩之间得到 **i14**,电荷传输极性由 n 型转为 p 型(微弱的 p 型),这很大程度上是由于连接顺序的改变升高了 LUMO 能级。当联噻吩与全氟链取代的苯基相连时,**i15**～**i18** 性能下降,其中,**i16** 在基底温度为 110℃时,电子迁移率为 0.074 cm²/(V·s)[157]。

对于二苯乙烯基二噻吩半导体,即 **i19**～**i21**,仅有 **i19** 表现出 n 型电荷传输性质,电子迁移率仅 9.8×10^{-4} cm²/(V·s)。**i21** 为 p 型,而 **i20** 没有场效应活性[158]。二氟亚甲基桥连联二噻吩,有利于增加半导体平面性,**i22** 电子迁移率为 0.018 cm²/(V·s)[159]。

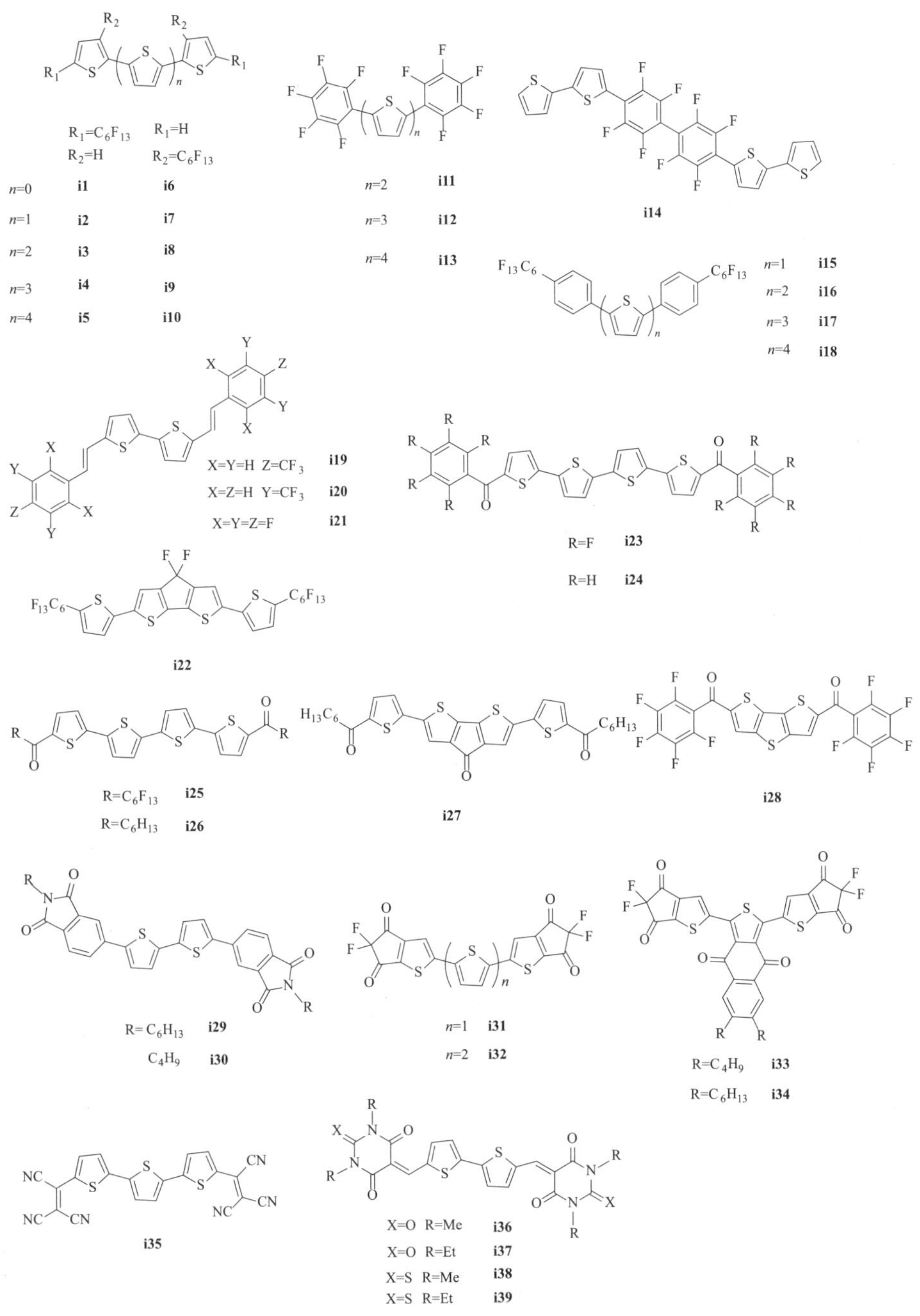

图 3-16　联噻吩类半导体的分子结构

与上述碳氟链相比，酰基更有利于电子传输性能的提升。当使用全氟苯甲酰基取代时，半导体 **i23** 电子迁移率达 0.45 cm²/(V·s)。但当取代基为苯甲酰基时，**i24** 仅表现出微弱的空穴传输性质。因为在前者的分子结构中，酰基偏离噻吩环平面仅 6°，而后者为 17°。对于前者，噻吩核与酰基能够有效共轭，稳定电荷传输过程中带负电的共轭体系，降低重组能[160]。无独有偶，对于 **i25** 和 **i26**，当 R 为全氟碳链时，基于 **i25** 的 OFET 仅具有电子传输性能，控制基底温度 90℃，真空蒸镀制备的薄膜电子迁移率为 0.6 cm²/(V·s)[161]；当 R 为碳氢链时，**i26** 有空穴传输性能，同时有微弱的电子传输性能，表现为双极性。使用酰基对联二噻吩进行稠合，**i27** 表现出相似的电子迁移率，但有更好的空气稳定性，在空气中循环测试 20 次后性能不衰减[162]。当内核替换为三并噻吩时，器件的电子迁移率性能降低，例如，**i28** 的电子迁移率仅为 10^{-5} cm²/(V·s) 数量级[163]。

邻苯二甲酰亚胺作为联噻吩半导体的端基，也表现出可观的性能。**i29** 和 **i30** 的电子迁移率分别达 0.21 cm²/(V·s) 和 0.15 cm²/(V·s)。由于这些分子能形成 H 聚集，LUMO 轨道能够很好地离域，形成有利于电荷传输的 π-π 堆积[164]。但将二氟二酰环戊基与噻吩直接稠合时，**i31**~**i34** 器件性能较差，最高的电子迁移率在 10^{-2} cm²/(V·s) 数量级[165,166]。

三氰基乙烯基取代也是实现 n 型半导体的重要方法，使用 C_{16} 烷基链修饰的 Al_2O_3 做基底时，**i35** 最大电子迁移率达 0.02 cm²/(V·s)[167]。使用巴比妥酸或硫代巴比妥酸作为吸电子取代基，封端杂原子和 N 上的取代基对器件性能影响较大，**i36**~**i39** 中，**i37** 性能最好，电子迁移率达 0.3 cm²/(V·s)[168]。

2. 联噻唑类

在一系列噻唑-苯并噻二唑半导体 **j1**~**j6**（图 3-17）中，半导体 **j6** 性能最好，基底温度 50℃时，真空蒸镀制备的薄膜电子迁移率为 $6.8×10^{-2}$ cm²/(V·s)。这是由于 $C_6H_4CF_3$ 取代基有利于电子注入和分子排列[169]。**j7**~**j9** 是一类多功能的小分子，既具有电荷传输能力又具有发光性能，适合制备有机发光场效应晶体管[27]。**j7** 和 **j8** 性能相似，**j9** 性能稍次，基底温度 80℃时，**j7** 电子迁移率为 0.19 cm²/(V·s)。随栅极电压增加，发光强度增大。与苯并噻二唑相比，以苯并二噻二唑为核的有机小分子半导体 **j10**~**j15** 具有更低的 LUMO 能级（约 –4 eV），有利于实现空气稳定性。苯环的间位和邻位取代比对位取代更有利于提升材料的溶解性。以 PVP 修饰的 SiO_2 为基底，旋涂法制备的 **j14** 的场效应晶体管的电子迁移率达 0.61 cm²/(V·s)[170]。而 **j10** 由于对位取代溶解性差，在基底温度为 130℃时，通过真空蒸镀制备的场效应晶体管电子迁移率达 0.77 cm²/(V·s)[171]。

联二噻唑有 2,2′ 和 5,5′ 连接，哪一种具有更高的电子迁移率尚无定论。对于 **j16** 和 **j17**，5,5′ 连接的 **j16** 电子迁移率达 1.83 cm²/(V·s)[172]，而 2,2′ 连接的 **j17** 却没有场效应性能。一个比较重要的原因是连接三氟甲基苯基团的 5,5′-二噻唑 **j16**

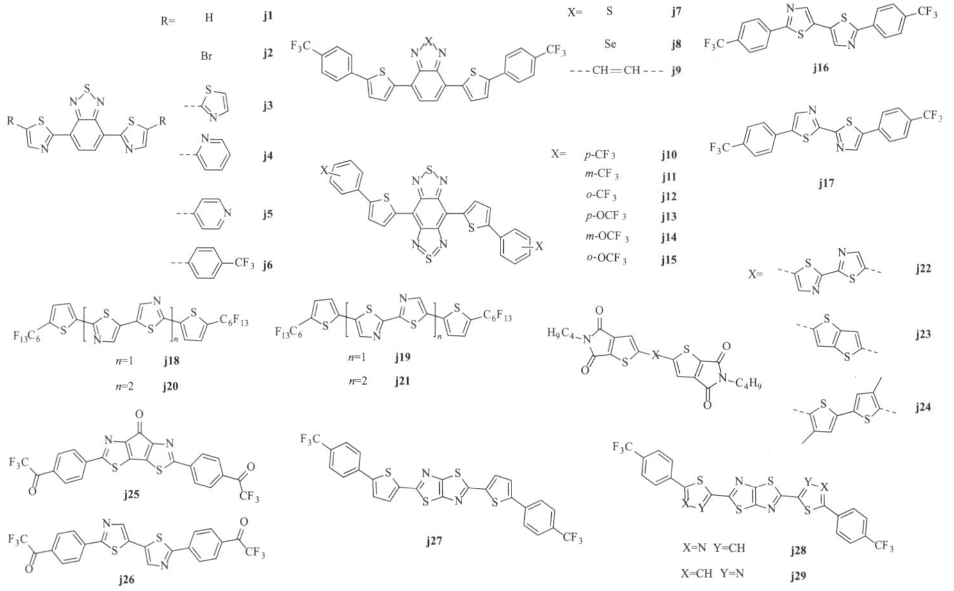

图 3-17　联噻唑类半导体的分子结构

有二维的柱状堆积结构，所以能表现出较高的电子迁移率。但对于 **j18~j21**，2,2′-二噻唑为核的 **j19** 电子迁移率最高，达 1.3 cm²/(V·s)[173]。在小分子半导体中引入二噻唑，有利于器件表现出纯粹的 n 型晶体管性质，如 **j22~j24**，只有当中间基团为 2,2′-二噻唑时，基于 **j22** 的器件表现为 n 型，而 **j23** 和 **j24** 均有不同程度的双极性电荷传输特征[174]。

在三氟乙酰基为端基的联二噻唑小分子半导体中，将二噻唑通过羰基桥连，能大大降低 LUMO 能级(从–3.10 eV 下降为–3.73 eV)，进而提高器件的空气稳定性。**j25** 真空中电子迁移率达 0.06 cm²/(V·s)[175]，空气中下降为 0.014 cm²/(V·s)；而 **j26** 真空中电子迁移率为 0.002 cm²/(V·s)，空气中没有场效应活性。

并二噻唑经常与三氟甲苯基同时出现在半导体分子中，因为三氟甲苯基非常容易被引入分子中；另外，这样的分子平面性好，有利于增加转移积分，降低重组能，同时，引入的噻吩单元与并二噻唑之间有分子间电荷转移，可降低能隙。半导体 **j27** 蒸镀时控制基底温度为 50℃，电子迁移率为 0.3 cm²/(V·s)，因为其中的 π-π 堆积结构导致强的分子间相互作用，分子几乎垂直于基底，这是最有利于电荷传输的分子排列形式[176]。通过优化 SiO₂ 介电层表面单分子层的烷基链长度，当采用十四个碳的长烷基链时，**j27** 电子迁移率达 1.2 cm²/(V·s)[177]，这是由于长烷基链能够削弱表面陷阱对电子的捕获作用。将噻吩替换为噻唑，噻唑 2 位与三氟甲基苯基相连的 **j28** 电子的迁移率远远优于 5 位与三氟甲基苯

基相连的 **j29**，前者使用 OTS 修饰基底，基底温度为 80℃时，电子迁移率为 0.64 cm²/(V·s)[178]。

3.3.5　茚并芴二酮类

茚并芴二酮(**k1**)的结构刚性好、平面性好,羰基赋予半导体高的电子亲和势。两端分别单氟取代的 **k2**(图 3-18)在薄膜中的排列呈面对面的 π-π 堆积,沿 a 轴方向呈柱状堆积结构。使用底接触构型,**k2** 的电子迁移率达 0.17 cm²/(V·s)。随取代基原子半径增大,如 **k3** 和 **k4**,电子迁移率呈数量级下降。**k5** 和 **k6** 中吡嗪的引入能增加电子亲和势;与 **k2** 相比,**k6** 的阈值电压显著降低,同样采用底栅顶接触构型,**k2** 和 **k6** 的阈值电压分别为 75 V 和 17 V[179]。随 F 取代数目的增多,LUMO 能级降低,沟道中的电子传输不易被陷阱捕获,器件环境稳定性好。同样条件下制备的基于半导体 **k2** 和 **k7** 的场效应晶体管器件,前者在黑暗条件下放置在空气中,40 h 后,电子迁移率由 0.14 cm²/(V·s)下降为 0.003 cm²/(V·s);而后者 40 min 后,电子迁移率由 0.15 cm²/(V·s)下降为 0.07 cm²/(V·s),并且 3 个月内几乎不变[180]。由上可知,在此类材料两端进行卤原子取代,有利于诱导半导体的 n 型特征。然而在半导体中部的苯环上进行碘取代,效果不理想,**k8** 电子迁移率仅为 2.9×10⁻⁵ cm²/(V·s)[179]。

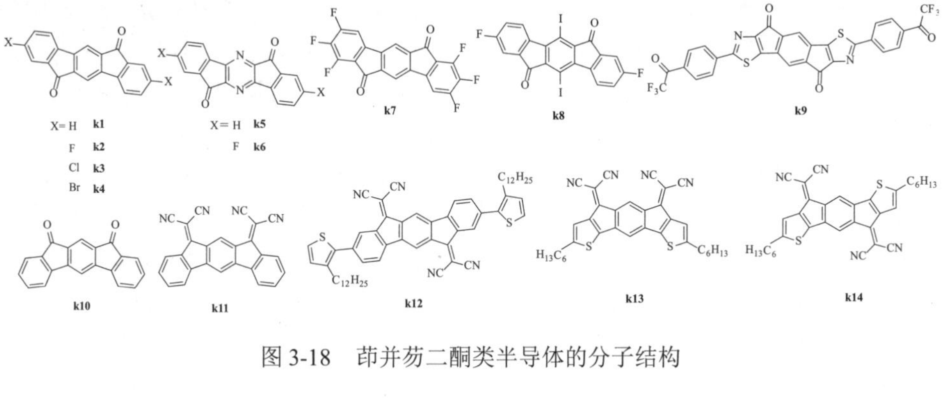

图 3-18　茚并芴二酮类半导体的分子结构

当使用噻唑取代茚并芴二酮中的两端苯基,三氟乙酰苯基作为取代基时,**k9** 表现出对空气稳定的电子传输特性,当使用底栅底接触器件构型时,电子迁移率达 0.39 cm²/(V·s),暴露于空气中电子迁移率维持在 0.1 cm²/(V·s)以上[181]。

当茚并芴二酮两端没有吸电子取代基,两个羰基顺式排列时,半导体 **k10** 没有场效应性能,当羰基位置被二氰基亚甲基取代时,**k11** 电子迁移率为 1.02 ×10⁻³ cm²/(V·s)[182]。二氰基亚甲基反式排列时,以烷基噻吩作为取代基,**k12** 电子迁移率为 0.10～0.16 cm²/(V·s),开关比达 10⁷～10⁸,阈值电压介于 0～

5 V[183]。使用真空沉积纳米自组装介电层，有利于低压操作，电子迁移率达 6×10^{-3} cm²/(V·s)[184]。但当 **k11** 两端的苯基被替换成噻吩基时，无论顺式的 **k13** 还是反式的 **k14**，电子迁移率均为 10^{-2} cm²/(V·s) 数量级[185]。

3.3.6　苯并二呋喃二酮类

苯并二呋喃二酮类系列半导体 **l1**～**l4**（图 3-19），通过调整 F 取代的位置和个数，改变薄膜中分子的堆积，优化电荷传输性能。四氟取代的 **l3** 性能最佳，采用溶液法制备的单晶，电子迁移率高达 12.6 cm²/(V·s)。在空气（相对湿度 50%～60%）中放置 30 天，电子迁移率衰减率小于 20%。**l3** 中由于羰基吸电子作用，LUMO 能级较低，达 −4.44 eV，能有效阻止 H_2O 和 O_2 与工作中的有机半导体负离子自由基反应。羰基上的氧原子与苯环上的氢原子形成分子内氢键，"锁住"分子骨架构型，因此 **l3** 表现出较大的刚性；同时，电荷分布为中心对称，在单晶中表现出共面堆积结构。分子间 π-π 堆积距离为 3.36 Å 和 3.38 Å，非常接近石墨的 π-π 堆积距离（3.4 Å），相邻分子间的纵向和横向偏移分别为 0.587 Å 和 0.601 Å，沿 a 轴方向偏离角度为 80.1°，呈 H 聚集。π-π 堆积沿 a 轴方向，这也是纳米线生长的方向。**l3** 的这种堆积方式有利于电荷的传输[186]。

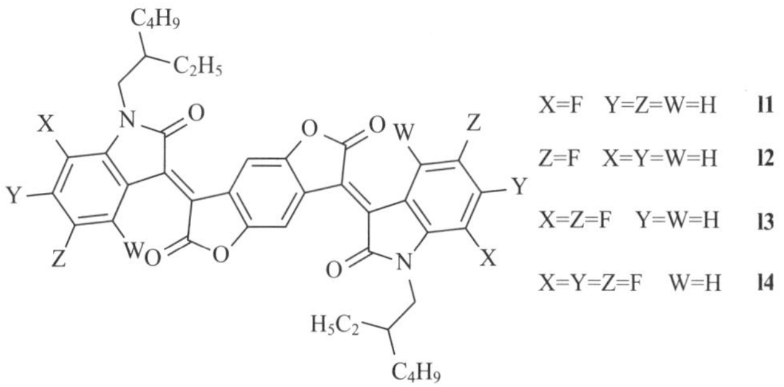

图 3-19　苯并二呋喃二酮类半导体的分子结构

3.3.7　酞菁类

酞菁类自成体系，相对独立。金属酞菁小分子半导体是唯一含有金属离子的 n 型小分子半导体，其中的酞菁镥和酞菁铥是最早研究的 n 型有机半导体。室温、真空条件下，二者电子迁移率在 10^{-3}～10^{-4} cm²/(V·s) 数量级[187]，但暴露于空气后，仅表现出空穴传输性质。而继酞菁镥和酞菁铥之后出现的酞菁类半导体多是引入了吸电子取代基。

吸电子基团取代的金属酞菁半导体的场效应晶体管的电子迁移率显著低于单晶

晶体管电子迁移率。**m1**、**m2** 和 **m3**(图 3-20)在优化基底温度下,通过真空蒸镀法制备的场效应晶体管,电子迁移率分别为 0.03 cm²/(V·s)、1.2×10^{-3} cm²/(V·s) 和 4.5×10^{-5} cm²/(V·s)[188]。而物理气相沉积法制得的厘米级单晶的电子迁移率显著提高,**m1**、**m2** 和 **m3** 电子迁移率分别为 0.6 cm²/(V·s)、1.1 cm²/(V·s) 和 0.8 cm²/(V·s)[35,189]。对于酞菁类 n 型小分子半导体,欲获得较高电子迁移率,须将半导体制成单晶。单晶中电荷的传输性质接近材料的固有传输性质,因为单晶中缺陷很少,十分适合研究分子结构对器件性能的影响。**m2** 有较高的电子转移积分和弱的电子声子耦合,是三种材料中单晶性能最好的半导体。**m3** 的电子迁移率略低于 **m2**,是由于前者虽然有较大的电子转移积分,但电子声子耦合略强。**m1** 性能最低,是由于其电子声子耦合强,转移积分低。

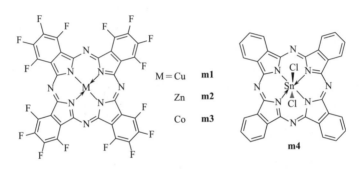

图 3-20 酞菁类半导体的分子结构

前述金属酞菁类半导体都是在酞菁环上进行吸电子取代,**m4** 是在金属离子上进行二氯取代。使用联六苯(*p*-6P)修饰基底时,电子迁移率达到 0.25～0.30 cm²/(V·s),好于 OTS 修饰时的 0.01～0.1 cm²/(V·s);以未经修饰的 SiO₂ 做基底,电子迁移率仅为 0.001 cm²/(V·s)。这是由于 *p*-6P 修饰于基底上,薄膜中的分子堆积最紧密,且 π-π 堆积方向平行于基底。选择合适的单分子层修饰基底,有利于增强半导体分子间相互作用[190]。

3.3.8 富勒烯衍生物

C₆₀(**n1**,图 3-21)是经典的 n 型有机半导体,对它的研究和性能优化从来没有间断过。起初是采用真空蒸镀法制备薄膜器件,后来集中于以溶液法制备单晶。对于 C₆₀ 晶体管最早的报道是 1995 年[191],使用光刻法制备金电极,铬作为黏附层,超高真空下,场效应晶体管电子迁移率为 0.08 cm²/(V·s),开关比为 10^6。考虑铬作为黏附层会带来寄生电阻,去除铬黏附层后,沟道长度为 5 μm 时,电子迁移率达 3.23 cm²/(V·s)[192]。使用 BGTC 构型,以 OTS 对介电层进行修饰,得到超平滑的单分子层，使半导体材料以最有利于载流子传输的层状模式生长，真空蒸镀半导体层，在 N_2 氛围中，电子迁移率达 5.3 cm^2/(V·s)。使用同样构型，苯并环丁烯(BCB)做介电层，LiF/Al 为源漏电极，真空蒸镀，控制基底温度为 250℃，电子迁移率达 6 cm^2/(V·s)[193]。使用原子级别平坦的并五苯修饰 Al_2O_3 介电层，增加 C_{60} 在介电层表面的浸润性，电子迁移率提高 4~5 倍，达 2.0~4.9 cm^2/(V·s)[194]。使用二茚芴修饰介电层，不仅可提高 C_{60} 薄膜的质量，还能减少介电层表面的缺陷，而使电子迁移率提高一个数量级，达 2.92 cm^2/(V·s)[195]。分子束法制备的场效应晶体管电子迁移率可达 0.56 cm^2/(V·s)。Al_2O_3 作为器件的封装层，可大大提高器件的空气稳定性，在空气中放置一个月，性能没有明显衰减[196]。

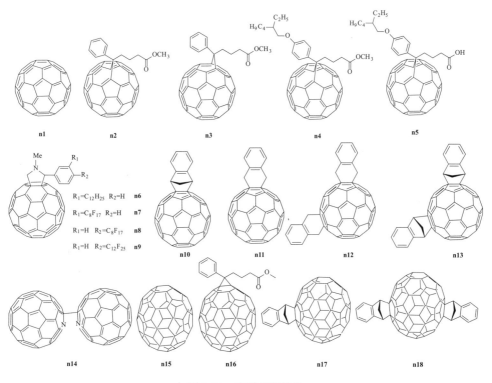

图 3-21　富勒烯衍生物

"钉住液滴结晶"可简单快速制备 C_{60} 单晶，并适合大面积生产。这种制备方法是在液滴中央固定一个硅片，半导体溶液蒸发过程中，晶体在溶液和半导体的接触线处成核，沿溶液消退的方向(即中心)生长。以 BCB 涂覆的 SiO_2 做介电层，当以二甲苯为溶剂时，可得针状晶体；以二甲苯和四氯化碳做混合溶剂时，可得带状晶体。针状晶体性能优于带状晶体，前者的最高电子迁移率可达 11 $cm^2/(V \cdot s)$[197]。同样使用 BCB 介电层，喷墨打印后，对 C_{60} 墨滴进行真空干燥，可得 C_{60} 无定形薄膜，驱动电压为 5 V 的情况下，电子迁移率达 2.2～2.4 $cm^2/(V \cdot s)$，阈值电压为 0.4～0.6 V，亚阈值斜率为 0.11～0.16 V/dec[198]。当 $TiSiO_2$ 做介电层时，C_{60} 场效应晶体管操作电压降至 5 V，阈值电压为 1.13 V，亚阈值斜率仅为 252 mV/dec，电子迁移率为 1 $cm^2/(V \cdot s)$[199]。使用 $SiO_2/ZSO/SiO_2$（ZSO 是 ZrO_2 和 SiO_2 的混合物）作为介电层，OTS 作为单分子修饰层，可将 C_{60} 场效应晶体管操作电压降低至 1.9 V，电子迁移率达 1.46 $cm^2/(V \cdot s)$，开关比为 2×10^6[200]。

富勒烯及其衍生物的多样性体现在，对 C_{60} 进行修饰，使其更容易通过溶液法成膜，或者制备出更大的富勒烯球的衍生物，其中对 $PC_{61}BM$ 的研究最多。图 3-21 中，**n2** 和 **n3** 是同分异构体，前者是在两个六元环之间甲基化，后者在五元环和六元环之间甲基化。**n2** 是人们熟知的 PCBM，被广泛用于有机太阳电池中。在场效应晶体管性能的研究中发现，**n2** 和 **n3** 具有相似的电流-电压特性曲线，电子迁移率随源漏电极功函的减小而增大；使用 Au 电极时，电子迁移率为 0.02 $cm^2/(V \cdot s)$；Ca 作为电极，电子迁移率增加至 0.1 $cm^2/(V \cdot s)$[201-202]。之后的性能优化主要针对 **n2**。旋涂法制备的介电层有非常平整的表面，能够提供清晰的界面，有利于形成高质量的半导体层，使用聚乙烯醇为介电层时，**n2** 电子迁移率达到 0.2 $cm^2/(V \cdot s)$。同时转移特性曲线有大的亚稳态滞后，据此，可制备双稳态的存储器件[203]。使用原子层沉积法制备的高介电常数氧化铪为介电层，BCB 为缓冲层，可得低电压（<3 V）操作器件，电子迁移率达 0.14 $cm^2/(V \cdot s)$，阈值电压约 0.3 V，亚阈值斜率仅 140 mV/dec[204]。碳纳米管做源漏电极时，有高的电子注入效率，低的接触电阻，显著改善器件开关性能，使器件显示出高的电子迁移率，为 2×10^{-2} $cm^2/(V \cdot s)$，比同样条件下金做电极提高了 20 倍[205]。

在 **n2** 苯环对位上进行烷氧基取代，分别以其对应的羧酸（**n5**）和酯（**n4**）为半导体层，采用顶接触构型，饱和区电子迁移率分别达 1.59×10^{-3} $cm^2/(V \cdot s)$ 和 1.04×10^{-3} $cm^2/(V \cdot s)$[206]。

为增强富勒烯的自组装能力，在富勒烯的衍生物中引入十二碳烷基链得到 **n6**，长烷基链有助于形成高度有序的结晶薄膜，用旋涂法制备半导体层，OTS 修饰的 SiO_2 做介电层，电子迁移率达 0.4～0.5 $cm^2/(V \cdot s)$[207]。同样的基底，使用 PDMS 印章法制备半导体层时，电子迁移率为 0.39 $cm^2/(V \cdot s)$。PDMS 印章法可大大降低基底对器件性能的影响，当使用表面能较大的未经修饰的 SiO_2 为基底时，电子迁移率也可达 0.1 $cm^2/(V \cdot s)$[208]。然而，以上器件在空气中不工作，将苯环上的取代基替换为全氟烷基链时（**n7**～**n9**），在空气中的稳定性大大提升，基于 **n9** 的器件在空气中工作时，电子迁移率达 0.25 $cm^2/(V \cdot s)$[209]。

C_{60} 不仅可以通过环丙烷连接取代基，还可与茚或邻二甲苯反应，生成单取代

加成物 **n10** 和 **n11**[210]。采用 OTS 修饰的 SiO$_2$ 做介电层，溶液剪切法制备半导体层，在 N$_2$ 氛围中电子迁移率分别为 0.0704 cm^2/(V·s) 和 0.514 cm^2/(V·s)。掺入 n 型添加剂 N-DMBI（[4-(1,3-dimethyl-2,3-dihydro-1H-benzoimidazol-2-yl) phenyl] dimethyl-amine），可增加 **n11** 器件的空气稳定性，控制掺杂浓度为 0.2wt%，同时优化溶液浓度和剪切速率，得到优化的电子迁移率为 2.28 cm^2/(V·s)。双取代加成物 **n12** 和 **n13** 均表现出双极性，前者电子迁移率为 1.2×10^{-3} cm^2/(V·s)，空穴迁移率为 2.74×10^{-5} cm^2/(V·s)；后者电子迁移率为 6.31×10^{-3} cm^2/(V·s)，空穴迁移率为 1.62×10^{-5} cm^2/(V·s)。

氮杂富勒烯是将氮原子取代富勒烯中的碳，二聚体 **n14** 由于小的晶粒和低结晶度，电子迁移率仅为 3.8×10^{-4} cm^2/(V·s)[211]。

C$_{70}$（**n15**）也是碳的同素异形体，与 C$_{60}$ 相比，其分子对称性降低，这可能是二者电荷传输性质差异的原因之一，**n15** 薄膜的电子迁移率为 2×10^{-3} cm^2/(V·s)[212]。与 PC$_{61}$BM 相似，C$_{70}$ 的主要衍生物是 PC$_{71}$BM（**n16**），BCB 做介电层，底栅顶接触构型，电子迁移率为 0.1 cm^2/(V·s)[213]，略低于同样条件下 PC$_{61}$BM 为半导体层的器件，后者的电子迁移率为 0.21 cm^2/(V·s)。茚取代的 C$_{70}$（**n17**）和二茚取代的 C$_{70}$（**n18**），电子迁移率分别为 0.01 cm^2/(V·s) 和 0.005 cm^2/(V·s)[214]。碳的同素异形体还包括 C$_{76}$[215]、C$_{82}$[216]、C$_{84}$[217] 和 C$_{88}$[218] 等更大的富勒烯球。它们的电子迁移率分别为 3.9×10^{-4} cm^2/(V·s)、1.9×10^{-3} cm^2/(V·s)、2.1×10^{-3} cm^2/(V·s) 和 2.5×10^{-3} cm^2/(V·s)。

3.4　n 型聚合物半导体

聚合物半导体材料具有成膜性好、制备工艺简单以及成本低廉等优势，适合采用溶液旋涂、打印和丝网印刷等技术构造柔性、大面积和高性能的有机光电薄膜器件。很多 n 型聚合物半导体是以 n 型小分子半导体的衍生物为单体，经共聚反应得到，大致分为给体-受体（D-A）型聚合物和受体-受体（A-A）型聚合物。D-A 型聚合物是富电子单体和缺电子单体的共聚产物，D-A 型聚合物最早出现在光伏器件中，这种结构可以使得分子链间的相互排斥最小化，得到紧密的 π-π 堆积[219]；A-A 型聚合物仅包含缺电子单元，能一定程度上降低 LUMO 能级[220]。

梯形聚合物 **o1**（图 3-22）是最早研究的 n 型聚合物半导体[221]，用甲磺酸作溶剂，通过旋涂法制备薄膜，随后浸入去离子水中除去残余溶剂，有利于聚合物的聚集和结晶。场效应晶体管电子迁移率达 0.1 cm^2/(V·s)，比非梯形聚合物 **o2** 提高了 5 个数量级[222]，主要由于前者是半晶质状态，而后者是无定形状态，这彰显了 π-π 相互作用的增强对提高电子迁移率的重要意义。梯形独特的准二维结构为聚合物半导体设计提供了新的思路，因为它介于严格一维共轭半导体和二维石墨烯之间，而后者电子迁移率达 10^4 cm^2/(V·s) 数量级。分子间紧密的堆积结构、形成的动力学势垒能有效阻止空气中 O_2 和 H_2O 渗入沟道。同时，由高的电子亲和势形成的热力学势垒能防止化学/电化学反应的发生。当以 P3HT/ **o1** 制备 p/n 反相器时，基于 **o1** 的晶体管的性能维持四年不变[223]。基于 **o1** 的纳米带网络的电子迁移率为 7×10^{-3} cm^2/(V·s)，在纳米带中，聚合物链延伸的方向也是纳米带长轴伸展的方向，沿聚合物链的传输对电子迁移率做出了最主要的贡献[224]。

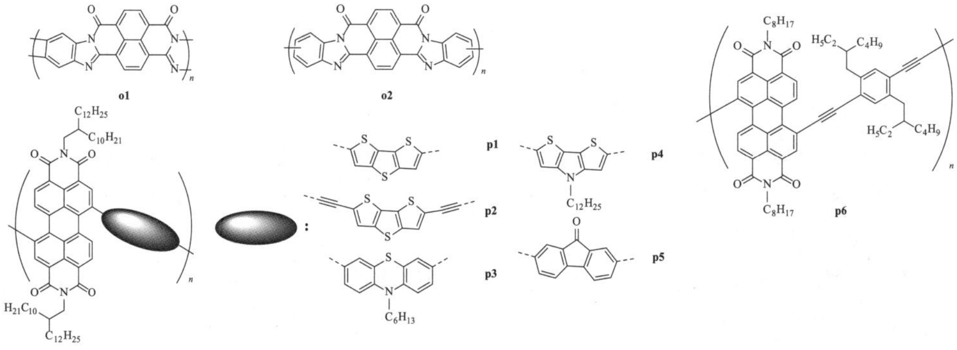

图 3-22   第一例 n 型聚合物和苝酰亚胺类聚合物

梯形聚合物仅溶解于强酸溶剂，而在之后的聚合物半导体材料的设计中，均在骨架上引入柔性助溶基团，来改善聚合物半导体材料的溶解性和加工性。

3.4.1   芳香酰亚胺类聚合物

芳香酰亚胺是一类溶解性可调、电子亲和能力强、共平面性好的 n 型聚合物半导体构建单元，以苝酰亚胺、萘酰亚胺和噻吩酰亚胺为典型代表[225]。

1. 苝酰亚胺类聚合物

n 型聚合物半导体自第一例 **o1** 出现之后，就处于缓慢发展状态，一直到首个苝酰亚胺聚合物 **p1**（图 3-22）的出现。**p1** 是一类 D-A 型聚合物，以连接支链烷基链的苝酰亚胺为受体单元，三并噻吩为给体单元。以 **p1** 为半导体活性层，采用 BGTC 构型的 OFET，N_2 氛围中电子迁移率为 0.013 cm^2/(V·s)[226]。但当采用 TGBC 构型，PS/PAN 双层介电层时，电子迁移率达 0.06 cm^2/(V·s)[21]。在 **p1** 的给受体之间引入棒状三键，得到 **p2**[227]，有效降低了苝酰亚胺和三并噻吩单元之间的空间位阻，提高了主链平面性和共轭性。同样是采用 BGTC 构型，电子迁移率达 0.06 cm^2/(V·s)。当构型为 BGBC 时，电子迁移率为 0.075 cm^2/(V·s)[227]。将三并噻吩替换为吩噻嗪后，得到 **p3**，电子迁移率也有一定程度的提高，达

0.05 cm²/(V·s)[228]。但替换为 N 上连接十二碳烷基链的二噻吩并吡咯后，**p4** 在惰性氛围中 100℃，60 min 退火后，电子迁移率仅为 1.2×10⁻³ cm²/(V·s)，这是由于二噻吩并吡咯单元破坏了苝酰亚胺之间的 π-π 堆积[229]。将吸电子的芴酮单元引入苝酰亚胺类聚合物中得到 **p5**，**p5** 有较低的 LUMO 能级，可在空气中工作，电子迁移率为 0.01 cm²/(V·s)[220]。

设计苝酰亚胺类聚合物另一种思路是，苝酰亚胺的 N 上连接直链烷基，给体单元连接支链烷基，如 **p6**[230]。**p6** 在很多有机溶剂中溶解性很好，室温条件下，在氯仿中能自组装形成纳米线，进而得到纳米线的悬浮液。通过旋涂法可得到含有纳米线的活性层，活性层与辛基三氯硅烷修饰的 SiO₂ 兼容性很好，在 200℃下退火，薄膜会达到最大的有序性和最高的取向性。电子迁移率最高可达 0.15 cm²/(V·s)，开关比为 3.7×10⁶，阈值电压为 8 V，滞后仅为 0.5 V，几乎可忽略。

2. 萘酰亚胺类聚合物

萘酰亚胺类聚合物是一个大家族，不仅可选择不同的共聚单元，而且可以改变 N 上取代基。其中不乏一些电子迁移率高、性能优异的聚合物(图 3-23)。

1)改变共聚单元

q1 是 n 型聚合物半导体发展史上具有重要意义的材料。在多数聚合物电子迁移率小于 0.1 cm²/(V·s)的情况下，以 **q1** 为半导体层，采用 TGBC 构型，使用各种不同的绝缘层(PS、PMMA、CYTOP、D2200)、不同的溶液方法(旋涂、印刷和打印)制备的 OFET 电子迁移率均大于 0.1 cm²/(V·s)。当绝缘层为 CYTOP，以旋涂法制备绝缘层时，电子迁移率达 0.85 cm²/(V·s)[19]，一个很重要的原因是受体单元萘酰亚胺与给体单元联二噻吩之间能够有效共轭[231]。直接芳香化制备的 **q1** 由于缺陷少、器件重复性好，通过偏心力法制备半导体层，OFET 电子迁移率达 3 cm²/(V·s)[232]。

在 **q1** 薄膜中引入共轭、平面性好的小分子[四硫富瓦烯(TTF)和四氰基对苯醌二甲烷(TCNQ)]，含量分别为 1.0wt%和 0.25wt%时，最大电子迁移率分别为 1.50 cm²/(V·s)和 1.91 cm²/(V·s)。在共混的半导体薄膜中，聚合物半导体的堆积表现为两种模式共存，即 π-π 堆积方向垂直于基底和平行于基底，与单一的聚合物薄膜相比，能量无序性降低，活化能降低，共混的聚合物薄膜为高迁移率电子传输提供了三维通道[233]。**q1** 常用于制作反相器[234]。

在 **q1** 的噻吩单元上引入不同比例(0~20 mol%)、低分子量、分子量分布较窄的聚苯乙烯(PS)作为侧链，得到交替共聚物 **q2**(x=0、0.05、0.10、0.20，x 为共聚物中连接 PS 取代基的萘酰亚胺单元的摩尔分数)。这些聚合物均表现出相似的电子迁移率，约 0.2 cm²/(V·s)；当 PS 含量为 20 mol%时，制得的器件空气稳定性

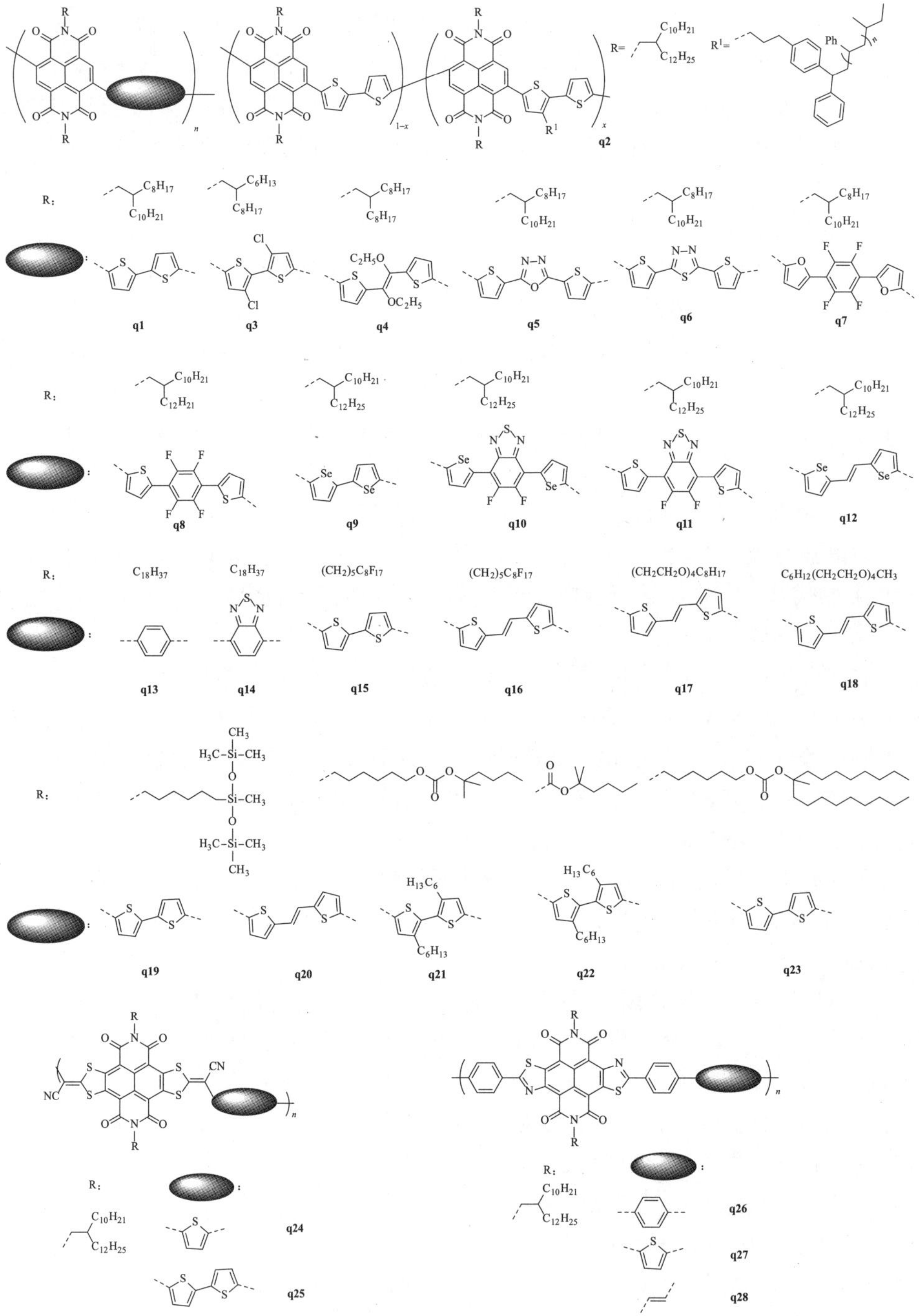

图 3-23　萘酰亚胺类聚合物

最好，同时也优于与 PS 物理共混的薄膜，这是由于通过共价键连接的 PS 在共轭聚合物骨架周围形成分子封装层，使其不易受到电子陷阱(如空气和水)的影响[235]。

在 **q1** 的噻吩单元的 3,3′位置上进行二氯取代，得到 **q3**，以其作为半导体层，PMMA 作为介电层，采用 TGBC 构型，OFET 电子迁移率达 0.1 cm^2/(V·s)，并且在潮湿的环境中和水下也有一定稳定性，因此在水相化学和生物传感方面有潜在用途[236]。

在 **q1** 的噻吩单元之间引入双键，同时噻吩单元上的 S 原子与双键连接的烷氧基上的氧形成 "构象锁"，得到 **q4**，其化学性质稳定，平面性好，溶液加工性好，电子迁移率达 0.5 cm^2/(V·s)[237]。

在 **q1** 的噻吩单元之间分别连接噁二唑和噻二唑，分别得到 **q5** 和 **q6**，二者的电子迁移率分别为 0.026 cm^2/(V·s) 和 0.36 cm^2/(V·s)；后者有均一的形貌和紧密的 π-π 堆积，导致电子迁移率高。因此，在发展 n 型半导体方面，噻二唑比噁二唑单元更合适[238]。

O、Se 是 S 的同族元素，呋喃和硒吩也可作为萘酰亚胺类聚合物的聚合单元。以呋喃作为共聚单元的聚合物 **q7** 电子迁移率低于噻吩共聚物 **q8**，后者的电子迁移率达 1.3 cm^2/(V·s)，是前者的 3 倍，因为后者的分子堆积无序性降低，并且有台阶状的薄膜形貌[239]。很多以硒吩为共聚单元的萘酰亚胺类聚合物都有较高的迁移率。虽然萘酰亚胺与联二硒吩共聚物 **q9** 的电子迁移率仅为 0.24 cm^2/(V·s)[240]，但 **q10** 的电子迁移率可达 3.0 cm^2/(V·s)[241]，而其相应的噻吩共聚物 **q11** 电子迁移率为 1.9 cm^2/(V·s)。当在两个硒吩之间插入双键后，经过优化，**q12** 的电子迁移率达 2.4 cm^2/(V·s)[242]。引入硒吩单元，有利于获得高性能的萘酰亚胺类聚合物。

2) 改变 N 上取代基

N 上不仅可连接支链烷基链，还可连接直链烷基、含氟烷基链和氧杂、硅杂烷基链。N 上连接十八个碳的直链烷基的萘酰亚胺分别与苯和苯并噻二唑共聚，得到聚合物 **q13** 和 **q14**[243]，电子迁移率分别为 0.8 cm^2/(V·s) 和 0.2 cm^2/(V·s)，而相应的苝酰亚胺的电子迁移率下降为 0.04 cm^2/(V·s)、0.032 cm^2/(V·s)。很多情况下[243,244]，萘酰亚胺与其他单体缩聚所得的聚合物电子迁移率也优于相应苝酰亚胺类聚合物，说明萘酰亚胺在作为聚合单体方面，比苝酰亚胺更有优势。

在 N 上引入较长的含氟烷基链，如 **q15** 和 **q16**[245]，不仅能赋予刚性骨架好的溶解性，而且通过侧链自组装，大大提高微观结构的有序性，能够在聚合物薄膜中同时诱导出"骨架晶体"和"侧链晶体"，电子沿聚合物主链和在链间均能有效传输，**q15** 和 **q16** 电子迁移率分别达 6.50 cm^2/(V·s) 和 5.64 cm^2/(V·s)。

使用杂化的烷基链(如含聚乙二醇的杂化烷基链)，结合添加高沸点溶剂，有利于获得高性能 OFET，如 **q17** 和 **q18**[246]。**q18** 由于具有较好的长程有序性、紧

密的 π-π 堆积和大的结晶区域，表现出比 **q17** 更优异的电子传输性能。通过在 **q18** 的氯仿溶液中添加高沸点添加剂 1-氯萘，可将电子迁移率提升至 1.64 cm²/(V·s)。这是因为添加 1-氯萘，可降低溶剂蒸发速率，改善薄膜结晶形貌，提高结晶度。

当在 N 上连接六个碳的杂化硅氧烷时，无论与联二噻吩共聚所得 **q19**，还是与噻吩-乙烯基-噻吩共聚所得 **q20**[247]，当薄膜中 π-π 堆积方向平行于基底和垂直于基底两种堆积方式共存时，可表现出最好的性能，这与很多之前报道的聚合物材料不同，它们的平均电子迁移率分别为 1.04 cm²/(V·s) 和 0.93 cm²/(V·s)。

N 上的侧链还可连接易热裂解的基团，得到 **q21~q23**[248]，较长的侧链赋予聚合物好的溶液加工性，但带来的另外的问题是制备顶栅结构时，在其上层以溶液法制备介电层时容易腐蚀下面的半导体层。如果采用易裂解的侧链，在加工时具有好的溶解性，成膜后可通过加热去除部分侧链，得到耐溶剂的薄膜。**q21~q23** 中酯基部分，通过加热可脱除。其中，**q23** 性能最好，电子迁移率为 2.4×10⁻⁴ cm²/(V·s)。虽然电子迁移率不高，但仍有开发的余地。

3) 以拓展的萘酰亚胺为受体单元

使用 2-(1,3-二硫-2-叶立德)乙腈对萘酰亚胺进行拓展，并与噻吩聚合，得到 **q24**，LUMO 能级低至 –4.25 eV，吸收光谱拓宽至近红外区域，虽然薄膜为无定形态，但晶体管电子迁移率达 0.38 cm²/(V·s)[249]。与联二噻吩共聚得到的 **q25**，电子迁移率在 10⁻² cm²/(V·s) 数量级。但使用二噻唑对萘酰亚胺进行拓展后的单体，分别与苯基、噻吩基和乙烯基聚合后得到的 **q26**、**q27** 和 **q28**[250]，电子迁移率介于 10⁻³~10⁻² cm²/(V·s)。

3. 其他酰亚胺类聚合物

N-烷基-2,2′-二噻吩-3,3′-二酰亚胺的均聚物 **r1**(图 3-24)是一类结构简单的酰亚胺类聚合物，电子迁移率受分子量大小的影响[251]，低分子量(M_n = 3600，M_w/M_n = 2.20)的 **r1** 电子迁移率仅为 0.011 cm²/(V·s)，而提高分子量(M_n = 7200，M_w/M_n = 1.98)之后，电子迁移率变为原来的 3.6 倍，为 0.04 cm²/(V·s)，顶栅构型 OFET 电子迁移率达 0.19 cm²/(V·s)。

苯二酰亚胺-乙炔基的均聚物 **r2**，结构也比较简单，薄膜呈无定形态，其 TGBC 型 OFET 电子迁移率仅为 2×10⁻⁴ cm²/(V·s)，开关比为 10³ [252]。

以四氮杂苯并二荧蒽二酰亚胺和噻吩为单体，缩聚得到 **r3**[253]，电子迁移率达 0.3 cm²/(V·s)。**r3** 有不同寻常的堆积结构，在薄膜中表现出二维共轭堆积，即沿主链方向和与主链垂直的竖直方向堆积，这是由于与刚性骨架相比，绝缘的增溶性烷基链所占空间很小，所以在主链垂直方向也近似共轭结构，因此具有较高的电子迁移率。而 **r4** 由于溶解性差，旋涂制备的薄膜质量差，电子迁移率仅为 0.09 cm²/(V·s)。

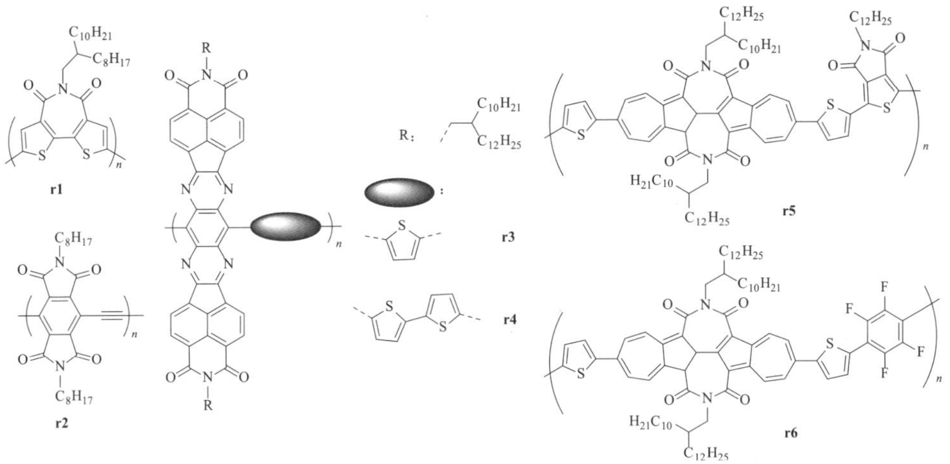

图 3-24　其他酰亚胺类聚合物

r5 和 **r6** 是新兴的以 2, 6 位相连的奥酰亚胺为受体单元的 n 型聚合物半导体。密度泛函理论(DFT)计算显示,**r5** 和 **r6** 的 LUMO 能级分布在整个聚合物链上,由给体单元和受体单元共同决定[254],因此可通过改变共聚单元调控奥酰亚胺共聚物的前线分子轨道能级,这与苝酰亚胺和萘酰亚胺类聚合物 LUMO 能级位于受体单元不同。**r5** 和 **r6** 的电子迁移率分别达 0.42 cm²/(V·s)和 0.24 cm²/(V·s)。

3.4.2　吡咯并吡咯二酮类聚合物

很多以吡咯并吡咯二酮为单体的 D-A 型聚合物表现出优异的空穴传输性能,通过将给体(D)也替换为受体(A),可调节聚合物传输电荷的极性(图 3-25)。例如,当没有 F 原子取代时,**s1** 表现为双极性,且空穴迁移率高于电子迁移率。在聚合物骨架中引入氟代苯(**s2**~**s4**)[255],当 F 取代个数为 4 时,聚合物 **s4** 表现出电子主导的双极性传输,电子迁移率达 2.36 cm²/(V·s)。这说明吡咯并吡咯二酮类 A-A 型共轭聚合物的电荷传输性能与受体拉电子强度和类型密切相关。当另外的受体单元为联二苯并噻二唑时,**s5** 表现为单极性电子传输,电子迁移率为 1.3×10^{-3} cm²/(V·s)[256]。当受体单元为联二噻唑时,N 上烷基取代基的分叉点位置离 N 越近,电子迁移率越高,例如,**s6** 和 **s7** 电子迁移率分别为 1.87 cm²/(V·s)和 0.89 cm²/(V·s)[257]。而在很多小分子和 D-A 型聚合物中,分叉点位置越远,迁移率越高,与 A-A 型聚合物电子迁移率变化的规律相反。这是由于 A-A 型聚合物分子间相互作用较 D-A 型聚合物弱,这是在设计 A-A 型聚合物时应该考虑的一个重要因素。侧链为 5-癸基十七烷基的 **s8** 可使用非卤溶剂成膜(邻二甲苯、对二甲苯和四氢萘等),电子迁移率为 0.3 cm²/(V·s)[258]。使用环保溶剂制备半

图 3-25　吡咯并吡咯二酮类聚合物

导体层，是聚合物器件制备发展的一个重要方向。当受体单元为联四噻唑时，**s9** 电子迁移率为 0.02~0.07 cm^2/(V·s)[259]。**s10** 中两个受体单元均为吡咯并吡咯二酮(diketopyrrolopyrrole，DPP)[260]，其中一个受体单元的侧链为支链烷基，另一个的侧链为低聚乙二醇衍生物，采用 TGBC 构型，使用全氟 CYTOP 作为介电层，与半导体层间形成高质量的接触，电子迁移率达 3 cm^2/(V·s)。

通过聚乙烯二胺(PEI)修饰源漏电极，可抑制空穴的注入，使 OFET 实现单极性电子传输。例如 **s11**[261]，有平衡的电子空穴传输，电子迁移率和空穴迁移率分别为 3.36 cm^2/(V·s)和 2.65 cm^2/(V·s)。但使用超薄的厚度约为 3 nm 的 PEI 修饰源漏电极后，表现出单极性电子传输，电子迁移率为 2.38 cm^2/(V·s)。将吡啶替换为喹啉，并二噻吩替换为二氟取代的噻吩时，聚合物链上均为缺电子单元，**s12** 表现出电子主导的电荷传输性质，电子迁移率达 6 cm^2/(V·s)[262]。

3.4.3　聚对苯撑乙烯类衍生物

聚对苯撑乙烯(PPV)类衍生物作为 p 型聚合物受到广泛研究，但其构象无序性高，分子链间相互作用弱，电子迁移率通常低于 10^{-4} cm^2/(V·s)，阻碍了其在高性能有机电子器件中的应用。t1~t6(图 3-26)是苯并二呋喃二酮类 PPV[18,263]，通过链内氢键形成的构象锁降低构象无序性，增加分子间作用力，t1~t6 的区别是侧链分叉点位置不同，分叉点与 N 之间间隔三个碳时，即 **t3**，性能最佳，退火温度为 180℃时，其最高电子迁移率为 1.4 cm^2/(V·s)。虽然 **t4**~**t6** 的 π-π 堆积距离最短，仅为 3.38 Å，但聚合物电子迁移率并不仅仅与 π-π 堆积距离相关，分叉点位置不同还会导致聚合物结晶度、薄膜的无序性和链段排列的不同，这些因素最终影响电子迁移率。**t3** 表现出最优场效应性能，是综合了各种因素后的结果。

基于苯并二呋喃二酮的寡聚对苯撑乙烯(BDOPV)单元通过与中心对称的给体单元联二噻吩、并二噻吩、噻吩-乙烯基-噻吩和噻吩-乙炔基-噻吩单元共聚，得到 D-A 型聚合物 **t7**~**t10**[264,265]。其中，**t7** 电子迁移率最高，达 1.74 cm^2/(V·s)。

将 sp^2 缺电子 N 嵌入聚合物 t7 骨架中，得到 **t11**，LUMO 能级从–4.15 eV 降至–4.37 eV，空气氛围中，电子迁移率达 3.22 cm^2/(V·s)[266]。

使用 F 取代 BDOPV，同样可降低聚合物的 LUMO 能级，**t12** 和 **t13** LUMO 能级相同，均为–4.38 eV，**t12** 电子迁移率为 1.7 cm^2/(V·s)，高于 **t3** [1.4 cm^2/(V·s)]，而 **t13** 电子迁移率仅为 0.81 cm^2/(V·s)。虽然都为二氟取代，氟取代位置影响分子骨架构型，从而导致在薄膜中采用不同的分子堆积方式，**t12** 有更大的转移积分，故表现出更高的电子迁移率[17]。

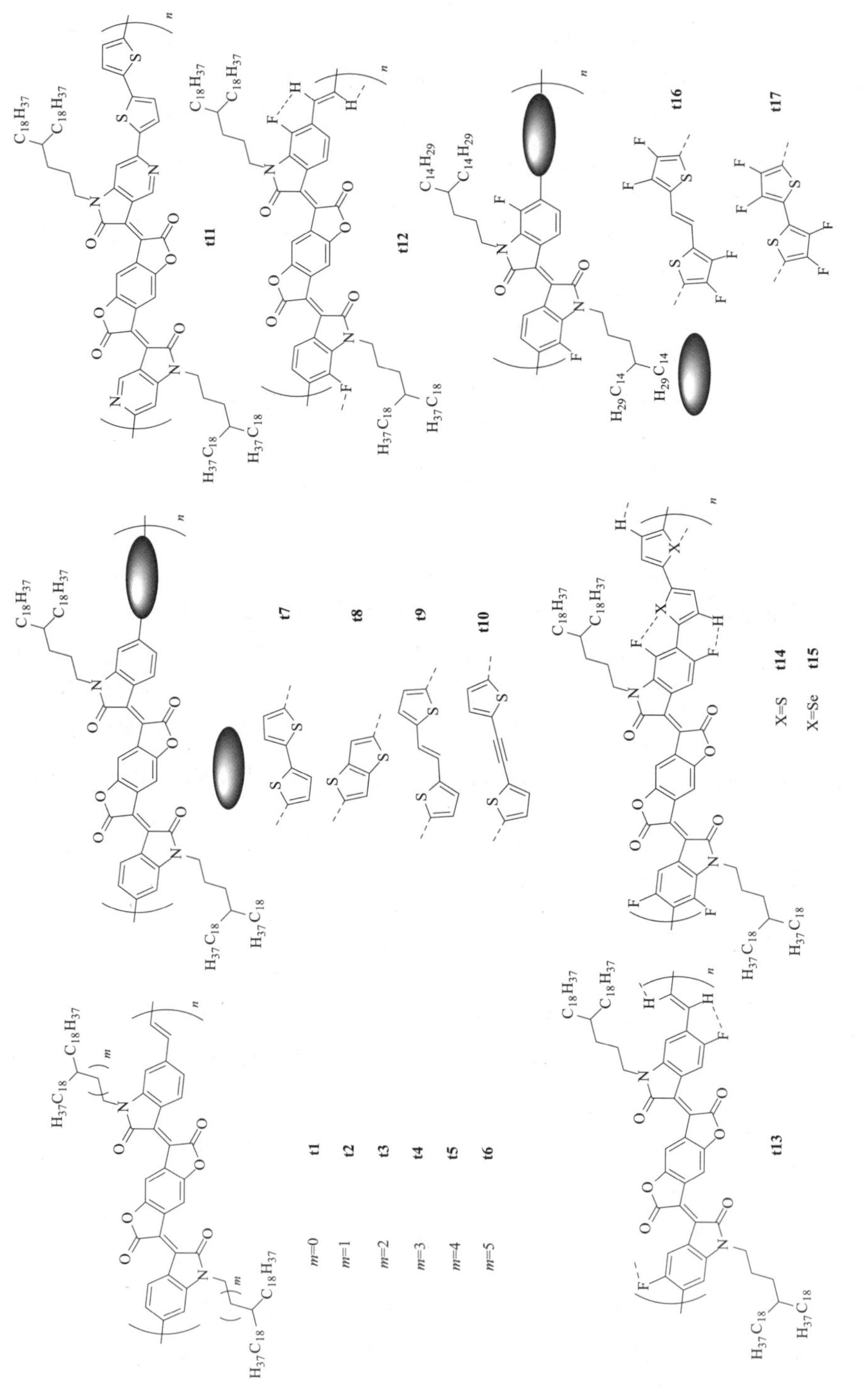

图 3-26 聚对苯撑乙烯类聚合物

　　BDOPV 四氟取代后 LUMO 能级降低至–4.03 eV，与给体单元联二噻吩缩聚，得 **t14**，LUMO 能级为–4.32 eV。受体单元 BDOPV 上的 F 与给体单元原子的非键作用能锁住构型，使聚合物保持平面骨架，这使得 **t14** 有高的电子迁移率和好的空气稳定性[267]。但在测试电学性能时，其表现出非线性的转移曲线，低栅极电压区，μ=14.9 cm²/(V·s)，高栅极电压区，μ=1.24 cm²/(V·s)。将联二噻吩替换为联二硒吩时，得 **t15**，同样，低栅极电压区，μ=7.7 cm²/(V·s)，高栅极电压区，μ=0.76 cm²/(V·s)。但通过改变器件制备条件，调控半导体薄膜的形貌和微观结构，可使更多器件表现出理想的转移曲线。这说明转移曲线的理想与否，与半导体薄膜形貌和微观结构有很大关系。

　　异靛类聚合物也可看作一类特殊的 PPV 衍生物，在受体单元异靛和给体单元噻吩-乙烯基-噻吩（或联二噻吩）上同时连接吸电子取代基 F 原子，缩聚后得到 **t16** 和 **t17**[268]，电子迁移率分别达到 4.97 cm²/(V·s) 和 1.35 cm²/(V·s)。可见，多氟取代是实现 n 型聚合物的重要手段。

3.4.4　其他 n 型聚合物半导体

　　很多缺电子单元也可用来制备 n 型聚合物，包括噻吩-S, S-二氧化靛吩哢、吡嗪等（图 3-27）。噻吩-S, S-二氧化靛吩哢作为受体单元与给体并二噻吩、联二噻吩和联二噻唑通过聚合，得到 **u1**、**u2** 和 **u3**[269,270]，电子迁移率分别为 0.14 cm²/(V·s)，0.18 cm²/(V·s) 和 0.017 cm²/(V·s)。**u3** 电子迁移率显著降低，是由于分子量过小和结晶度差。总的来看，噻吩-S, S-二氧化靛吩哢类聚合物本身平面性好、刚性强，有利于分子内电荷离域，实现"准一维的电荷传输"，然而，其缺乏长程有序性，即结晶性差，分子间相互作用弱。通过对噻吩-S, S-二氧化靛吩哢本身进行修饰，或者选择其他单体作为聚合单元或许可提高聚合物的结晶度，增加电子迁移率。

　　u4 为噻吩并吡嗪类聚合物[271]，使用全氟碳链取代后，虽然电子迁移率仅为 2.15×10^{-6} cm²/(V·s)，但仅溶解于全氟溶剂中，因此，适于多层器件的制备。**u5** 旋涂制备半导体层，未经退火，直接测试晶体管性能，电子迁移率最高，为 4.8×10^{-3} cm²/(V·s)，退火之后性能减弱。这是由于退火使半导体排列趋向热力学稳定，聚合物链段上的苯并噻二唑单元由于偶极的存在，会靠近另一链段的芴单元，而降低分子链间电子转移效率[272]。聚（吡啶盐亚苯基）**u6** 是一类水溶性 n 型聚合物[273]，栅极电压为 5～15 V 时，电子迁移率为 0.24 cm²/(V·s)；栅极电压为 15～20 V 时，电子迁移率为 3.4 cm²/(V·s)，但其中对离子所起的作用还不可知。

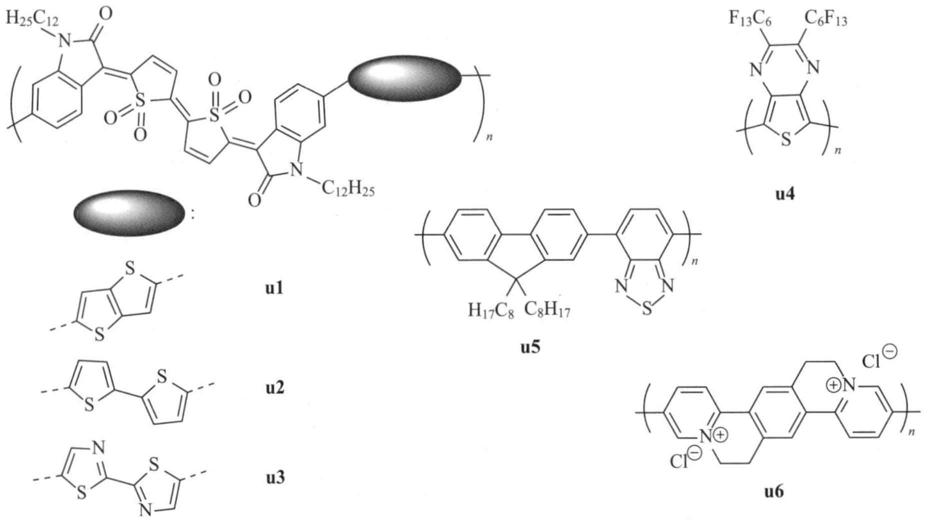

图 3-27　其他 n 型聚合物半导体

3.5　总结与展望

　　本章分别在小分子和聚合物范畴，以分子明显结构特征为分类依据，系统阐述了 n 型有机半导体在场效应晶体管中的应用，即其作为半导体层，起传输电子的作用，涉及分子的设计、半导体层的制备和器件的性能优化。

　　无论是小分子还是聚合物，均有多层级结构，除了在分子水平上进行精细设计外，还要注重聚集态的调控。同时，小分子和聚合物 n 型半导体的电子传输能力受到器件构型、绝缘层和源漏电极的影响，因此，高性能 n 型有机/聚合物场效应晶体管的制备是一个系统工程。

　　分子设计方面，合适的体系和取代基，是保证半导体具有足够低 LUMO 能级和良好热力学稳定性的关键，同时，取代基数量、位置，甚至取代基中烷基链分叉点的位置也会很大程度地影响半导体的电子传输性质。

　　分子设计的精妙之处在于，微小的变化就能引起器件性能的巨大差异。在 **e14**～**e17** 中，噻吩硫原子的取向不同，会使电子迁移率发生 1～2 个数量级的改变[133,134]。噻唑小分子 **j16** 和 **j17**，仅仅是噻唑单元之间连接方式不同，**j16** 电子迁移率超过 1 cm²/(V·s)，而 **j17** 没有场效应活性[172]。

　　通过对侧链的设计，也能大大提高半导体的电子迁移率。通过改变侧链中支链分叉点位置，找到最佳分叉点位置，得到最优性能，如拓展的萘酰亚胺系列 **a51**～**a54** 和苝酰亚胺系列 **p1**～**p6**。萘酰亚胺与联二噻吩共聚物 **q1** 是经典的聚合物半导体材料，通过在侧链中引入碳氟键，得 **q15**，就能改变薄膜微观结构，形成"骨架晶体"和"侧链晶体"，电子在聚合物主链和链间均能有效传输，**q15** 电子迁移率达 6.50 cm^2/(V·s)[245]。

半导体层的制备对器件性能也有很大影响，不仅影响半导体的聚集结构，还可能影响电荷传输极性和传输模式。带氰基苝酰亚胺 **b24**[23,27,28] 和全氟酞菁铜 **m1**[35,188] 的单晶器件性能好于薄膜器件。对于二氰基亚甲基取代的联四噻吩醌式结构 **e13**，仅仅是制备薄膜时选用不同的溶剂，就会导致器件传输电荷极性的不同[132]。对于 Tips-吡嗪 **g6**，滴膜法和浸渍法得到的器件表现出带状传输性质，而蒸镀的薄膜为热激发的跳跃传输模式[148]。

制备器件时，选择合适的器件构型，优化绝缘层制备条件，选择与半导体能级匹配的源漏电极，以更有利于电子传输性质的实现。电子传输对缺陷非常敏感，所以需要对介电层进行疏水单分子修饰，以减少缺陷。很多高性能器件构型都是 TGBC，一方面，顶栅介电层对器件起到封装作用；另一方面，介电层选择聚合物介电层，与半导体层兼容性好，也能降低成本。源漏电极对电荷传输极性影响很大。DPP 聚合物 (**s11**) 有平衡的电子空穴传输，但聚乙烯二胺 (PEI) 修饰源漏电极后，降低了电极功函，抑制了空穴的注入，使器件仅表现出高性能的电子传输[261]。因此，高性能 n 型有机/聚合物场效应晶体管的实现，要从分子设计、薄膜加工和器件优化角度综合考虑。

进入 21 世纪以来，n 型有机场效应晶体管得到了长足的发展。n 型有机半导体一个很重要的应用是与 p 型有机场效应晶体管制备互补反相器，n 型有机半导体的性能与 p 型相比，还有很大的差距[274,275]，n 型有机半导体的性能亟待提升。

n 型有机半导体发展至今，无论是内核，还是取代基，均已形成了自己的工具箱，但这还远远不够，工具箱亟待丰富，构筑单元的丰富性是半导体多样性的基础，现今高性能的 n 型有机半导体构筑单元与经典的相比，有很大创新性。在发展更高性能构筑单元方面，n 型有机半导体有很大的潜力。同时，半导体的多样化有利于 OFET 实现更多的功能。

就有机场效应晶体管而言，半导体层分子设计有一定盲目性，缺乏预见性，往往是通过合成分子来证实预先的猜想。可广泛引入计算化学，对分子结构和堆积排列做出预测，做到事半功倍。在设计半导体分子时，容易忽略小分子和聚合物的区别。除了少数带状传输机理[101]，小分子主要采用分子间跳跃传输，而聚合物除了链段间跳跃传输外，还可沿聚合物主链传输。因此在分子设计时，要考虑到小分子和聚合物电荷传输方式的不同。与小分子相比，对聚合物的研究明显偏少，而很多聚合物有比较高的电子迁移率，又有易加工、易成膜的优势，所以应加强对聚合物半导体的研究。对 n 型有机半导体稳定性方面的研究也较少，而稳定性是实现应用的关键，应加强对 n 型有机半导体稳定性的研究。

　　n 型功能场效应晶体管的制备有待加强。如图 3-5 所示，n 型场效应晶体管能实现光响应、发光、气体传感等多种功能，然而，这方面的研究较少。一方面是由于对 p 型半导体的长期依赖，另一方面，很多 n 型半导体空气稳定性欠佳，因此，对 n 型半导体的挖掘较少。随着对 n 型半导体研究的深入，对空气稳定的 n 型半导体显著增多。很多半导体有宽的光谱吸收，或者可吸收红外光，消光系数高，可以制备红外光探测器。还有一些半导体带隙宽，对可见光没有吸收，适合制备柔性透明器件[54]。还可将 n 型有机半导体制成超薄膜，或做成特殊的结构，来制备气体传感器或其他信号传感器。

　　场效应晶体管中 n 型有机半导体层的性能优化和功能拓展，任重道远。

参 考 文 献

[1] Xu H H, Li J, Leung B H K, et al. A high-sensitivity near-infrared phototransistor based on an organic bulk heterojunction. Nanoscale, 2013, 5: 11850-11855.

[2] Li L Q, Gao P, Baumgarten M, et al. High performance field-effect ammonia sensors based on a structured ultrathin organic semiconductor film. Adv Mater, 2013, 25: 3419-3425.

[3] Gu P C, Yao Y F, Feng L L, et al. Recent advances in polymer phototransistors. Polym Chem 2015, 6: 7933-7944.

[4] Collet J, Tharaud O, Chapoton A, et al. Low-voltage, 30 nm channel length, organic transistors with a self-assembled monolayer as gate insulating films. Appl Phys Lett, 2000, 76: 1941-1943.

[5] Klauk H, Zschieschang U, Pflaum J, et al. Ultralow-power organic complementary circuits. Nature, 2007, 445: 745-748.

[6] Boulas C, Davidovits J V, Rondelez F, et al. Suppression of charge carrier tunneling through organic self-assembled monolayers. Phys Rev Lett, 1996, 76: 4797.

[7] Fontaine P, Goguenheim D, Deresmes D, et al. Octadecyltrichlorosilane monolayers as ultrathin gate insulating films in metal-insulator-semiconductor devices. Appl Phys Lett, 1993, 62: 2256-2258.

[8] Shtein M, Mapel J, Benziger J B, et al. Effects of film morphology and gate dielectric surface preparation on the electrical characteristics of organic-vapor-phase-deposited pentacene thin-film transistors. Appl Phys Lett, 2002, 81: 268-270.

[9] Klauk H, Gundlach D J, Nichols J A, et al. Pentacene organic thin-film transistors for circuit and display applications. IEEE T Electron Dev, 1999, 46: 1258-1263.

[10] Wang C L, Dong H L, Hu W P, et al. Semiconducting pi-conjugated systems in field-effect transistors: A material odyssey of organic electronics. Chem Rev, 2012, 112: 2208-2267.

[11] 冯琳琳, 顾鹏程, 姚奕帆, 等. 高迁移率聚合物半导体材料. 科学通报, 2015, 60: 2169-2187.

[12] Ando S, Nishida J I, Fujiwara E, et al. Novel p- and n-type organic semiconductors with an anthracene unit. Chem Mater, 2005, 17: 1261-1264.

[13] Wen Y G, Chen J Y, Zhang L, et al. Quantitative analysis of the role of the first layer in p- and

n-type organic field-effect transistors with graphene electrodes. Adv Mater, 2012, 24: 1471-1475.

[14] Di C A, Yu G, Liu Y Q, et al. High-performance low-cost organic field-effect transistors with chemically modified bottom electrodes. J Am Chem Soc, 2006, 128: 16418-16419.

[15] Ma L C, Guo Y L, Wen Y G, et al. High-mobility, air stable bottom-contact n-channel thin film transistors based on *N,N* '-ditridecyl perylene diimide. Appl Phys Lett, 2013, 103: 203302.

[16] Hwang D K, Fuentes-Hernandez C, Fenoll M, et al. Systematic reliability study of top-gate p- and n-channel organic field-effect transistors. ACS Appl Mater Inter, 2014, 6: 3378-3386.

[17] Lei T, Xia X, Wang J Y, et al. "Conformation locked" strong electron-deficient poly (*p*-phenylene vinylene) derivatives for ambient-stable n-type field-effect transistors: synthesis, properties, and effects of fluorine substitution position. J Am Chem Soc, 2014, 136: 2135-2141.

[18] Dou J H, Zheng Y Q, Lei T, et al. Systematic investigation of side-chain branching position effect on electron carrier mobility in conjugated polymers. Adv Funct Mater, 2014, 24: 6270-6278.

[19] Yan H, Chen Z H, Zheng Y, et al. A high-mobility electron-transporting polymer for printed transistors. Nature, 2009, 457: 679-686.

[20] Fu X L, Wang C L, Li R J, et al. Organic single crystals or crystalline micro/nanostructures: Preparation and field-effect transistor applications. Sci China Chem, 2010, 53: 1225-1234.

[21] Zhang L, Di C A, Zhao Y, et al. Top-gate organic thin-film transistors constructed by a general lamination approach. Adv Mater, 2010, 22: 3537-3541.

[22] Zaumseil J, Sirringhaus H. Electron and ambipolar transport in organic field-effect transistors. Chem Rev, 2007, 107: 1296-1323.

[23] Meng Q, Dong H L, Hu W P. Organic/polymeric semiconductors for field-effect transistors// Hu W P. Organic Optoelectronics. Weinheim: Wiley-VCH Verlag GmbH & Co. KGaA, 2013: 43-94.

[24] Sakamoto Y, Suzuki T, Kobayashi M, et al. Perfluoropentacene: high-performance p-n junctions and complementary circuits with pentacene. J Am Chem Soc, 2004, 126: 8138-8140.

[25] Qi Z, Liao X X, Zheng J C, et al. High-performance n-type organic thin-film phototransistors based on a core-expanded naphthalene diimide. Appl Phys Lett, 2013, 103: 053301.

[26] Ma L C, Qin D S, Liu Y Q, et al. n-Type organic light-emitting transistors with high mobility and improved air stability. J Mater Chem C, 2018, 6: 535-540.

[27] Kono T, Kumaki D, Nishida J, et al. High-performance and light-emitting n-type organic field-effect transistors based on dithienylbenzothiadiazole and related heterocycles. Chem Mater, 2007, 19: 1218-1220.

[28] Zhang F J, Di C A, Berdunov N, et al. Ultrathin film organic transistors: Precise control of semiconductor thickness via spin-coating. Adv Mater, 2013, 25: 1401-1407.

[29] Molinari A S, Alves H, Chen Z, et al. High electron mobility in vacuum and ambient for PDIF-CN2 single-crystal transistors. J Am Chem Soc, 2009, 131: 2462-2463.

[30] Wang Z M, Kim C, Facchetti A, et al. Anthracenedicarboximides as air-stable n-channel

semiconductors for thin-film transistors with remarkable current on-off ratios. J Am Chem Soc, 2007, 129: 13362-13363.

[31] Liu C A, Liu Z H, Lemke H T, et al. High-performance solution-deposited ambipolar organic transistors based on terrylene diimides. Chem Mater, 2010, 22: 2120-2124.

[32] Anthony J E, Facchetti A, Heeney M, et al. n-Type organic semiconductors in organic electronics. Adv Mater, 2010, 22: 3876-3892.

[33] Soeda J, Uemura T, Mizuno Y, et al. High electron mobility in air for N,N'-1H,1H-perfluorobutyldicyanoperylene carboxydi-imide solution-crystallized thin-film transistors on hydrophobic surfaces. Adv Mater, 2011, 23: 3681-3685.

[34] Weitz R T, Amsharov K, Zschieschang U, et al. Organic n-channel transistors based on core-cyanated perylene carboxylic diimide derivatives. J Am Chem Soc, 2008, 130: 4637-4645.

[35] Jiang H, Ye J, Hu P, et al. Fluorination of metal phthalocyanines: Single-crystal growth, efficient n-channel organic field-effect transistors, and structure-property relationships. Sci Rep, 2014, 4: 7573.

[36] Tang Q X, Tong Y H, Li H X, et al. Air/vacuum dielectric organic single crystalline transistors of copper-hexadecafluorophthlaocyanine ribbons. Appl Phys Lett, 2008, 92: 083309.

[37] Sun X N, Zhang L, Di C A, et al. Morphology optimization for the fabrication of high mobility thin-film transistors. Adv Mater, 2011, 23: 3128-3133.

[38] Facchetti A. Organic semiconductors: Made to order. Nat Mater, 2013, 12: 598-600.

[39] Giri G, Verploegen E, Mannsfeld S C B, et al. Tuning charge transport in solution-sheared organic semiconductors using lattice strain. Nature, 2011, 480: 504-508.

[40] Becerril H A, Roberts M E, Liu Z H, et al. High-performance organic thin-film transistors through solution-sheared deposition of small-molecule organic semiconductors. Adv Mater, 2008, 20: 2588-2594.

[41] Zhan X W, Facchetti A, Barlow S, et al. Rylene and related diimides for organic electronics. Adv Mater, 2011, 23: 268-284.

[42] Shukla D, Nelson S F, Freeman D C, et al. Thin-film morphology control in naphthalene-diimide-based semiconductors: High mobility n-type semiconductor for organic thin-film transistors. Chem Mater, 2008, 20: 7486-7491.

[43] Laquindanum J G, Katz H E, Dodabalapur A, et al. n-Channel organic transistor materials based on naphthalene frameworks. J Am Chem Soc, 1996, 118: 11331-11332.

[44] Tanida S, Noda K, Kawabata H, et al. n-Channel thin-film transistors based on 1,4,5,8-naphthalene tetracarboxylic dianhydride with ultrathin polymer gate buffer layer. Thin Solid Films, 2009, 518: 571-574.

[45] Katz H E, Lovinger A J, Johnson J, et al. A soluble and air-stable organic semiconductor with high electron mobility. Nature, 2000, 404: 478-481.

[46] Dey A, Kalita A, Iyer P K. High-performance n-channel organic thin-film transistor based on naphthalene diimide. ACS Appl Mater Inter, 2014, 6: 12295-12301.

[47] Lv A F, Li Y, Yue W, et al. High performance n-type single crystalline transistors of naphthalene bis(dicarboximide) and their anisotropic transport in crystals. Chem Commun,

2012, 48: 5154-5156.

[48] Tszydel I, Kucinska M, Marszalek T, et al. High-mobility and low turn-on voltage n-channel otfts based on a solution-processable derivative of naphthalene bisimide. Adv Funct Mater, 2012, 22: 3840-3844.

[49] Rybakiewicz R, Tszydel I, Zapala J, et al. New semiconducting naphthalene bisimides N-substituted with alkoxyphenyl groups: Spectroscopic, electrochemical, structural and electrical properties. RSC Adv, 2014, 4: 14089-14100.

[50] Zhang D W, Zhao L, Zhu Y A, et al. Effects of *p*-(trifluoromethoxy)benzyl and *p*-(trifluoromethoxy)phenyl molecular architecture on the performance of naphthalene tetracarboxylic diimide-based air stable n-type semiconductors. ACS Appl Mater Inter, 2016, 8: 18277-18283.

[51] Zhao L, Zhang D W, Zhu Y N, et al. Effects of a highly lipophilic substituent on the environmental stability of naphthalene tetracarboxylic diimide-based n-channel thin-film transistors. J Mater Chem C, 2017, 5: 848-853.

[52] Lee Y L, Hsu H L, Chen S Y, et al. Solution-processed naphthalene diimide derivatives as n-type semiconductor materials. J Phys Chem C, 2008, 112: 1694-1699.

[53] See K C, Landis C, Sarjeant A, et al. Easily synthesized naphthalene tetracarboxylic diimide semiconductors with high electron mobility in air. Chem Mater, 2008, 20: 3609-3616.

[54] Jung B J, Sun J, Lee T, et al. Low-temperature-processible, transparent, and air-operable n-channel fluorinated phenylethylated naphthalenetetracarboxylic diimide semiconductors applied to flexible transistors. Chem Mater, 2009, 21: 94-101.

[55] Oh J H, Suraru S L, Lee W Y, et al. High-performance air-stable n-type organic transistors based on core-chlorinated naphthalene tetracarboxylic diimides. Adv Funct Mater, 2010, 20: 2148-2156.

[56] Stolte M, Gsanger M, Hofmockel R, et al. Improved ambient operation of n-channel organic transistors of solution-sheared naphthalene diimide under bias stress. Phys Chem Chem Phys, 2012, 14: 14181-14185.

[57] He T, Stolte M, Burschka C, et al. Single-crystal field-effect transistors of new Cl-2-NDI polymorph processed by sublimation in air. Nat Commun, 2015, 6: 5954.

[58] Yuan Z Y, Ma Y J, Gessner T, et al. Core-fluorinated naphthalene diimides: Synthesis, characterization, and application in n-type organic field-effect transistors. Org Lett, 2016, 18: 456-459.

[59] Turro N J. Modern Molecular Photochemistry. Mill Valley: Benjamin/Cummings Pub. Co., 1978: 628.

[60] Jones B A, Facchetti A, Marks T J, et al. Cyanonaphthalene diimide semiconductors for air-stable, flexible, and optically transparent n-channel field-effect transistors. Chem Mater, 2007, 19: 2703-2705.

[61] Kruger H, Janietz S, Sainova D, et al. Hybrid supramolecular naphthalene diimide-thiophene structures and their application in polymer electronics. Adv Funct Mater, 2007, 17: 3715-3723.

[62] Katz H E, Otsuki J, Yamazaki K, et al. Unsymmetrical n-channel semiconducting

naphthalenetetracarboxylic diimides assembled via hydrogen bonds. Chem Lett, 2003, 32: 508-509.

[63] Polander L E, Tiwari S P, Pandey L, et al. Solution-processed molecular bis(naphthalene diimide) derivatives with high electron mobility. Chem Mater, 2011, 23: 3408-3410.

[64] Hwang D K, Dasari R R, Fenoll M, et al. Stable solution-processed molecular n-channel organic field-effect transistors. Adv Mater, 2012, 24: 4445-4450.

[65] Nakano M, Osaka I, Hashizume D, et al. α-modified naphthodithiophene diimides-molecular design strategy for air-stable n-channel organic semiconductors. Chem Mater, 2015, 27: 6418-6425.

[66] Zhao Y, Di C A, Gao X K, et al. All-solution-processed, high-performance n-channel organic transistors and circuits: Toward low-cost ambient electronics. Adv Mater, 2011, 23: 2448-2453.

[67] Gao X K, Di C A, Hu Y B, et al. Core-expanded naphthalene diimides fused with 2-(1,3-dithiol-2-ylidene)malonitrile groups for high-performance, ambient-stable, solution-processed n-channel organic thin film transistors. J Am Chem Soc, 2010, 132: 3697-3699.

[68] Zhang F J, Hu Y B, Schuettfort T, et al. Critical role of alkyl chain branching of organic semiconductors in enabling solution-processed n-channel organic thin-film transistors with mobility of up to 3.50 cm$^2 \cdot$ V$^{-1} \cdot$ s^{-1}. J Am Chem Soc, 2013, 135: 2338-2349.

[69] Hu Y B, Qin Y K, Gao X K, et al. One-pot synthesis of core-expanded naphthalene diimides: Enabling N-substituent modulation for diverse n-type organic materials. Org Lett, 2012, 14: 292-295.

[70] Tan L X, Guo Y L, Zhang G X, et al. New air-stable solution-processed organic n-type semiconductors based on sulfur-rich core-expanded naphthalene diimides. J Mater Chem, 2011, 21: 18042-18048.

[71] Chang J J, Shao J J, Zhang J, et al. A phthalimide-fused naphthalene diimide with high electron affinity for a high performance n-channel field effect transistor. RSC Adv, 2013, 3: 6775-6778.

[72] Ortiz R P, Herrera H, Blanco R, et al. Organic n-channel field-effect transistors based on arylenediimide-thiophene derivatives. J Am Chem Soc, 2010, 132: 8440-8452.

[73] Wang Z R, Zhao J F, Dong H L, et al. An asymmetric naphthalimide derivative for n-channel organic field-effect transistors. Phys Chem Chem Phys, 2015, 17: 26519-26524.

[74] Deng P, Yan Y, Wang S D, et al. Naphthoylene (trifluoromethylbenzimidazole)-dicarboxylic acid imides for high-performance n-type organic field-effect transistors. Chem Commun, 2012, 48: 2591-2593.

[75] Chen W Q, Zhang J, Long G K, et al. From non-detectable to decent: Replacement of oxygen with sulfur in naphthalene diimide boosts electron transport in organic thin-film transistors (OTFT). J Mater Chem C, 2015, 3: 8219-8224.

[76] Kozycz L M, Guo C, Manion J G, et al. Enhanced electron mobility in crystalline thionated naphthalene diimides. J Mater Chem C, 2015, 3: 11505-11515.

[77] Ostrick J R, Dodabalapur A, Torsi L, et al. Conductivity-type anisotropy in molecular solids. J Appl Phys, 1997, 81: 6804-6808.

[78] Yamada K, Takeya J, Takenobu T, et al. Effects of gate dielectrics and metal electrodes on

air-stable n-channel perylene tetracarboxylic dianhydride single-crystal field-effect transistors. Appl Phys Lett, 2008, 92: 253311-253313.

[79] Tatemichi S, Ichikawa M, Koyama T, et al. High mobility n-type thin-film transistors based on *N,N'*-ditridecyl perylene diimide with thermal treatments. Appl Phys Lett, 2006, 89: 112108.

[80] Park J H, Lee H S, Lee J, et al. Stability-improved organic n-channel thin-film transistors with nm-thin hydrophobic polymer-coated high-*k* dielectrics. Phys Chem Chem Phys, 2012, 14: 14202-14206.

[81] Briseno A L, Mannsfeld S C B, Reese C, et al. Perylenediimide nanowires and their use in fabricating field-effect transistors and complementary inverters. Nano Lett, 2007, 7: 2847-2853.

[82] Locklin J, Li D W, Mannsfeld S C B, et al. Organic thin film transistors based on cyclohexyl-substituted organic semiconductors. Chem Mater, 2005, 17: 3366-3374.

[83] Cheng H, Huai J Y, Cao L, et al. Novel self-assembled phosphonic acids monolayers applied in n-channel perylene diimide（PDI）organic field effect transistors. Appl Surf Sci, 2016, 378: 545-551.

[84] Jeon H G, Yokota Y, Hattori J, et al. Novel perylene derivative having an ether group in the side chains for solution-processible n-channel transistors with very high electron mobility. Appl Phys Express, 2012, 5: 041602.

[85] Oh J H, Liu S, Bao Z, et al. Air-stable n-channel organic thin-film transistors with high field-effect mobility based on *N,N'*-bis（heptafluorobutyl）3,4,9,10-perylene diimide. Appl Phys Lett, 2007, 91: 212107.

[86] Schmidt R, Oh J H, Sun Y S, et al. High-performance air-stable n-channel organic thin film transistors based on halogenated perylene bisimide semiconductors. J Am Chem Soc, 2009, 131: 6215-6228.

[87] Chen H Z, Ling M M, Mo X, et al. Air stable n-channel organic semiconductors for thin film transistors based on fluorinated derivatives of perylene diimides. Chem Mater, 2007, 19: 816-824.

[88] Wang L, Zhang X J, Dai G L, et al. High-mobility air-stable n-type field-effect transistors based on large-area solution-processed organic single-crystal arrays. Nano Res, 2018, 11: 882-891.

[89] Oh J H, Lee H W, Mannsfeld S, et al. Solution-processed, high-performance n-channel organic microwire transistors. Proc Natl Acad Sci USA, 2009, 106: 6065-6070.

[90] Centore R, Ricciotti L, Carella A, et al. Perylene diimides functionalized with N-thiadiazole substituents: Synthesis and electronic properties in OFET devices. Org Electron, 2012, 13: 2083-2093.

[91] Mondal S, Lin W H, Chen Y C, et al. Solution-processed single-crystal perylene diimide transistors with high electron mobility. Org Electron, 2015, 23: 64-69.

[92] Ringk A, Li X R, Gholamrezaie F, et al. n-Type self-assembled monolayer field-effect transistors and complementary inverters. Adv Funct Mater, 2013, 23: 2016-2023.

[93] Schmidt R, Ling M M, Oh J H, et al. Core-fluorinated perylene bisimide dyes: Air stable n-channel organic semiconductors for thin film transistors with exceptionally high on-to-off current ratios. Adv Mater, 2007, 19: 3692-3695.

[94] Gsanger M, Oh J H, Konemann M, et al. A crystal-engineered hydrogen-bonded octachloroperylene diimide with a twisted core: an n-channel organic semiconductor. Angew Chem Int Edit, 2010, 49: 740-743.

[95] Ling M M, Erk P, Gomez M, et al. Air-stable n-channel organic semiconductors based on perylene diimide derivatives without strong electron withdrawing groups. Adv Mater, 2007, 19: 1123-1127.

[96] Liu C M, Xiao C Y, Li Y, et al. High performance, air stable n-type single crystal transistors based on core-tetrachlorinated perylene diimides. Chem Commun, 2014, 50: 12462-12464.

[97] Chen Z, Debije M G, Debaerdemaeker T, et al. Tetrachloro-substituted perylene bisimide dyes as promising n-type organic semiconductors: Studies on structural, electrochemical and charge transport properties. Chem Phys Chem, 2004, 5: 137-140.

[98] Piliego C, Jarzab D, Gigli G, et al. High electron mobility and ambient stability in solution-processed perylene-based organic field-effect transistors. Adv Mater, 2009, 21: 1573-1576.

[99] Yoo B, Jung T, Basu D, et al. High-mobility bottom-contact n-channel organic transistors and their use in complementary ring oscillators. Appl Phys Lett, 2006, 88: 227.

[100] Jones B A, Ahrens M J, Yoon M H, et al. High-mobility air-stable n-type semiconductors with processing versatility: Dicyanoperylene-3,4:9,10- bis(dicarboximides). Angew Chem, 2004, 43: 6363-6366.

[101] Minder N A, Ono S, Chen Z, et al. Band-like electron transport in organic transistors and implication of the molecular structure for performance optimization. Adv Mater, 2012, 24: 503-508.

[102] Ono S, Minder N, Chen Z, et al. High-performance n-type organic field-effect transistors with ionic liquid gates. Appl Phys Lett, 2010, 97: 143307.

[103] Gao J, Xiao C Y, Jiang W, et al. Cyano-substituted perylene diimides with linearly correlated LUMO levels. Org Lett, 2014, 16: 394-397.

[104] Lv A F, Puniredd S R, Zhang J H, et al. High mobility, air stable, organic single crystal transistors of an n-type diperylene bisimide. Adv Mater, 2012, 24: 2626-2630.

[105] Zhang J H, Tan L, Jiang W, et al. N-alkyl substituted di(perylene bisimides) as air-stable electron transport materials for solution-processible thin-film transistors with enhanced performance. J Mater Chem C, 2013, 1: 3200-3206.

[106] Zeng C, Xiao C Y, Xin R, et al. Influence of alkyl chain branching point on the electron transport properties of di(perylene diimides) thin film transistors. RSC Adv, 2016, 6: 55946-55952.

[107] Hao L X, Xiao C Y, Zhang J, et al. Perpendicularly entangled perylene diimides for high performance electron transport materials. J Mater Chem C, 2013, 1: 7812-7818.

[108] Zhang Z R, Lei T, Yan Q F, et al. Electron-transporting PAHs with dual perylenediimides: Syntheses and semiconductive characterizations. Chem Commun, 2013, 49: 2882-2884.

[109] Yue W, Lv A F, Gao J, et al. Hybrid rylene arrays via combination of stille coupling and C-H transformation as high-performance electron transport materials. J Am Chem Soc, 2012, 134:

5770-5773.

[110] Xiao C Y, Jiang W, Li X G, et al. Laterally expanded rylene diimides with uniform branched side chains for solution-processed air stable n-channel thin film transistors. ACS Appl Mater Inter, 2014, 6: 18098-18103.

[111] Li X G, Xiao C Y, Jiang W, et al. High-performance electron-transporting hybrid rylenes with low threshold voltage. J Mater Chem C, 2013, 1: 7513-7518.

[112] Dhagat P, Haverinen H M, Kline R J, et al. Influence of dielectric surface chemistry on the microstructure and carrier mobility of an n-type organic semiconductor. Adv Funct Mater, 2009, 19: 2365-2372.

[113] Tilley A J, Guo C, Miltenburg M B, et al. Thionation enhances the electron mobility of perylene diimide for high performance n-channel organic field effect transistors. Adv Funct Mater, 2015, 25: 3321-3329.

[114] Zheng Q D, Huang J, Sarjeant A, et al. Pyromellitic diimides: Minimal cores for high mobility n-channel transistor semiconductors. J Am Chem Soc, 2008, 130: 14410-14411.

[115] Wu Z H, Huang Z T, Guo R X, et al. 4,5,9,10-pyrene diimides: A family of aromatic diimides exhibiting high electron mobility and two-photon excited emission. Angew Chem Int Edit, 2017, 56: 13031-13035.

[116] Petit M, Hayakawa R, Shirai Y, et al. Growth and electrical properties of *N,N*(′)-bis (*n*-pentyl) terrylene-3,4, 11,12-tetracarboximide thin films. Appl Phys Lett, 2008, 92: 163301.

[117] Tsao H N, Pisula W, Liu Z H, et al. From ambi- to unipolar behavior in discotic dye field-effect transistors. Adv Mater, 2008, 20: 2715-2719.

[118] Chang J J, Li J L, Chang K L, et al. Effects of contact treatments on solution-processed n-type dicyano-ovalenediimide and its complementary circuits. RSC Adv, 2013, 3: 8721-8727.

[119] Li H Y, Kim F S, Ren G Q, et al. Tetraazabenzodifluoranthene diimides: Building blocks for solution-processable n-type organic semiconductors. Angew Chem Int Edit, 2013, 52: 5513-5517.

[120] Brown A R, Leeuw D M D, Lous E J, et al. Organic n-type field-effect transistor. Synth Met, 1994, 66: 257-261.

[121] Menard E, Podzorov V, Hur S H, et al. High-performance n- and p-type single- crystal organic transistors with free- space gate dielectrics. Adv Mater, 2004, 16: 2097-2101.

[122] Krupskaya Y, Gibertini M, Marzari N, et al. Band-like electron transport with record-high mobility in the TCNQ family. Adv Mater, 2015, 27: 2453-2458.

[123] Wada H, Shibata K, Bando Y, et al. Contact resistance and electrode material dependence of air-stable n-channel organic field-effect transistors using dimethyldicyanoquinonediimine (DMDCNQI). J Mater Chem, 2008, 18: 4165-4171.

[124] Ye Q, Chang J J, Huang K W, et al. Incorporating TCNQ into thiophene-fused heptacene for n-channel field effect transistor. Org Lett, 2012, 14: 2786-2789.

[125] Yanai N, Mori T, Shinamura S, et al. Dithiophene-fused tetracyanonaphthoquinodimethanes (DT-TNAPs): Synthesis and characterization of π-extended quinoidal compounds for n-channel organic semiconductor. Org Lett, 2014, 16: 240-243.

[126] Kunugi Y, Takimiya K, Toyoshima Y, et al. Vapour deposited films of quinoidal biselenophene and bithiophene derivatives as active layers of n-channel organic field-effect transistors. J Mater Chem, 2004, 14: 1367-1369.

[127] Chesterfield R J, Newman C R, Pappenfus T M, et al. High electron mobility and ambipolar transport in organic thin-film transistors based on a π-stacking quinoidal terthiophene. Adv Mater, 2003, 15: 1278-1282.

[128] Pappenfus T M, Chesterfield R J, Daniel Frisbie C, et al. A π-stacking terthiophene-based quinodimethane is an n-channel conductor in a thin film transistor. J Am Chem Soc, 2002, 124: 4184-4185.

[129] Takahashi T, Matsuoka K, Takimiya K, et al. Extensive quinoidal oligothiophenes with dicyanomethylene groups at terminal positions as highly amphoteric redox molecules. J Am Chem Soc, 2005, 127: 8928-8929.

[130] Handa S, Miyazaki E, Takimiya K, et al. Solution-processible n-channel organic field-effect transistors based on dicyanomethylene-substituted terthienoquinoid derivative. J Am Chem Soc, 2007, 129: 11684-11685.

[131] Suzuki Y, Shimawaki M, Miyazaki E, et al. Quinoidal oligothiophenes with (acyl) cyanomethylene termini: Synthesis, characterization, properties, and solution processed n-channel organic field-effect transistors. Chem Mater, 2011, 23: 795-804.

[132] Ribierre J C, Watanabe S, Matsumoto M, et al. Reversible conversion of the majority carrier type in solution-processed ambipolar quinoidal oligothiophene thin films. Adv Mater, 2010, 22: 4044-4048.

[133] Zhang C, Zang Y P, Zhang F J, et al. Pursuing high-mobility n-type organic semiconductors by combination of "molecule-framework" and "side-chain" engineering. Adv Mater, 2016, 28: 8456-8462.

[134] Zhang C, Zang Y P, Gann E, et al. Two-dimensional π-expanded quinoidal terthiophenes terminated with dicyanomethylenes as n-type semiconductors for high-performance organic thin-film transistors. J Am Chem Soc, 2014, 136: 16176-16184.

[135] Xiong Y, Tao J W, Wang R H, et al. A furan-thiophene-based quinoidal compound: A new class of solution-processable high-performance n-type organic semiconductor. Adv Mater, 2016, 28: 5949-5953.

[136] Qiao Y L, Zhang J, Xu W, et al. Incorporation of pyrrole to oligothiophene-based quinoids endcapped with dicyanomethylene: A new class of solution processable n-channel organic semiconductors for air-stable organic field-effect transistors. J Mater Chem, 2012, 22: 5706-5714.

[137] Qiao Y L, Guo Y L, Yu C M, et al. Diketopyrrolopyrrole-containing quinoidal small molecules for high-performance, air-stable, and solution-processable n-channel organic field-effect transistors. J Am Chem Soc, 2012, 134: 4084-4087.

[138] Wang C, Zang Y P, Qin Y K, et al. Thieno[3,2-b]thiophene-diketopyrrolopyrrole-based quinoidal small molecules: Synthesis, characterization, redox behavior, and n-channel organic field-effect transistors. Chem-Eur J, 2014, 20: 13755-13761.

[139] Deng Y F, Sun B, Quinn J, et al. Thiophene-*S,S*-dioxidized indophenines as high performance n-type organic semiconductors for thin film transistors. RSC Adv, 2016, 6: 45410-45418.

[140] Wu Q H, Ren S D, Wang M, et al. Alkyl chain orientations in dicyanomethylene-substituted 2,5-di (thiophen-2-yl) thieno-[3,2-*b*]thienoquinoid: Impact on solid-state and thin-film transistor performance. Adv Funct Mater, 2013, 23: 2277-2284.

[141] Wang S T, Wang M, Zhang X, et al. Donor-acceptor-donor type organic semiconductor containing quinoidal benzo[1,2-*b*:4,5-*b*′]dithiophene for high performance n-channel field-effect transistors. Chem Commun, 2014, 50: 985-987.

[142] Mori T, Yanai N, Osaka I, et al. Quinoidal naphtho[1,2-*b*:5,6-*b*′]dithiophenes for solution-processed n-channel organic field-effect transistors. Org Lett, 2014, 16: 1334-1337.

[143] Wu Q H, Li R J, Hong W, et al. Dicyanomethylene-substituted fused tetrathienoquinoid for high-performance, ambient-stable, solution-processable n-channel organic thin-film transistors. Chem Mater, 2011, 23: 3138-3140.

[144] Wu Q H, Qiao X L, Huang Q L, et al. High-performance n-channel field effect transistors based on solution-processed dicyanomethylene-substituted tetrathienoquinoid. RSC Adv, 2014, 4: 16939-16943.

[145] Li J, Qiao X L, Xiong Y, et al. Five-ring fused tetracyanothienoquinoids as high-performance and solution-processable n-channel organic semiconductors: Effect of the branching position of alkyl chains. Chem Mater, 2014, 26: 5782-5788.

[146] Di C A, Li J, Yu G, et al. Trifluoromethyltriphenodioxazine: Air-stable and high-performance n-type semiconductor. Org Lett, 2008, 10: 3025-3028.

[147] Kikuzawa Y, Mori T, Takeuchi H. Synthesis of 2,5,8,11,14,17-hexafluoro-hexa-perihexabenzocoronene for n-type organic field-effect transistors. Org Lett, 2007, 9: 4817-4820.

[148] Xu X M, Yao Y F, Shan B W, et al. Electron mobility exceeding 10 cm$^2 \cdot$ V$^{-1} \cdot$ s^{-1} and band-like charge transport in solution-processed n-channel organic thin-film transistors. Adv Mater, 2016, 28: 5276-5283.

[149] Nishida J I, Naraso, Murai S, et al. Preparation, characterization, and FET properties of novel dicyanopyrazinoquinoxaline derivatives. Org Lett, 2004, 6: 2007-2010.

[150] Wang H F, Wen Y G, Yang X D, et al. Fused-ring pyrazine derivatives for n-type field-effect transistors. ACS Appl Mater Inter, 2009, 1: 1122-1129.

[151] Hong W, Guo C, Sun B, et al. Cyano-disubstituted dipyrrolopyrazinedione (CNPzDP) small molecules for solution processed n-channel organic thin-film transistors. J Mater Chem C, 2013, 1: 5624-5627.

[152] Min Y, Dou C D, Tian H K, et al. n-Type azaacenes containing B←N units. Angew Chem Int Edit, 2018, 57: 2000-2004.

[153] Facchetti A, Yoon M H, Stern C L, et al. Building blocks for n-type molecular and polymeric electronics. Perfluoroalkyl-versus alkyl-functionalized oligothiophenes (*n*Ts; *n*=2 ∼ 6). Systematic synthesis, spectroscopy, electrochemistry, and solid-state organization. J Am Chem Soc, 2004, 126: 13480-13501.

[154] Facchetti A, Deng Y, Wang A, et al. Tuning the semiconducting properties of sexithiophene by α,ω-substitution — α,ω-diperfluorohexylsexithiophene: The first n-type sexithiophene for thin-film transistors. Angew Chem Int Ed Engl, 2000, 39: 4547-4551.

[155] Facchetti A, Mushrush M, Katz H E, et al. n-Type building blocks for organic electronics: A homologous family of fluorocarbon-substituted thiophene oligomers with high carrier mobility. Adv Mater, 2003, 15: 33-38.

[156] Yoon M H, Facchetti A, Stern C E, et al. Fluorocarbon-modified organic semiconductors: Molecular architecture, electronic, and crystal structure tuning of arene-versus fluoroarene-thiophene oligomer thin-film properties. J Am Chem Soc, 2006, 128: 5792-5801.

[157] Facchetti A, Letizia J, Yoon M H, et al. Synthesis and characterization of diperfluorooctyl-substituted phenylene-thiophene oligomers as n-type semiconductors. Molecular structure-film microstructure-mobility relationships, organic field-effect transistors, and transistor nonvolatile memory elements. Chem Mater, 2004, 16: 4715-4727.

[158] Didane Y, Ortiz R P, Zhang J, et al. Toward n-channel organic thin film transistors based on a distyryl-bithiophene derivatives. Tetrahedron, 2012, 68: 4664-4671.

[159] Ie Y, Nitani M, Ishikawa M, et al. Electronegative oligothiophenes for n-type semiconductors: Difluoromethylene-bridged bithiophene and its oligomers. Org Lett, 2007, 9: 2115-2118.

[160] Letizia J A, Facchetti A, Stern C L, et al. High electron mobility in solution-cast and vapor-deposited phenacyl-quaterthiophene-based field-effect transistors: Toward n-type polythiophenes. J Am Chem Soc, 2005, 127: 13476-13477.

[161] Yoon M H, DiBenedetto S A, Facchetti A, et al. Organic thin-film transistors based on carbonyl-functionalized quaterthiophenes: High mobility n-channel semiconductors and ambipolar transport. J Am Chem Soc, 2005, 127: 1348-1349.

[162] Yoon M H, Dibenedetto S A, Russell M T, et al. High-performance n-channel carbonyl-functionalized quaterthiophene semiconductors: Thin-film transistor response and majority carrier type inversion via simple chemical protection/deprotection. Chem Mater, 2007, 19: 4864-4881.

[163] Kim C, Chen M C, Chiang Y J, et al. Functionalized dithieno[2,3-b:3',2'-d]thiophenes (DTTs) for organic thin-film transistors. Org Electron, 2010, 11: 801-813.

[164] Sun J P, Hendsbee A D, Eftaiha A F, et al. Phthalimide-thiophene-based conjugated organic small molecules with high electron mobility. J Mater Chem C, 2014, 2: 2612-2621.

[165] Le Y, Okabe M, Umemoto Y, et al. Electronegative oligothiophenes having difluorodioxocyclopentene-annelated thiophenes as solution-processable n-type OFET materials. Chem Lett, 2009, 38: 460-461.

[166] Le Y, Nitani M, Tada H, et al. Solution-processed n-type organic field-effect transistors based on electronegative oligothiophenes having fully oxo-substituted terthiophenes. Org Electron, 2010, 11: 1740-1745.

[167] Cai X, Burand M W, Newman C R, et al. n-and p-Channel transport behavior in thin film transistors based on tricyanovinyl-capped oligothiophenes. J Phys Chem B, 2006, 110: 14590-14597.

[168] Shu Y, Mikosch A, Winzenberg K N, et al. N-alkyl functionalized barbituric and thiobarbituric acid bithiophene derivatives for vacuum deposited n-channel OFETs. J Mater Chem C, 2014, 2: 3895-3899.

[169] Akhtaruzzaman M, Kamata N, Nishida J, et al. Synthesis, characterization and FET properties of novel dithiazolylbenzothiadiazole derivatives. Chem Commun, 2005, 25: 3183-3185.

[170] Mamada M, Shima H, Yoneda Y, et al. A unique solution-processable n-type semiconductor material design for high-performance organic field-effect transistors. Chem Mater, 2015, 27: 141-147.

[171] Kono T, Kumaki D, Nishida J, et al. Dithienylbenzobis(thiadiazole) based organic semiconductors with low LUMO levels and narrow energy gaps. Chem Commun, 2010, 46: 3265-3267.

[172] Ando S, Murakami R, Nishida J, et al. n-Type organic field-effect transistors with very high electron mobility based on thiazole oligomers with trifluoromethylphenyl groups. J Am Chem Soc, 2005, 127: 14996-14997.

[173] Usta H, Sheets W C, Denti M, et al. Perfluoroalkyl-functionalized thiazole thiophene oligomers as n-channel semiconductors in organic field-effect and light-emitting transistors. Chem Mater, 2014, 26: 6542-6556.

[174] Durso M, Gentili D, Bettini C, et al. π-Core tailoring for new high performance thieno(bis)-imide based n-type molecular semiconductors. Chem Commun, 2013, 49: 4298-4300.

[175] Ie Y, Nitani M, Karakawa M, et al. Air-stable n-type organic field-effect transistors based on carbonyl-bridged bithiazole derivatives. Adv Funct Mater, 2010, 20: 907-913.

[176] Ando S, Nishida J, Tada H, et al. High performance n-type organic field-effect transistors based on π-electronic systems with trifluoromethylphenyl groups. J Am Chem Soc, 2005, 127: 5336-5337.

[177] Kumaki D, Ando S, Shimono S, et al. Significant improvement of electron mobility in organic thin-film transistors based on thiazolothiazole derivative by employing self-assembled monolayer. Appl Phys Lett, 2007, 90: 053506.

[178] Mamada M, Nishida J I, Kumaki D, et al. n-Type organic field-effect transistors with high electron mobilities based on thiazole-thiazolothiazole conjugated molecules. Chem Mater, 2007, 19: 5404-5409.

[179] Nakagawa T, Kumaki D, Nishida J I, et al. High performance n-type field-effect transistors based on indenofluorenedione and diindenopyrazinedione derivatives. Chem Mater, 2008, 20: 2615-2617.

[180] Park Y I, Lee J S, Kim B J, et al. High-performance stable n-type indenofluorenedione field-effect transistors. Chem Mater, 2011, 23: 4038-4044.

[181] Le Y, Ueta M, Nitani M, et al. Air-stable n-type organic field-effect transistors based on 4,9-dihydro-s-indaceno[1,2-b:5,6-b']dithiazole-4,9-dione unit. Chem Mater, 2012, 24: 3285-3293.

[182] Romain M, Chevrier M, Bebiche S, et al. The structure-property relationship study of electron-deficient dihydroindeno[2,1-b]fluorene derivatives for n-type organic field effect

transistors. J Mater Chem C, 2015, 3: 5742-5753.

[183] Usta H, Facchetti A, Marks T J. Air-stable, solution-processable n-channel and ambipolar semiconductors for thin-film transistors based on the indenofluorenebis(dicyanovinylene) core. J Am Chem Soc, 2008, 130: 8580-8581.

[184] DiBenedetto S A, Frattarelli D L, Facchetti A, et al. Structure-performance correlations in vapor phase deposited self-assembled nanodielectrics for organic field-effect transistors. J Am Chem Soc, 2009, 131: 11080-11090.

[185] Peltier J D, Heinrich B, Donnio B, et al. Electron-deficient dihydroindaceno-dithiophene regioisomers for n-type organic field-effect transistors. ACS Appl Mater Inter, 2017, 9: 8219-8232.

[186] Dou J H, Zheng Y Q, Yao Z F, et al. A cofacially stacked electron-deficient small molecule with a high electron mobility of over 10 $cm^2 \cdot V^{-1} \cdot s^{-1}$ in air. Adv Mater, 2015, 27: 8051-8055.

[187] Guillaud G, Sadoun M A, Maitrot M, et al. Field-effect transistors based on intrinsic molecular semiconductors. Chem Phys Lett, 1990, 167: 503-506.

[188] Bao Z, Lovinger A J, Brown J. New air-stable n-channel organic thin film transistors. J Am Chem Soc, 1998, 120: 207-208.

[189] Tang Q X, Li H X, Liu Y L, et al. High-performance air-stable n-type transistors with an asymmetrical device configuration based on organic single-crystalline submicrometer/nanometer ribbons. J Am Chem Soc, 2006, 128: 14634-14639.

[190] Song D, Wang H B, Zhu F, et al. Phthalocyanato tin(IV) dichloride: An air-stable, high-performance, n-type organic semiconductor with a high field-effect electron mobility. Adv Mater, 2008, 20: 2142-2144.

[191] Haddon R C, Perel A S, Morris R C, et al. C_{60} thin film transistors. Appl Phys Lett, 1995, 67: 121-123.

[192] Kitamura M, Aomori S, Na J H, et al. Bottom-contact fullerene C_{60} thin-film transistors with high field-effect mobilities. Appl Phys Lett, 2008, 93: 033313.

[193] Anthopoulos T D, Singh B, Marjanovic N, et al. High performance n-channel organic field-effect transistors and ring oscillators based on C_{60} fullerene films. Appl Phys Lett, 2006, 89: 213504.

[194] Itaka K, Yamashiro M, Yamaguchi J, et al. High-mobility C_{60} field-effect transistors fabricated on molecular-wetting controlled substrates. Adv Mater, 2010, 18: 1713-1716.

[195] Yang J P, Sun Q J, Yonezawa K, et al. Interface optimization using diindenoperylene for C_{60} thin film transistors with high electron mobility and stability. Org Electron, 2014, 15: 2749-2755.

[196] Kobayashi S, Takenobu T, Mori S, et al. Fabrication and characterization of C_{60} thin-film transistors with high field effect mobility. Appl Phys Lett, 2003, 82: 4581-4583.

[197] Li H Y, Tee B C K, Cha J J, et al. High-mobility field-effect transistors from large-area solution-grown aligned C_{60} single crystals. J Am Chem Soc, 2012, 134: 2760-2765.

[198] Kang W, Kitamura M, Arakawa Y. High performance inkjet-printed C_{60} fullerene thin-film transistors: Toward a low-cost and reproducible solution process. Org Electron, 2013, 14:

644-648.

[199] Na J H, Kitamura M, Arakawa Y. High performance n-channel thin-film transistors with an amorphous phase C_{60} film on plastic substrate. Appl Phys Lett, 2007, 91: 193501-193503.

[200] Kitamura M, Kuzumoto Y, Kamura M, et al. High-performance fullerene C_{60} thin-film transistors operating at low voltages. Appl Phys Lett, 2007, 91: 183514.

[201] Lee T W, Byun Y, Koo B W, et al. All-solution-processed n-type organic transistors using a spinning metal process. Adv Mater, 2010, 17: 2180-2184.

[202] Hummelen J C, Knight B W, LePeq F, et al. Preparation and characterization of fulleroid and methanofullerene derivatives. J Org Chem, 1995, 60: 532-538.

[203] Singh T B, Marjanovic N, Stadler P, et al. Fabrication and characterization of solution-processed methanofullerene-based organic field-effect transistors. J Appl Phys, 2005, 97: 083714-083715.

[204] Tiwari S P, Zhang X H, Potscavage W J, et al. Low-voltage solution-processed n-channel organic field-effect transistors with high-k HfO_2 gate dielectrics grown by atomic layer deposition. Appl Phys Lett, 2009, 95: 223303.

[205] Cicoira F, Aguirre C M, Martel R. Making contacts to n-type organic transistors using carbon nanotube arrays. ACS Nano, 2011, 5: 283-290.

[206] Yang C, Kim J Y, Cho S, et al. Functionalized methanofullerenes used as n-type materials in bulk-heterojunction polymer solar cells and in field-effect transistors. J Am Chem Soc, 2008, 130: 6444-6450.

[207] Horii Y, Sakaguchi K, Chikamatsu M, et al. High-performance solution-processed n-channel organic thin-film transistors based on a long chain alkyl-substituted C_{60} derivative. Appl Phys Express, 2010, 3: 101601.

[208] Horii Y, Ikawa M, Chikamatsu M, et al. Soluble fullerene-based n-channel organic thin-film transistors printed by using a polydimethylsiloxane stamp. ACS Appl Mater Inter, 2011, 3: 836-841.

[209] Chikamatsu M, Itakura A, Yoshida Y, et al. High-performance n-type organic thin-film transistors based on solution-processable perfluoroalkyl-substituted C_{60} derivatives. Chem Mater, 2008, 20: 7365-7367.

[210] Yu H, Cho H H, Cho C H, et al. Polarity and air-stability transitions in field-effect transistors based on fullerenes with different solubilizing groups. ACS Appl Mater Inter, 2013, 5: 4865-4871.

[211] Kumashiro R, Tanigaki K, Ohashi H, et al. Azafullerene $(C_{59}N)_2$ thin-film field-effect transistors. Appl Phys Lett, 2004, 84: 2154-2156.

[212] Haddon R C. C_{70} thin film transistors. J Am Chem Soc, 1996, 118: 3041-3042.

[213] Woebkenberg P H, Bradley D D C, Kronholm D, et al. High mobility n-channel organic field-effect transistors based on soluble C_{60} and C_{70} fullerene derivatives. Synth Met, 2008, 158: 468-472.

[214] Li C Z, Chueh C C, Yip H L, et al. Evaluation of structure-property relationships of solution-processible fullerene acceptors and their n-channel field-effect transistor performance.

J Mater Chem, 2012, 22: 14976-14981.

[215] Suglyama H, Nagano T, Nouchi R, et al. Transport properties of field-effect transistors with thin films of C_{76} and its electronic structure. Chem Phys Lett, 2007, 449: 160-164.

[216] Kubozono Y, Rikiishi Y, Shibata K, et al. Structure and transport properties of isomer-separated C_{82}. Phys Rev B, 2004, 69: 1124-1133.

[217] Shibata K, Kubozono Y, Kanbara T, et al. Fabrication and characteristics of C_{84} fullerene field-effect transistors. Appl Phys Lett, 2004, 84: 2572-2574.

[218] Nagano T, Sugiyama H, Kuwahara E, et al. Fabrication of field-effect transistor device with higher fullerene, C_{88}. Appl Phys Lett, 2005, 87: 023501.

[219] Yao Y F, Dong H L, Hu W P. Charge transport in organic and polymeric semiconductors for flexible and stretchable devices. Adv Mater, 2016, 28: 4513-4523.

[220] Zhao X G, Wen Y G, Ren L B, et al. An acceptor-acceptor conjugated copolymer based on perylene diimide for high mobility n-channel transistor in air. J Polym Sci Pol Chem, 2012, 50: 4266-4271.

[221] Babel A, Jenekhe S A. Electron transport in thin-film transistors from an n-type conjugated polymer. Adv Mater, 2002, 14: 371-374.

[222] Babel A, Jenekhe S A. High electron mobility in ladder polymer field-effect transistors. J Am Chem Soc, 2003, 125: 13656-13657.

[223] Briseno A L, Kim F S, Babel A, et al. n-Channel polymer thin film transistors with long-term air-stability and durability and their use in complementary inverters. J Mater Chem, 2011, 21: 16461-16466.

[224] Caddeo C, Fazzi D, Caironi M, et al. Atomistic simulations of P(NDI2OD-T2) morphologies: from single chain to condensed phases. Journal of Physical Chemistry B, 2014, 118(43): 12556-12565.

[225] Guo X, Facchetti A, Marks T J. Imide- and amide-functionalized polymer semiconductors. Chem Rev, 2014, 114: 8943-9021.

[226] Zhan X W, Tan Z A, Domercq B, et al. A high-mobility electron-transport polymer with broad absorption and its use in field-effect transistors and all-polymer solar cells. J Am Chem Soc, 2007, 129: 7246-7247.

[227] Zhao X G, Ma L C, Zhang L, et al. An acetylene-containing perylene diimide copolymer for high mobility n-channel transistor in air. Macromolecules, 2013, 46: 2152-2158.

[228] Zhou W Y, Wen Y G, Ma L C, et al. Conjugated polymers of rylene diimide and phenothiazine for n-channel organic field-effect transistors. Macromolecules, 2012, 45: 4115-4121.

[229] Zhang S M, Wen Y G, Zhou W Y, et al. Perylene diimide copolymers with dithienothiophene and dithienopyrrole: Use in n-channel and ambipolar field-effect transistors. J Polym Sci Pol Chem, 2013, 51: 1550-1558.

[230] Hahm S G, Rho Y, Jung J, et al. High-Performance n-channel thin-film field-effect transistors based on a nanowire-forming polymer. Adv Func Mater, 2013, 23: 2060-2071.

[231] Chen Z H, Zheng Y, Yan H, et al. Naphthalenedicarboximide- *vs* perylenedicarboximide-based copolymers. Synthesis and semiconducting properties in bottom-gate n-channel organic

transistors. J Am Chem Soc, 2009, 131: 8-9.

[232] Matsidik R, Komber H, Luzio A, et al. Defect-free naphthalene diimide bithiophene copolymers with controlled molar mass and high performance via direct arylation polycondensation. J Am Chem Soc, 2015, 137: 6705-6711.

[233] Kang M, Yeo J S, Park W T, et al. Favorable molecular orientation enhancement in semiconducting polymer assisted by conjugated organic small molecules. Adv Funct Mater, 2016, 26: 8527-8536.

[234] Baeg K J, Khim D, Kim J, et al. Controlled charge transport by polymer blend dielectrics in top-gate organic field-effect transistors for low-voltage-operating complementary circuits. ACS Appl Mater Interfaces, 2012, 4: 6176-6184.

[235] Kurosawa T, Chiu Y C, Zhou Y, et al. Impact of polystyrene oligomer side chains on naphthalene diimide-bithiophene polymers as n-type semiconductors for organic field-effect transistors. Adv Funct Mater, 2016, 26: 1261-1270.

[236] Gi-Seong R, Chen Z, Hakan U, et al. Naphthalene diimide-based polymeric semiconductors. Effect of chlorine incorporation and n-channel transistors operating in water. MRS Commun, 2016, 6: 47-60.

[237] Huang H, Chen Z, Ortiz R P, et al. Combining electron-neutral building blocks with intramolecular "conformational locks" affords stable, high-mobility p- and n-channel polymer semiconductors. J Am Chem Soc, 2012, 134: 10966-10973.

[238] Chen H J, Liu Z X, Zhao Z Y, et al. Synthesis, structural characterization, and field-effect transistor properties of n-channel semiconducting polymers containing five-membered heterocyclic acceptors: Superiority of thiadiazole compared with oxadiazole. ACS Appl Mater Inter, 2016, 8: 33051-33059.

[239] Luzio A, Fazzi D, Nübling F, et al. Structure-function relationships of high-electron mobility naphthalene diimide copolymers prepared via direct arylation. Chem Mater, 2014, 26: 6233-6240.

[240] Hwang Y J, Murari N M, Jenekhe S A. New n-type polymer semiconductors based on naphthalene diimide and selenophene derivatives for organic field-effect transistors. Polym Chem, 2013, 4: 3187-3195.

[241] Zhao Z Y, Yin Z H, Chen H J, et al. High-performance, air-stable field-effect transistors based on heteroatom-substituted naphthalenediimide-benzothiadiazole copolymers exhibiting ultrahigh electron mobility up to 8.5 cm$^2 \cdot$ V$^{-1} \cdot$ s^{-1}. Adv Mater, 2017, 29: 1602410.

[242] Sung M J, Luzio A, Park W T, et al. High-mobility naphthalene diimide and selenophene-vinylene-selenophene-based conjugated polymer: n-Channel organic field-effect transistors and structure-property relationship. Adv Funct Mater, 2016, 26: 4984-4997.

[243] Vasimalla S, Senanayak S P, Sharma M, et al. Improved performance of solution-processed n-type organic field-effect transistors by regulating the intermolecular interactions and crystalline domains on macroscopic scale. Chem Mater, 2014, 26: 4030-4037.

[244] Caddeo C, Fazzi D, Caironi M, et al. Atomistic simulations of P(NDI2OD-T2) morphologies: From single chain to condensed phases. J Phys Chem B, 2014, 118(43): 12556-12565.

[245] Kang B, Kim R, Lee S B, et al. Side-chain-induced rigid backbone organization of polymer semiconductors through semifluoroalkyl side chains. J Am Chem Soc, 2016, 138: 3679-3686.

[246] Kim R, Kang B, Sin D H, et al. Oligo(ethylene glycol)-incorporated hybrid linear alkyl side chains for n-channel polymer semiconductors and their effect on the thin-film crystalline structure. Chem Commun, 2015, 51: 1524-1527.

[247] Kim Y, Long D X, Lee J, et al. A balanced face-on to edge-on texture ratio in naphthalene diimide-based polymers with hybrid siloxane chains directs highly efficient electron transport. Macromolecules, 2015, 48: 5179-5187.

[248] Hillebrandt S, Adermann T, Alt M, et al. Naphthalene tetracarboxydiimide-based n-type polymers with removable solubility via thermally cleavable side chains. ACS Appl Mater Inter, 2016, 8: 4940-4945.

[249] Zhao Z, Zhang F J, Hu Y B, et al. Naphthalenediimides fused with 2-(1,3-dithioi-2-ylidene) acetonitrile: Strong electron-deficient building blocks for high-performance n-type polymeric semiconductors. ACS Macro Lett, 2014, 3: 1174-1177.

[250] Subramaniyan S, Earmme T, Murari N M, et al. Naphthobisthiazole diimide-based n-type polymer semiconductors: Synthesis, π-stacking, field-effect charge transport, and all-polymer solar cells. Polym Chem, 2014, 5: 5707-5715.

[251] Guo X G, Ortiz R P, Zheng Y, et al. Bithiophene-Imide-based polymeric semiconductors for field-effect transistors: Synthesis, structure-property correlations, charge carrier polarity, and device stability. J Am Chem Soc, 2011, 133: 1405-1418.

[252] Kola S, Kim J H, Ireland R, et al. Pyromellitic diimide-ethynylene-based homopolymer film as an n-channel organic field-effect transistor semiconductor. ACS Macro Lett, 2013, 2: 664-669.

[253] Li H Y, Kim F S, Ren G Q, et al. High-mobility n-type conjugated polymers based on electron-deficient tetraazabenzodifluoranthene diimide for organic electronics. J Am Chem Soc, 2013, 135: 14920-14923.

[254] Xin H S, Ge C W, Jiao X C, et al. Incorporation of 2,6-connected azulene units into the backbone of conjugated polymers: Towards high-performance organic optoelectronic materials. Angew Chem Int Edit, 2018, 57: 1322-1326.

[255] Park J H, Jung E H, Jung J W, et al. A fluorinated phenylene unit as a building block for high-performance n-type semiconducting polymer. Adv Mater, 2013, 25: 2583-2588.

[256] Lee J, Cho S, Seo J H, et al. Swapping field-effect transistor characteristics in polymeric diketopyrrolopyrrole semiconductors: Debut of an electron dominant transporting polymer. J Mater Chem, 2012, 22: 1504-1510.

[257] Yu H, Kim H N, Song I, et al. Effect of alkyl chain spacer on charge transport in n-type dominant polymer semiconductors with a diketopyrrolopyrrole-thiophene-bithiazole acceptor-donor-acceptor unit. J Mater Chem C, 2017, 5: 3616-3622.

[258] Fu B Y, Wang C Y, Rose B D, et al. Molecular engineering of nonhalogenated solution-processable bithiazole-based electron-transport polymeric semiconductors. Chem Mater, 2015, 27: 2928-2937.

[259] Yuan Z B, Fu B Y, Thomas S, et al. Unipolar electron transport polymers: A thiazole based

all-electron acceptor approach. Chem Mater, 2016, 28: 6045-6049.

[260] Kanimozhi C, Yaacobi-Gross N, Chou K W, et al. Diketopyrrolopyrrole-diketopyrrolopyrrole-based conjugated copolymer for high-mobility organic field-effect transistors. J Am Chem Soc, 2012, 134: 16532-16535.

[261] Sun B, Hong W, Aziz H, et al. A pyridine-flanked diketopyrrolopyrrole (DPP)-based donor-acceptor polymer showing high mobility in ambipolar and n-channel organic thin film transistors. Polym Chem, 2015, 6: 938-945.

[262] Ni Z J, Dong H L, Wang H L, et al. Quinoline-flanked diketopyrrolopyrrole copolymers breaking through electron mobility over 6 cm$^2 \cdot$ V$^{-1} \cdot$ s^{-1} in flexible thin film devices. Adv Mater, 2018, 30: 1704843.

[263] Lei T, Dou J H, Cao X Y, et al. Electron-deficient poly (p-phenylene vinylene) provides electron mobility over 1 cm$^2 \cdot$ V$^{-1} \cdot$ s^{-1} under ambient conditions. J Am Chem Soc, 2013, 135: 12168-12171.

[264] Lei T, Dou J H, Cao X Y, et al. A BDOPV-based donor-acceptor polymer for high-performance n-type and oxygen-doped ambipolar field-effect transistors. Adv Mater, 2013, 25: 6589-6593.

[265] Zhang G B, Guo J H, Zhu M, et al. Bis (2-oxoindolin-3-ylidene)-benzodifuran-dione-based D-A polymers for high-performance n-channel transistors. Polym Chem, 2015, 6: 2531-2540.

[266] Dai Y Z, Ai N, Lu Y, et al. Embedding electron-deficient nitrogen atoms in polymer backbone towards high performance n-type polymer field-effect transistors. Chem Sci, 2016, 7: 5753-5757.

[267] Zheng Y Q, Lei T, Dou J H, et al. Strong electron-deficient polymers lead to high electron mobility in air and their morphology-dependent transport behaviors. Adv Mater, 2016, 28: 7213-7219.

[268] Gao Y, Deng Y F, Tian H K, et al. Multifluorination toward high-mobility ambipolar and unipolar n-type donor-acceptor conjugated polymers based on isoindigo. Adv Mater, 2017, 29: 1606217.

[269] Deng Y F, Sun B, He Y H, et al. Thiophene-S,S-dioxidized indophenine: A quinoid-type building block with high electron affinity for constructing n-type polymer semiconductors with narrow band gaps. Angew Chem Int Edit, 2016, 55: 3459-3462.

[270] Deng Y F, Quinn J, Sun B, et al. Thiophene-S,S-dioxidized indophenine (IDTO) based donor-acceptor polymers for n-channel organic thin film transistors. RSC Adv, 2016, 6: 34849-34854.

[271] Takeda Y, Andrew T L, Lobez J M, et al. An air-stable low-bandgap n-type organic polymer semiconductor exhibiting selective solubility in perfluorinated solvents. Angew Chem Int Edit, 2012, 51: 9042-9046.

[272] Donley C L, Zaumseil J, Andreasen J W, et al. Effects of packing structure on the optoelectronic and charge transport properties in poly (9,9-di-n-octylfluorene-alt-benzothiadiazole). J Am Chem Soc, 2005, 127: 12890-12899.

[273] Izuhara D, Swager T M. Poly (pyridinium phenylene) s: Water-soluble n-type polymers. J Am

Chem Soc, 2009, 131: 17724-17725.

[274] Yuan Y, Giri G, Ayzner A L, et al. Ultra-high mobility transparent organic thin film transistors grown by an off-centre spin-coating method. Nat Commun, 2014, 5: 3005.

[275] Luo C, Kyaw A K K, Perez L A, et al. General strategy for self-assembly of highly oriented nanocrystalline semiconducting polymers with high mobility. Nano Lett, 2014, 14: 2764-2771.

第 **4** 章

---

n 型有机半导体在有机太阳电池中的应用

随着社会的发展和人口的增加，能源消耗和环境污染已经成为人类亟待解决的重大问题。在诸如太阳能、水能、风能等环境友好、可再生的能源中，太阳能的应用前景最为广阔，是未来对于人类最安全、最理想的绿色洁净能源。充分利用太阳能是解决这两大问题的最佳方案，利用光伏效应将太阳能转换成电能的太阳电池是当前合理利用太阳能的一种重要形式。目前投入实际应用的太阳电池主要是无机太阳电池，如硅基太阳电池、砷化镓太阳电池等。然而这些无机太阳电池存在成本高、光伏材料制备和纯化过程能耗高、制备过程对环境污染大、加工工艺十分复杂等问题，因此我们需要开发新型太阳电池以解决这些问题。有机太阳电池具有成本低、质量轻、制备工艺简单和可制备大面积柔性器件等优点，具有良好的发展应用前景，也是近年来的研究热点之一[1-7]。

4.1 有机太阳电池简介

4.1.1 有机太阳电池的发展历史与器件结构

1958 年，Kearns 和 Calvin 将酞菁镁(MgPc)夹在两个功函不同的电极之间，制备了第一个有机光伏器件，其开路电压(V_{OC})为 200 mV，最大输出功率为 3×10^{-12} W[8]。这种器件被称为肖特基型有机太阳电池。在这种器件中，光被有机半导体分子吸收，电子从分子的最高占据分子轨道(HOMO)激发到分子的最低未占分子轨道(LUMO)，产生激子(电子–空穴对)，激子在两电极功函差的驱动下分离成电子和空穴，电子和空穴再分别被低功函和高功函电极抽取，从而形成电流。由于有机材料的激子束缚能一般较大(0.1~1 eV)，在这种单纯将有机物夹在两层金属之间的器件结构中，激子的分离效率较低，因而其能量转换效率很低。

1986 年，柯达公司的邓青云(C. W. Tang)博士报道了一种基于双层异质结的有机太阳电池器件，其能量转换效率达 1%[9]，比当时的肖特基电池的效率高 1～2 个数量级[10]，被誉为有机太阳电池发展史上的里程碑。这种太阳电池器件以酞菁铜(CuPc)作为电子给体，以芘的衍生物作为电子受体，给受体界面的引入提高了激子分离的效率，从而提高了器件的能量转换效率。这种双层异质结器件结构的优点是，给体和受体相互分离并分别与阳极和阴极接触，有利于促进载流子的传输和抽取[11]；其缺点是，由于激子的扩散长度有限(5～20 nm)，只有在给受体界面附近产生的激子才有可能扩散到给受体界面进而发生激子分离，因此其能量转换效率仍比较低。

1995 年，Heeger 等提出了体异质结(bulk heterojunction，BHJ)的概念，他们将聚合物给体 MEH-PPV{poly[2-methoxy-5-(2'-ethylhexyloxy-1,4-phenylenevinylene)]}和富勒烯受体 $PC_{61}BM$(phenyl-C_{61}-butyric acid methyl ester)共混作为有机太阳电池的活性层，器件能量转换效率达 2.9%[12]。与双层异质结相比，体异质结中的给受体界面面积显著增大，激子分离效率提高，从而使得电池能量转换效率提高。近年来，随着电子给体和电子受体材料的迅速发展，以及器件加工工艺的进步，有机太阳电池的能量转换效率已经达 17%[13]。

有机太阳电池器件的分类方式有很多种。按器件的层次结构可以分为单结器件和多结器件，其中多结器件的各个子电池之间可以串联连接，也可以并联连接；按器件的几何结构可以分为正向器件和反向器件，其中以阳极为底电极、阴极为顶电极的器件称为正向器件，以阴极为底电极、阳极为顶电极的器件称为反向器件；按活性层的结构可以分为单层器件、双层异质结型器件和体异质结型器件。

有机太阳电池一般采用透明电极/光活性层/金属电极的三明治(夹心)结构，通过导线连接正负极形成一个回路。透明电极可以采用氧化铟锡(ITO)玻璃、氟掺杂的氧化锡(FTO)玻璃或负载导电材料的柔性基底等；金属电极可以使用铝、银、金等金属。在光活性层和电极之间通常还会有调整电极功函的修饰层，以实现活性层与电极之间的欧姆接触。图 4-1 是双层异质结型和体异质结型有机太阳电池的器件结构示意图。

4.1.2 有机太阳电池的工作原理与测试表征

如图 4-2 所示，基于异质结的有机太阳电池的工作原理可以分为以下四个过程：①给体(或受体)吸收一定能量的光子，激发一个电子从 HOMO 能级跃迁到 LUMO 能级，形成激子；②激子扩散到给受体界面；③激子在给受体界面上将电子转移到(或留在)受体的 LUMO 能级，空穴留在(或转移到)给体的 HOMO 能级，从而发生电荷分离；④在电池内部势垒的作用下，电子和空穴分别沿受体和给体形成的通道传输到阴极和阳极，并被相应的电极收集以后产生光伏效应。

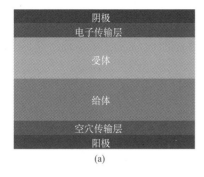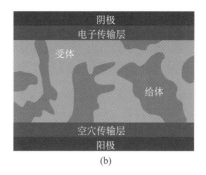

图 4-1　有机太阳电池的器件结构

(a)双层异质结型有机太阳电池；(b)体异质结型有机太阳电池

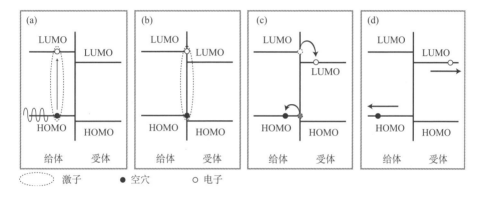

图 4-2　异质结型有机太阳电池的工作原理示意图

(a)吸收光子产生激子；(b)激子扩散；(c)激子分离；(d)电荷传输和收集

太阳电池器件的输出特性曲线一般用电流密度-电压(J-V)曲线(图 4-3)表示。表征太阳电池性能的参数主要有：

(1)开路电压(V_{OC})：在光照条件下，太阳电池正负极开路时的电压，即太阳电池的最大输出电压，其单位为伏特(V)。对于给受体异质结型有机太阳电池，V_{OC} 与受体的 LUMO 能级和给体的 HOMO 能级之差成正比。另外，V_{OC} 也受器件的并联电阻、界面偶极、活性层形貌和电极功函等因素的影响。

(2)短路电流密度(J_{SC})：在光照条件下，太阳电池正负极短路时的电流密度，即太阳电池的最大输出电流密度，其单位为 mA/cm^2。提高 J_{SC} 的关键在于扩展活性层在可见-近红外区的吸收波长范围，促进激子的有效分离，提高载流子的迁移率。

(3)填充因子(FF)：太阳电池最大输出功率 P_{max} 除以开路电压和短路电流密度的乘积。填充因子受器件串联电阻和并联电阻的影响，要增大填充因子就要尽量减小器件的串联电阻，增大器件的并联电阻。

（4）能量转换效率（PCE）：太阳电池的最大输出功率（P_{max}）与入射光的功率（P_{in}）之比：

$$PCE = P_{max} / P_{in} = (V_{OC} \times J_{SC} \times FF) / P_{in}$$

能量转换效率是衡量太阳电池光伏性能最重要的物理量。

（5）外量子效率（EQE）：又称载流子收集效率或入射光子-电流转换效率（incident photon to current conversion efficiency，IPCE），是指在某一给定波长下每一个入射的光子所产生的能够发送到外电路的电子的比例，定义为

$$EQE = (1240 \times J_{SC}) / (\lambda \times P_{in})$$

其中：λ 为入射光的波长；P_{in} 为入射光的功率。提高 EQE 的关键在于改善光的吸收效率、提高激子的扩散效率、增强载流子的传输和收集效率。

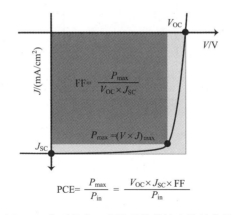

图 4-3　典型的太阳电池器件的输出特性曲线

4.1.3　有机太阳电池中的 n 型有机半导体

有机太阳电池中 n 型有机半导体的研究是与异质结型有机太阳电池的研究同时起步的。1986 年，在邓青云制备的第一个双层异质结型有机太阳电池中，苝的衍生物 *trans*-PTCBI（*trans*-3,4,9,10-perylene tetracarboxylic bisbenzimidazole）作为 n 型有机半导体（电子受体），叠在 p 型有机半导体（电子给体）CuPc 上，构成了一个异质结[9]。1992 年，Sariciftci 等发现在共轭聚合物 MEH-PPV 和 C_{60} 分子之间可以发生超快光诱导电荷转移现象[14]，自此，富勒烯及其衍生物开始作为有机太阳电池受体材料被广泛研究。1995 年，Hummelen 和 Wudl 等首次合成了基于 C_{60}

的苯基富勒烯丁酸甲酯 PC$_{61}$BM[15]，Heeger 等以 MEH-PPV 和 PC$_{61}$BM 共混作为有机太阳电池的活性层，提出了体异质结的概念，器件的能量转换效率达 2.9%[12]，苯基富勒烯丁酸甲酯，特别是 PC$_{61}$BM 和 PC$_{71}$BM，是目前最成功的、已广泛商品化的富勒烯受体体系。

富勒烯及其衍生物是优异的电子受体材料，其优点主要有以下五个方面：①高电子亲和势；②高电子迁移率；③各向同性的电荷传输性质；④可逆的电化学过程；⑤在共混膜中能与给体材料形成合适的相分离。目前，采用不同器件结构和加工工艺的富勒烯有机太阳电池的效率可达：真空蒸镀单结器件为 8.3%(C$_{60}$作为电子受体)[16]，真空蒸镀叠层器件为 11.1%(C$_{60}$ 和 C$_{70}$ 作为电子受体)[17]，溶液加工的单结器件为 12.25%(PC$_{71}$BM 作为电子受体)[18]，溶液加工的叠层器件为 12.70%(PC$_{61}$BM 和 PC$_{71}$BM 作为电子受体)[19]。

虽然富勒烯受体材料在有机太阳电池中应用广泛，但是也存在一些缺点：①可见光区吸收弱，红外区基本没有吸收，使得富勒烯受体对光电流的贡献较小；②不易通过化学修饰调控能级；③提纯复杂；④光照下易二聚，加热时易结晶，活性层形貌稳定性和器件长期稳定性较差；⑤成本高。因此，进一步发展既能保留富勒烯材料的优点，又能克服其缺点的新型受体材料非常必要[5-7]。

前已述及，邓青云制备的第一个双层异质结有机太阳电池就使用非富勒烯电子受体材料 trans-PTCBI。但由于富勒烯材料在有机太阳电池早期研究中表现出突出的优势，非富勒烯受体材料在早期的研究中因能量转换效率太低一直未受到重视。近十年来，非富勒烯受体材料取得了巨大的发展，基于非富勒烯受体的有机太阳电池的能量转换效率已经超过基于富勒烯受体的有机太阳电池。目前，性能最好、最具有发展潜力的非富勒烯受体材料主要集中在以下三个体系：亚酞菁、酰胺/酰亚胺和稠环电子受体。

亚酞菁非富勒烯受体主要用于真空蒸镀有机太阳电池。1972 年，Meller 和 Ossko 首次合成出了亚酞菁[20]。Cnops 等以 α-联六噻吩(α-6T)和两种亚酞菁衍生物制备了一种三层有机太阳电池器件，其能量转换效率达 8.4%，这也是当时真空蒸镀单结器件能量转换效率的最高值[21]。

酰胺和酰亚胺类化合物，如苝二酰亚胺(PDI)、萘二酰亚胺(NDI)等，是非常有潜力的一类非富勒烯受体材料。2007 年，占肖卫等报道了世界上第一种 PDI 的共轭聚合物，并制备了全聚合物太阳电池[22]。之后，各种基于 PDI、NDI 等的酰胺和酰亚胺类聚合物和小分子受体被合成出来[23]，目前，基于酰胺/酰亚胺聚合物受体的器件能量转换效率达 10.1%[24]，基于酰胺/酰亚胺小分子受体的器件能量转换效率达 10.58%[25]。

稠环电子受体(FREA)是占肖卫课题组最近发展起来的一类新型高性能电子受体材料。2015 年，占肖卫等报道了一系列基于引达省并二噻吩(IDT)和引达省并二并噻吩(IDTT)的稠环电子受体材料[26-28],目前,基于这一系列材料的单结有机太阳电池,其能量转换效率可达 14%以上[29]。

有机太阳电池中对给受体材料的要求主要有以下四个方面。

(1)吸收光谱:太阳电池应该最大限度地把太阳能转化为电能,要实现大的光电流和高的效率,首先需要高的太阳光利用率,这就要求光伏材料的吸收光谱应该与太阳的辐射光谱相匹配。为了提高太阳光的利用率,给体材料和受体材料应在可见-近红外区具有强而宽的吸收,并且给受体间的吸收互补。

(2)激子分离:给体和受体电子能级相匹配,对于构建有机太阳电池非常重要。为了保证激子在给受体界面进行有效的电荷分离,需要给体的 LUMO 和 HOMO 能级分别高于受体的 LUMO 和 HOMO 能级,并且由于共轭聚合物中激子存在束缚能,对于富勒烯受体,ΔE_{LUMO} 和 ΔE_{HOMO} 一般要大于 0.3 eV;对于非富勒烯受体,因为其束缚能较小,ΔE_{LUMO} 和 ΔE_{HOMO} 在小于 0.3 eV 时也能进行有效的电荷分离。另外,有机太阳电池的开路电压与受体材料的 LUMO 能级和给体材料的 HOMO 能级之差成正比。因此在保证较窄的带隙和激子有效电荷分离的前提下,适当降低给体的 HOMO 能级或适当提高受体的 LUMO 能级,可以提高有机太阳电池的开路电压,从而提高能量转换效率。

(3)电子传输:在有机太阳电池的光电转换过程中,光伏材料吸收光子产生激子,激子扩散到给受体界面并发生电荷分离产生电子和空穴,这只是第一步。要使光生电荷被电极收集流入外电路,还需要空穴和电子分别沿给受体传输到阳极和阴极,并被电极所收集。光生电子和空穴的传输应该越快越好,否则会在传输过程中发生复合或者被缺陷所俘获。因此,要提高光生电荷的传输效率,给体材料应具有高的空穴迁移率,受体材料应具有高的电子迁移率,并且应该尽量平衡。

(4)聚集和形貌:给体和受体在活性层中的聚集态对有机太阳电池器件性的能有重要影响。给体和受体过度聚集会减小给受体界面面积,不利于激子在给受体界面的有效分离;而给体和受体过度混溶不利于载流子传输通道的形成,影响载流子传输。因此,给体和受体应适度聚集,形成互穿网络结构,这样不但可以实现激子分离和载流子传输二者之间的平衡,还可以增加材料对太阳光的吸收。

综上,对于受体材料的设计,需要拓宽吸收和减小带隙以提高太阳光利用率,同时提高电子迁移率以提高载流子传输效率,从而提高短路电流密度和填充因子。还要在保证电荷有效分离的前提下,适当地提高 LUMO 能级,从而提高开路电压。引入一定数量的侧链,从而提升材料的溶解性和加工性。同时在选用给体材料时,保证吸收光谱能够互补,聚集态行为互补,避免过大或者过小的相分离。

4.2 富勒烯及其衍生物

富勒烯是一系列碳的同素异形体的统称，包括 C_{28}、C_{32}、C_{60}、C_{70}、C_{76}、C_{78}、C_{84}、C_{240}、C_{540} 等多种结构。富勒烯及其衍生物因其高电子亲和势、高电子迁移率和各向同性的电荷传输等优点，被广泛用作有机太阳电池中的受体材料。原始的富勒烯不溶于常见的有机溶剂，因而通常用于真空蒸镀有机太阳电池；经过特定化学修饰得到的可溶于有机溶剂的富勒烯衍生物，则可以用于溶液加工的有机太阳电池。

4.2.1 C_{60} 和 C_{70}

C_{60} (图 4-4) 是 Kroto 等于 1985 年发现的[30]。C_{60} 高度对称的球形结构使其具有在各个方向都能传输电子的优异性质，但也使其低能态的电子跃迁是偶极禁阻的，因而 C_{60} 在可见光区吸收较弱。与 C_{60} 相比，C_{70} (图 4-4) 的对称性较低，其在可见光区的吸收强于 C_{60}。通过有机场效应晶体管 (OFET) 测得的 C_{60} 和 C_{70} 的电子迁移率分别为 $10^{-2} \sim 10^{-1}$ cm²/(V·s) 和 $10^{-3} \sim 10^{-2}$ cm²/(V·s)[31]。

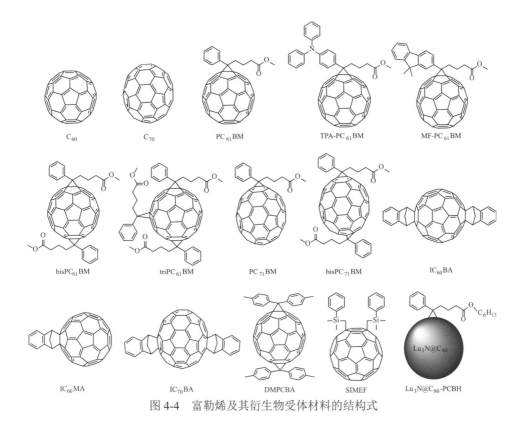

图 4-4 富勒烯及其衍生物受体材料的结构式

　　Leo 等报道了基于酞菁锌(ZnPc，图4-5)和 C_{70} 的有机太阳电池器件的能量转换效率(2.87%)比基于 ZnPc 和 C_{60} 的器件的能量转换效率(2.27%)高 26.4%，这是由于 C_{70} 在可见光区比 C_{60} 具有更强的吸收，因而对光电流的贡献更大[32]。基于 ZnPc∶C_{60}

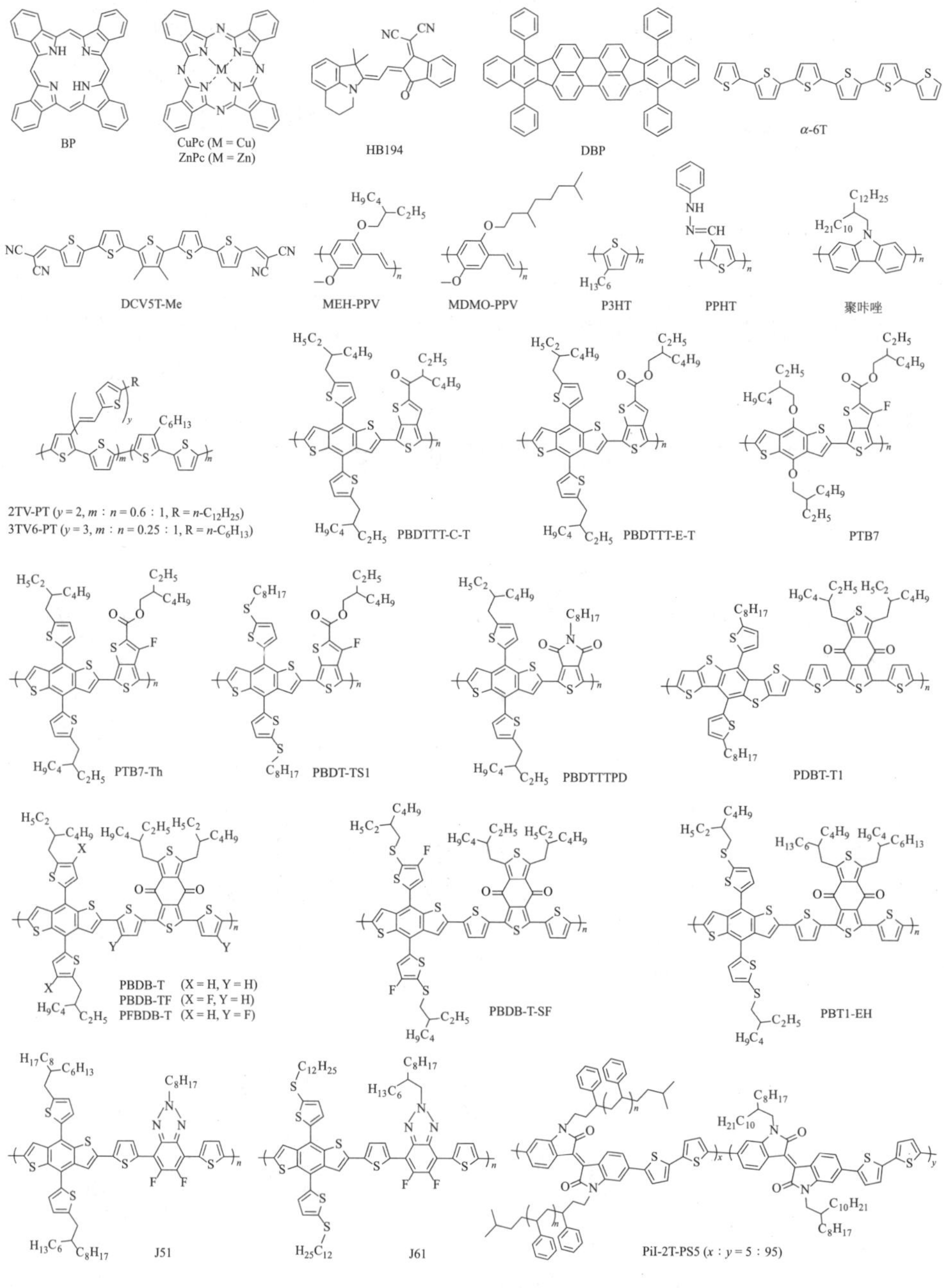

BP

CuPc (M = Cu)
ZnPc (M = Zn)

HB194

DBP

α-6T

DCV5T-Me　　MEH-PPV　　MDMO-PPV　　P3HT　　PPHT　　聚咔唑

2TV-PT ($y = 2$, $m : n = 0.6 : 1$, R = n-$C_{12}H_{25}$)
3TV6-PT ($y = 3$, $m : n = 0.25 : 1$, R = n-C_6H_{13})

PBDTTT-C-T　　PBDTTT-E-T　　PTB7

PTB7-Th　　PBDT-TS1　　PBDTTTPD　　PDBT-T1

PBDB-T　　(X = H, Y = H)
PBDB-TF　　(X = F, Y = H)
PFBDB-T　　(X = H, Y = F)

PBDB-T-SF　　PBT1-EH

J51　　J61　　PiI-2T-PS5 ($x : y = 5 : 95$)

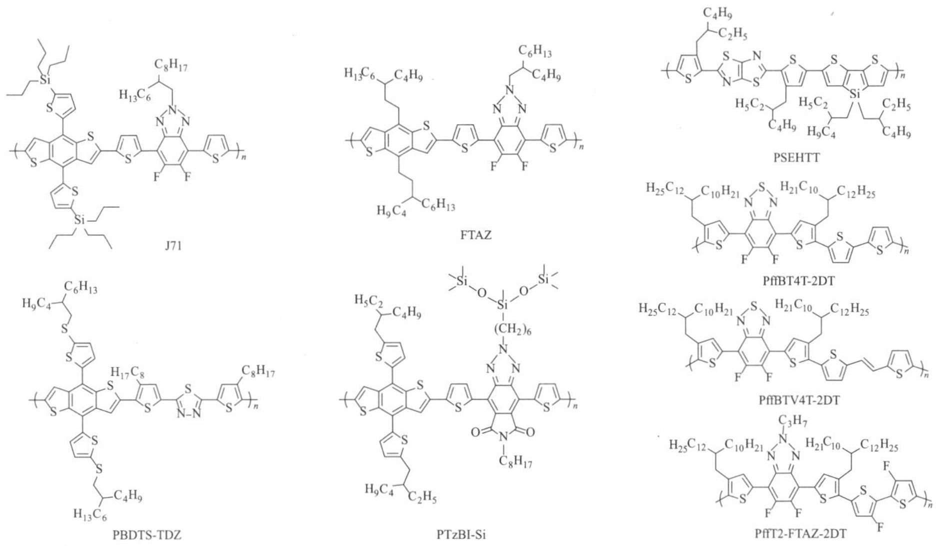

图 4-5 本章所涉及的给体材料的结构式

和 ZnPc：C_{70} 的器件的 J_{SC} 分别为 7.52 mA/cm^2 和 9.88 mA/cm^2。Würthner 等以一种部花青类染料 HB194（图 4-5）作为给体，以 C_{60} 或 C_{70} 作为受体，制备了有机太阳电池器件[33]。基于 C_{60} 的器件的 V_{OC} 为 0.77 V，J_{SC} 为 12.1 mA/cm^2，FF 为 0.45，能量转换效率为 4.5%；而基于 C_{70} 的器件的 V_{OC} 为 0.50 V，J_{SC} 为 6.8 mA/cm^2，FF 为 0.33，能量转换效率为 1.4%，这是由于 C_{70} 的电子迁移率比 C_{60} 低。

Forrest 等以四苯基二苯并二茚并芘（DBP，图 4-5）为给体，以 C_{70} 为受体制备了平面共混异质结有机太阳电池，其能量转换效率达 6.4%，在活性层上增加一缓冲层可以将能量转换效率提高至 8.1%[34]。Leo 等以二氰基乙烯基取代的联五噻吩 DCV5T-Me（图 4-5）为给体，以 C_{60} 为受体制备体异质结型有机太阳电池，通过精细优化有机材料蒸镀速率和基板温度，实现了活性层形貌和光场分布的最优状态，能量转换效率达 8.3%[16]。

4.2.2 芳基富勒烯丁酸甲酯

1. PC$_{61}$BM、PC$_{71}$BM 和 PC$_{85}$BM

PC$_{61}$BM（图 4-4）是 Hummelen 和 Wudl 等于 1995 年首次合成的[15]，随后 Heeger 等用 MEH-PPV（图 4-5）和 PC$_{61}$BM 共混制备了体异质结型有机太阳电池[12]。由于 PC$_{61}$BM 具有较高的对称性，其在可见光区吸收较弱。为了增强其在可见光区的吸收，Hummelen 等于 2003 年合成了 PC$_{71}$BM（图 4-4）[35]。与 PC$_{61}$BM 相比，PC$_{71}$BM

在 400～700 nm 范围内具有更强的吸收，因而对光电流有更大的贡献，基于 $PC_{71}BM$ 的器件的能量转换效率通常比基于 $PC_{61}BM$ 的器件的能量转换效率高 10%[36]。$PC_{61}BM$ 和 $PC_{71}BM$ 的能级相近：它们的 HOMO 能级分别为−5.93 eV 和 −5.87 eV，LUMO 能级均为−3.91 eV[37]。目前，大部分能量转换效率超过 10% 的富勒烯太阳电池器件都以 $PC_{61}BM$ 或 $PC_{71}BM$ 作为电子受体。

除 $PC_{61}BM$ 和 $PC_{71}BM$ 以外，还有一些基于其他富勒烯的 PCBM 类似物。Hummelen 等合成了基于 C_{84} 的 $PC_{85}BM$[38]。$PC_{85}BM$ 表现出比 $PC_{61}BM$ 和 $PC_{71}BM$ 更强和更红移的吸收，其吸收拓展至近红外区(>800 nm)。$PC_{85}BM$ 的 LUMO 能级比 $PC_{61}BM$ 低 0.35 eV。基于 MDMO-PPV｛poly[2-methoxy-5-(3,7- dimethyloctyloxy)-1, 4-phenylenevinylene]｝(图 4-5)给体和 $PC_{85}BM$ 受体的有机太阳电池的能量转换效率只有 0.25%。这是由于 $PC_{85}BM$ 的 LUMO 能级很低，使得器件 V_{OC} 很低；并且由于 C_{84} 体积较大，$PC_{85}BM$ 的溶解性降低，导致活性层的形貌较差，极大地影响了器件性能。

2. $PC_{61}BM$ 和 $PC_{71}BM$ 多加成产物

$PC_{61}BM$(或 $PC_{71}BM$)的合成过程中得到的粗产物实际上是 $PC_{61}BM$(或 $PC_{71}BM$)及其多加成产物，如双加成 $PC_{61}BM$(bis$PC_{61}BM$，图 4-4)、三加成 $PC_{61}BM$(tri$PC_{61}BM$，图 4-4)、四加成 $PC_{61}BM$ 及更高级的加成产物。这些多加成产物同样可以被分离提纯出来作为有机太阳电池受体材料。

2008 年，Blom 等将 bis$PC_{61}BM$ 作为受体材料引入有机太阳电池，并研究了其光伏性质[39]。bis$PC_{61}BM$ 的 LUMO 能级比 $PC_{61}BM$ 高 0.1 eV，有利于提高器件的 V_{OC}[40]。基于聚(3-己基噻吩)(P3HT，图 4-5)和 bis$PC_{61}BM$ 的有机太阳电池的能量转换效率为 4.5%，V_{OC} 为 0.724 V，均高于基于 P3HT：$PC_{61}BM$ 的器件(PCE = 3.8%，V_{OC} = 0.58 V)。Blom 等进一步研究了 tri$PC_{61}BM$ 和双加成 $PC_{71}BM$ (bis$PC_{71}BM$)的光伏性质[41]。基于 P3HT：tri$PC_{61}BM$ 的有机太阳电池的 V_{OC} 为 0.81 V，J_{SC} 为 0.99 mA/cm^2，FF 为 0.37，能量转换效率为 0.21%；基于 P3HT：bis$PC_{71}BM$ 的有机太阳电池的 V_{OC} 为 0.75 V，J_{SC} 为 7.03 mA/cm^2，FF 为 0.62，能量转换效率为 2.3%。tri$PC_{61}BM$ 具有更高的 LUMO 能级，因此其 V_{OC} 有所提高；然而三加成产物由于具有多种同分异构体，增加了其相的混乱度，使得电子迁移率、J_{SC} 和 FF 均较低。

3. 其他芳基富勒烯丁酸甲酯

将 PCBM 中的苯基换为其他芳香基可以调控其能级以及聚集态。Jen 等将 $PC_{61}BM$ 中的苯基换为三苯胺(TPA)和 9,9-二甲基芴(MF)，合成了无定形态的富勒烯受体 TPA-$PC_{61}BM$(图 4-4)和 MF-$PC_{61}BM$(图 4-4)[42]。由于三苯胺和 9,9-二甲基芴的给电子性质，TPA-$PC_{61}BM$ 和 MF-$PC_{61}BM$ 的 LUMO 能级比 $PC_{61}BM$ 更高，可以提高器件的开路电压。基于 P3HT：TPA-$PC_{61}BM$ 和 P3HT：MF-$PC_{61}BM$ 的

器件能量转换效率分别为 4.0% 和 3.8%，与基于 P3HT：PC$_{61}$BM 的器件能量转换效率 (4.2%) 相当。此外，基于 P3HT：TPA-PC$_{61}$BM 和 P3HT：MF-PC$_{61}$BM 的器件在 150℃加热 10 h 后，器件性能无明显衰减，表现出了优异的热稳定性。这是由于空间位阻较大的三苯胺和 9,9-二甲基芴单元限制了受体的结晶，从而抑制了给体和受体在加热时由于结晶而产生的大尺度的相分离，提高了器件的稳定性。

4.2.3　茚加成富勒烯

限制基于 P3HT：富勒烯衍生物的有机太阳电池效率的主要因素是其较低的开路电压。为了提高器件的开路电压，李永舫课题组开发了一系列茚加成富勒烯电子受体，如单茚加成 C$_{60}$（IC$_{60}$MA，图 4-4）、双茚加成 C$_{60}$（IC$_{60}$BA，图 4-4）[43]、单茚加成 C$_{70}$（IC$_{70}$MA，图 4-4）、双茚加成 C$_{70}$（IC$_{70}$BA，图 4-4）等[44]，这些是目前基于 P3HT 给体性能最好的受体材料。

IC$_{60}$MA 和 IC$_{70}$MA 是在合成 IC$_{60}$BA 和 IC$_{70}$BA 过程中的副产物，其中 IC$_{60}$MA 可用作受体材料，而 IC$_{70}$MA 由于溶解性较差，无法用于溶液加工的有机太阳电池。IC$_{60}$MA、IC$_{70}$MA、IC$_{60}$BA 和 IC$_{70}$BA 的 LUMO 能级分别为 -3.86 eV、-3.74 eV、-3.85 eV 和 -3.72 eV，比 PC$_{61}$BM 和 PC$_{71}$BM 的 LUMO 能级（-3.91 eV）高。基于 P3HT：IC$_{60}$BA 的器件的 V_{OC}（0.84 V）比基于 P3HT：PC$_{61}$BM 的器件的 V_{OC}（0.58 V）高 45%，而它们的 J_{SC} 和 FF 相近，因而能量转换效率从 3.88% 提高到 5.44%[43]。唐建新等通过纳米压印光刻技术，将 P3HT：IC$_{60}$BA 活性层仿生为蛾眼准周期梯度纳米结构，提高了对光的利用率和 J_{SC}，器件 V_{OC} 为 0.83 V，J_{SC} 为 15.16 mA/cm^2，FF 为 0.62，能量转换效率提高至 7.86%[45]。与 P3HT：IC$_{60}$BA 类似，基于 P3HT：IC$_{70}$BA 的器件能量转换效率（5.64%）也比基于 P3HT：PC$_{71}$BM 的器件能量转换效率（3.96%）高[44]；溶剂添加剂和前退火处理可以将基于 P3HT：IC$_{70}$BA 的器件的能量转换效率提高至 7.40%[46]。

4.2.4　其他富勒烯衍生物

许千树等合成了二甲苯甲酮双加成 C$_{60}$（DMPCBA，图 4-4）[47]，其 LUMO 能级为 -3.85 eV，高于 PC$_{61}$BM。基于 P3HT：DMPCBA 的有机太阳电池的 V_{OC} 为 0.87 V，能量转换效率为 5.2%。在 DMPCBA 中，苯环平面与富勒烯表面平行，抑制了 C$_{60}$ 之间的强烈聚集。与 TPA-PC$_{61}$BM 和 MF-PC$_{61}$BM 类似，基于 P3HT：DMPCBA 的器件同样表现出良好的热稳定性，160℃加热 20 h 仍能保持原始能量转换效率的 80%。

Nakamura 等合成了一种含硅的 C$_{60}$ 衍生物二甲基苯基硅基甲基双加成 C$_{60}$（SIMEF，图 4-4）[48]。SIMEF 的 LUMO 能级比 PC$_{61}$BM 高 0.1 eV。他们通过溶液加工的方法制备了一类具有 p-i-n 结构的三层器件，其中 p 层为四苯基卟啉（BP，

图 4-5），i 层为具有叉指结构的 BP 和 SIMEF 的体异质结，n 层为 SIMEF，其能量转换效率为 5.2%，高于以相同方法制备的 BP：$PC_{61}BM$ 器件的能量转换效率（2.0%）。

金属内嵌富勒烯也是一类具有较高性能的富勒烯材料。理论[49]和实验[50]都证明，金属内嵌富勒烯比一般的富勒烯具有更高的 LUMO 能级。Drees 等合成了一系列结构类似于 PCBM 的金属内嵌富勒烯。$Lu_3N@C_{80}$-PCBH（图 4-4）的 LUMO 能级比 $PC_{61}BM$ 高 0.28 eV，基于 P3HT：$Lu_3N@C_{80}$-PCBH 的器件的 V_{OC} 为 0.81 V，J_{SC} 为 8.64 mA/cm^2，FF 为 0.61，能量转换效率为 4.2%；而 P3HT：$PC_{61}BM$ 对比器件的 V_{OC} 为 0.63 V，J_{SC} 为 8.9 mA/cm^2，FF 为 0.61，能量转换效率为 3.4%[51]。

基于富勒烯受体的真空蒸镀有机太阳电池的器件数据列于表 4-1，溶液加工有机太阳电池的器件数据列于表 4-2。

表 4-1　基于富勒烯受体的真空蒸镀有机太阳电池器件数据

给体：受体	V_{OC}/V	J_{SC}/(mA /cm²)	FF	PCE/%	参考文献
ZnPc：C_{60}	0.56	7.52	0.543	2.27	[32]
ZnPc：C_{70}	0.56	9.88	0.522	2.87	[32]
HB194：C_{60}	0.77	12.1	0.45	4.5	[33]
HB194：C_{70}	0.50	6.8	0.33	1.4	[33]
DBP：C_{70}ª	0.91	13.8	0.55	6.4	[34]
DBP：C_{70}ᵇ	0.93	13.2	0.66	8.1	[34]
DCV5T-Me：C_{60}	0.96	13.20	0.658	8.3	[16]

a. 无缓冲层；b. 有缓冲层。

表 4-2　基于富勒烯受体的溶液加工有机太阳电池器件数据

给体：受体	V_{OC}/V	J_{SC}/(mA/cm²)	FF	PCE/%	参考文献
P3HT：$PC_{61}BM$	0.64	10.6	0.55	3.7	[36]
P3HT：$PC_{71}BM$	0.61	12.2	0.55	4.5	[36]
MDMO-PPV：$PC_{85}BM$	0.34	2.11	0.44	0.25	[38]
P3HT：$PC_{61}BM$	0.58	—	—	3.8	[39]
P3HT：$bisPC_{61}BM$	0.724	9.14	0.68	4.5	[39]
P3HT：$PC_{61}BM$	0.61	8.94	0.60	2.4	[41]
P3HT：$bisPC_{61}BM$	0.73	7.30	0.63	2.4	[41]
P3HT：$triPC_{61}BM$	0.81	0.99	0.37	0.21	[41]
P3HT：$bisPC_{71}BM$	0.75	7.03	0.62	2.3	[41]
P3HT：$PC_{61}BM$	0.63	10.4	0.64	4.2	[42]

续表

给体/受体	V_{OC}/V	J_{SC}/(mA/cm^2)	FF	PCE/%	参考文献
P3HT：TPA-PC$_{61}$BM	0.65	9.9	0.62	4.0	[42]
P3HT：MF-PC$_{61}$BM	0.65	9.8	0.59	3.8	[42]
P3HT：PC$_{61}$BM	0.58	10.8	0.62	3.88	[43]
P3HT：IC$_{60}$MA	0.63	9.66	0.64	3.89	[43]
P3HT：IC$_{60}$BA	0.84	9.67	0.67	5.44	[43]
	0.83	15.16	0.62	7.86	[45]
P3HT：PC$_{71}$BM	0.58	10.04	0.68	3.96	[44]
P3HT：IC$_{70}$BA	0.84	9.73	0.69	5.64	[44]
	0.87	11.35	0.75	7.40	[46]
P3HT：DMPCBA	0.87	9.05	0.655	5.2	[47]
BP：SIMEF	0.75	10.5	0.65	5.2	[48]
P3HT：Lu$_3$N@C$_{80}$-PCBH	0.81	8.64	0.61	4.2	[51]

4.3　新型非富勒烯受体

4.3.1　亚酞菁及其衍生物

亚酞菁是由 Meller 和 Ossko 在 1972 年首次合成出来的[20]，具有优异的热稳定性和化学稳定性，光学吸收性质与金属酞菁配合物相当，易于通过化学修饰调控光学和电学性质，被广泛用作真空蒸镀有机太阳电池的给体和受体材料[52]。

2011 年，Jones 等报道了一种基于 **a1**(图 4-6)给体和 **a2**(图 4-6)受体的双层异质结有机太阳电池，其中 **a2** 是用六个氯原子取代 **a1** 中的六个氢原子得到的[53]。**a2** 的 LUMO 能级和 HOMO 能级分别为–3.7 eV 和–5.8 eV，均比 **a1** 低 0.3 eV。器件的 V_{OC} 为 1.31 V，J_{SC} 为 3.53 mA/cm^2，FF 为 0.58，能量转换效率为 2.68%。

Verreet 等报道了一种氟取代的亚酞菁二聚体 **a3**(图 4-6，1：1 顺式/反式混合物)，其吸收光谱与 **a1** 互补[54]。**a3** 的 LUMO 能级和 HOMO 能级分别为–3.95 eV 和–5.7 eV。在 **a1/a3** 活性层上叠加 C$_{60}$ 电子传输层，器件 V_{OC} 为 0.95 V，J_{SC} 为 7.8 mA/cm^2，FF 为 0.54，能量转换效率为 4.0%。

2014 年，Cnops 等首次报道了在 α-联六噻吩(α-6T，图 4-5)作为给体材料的情况下，**a1** 和 **a4**(图 4-6)也可以作为受体材料[21]。相比于 α-6T/C$_{60}$ 器件(V_{OC} 为 0.42 V，J_{SC} 为 4.56 mA/cm^2，FF 为 0.546，能量转换效率为 1.03%)，基于 α-6T/**a1** 和 α-6T/**a4** 的双层器件的 V_{OC} 和 J_{SC} 都有显著提高，因而它们的能量转换效率分别

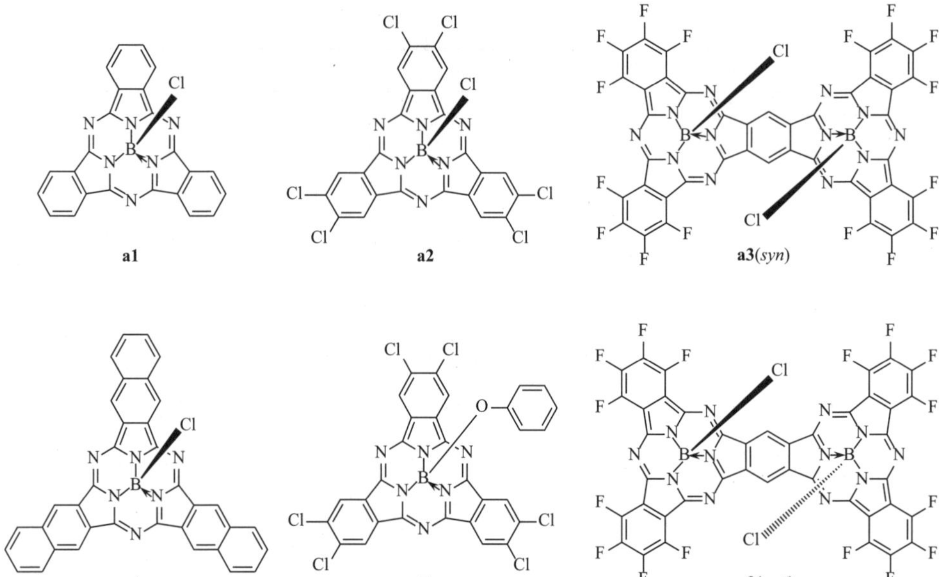

图 4-6　亚酞菁及其衍生物受体材料 **a1**~**a5** 的结构式

提高到了 4.69%和 6.02%。由于 **a1** 和 **a4** 的吸收重叠小，简单地把 α-6T、**a1**、**a4** 三个材料堆叠起来制成一个三层器件，活性层的吸收就可以涵盖整个可见光区。这个三层器件的 V_{OC} 为 0.96 V，J_{SC} 为 14.55 mA/cm^2，FF 为 0.610，能量转换效率为 8.40%，这也是当时真空蒸镀单结有机太阳电池能量转换效率的最高值。

在大多数情况下，亚酞菁被用于真空蒸镀有机太阳电池，但溶解性较好的亚酞菁材料也可以用于溶液加工的有机太阳电池。Samuel 等用苯氧基取代了 **a2** 中硼原子上的氯原子，合成了一种可溶液加工的亚酞菁受体 **a5**（图 4-6）[55]。将 **a5** 与聚合物给体 PTB7（图 4-5）共混制备的体异质结有机太阳电池的能量转换效率为 3.51%。目前，可溶液加工的亚酞菁受体材料比较少。

基于亚酞菁受体 **a1**~**a5** 的有机太阳电池器件数据列于表 4-3。

表 4-3　基于亚酞菁受体 **a1**~**a5** 的有机太阳电池器件数据

给体/受体	V_{OC}/V	J_{SC}/(mA/cm^2)	FF	PCE/%	参考文献
a1/a2	1.31	3.53	0.58	2.68	[53]
a1/a3	0.95	7.8	0.54	4.0	[54]
α-6T/**a1**	1.09	7.46	0.579	4.69	[21]

给体/受体	V_{OC}/V	J_{SC}/(mA/cm^2)	FF	PCE/%	参考文献
α-6T/**a4**	0.94	12.04	0.539	6.02	[21]
α-6T/**a4**/**a1**	0.96	14.55	0.610	8.40	[21]
PTB7：**a5**	0.935	7.8	0.48	3.51	[55]

4.3.2　酰胺和酰亚胺

酰胺和酰亚胺类材料具有可见光区吸收强、易于通过化学修饰调控能级、电子亲和势和电子迁移率高、热稳定性和光稳定性优良等优点，是非常有潜力的非富勒烯受体材料[56,57]。最近，酰胺和酰亚胺类非富勒烯受体材料取得了很大进展。

1. 苝二酰亚胺

1) 聚合物受体

2007 年，占肖卫等合成了一种 PDI 和三并噻吩 (DTT) 的交替共聚物 PPDIDTT (**b1**，图 4-7)，这也是第一种酰亚胺类的聚合物受体[22]。**b1** 的 LUMO 能级和 HOMO 能级分别为–3.9 eV 和–5.9 eV。由于强的分子内电荷转移和给受体单元的交替排列，**b1** 在薄膜中显示出强的可见光区和近红外区吸收，其光学带隙 (E_{opt}) 为 1.7 eV。通过 OFET 测得的 **b1** 的电子迁移率为 0.013 cm^2/(V·s)。将 **b1**

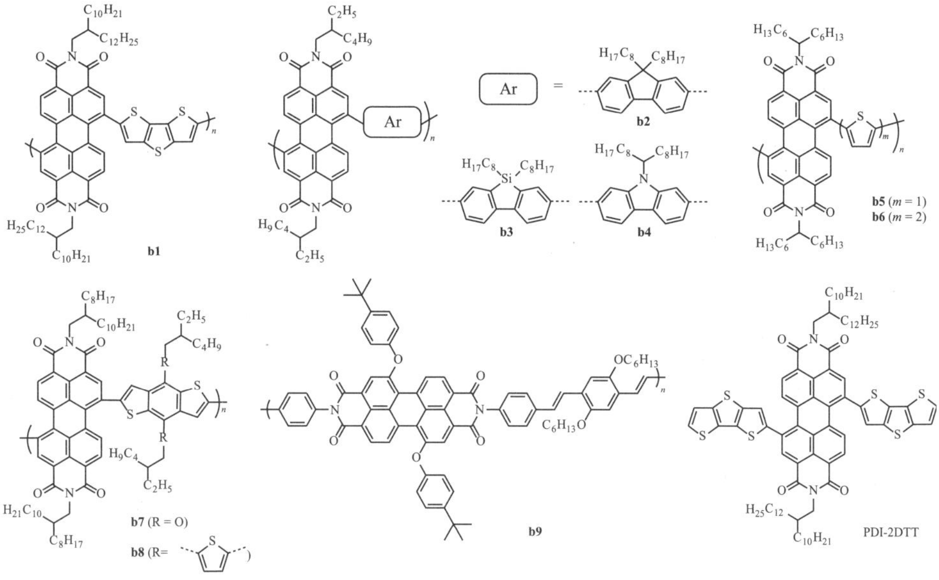

图 4-7　PDI 聚合物受体 **b1**～**b9** 和 PDI-2DTT 的结构式

与聚合物给体二(噻吩乙烯基)取代的聚噻吩 2TV-PT (图 4-5)共混，共混膜在 250～850 nm 显示出宽且强的吸收，基于 2TV-PT：**b1** 的全聚合物太阳电池的 V_{OC} 为 0.63 V，J_{SC} 为 4.2 mA/cm^2，FF 为 0.39，能量转换效率为 1.03%。

帅志刚等采用蒙特卡洛方法模拟了基于 **b1** 的全聚合物太阳电池，他们指出通过优化给受体的相分离和电荷传输，器件的能量转换效率可以达到 5%[58]。2014 年，占肖卫等将 **b1** 和一个窄带隙聚合物给体 PBDTTT-C-T 共混，制备的全聚合物太阳电池的能量转换效率为 1.18%；他们加入双添加剂 1,8-二碘辛烷和小分子 PDI-2DTT(图 4-7)优化共混膜的形貌，使得给受体之间形成了合适的相分离结构，促进和平衡了载流子传输，将器件能量转换效率提升至 3.45%，这也是当时全聚合物太阳电池能量转换效率的最高值[59]。2015 年，占肖卫等进一步通过浓溶液稀释法将基于 PBDTTT-C-T：**b1**：PDI-2DTT 的全聚合物太阳电池的能量转换效率提高到 4.63%[60]。在浓溶液中，聚合物链段之间互相接触和缠结，这种聚集状态有利于相分离和电荷传输。浓溶液稀释法是一种在溶剂挥发过程中保持聚合物聚集状态的有效方法。通过这种方法加工的活性层确实表现出了预期的形貌，器件的 J_{SC} 和 FF 都有所提高，最终器件能量转换效率提高了 34%。

除了三并噻吩单元外，如芴、二苯并噻咯和咔唑等单元，也可以作为共聚单元和 PDI 聚合生成交替共聚物。Hashimoto 等合成了一系列基于 PDI 和芴(**b2**，图 4-7)、二苯并噻咯(**b3**，图 4-7)和咔唑(**b4**，图 4-7)的聚合物受体[61]。与 **b1** 相比，**b2**～**b4** 的最大吸收波长蓝移，带隙增大(2.17～2.30 eV)，LUMO 能级升高(-3.71～-3.61 eV)，HOMO 能级降低(-6.01～-5.83 eV，**b1** 的 HOMO 能级为 -5.80 eV)，这是由于芴、二苯并噻咯和咔唑的给电子能力比三并噻吩弱。**b2**～**b4** 与聚合物给体三(噻吩乙烯基)取代的聚噻吩 3TV6-PT(图 4-5)共混制备的全聚合物太阳电池，其能量转换效率分别为 0.58%、0.81%和 2.23%。

PDI 和低聚噻吩的共聚物也可以用作有机太阳电池的受体材料。鲍哲南等合成了一种 PDI 和噻吩的共聚物受体 **b5**(图 4-7)，与一种聚苯乙烯修饰侧链的异靛蓝-联二噻吩共聚物给体 PiI-2T-PS5(图 4-5)共混，制备的全聚合物太阳电池的能量转换效率为 4.21%[62]。裴坚等研究了 PDI 和联二噻吩共聚物(**b6**，图 4-7)的区域规整性对器件性能的影响[63]。通常，溴化 PDI 得到的二溴代产物是 1,6-二溴 PDI 和 1,7-二溴 PDI 的混合物，这两个同分异构体的分离较困难，因此大部分的 PDI 共聚物直接用这两者的混合物作为单体，这在一定程度上影响了材料的性能。裴坚等分离提纯得到了 1,7-二溴 PDI，并以此作为单体合成了区域规整的 PDI-联二噻吩共聚物 **r-b6**。**r-b6** 和无区域规整性的聚合物 **i-b6** 的吸收光谱与能级(LUMO/HOMO：-3.8 eV/-5.5 eV)基本相同，但 **r-b6** 的电子迁移率[5×10^{-4} cm^2/(V·s)]比 **i-b6** 的电子迁移率[3×10^{-4} cm^2/(V·s)]稍高。基于 P3HT：**r-b6** 的器件的能量转换效率为 2.17%，比基于 P3HT：**i-b6** 的器件的能量转换效率

(1.55%)高。

李永舫等合成了两种基于 PDI 和苯并二噻吩(BDT)的交替共聚物 **b7** 和 **b8**（图 4-7）[64]。在 **b7** 中，BDT 单元上的侧链为烷氧链，因而 **b7** 是一维共轭的；而在 **b8** 中，BDT 单元上的侧链为噻吩烷基链，因而 **b8** 是二维共轭聚合物。二维共轭的 **b8** 的最大吸收波长比 **b7** 红移了 7 nm，并且电子迁移率更高。以聚合物 PTB7-Th(图 4-5)作为给体，**b7** 和 **b8** 作为受体的全聚合物太阳电池的能量转换效率分别为 2.75%、4.71%。

大多数的 PDI 聚合物都是通过 bay 位(湾位)进行聚合的，而 PDI 还可以通过亚胺的氮原子进行聚合。Mikroyannidis 等合成了一种 PDI 和苯乙烯的交替共聚物 **b9**(图 4-7)[65]。将 **b9** 与 PPHT(图 4-5)共混，在 30 mW/cm^2 的光照强度下，器件能量转换效率为 2.32%。

基于 PDI 聚合物受体的有机太阳电池器件数据列于表 4-4。

表 4-4　PDI 聚合物受体 **b1**～**b9** 的光电性质和有机太阳电池器件数据

受体	λ_{max}^a /nm	E_{opt} /eV	(E_{HOMO}/E_{LUMO}) /eV	μ_e^b/[×10⁻⁴ cm²/(V·s)]	给体	V_{OC} /V	J_{SC} /(mA/cm²)	FF	PCE /%	参考文献
b1	630	1.7	−5.9/−3.9	130 (o)	2TV-PT	0.63	4.2	0.39	1.03	[22]
					PBDTTT-C-T	0.752	8.55	0.515	3.45	[59]
					PBDTTT-C-T^c	0.765	9.77	0.609	4.63	[60]
b2	570	1.77	−5.93/−3.61	3.7 (o)	3TV6-PT	0.76	1.77	0.43	0.58	[61]
b3	550	1.82	−6.01/−3.71	8.8 (o)	3TV6-PT	0.72	2.80	0.40	0.81	[61]
b4	564	1.77	−5.83/−3.66	1.7 (o)	3TV6-PT	0.70	6.35	0.50	2.23	[61]
b5	563	1.80	−5.72/−3.80	0.2 (s, n)	PiI-2T-PS5	1.04	8.77	0.46	4.21	[62]
r-b6	594	1.68	−5.5/−3.8	5 (s, n)	P3HT	0.52	7.65	0.55	2.17	[63]
i-b6	594	1.68	−5.5/−3.8	3 (s, n)	P3HT	0.49	6.25	0.51	1.55	[63]
b7	649	1.66	−5.47/−3.88	16.6 (s, n)	PTB7-Th	0.72	10.14	0.376	2.75	[64]
b8	656	1.64	−5.70/−3.89	31.1 (s, n)	PTB7-Th	0.80	11.51	0.511	4.71	[64]
b9	504	1.66	−5.75/−3.95	85 (s, n)	PPHT	0.60	2.98^d	0.39	2.32	[65]

注：上角标 a 表示在薄膜中的最大吸收波长，b 表示电子迁移率，c 表示浓溶液稀释法，d 表示光照强度 30 mW/cm²。括号中的 o 表示用 OFET 测得的迁移率，s 表示用 SCLC 法测得的迁移率，n 表示单组分薄膜。

2) 小分子受体

PDI 小分子受体是最早用于有机太阳电池的受体材料。1986 年，邓青云用酞菁铜(CuPc，图 4-5)作为给体，小分子 PDI 衍生物 *trans*-PTCBI(图 4-8)作为受体，蒸镀制备了有机太阳电池器件[9]。Peumans 等以 CuPc 作为给体，以 *trans*-PTCBI 或 *cis*-PTCBI(图 4-8)作为受体，研究了受体分子的构型对器件性能的影响[66]。

trans-PTCBI 比 *cis*-PTCBI 堆积更有序，激子扩散长度更长，因而能量转换效率更高。基于 CuPc：*trans*-PTCBI 和 CuPc：*cis*-PTCBI 的器件能量转换效率分别为 1.1%和 0.93%。

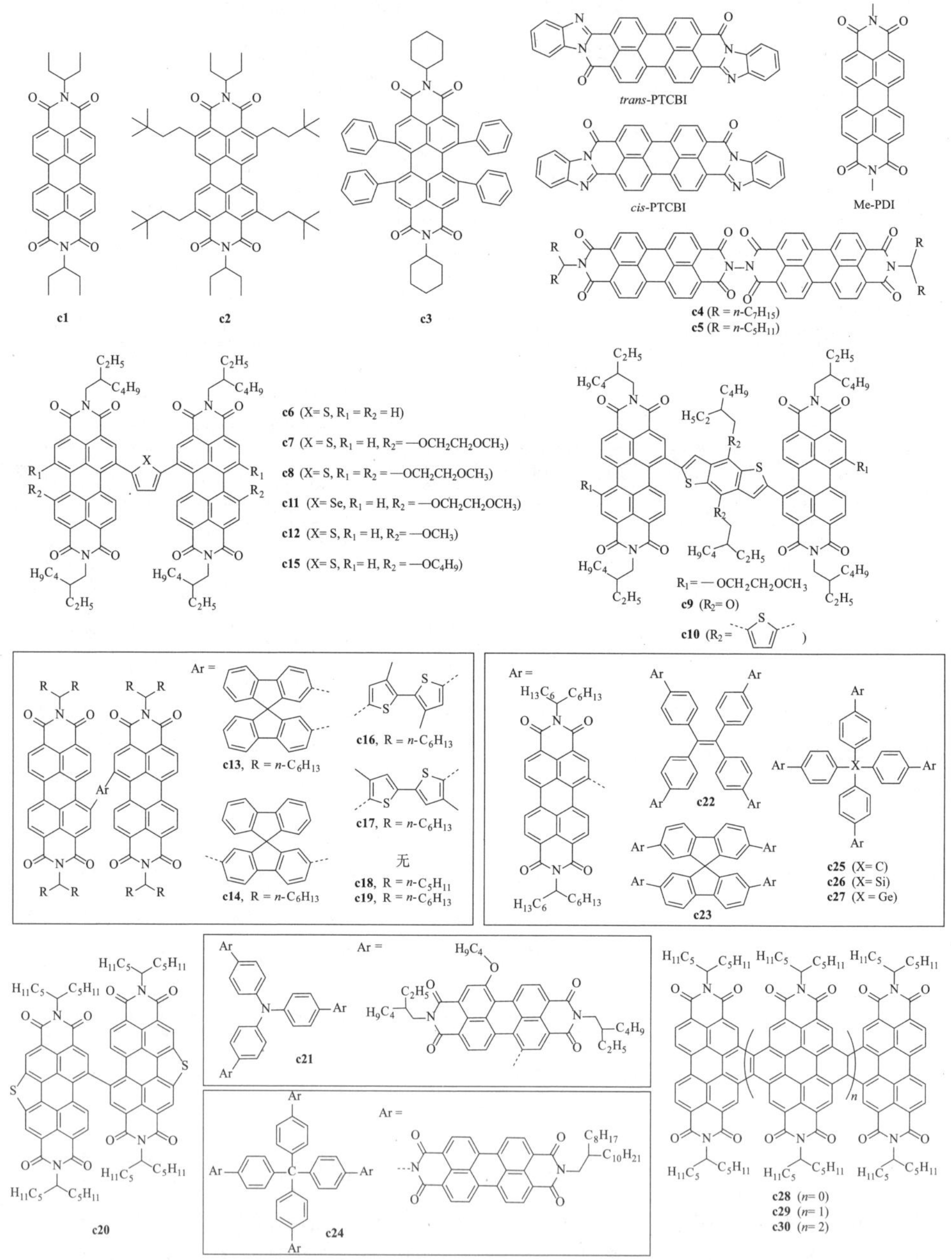

图 4-8　PDI 小分子受体 **c1**～**c30** 以及 *trans*-PTCBI、*cis*-PTCBI 和 Me-PDI 的结构式

　　通过在 PDI 上引入烷基链等基团，使分子能够溶于有机溶剂，从而用于溶液加工的有机太阳电池。N-3-戊基取代的 PDI(**c1**，图 4-8)是一种简单的可溶液加工的 PDI 小分子受体[67]，基于聚咔唑：**c1** 和 P3HT：**c1** 的有机太阳电池器件的能量转换效率分别为 0.63% 和 0.19%[68]。由于 **c1** 具有高度的平面性，它在共混膜中会形成微米尺度的结晶，这样大的结晶会成为电子的"陷阱"，导致空穴和电子发生严重的复合，极大地降低了光电流和能量转换效率。因此，对于 PDI 小分子受体来说，设计新型高性能受体材料的基本原则是在不严重影响分子电荷传输性质的前提下限制其过度结晶。

　　烷基链通常被引在 PDI 的氮原子上，而 Laquai 等将四个具有较大空间位阻的烷基链引入到 PDI 的邻位上合成了 **c2**(图 4-8)[69]。这四个烷基链影响了 **c2** 在薄膜中的堆积，增加了给体和受体的混溶性。基于 P3HT：**c2** 的器件的 V_{OC} 为 0.75 V，J_{SC} 为 1.74 mA/cm^2，FF 为 0.38，能量转换效率为 0.5%。孙艳明等在 PDI 的湾位上引入了四个苯环合成了 **c3**(图 4-8)[70]。由于苯环与 PDI 之间存在较大的空间位阻，**c3** 具有扭曲的分子结构，这限制了分子在薄膜中的聚集。基于 PTB7-Th：**c3** 的有机太阳电池器件的 V_{OC} 为 0.87 V，J_{SC} 为 10.1 mA/cm^2，FF 为 0.464，能量转换效率为 4.1%。

　　除了直接在 PDI 上引入空间位阻较大的基团，通过氮原子、湾位或邻位合成 PDI 二聚体也可以限制其过度聚集。Narayan 等合成了一类通过氮原子连接的 PDI 二聚体 **c4**(图 4-8)[71]。为了使酰亚胺上氧原子之间的电子斥力最小，**c4** 中的两个 PDI 平面是互相垂直的。这种扭曲的分子结构抑制了 PDI 分子的过度聚集，减小了共混膜中给受体的相分离尺寸，促进了给受体界面上的激子分离，最终提高了 J_{SC} 和器件能量转换效率。基于窄带隙给体 PBDTTT-C-T 和 **c4** 的器件的 V_{OC} 为 0.77 V，J_{SC} 为 9.0 mA/cm^2，FF 为 0.46，能量转换效率为 3.2%[72]。王朝晖等合成了一种与 **c4** 烷基链不同的小分子受体 **c5**(图 4-8)，基于 PBDT-TS1：**c5** 的器件的 V_{OC} 为 0.82 V，J_{SC} 为 12.51 mA/cm^2，FF 为 0.53，能量转换效率为 5.4%[73]。Jen 等将 **c5** 与 PTB7-Th 共混，他们发现 **c5** 和 PTB7-Th 不但具有良好的混溶性，而且能够形成合适尺寸的晶畴，既能保证高效的激子分离，又能保证电荷传输，因而器件能量转换效率提高到 6.41%[74]。

　　姚建年等合成了一系列噻吩桥连的 PDI 二聚体 **c6**~**c8**(图 4-8)[75]。这些分子具有扭曲的分子结构，因而抑制了其在薄膜中的过度聚集。通过调整烷氧基侧链的数量，可以调节受体分子和给体 P3HT 的混溶性，通过溶剂添加剂可以进一步优化共混膜的形貌。以 P3HT 为给体，**c6**~**c8** 为受体的有机太阳电池器件的能量转换效率分别为 0.41%、0.76% 和 1.54%。将 **c7** 与 PBDTTT-C-T 直接共混制备的器件能量转换效率仅有 0.77%，通过加入 5% 溶剂添加剂 1,8-二碘辛烷(DIO)优化活性层形貌，可以显著将器件能量转换效率提高至 4.03%[76]。使用溶剂退火，使得给体和受体的相分离和聚集态进一步得到优化,可以提高共混膜的空穴和电子迁移率,从而提高器件的 J_{SC} 和 FF,能量转换效率提高到 6.08%[77]。

在 c7 的基础上,姚建年等将噻吩换成了烷氧基取代和烷基噻吩取代的 BDT,合成了 c9 和 c10(图 4-8)[78]。c9 和 c10 可以看作是聚合物受体 b7 和 b8 的片段。c9 表现出强的聚集能力,因而在常见的有机溶剂中溶解度较低。c10 具有扭曲的分子结构,通过分子模拟计算出的 BDT 和 PDI 单元间的二面角约为 50°。基于 P3HT:c10 的器件 V_{OC} 为 0.68 V,J_{SC} 为 5.83 mA/cm^2,FF 为 0.49,能量转换效率为 1.95%。在 c7 的基础上,将噻吩换成硒吩得到 c11(图 4-8),与 PBDTTT-C-T 共混的有机太阳电池器件的能量转换效率为 4.01%[79];将较长的烷氧链换为较短的甲氧基得到 c12(图 4-8),与 PBDTTT-C-T 共混的有机太阳电池器件的能量转换效率为 4.34%[80]。

赵达慧等以对苯基、间苯基、噻吩、联二噻吩、2,2′-双螺芴(c13,图 4-8)和 2,7-双螺芴(c14,图 4-8)为桥连单元,合成了六种 PDI 二聚体[81]。这些 PDI 二聚体在 450~600 nm 有强的吸收,且它们在溶液和薄膜中的吸收光谱相似,说明其在薄膜中的聚集较弱。以双螺芴为桥连单元的 c13 和 c14 是一对同分异构体,其吸收光谱、能级基本相同,在共混膜中的电子迁移率相近,与 P3HT 共混制备的器件的能量转换效率分别为 2.28% 和 2.35%。颜河等将 c14 与聚合物给体 PffBT4T-2DT 共混,所得器件的能量转换效率为 6.3%[82]。

占肖卫等合成了一系列以 0~3 个噻吩为桥连单元的 PDI 二聚体[83]。由于这四种分子具有不同的分子结构,它们在共混中的聚集状态也不同。大的晶畴有利于电荷传输,但会降低激子扩散/分离效率,小的晶畴有利于激子的扩散、分离,但不利于电荷传输。基于一个噻吩桥连的 c15(图 4-8)与 PBDTTT-C-T 共混的器件的能量转换效率为 3.61%,高于其他三种材料的能量转换效率(<1%)。这是由于 PBDTTT-C-T:c15 共混膜具有合适的相分离尺寸,有利于激子扩散(分离)和电荷传输,因而效率最高。c16 和 c17 是以二甲基联二噻吩为桥联单元的同分异构 PDI 二聚体,它们的能量转换效率分别为 4.1% 和 3.1%[84]。

王朝晖等合成了一系列在湾位通过单键、双键和三键连接的 PDI 二聚体,其中单键连接的 PDI 二聚体 c18(图 4-8)在与 PBDTTT-C-T 共混时性能最好,能量转换效率为 3.63%[85]。将 c18 与另一种聚合物给体 PBDB-T(图 4-5)共混,由于 PBDB-T 的 HOMO 能级比 PBDTTT-C-T 低,器件的 V_{OC} 有所提高,器件能量转换效率提高至 4.39%[86]。将 c18 与 PTB7 和 PTB7-Th 共混可以进一步将能量转换效率分别提高至 5.00% 和 5.56%[74]。在器件 ZnO 阴极上修饰 PC$_{61}$BM 自组装单分子层以促进电子抽取,可以将基于 PTB7:c18 的器件的能量转换效率提升至 5.9%[87]。颜河等将 PDI 二聚体 c19(图 4-8)与 PffBT4T-2DT 共混,器件能量转换效率为 5.4%[82]。

王朝晖等在 **c18** 的基础上，将两个噻吩并入 PDI 的湾位，合成了 **c20**[88]（图 4-8）。**c20** 中两个 PDI 平面几乎是相互垂直的，分子模拟计算出的二面角为 80°。**c20** 在 400~550 nm 具有强的吸收，而聚合物给体 PDBT-T1 的吸收在 500~700 nm，这两者的吸收互补，因而可以更好地利用太阳光。基于 PDBT-T1∶**c20** 的器件的 V_{OC} 为 0.90 V，J_{SC} 为 11.98 mA/cm²，FF 为 0.661，能量转换效率为 7.16%。

除了线形的 PDI 二聚体，三维或准三维结构的 PDI 寡聚物，如星形、螺旋桨形、四面体形、螺旋形的 PDI 小分子，也表现出了优异的性能。占肖卫等合成了一种以三苯胺为核，PDI 为臂的星形分子 **c21**（图 4-8）[89]。**c21** 具有准三维的分子结构，分子间相互作用和聚集较弱，并且和 PBDTTT-C-T 的吸收互补。基于 PBDTTT-C-T∶**c21** 的器件的 V_{OC} 为 0.88 V，J_{SC} 为 11.92 mA/cm²，FF 为 0.336，能量转换效率为 3.22%。

颜河等合成了一种以四苯基乙烯为核、PDI 为臂的螺旋桨形分子 **c22**（图 4-8）[90]。由于四苯基乙烯为高度扭曲的结构，**c22** 的分子间聚集较弱，使得共混膜可以形成小的聚集尺寸。**c22** 的电子迁移率为 1×10^{-3} cm²/(V·s)。基于 PTB7-Th∶**c22** 的器件的 V_{OC} 为 0.91 V，J_{SC} 为 11.7 mA/cm²，FF 为 0.52，能量转换效率为 5.53%。

Cho 等合成了一个以双螺芴为核，四个 PDI 为臂的具有三维结构的分子 **c23**（图 4-8）[91]。两个聚合物给体 PffBT4T-2DT 和 PffBTV4T-2DT（图 4-5）的吸收均与 **c23** 互补，能级也与 **c23** 匹配，在共混膜中能形成均匀且网络互穿的形貌。基于 PffBT4T-2DT∶**c23** 和 PffBTV4T-2DT∶**c23'** 的器件的能量转换效率分别为 5.27% 和 5.98%。

张其春等合成了一个以四苯基甲烷为核，PDI 为臂的四面体形分子 **c24**（图 4-8），其中 PDI 通过酰亚胺上的氮原子与四苯基甲烷相连[92]。基于 PBDTTT-C-T∶**c24** 的器件的能量转换效率为 2.73%。颜河等合成了一系列以四苯基甲烷、四苯基硅烷和四苯基锗烷为核，以 PDI 为臂的四面体形分子 **c25**~**c27**（图 4-8），其中 PDI 通过湾位与核相连[93]。基于 PffBT4T-2DT 给体和 **c25**~**c27** 受体的器件的能量转换效率分别为 4.3%、4.2% 和 1.6%。

Nuckolls 等合成了一系列具有螺旋结构的 PDI 二聚体（**c28**，图 4-8）[94]、三聚体（**c29**，图 4-8）和四聚体（**c30**，图 4-8）[95]。PTB7-Th 的吸收光谱与这三种受体材料的吸收光谱互补。飞秒瞬态吸收光谱证明了在给受体界面上同时存在电子和空穴的转移过程，说明给体和受体均在光的激发下产生了激子并发生了有效的电荷分离，即给体和受体的吸收均对光电流有贡献。此外，他们还发现这些螺旋形的分子能够像富勒烯一样产生超快的电荷分离。基于 PTB7-Th∶**c28** 的器件的能量转换效率为 6.05%，基于 PTB7-Th∶**c29** 和 PTB7-Th∶**c30** 的器件的 J_{SC} 和 FF 更高，其能量转换效率分别为 7.9% 和 8.3%。

基于 PDI 小分子受体的有机太阳电池器件数据列于表 4-5。

表 4-5　基于 PDI 小分子受体 c1～c30 的有机太阳电池器件数据

受体	λ_{max}^a /nm	E_{opt} /eV	(E_{HOMO}/E_{LUMO}) /eV	μ_e^b /[×10⁻⁴ cm²/(V·s)]	给体	V_{OC} /V	J_{SC} /(mA/cm²)	FF	PCE /%	参考文献
trans-PTCBI					CuPc		4.18		1.1	[66]
cis-PTCBI					CuPc		3.66		0.93	[66]
c1	530	2.0	−5.8/−3.8		聚咔唑	0.71	0.26ᶜ	0.37	0.63	[68]
					P3HT	0.40	0.12ᶜ	0.39	0.19	[68]
c2					P3HT	0.75	1.74	0.38	0.5	[69]
c3	600	1.89	−5.69/−3.82		PTB7-Th	0.87	10.1	0.464	4.1	[70]
c4	545		−5.90/−4.10	80 (o)	PBDTTT-C-T	0.77	9.0	0.46	3.2	[72]
c5			—/−3.86	4.1 (s, n)	PBDT-TS1	0.80	12.51	0.53	5.4	[73]
					PTB7-Th	0.79	13.12	0.60	6.41	[74]
c6	565	1.63	−5.83/−3.95	12 (s, b)	P3HT	0.43	2.01	0.472	0.41	[75]
c7	545	1.76	−5.65/−3.84	4.1 (s, b)	P3HT	0.59	2.89	0.448	0.76	[75]
					PBDTTT-C-T	0.85	8.86	0.541	4.03	[76]
					PBDTTT-C-T	0.84	12.83	0.5643	6.08	[77]
c8	609	1.76	−5.57/−3.84	7.1 (s, b)	P3HT	0.67	3.83	0.600	1.54	[75]
c10	534		−5.48/−3.84	3.5 (s, b)	P3HT	0.68	5.83	0.49	1.95	[78]
c11			−5.61/−3.84	47 (s, b)	PBDTTT-C-T	0.79	10.60	0.4793	4.01	[79]
c12	540		−5.65/−3.84		PBDTTT-C-T	0.78	10.17	0.548	4.34	[80]
c13			−5.71/−3.71	1.6 (s, b)	P3HT	0.61	6.27	0.60	2.28	[81]
c14			−5.71/−3.71	0.71 (s, b)	P3HT	0.61	5.92	0.65	2.35	[81]
					PffBT4T-2DT	0.99	11.0	0.58	6.3	[82]
c15	544	1.80	−5.66/−3.72	2.4 (s, b)	PBDTTT-C-T	0.89	7.78	0.521	3.61	[83]
c16			−5.82/−3.57	0.83 (s, b)	PffBT4T-2DT	0.91	8.0	0.56	4.1	[84]
c17			−5.64/−3.54	0.87 (s, b)	PffBT4T-2DT	0.89	6.8	0.51	3.1	[84]
c18	533	2.08	−5.95/−3.87	11.7 (o)	PBDTTT-C-T	0.73	10.58	0.468	3.63	[85]
					PBDB-T	0.87	8.26	0.611	4.39	[86]
					PTB7	0.78	10.51	0.58	5.00	[74]
					PTB7-Th	0.79	12.86	0.54	5.56	[74]
c19					PffBT4T-2DT	0.84	11.4	0.53	5.4	[82]
c20	504	2.20	—/−3.85	32 (s, n)	PDBT-T1	0.90	11.98	0.661	7.16	[88]
c21		1.76	−5.40/−3.70	0.30 (s, n)	PBDTTT-C-T	0.88	11.92	0.336	3.32	[89]

续表

受体	λ_{max}^a /nm	E_{opt} /eV	(E_{HOMO}/E_{LUMO}) /eV	μ_e^b /[$\times 10^{-4}$ cm^2/(V·s)]	给体	V_{OC} /V	J_{SC} /(mA/cm^2)	FF	PCE /%	参考文献
c22			−5.77/−3.72	10 (s, n)	PTB7-Th	0.91	11.7	0.52	5.53	[90]
c23	531	2.05	−5.97/−3.78	0.152 (s, b)	PffBT4T-2DT	0.93	11.03	0.511	5.27	[91]
				0.193 (s, b)	PffBTV4T-2DT	0.90	12.02	0.542	5.98	[91]
c24	539	2.14	−5.96/−3.82	0.0178 (s, b)	PBDTTT-C-T	0.77	7.83	0.45	2.73	[92]
c25		2.25	−6.00/−3.75	2.8 (s, n)	PffBT4T-2DT	0.96	9.2	0.49	4.3	[93]
c26		2.26	−6.01/−3.75	3.9 (s, n)	PffBT4T-2DT	0.94	8.5	0.53	4.2	[93]
c27		2.26	−5.94/−3.68	0.33 (s, n)	PffBT4T-2DT	0.92	5.0	0.37	1.6	[93]
c28			−6.04/−3.77	3.4 (s, b)	PTB7-Th	0.803	13.3	0.566	6.05	[94]
c29			−6.23/−3.86	1.5 (s, b)	PTB7-Th	0.81	14.5	0.67	7.9	[95]
c30			−6.26/−3.91	0.15 (s, b)	PTB7-Th	0.80	15.2	0.68	8.3	[95]

注：上角标 a 表示薄膜中的最大吸收波长，b 表示电子迁移率，c 表示光照强度为 10 mW/cm^2。括号中的 o 表示用 OFET 测得的迁移率，s 表示用 SCLC 法测得的迁移率，n 表示单组分薄膜，b 表示共混膜。

2. 萘二酰亚胺

与 PDI 不同，溴化 NDI 可以很容易地得到纯的 1,5-二溴 NDI，因此可以直接用于合成区域规整的 NDI 聚合物。区域规整的 NDI 聚合物具有优良的电子离域性质和 π-π 堆积，因此有很好的电子传输性能。

2009 年，Facchetti 等合成了一种 NDI 和联二噻吩的交替共聚物 P(NDI2OD-T2)(**d1**，图 4-9)，在空气中用 OFET 测得的电子迁移率最高可达 0.85 cm^2/(V·s)[96]。2011 年，Loi 等将 **d1** 作为受体材料用于有机太阳电池，基于 P3HT：**d1** 的太阳电池器件的 FF 约为 0.70，说明共混膜中的空穴和电子的传输比较平衡；但器件的 J_{SC} 很低，导致器件能量转换效率仅有 0.16%[97]。Neher 等指出，通过限制 NDI 聚合物在成膜的早期阶段的过度聚集，可以改善给体和受体的混溶性，从而提高器件性能[98]。通过选择不同的给体，优化器件加工工艺，目前基于 **d1** 的有机太阳电池的能量转换效率已经超过 10%[24,99-104]。

Jen 等在 **d1** 的联二噻吩上引入两个氟原子合成了 **d2**(图 4-9)[105]。聚合物 **d2** 的电子迁移率为 5.3×10^{-3} cm^2/(V·s)，高于 **d1** 的电子迁移率[0.7×10^{-3} cm^2/(V·s)]，并且基于 PTB7-Th：**d2** 的全聚合物太阳电池的能量转换效率(6.29%)也高于基于 PTB7-Th：**d1** 的全聚合物太阳电池(5.28%)。将 **d2** 中的 2-辛基十二烷基换成 2-癸基十四烷基得到聚合物 **d3**(图 4-9)。**d3** 的结晶性比 **d2** 更强，与 PTB7-Th 共混的全聚合物太阳电池的能量转换效率提高到 6.71%。

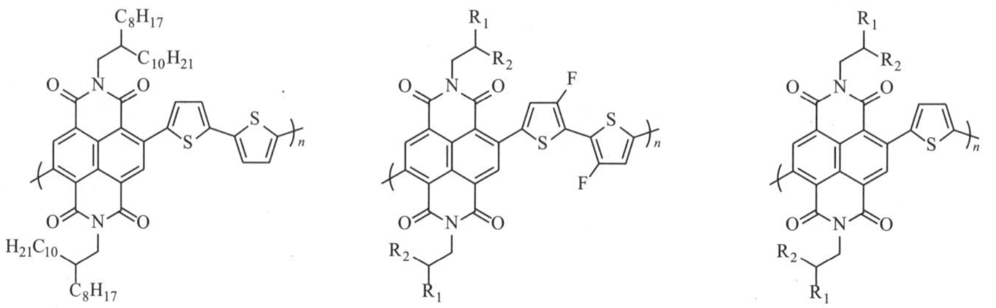

d1

d2 ($R_1 = C_8H_{17}$, $R_2 = C_{10}H_{21}$)
d3 ($R_1 = C_{10}H_{21}$, $R_2 = C_{12}H_{25}$)

d4 ($R_1 = C_6H_{13}$, $R_2 = C_8H_{17}$)
d5 ($R_1 = C_8H_{17}$, $R_2 = C_{10}H_{21}$)
d6 ($R_1 = C_{10}H_{21}$, $R_2 = C_{12}H_{25}$)

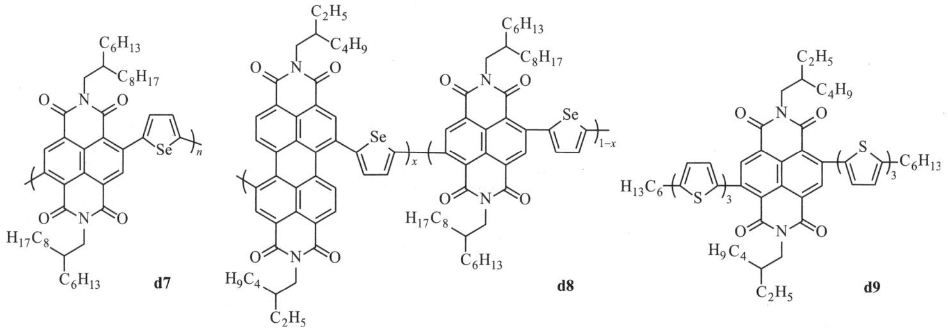

d7 **d8** **d9**

图 4-9 NDI 受体 **d1**～**d9** 的结构式

Kim 等合成了一系列 NDI 和噻吩的交替共聚物 **d4**～**d6**(图 4-9)，**d4**～**d6** 中 NDI 单元上的烷基链依次是 2-己基癸基、2-辛基十二烷基和 2-癸基十四烷基[106]。不同的烷基链显著影响了薄膜的形貌，从而影响了器件性能。**d4**～**d6** 和 PTB7-Th 共混制备的全聚合物太阳电池的能量转换效率依次为 5.96%、5.05%和 3.25%。基于 **d4** 和另一个聚合物给体 PBDTTTPD(图 4-5)的全聚合物太阳电池的能量转换效率为 6.64%，高于基于 PBDTTTPD∶$PC_{61}BM$ 的器件(6.12%)[107]。与基于富勒烯受体的 PBDTTTPD∶$PC_{61}BM$ 器件相比，基于 PBDTTTPD∶**d4** 的全聚合物器件表现出优异的机械稳定性，可用于柔性和可穿戴器件。

Jenekhe 等合成了一种半结晶的 NDI 和硒吩的共聚物 **d7**(图 4-9)[108]。与 NDI 和噻吩的共聚物相比，**d7** 的带隙更窄，电子迁移率更高。基于聚合物给体 PSEHTT(图 4-5)和 **d7** 的全聚合物太阳电池的能量转换效率为 3.26%。通过混合溶剂优化共混膜形貌可以将器件能量转换效率提高至 4.81%[109]。将 **d7** 与 PTB7-Th 共混，并将共混膜在室温下进行陈化，以此来调节共混膜中聚合物给体和受体的自聚集，可以将器件能量转换效率提高至 7.73%[110]。

Jenekhe 等还合成了一种 PDI、NDI 和硒吩的三元共聚物 **d8**(图 4-9)[111]。通过调节共聚物中 PDI 和 NDI 单元的比例，可以调节共聚物的结晶性，以此来调控共混膜的形貌。当 **d8** 与 PBDTTT-C-T 共混时，含有 30%的 PDI-硒吩单元和 70% 的 NDI-硒吩单元的共聚物表现出最佳的性能，能量转换效率可达 6.29%。

与基于 PDI 的小分子相比，基于 NDI 的小分子并不是一类高性能的有机太阳 电池受体材料。这是由于 NDI 单元本身高度的平面性和强的分子间相互作用，使 得 NDI 小分子非常容易在薄膜中形成大尺度的结晶，从而严重影响了器件性能。 Jenekhe 等报道了一系列以 NDI 为核，以低聚噻吩为臂的小分子受体[112]。**d9** (图 4-9)是以联三噻吩为臂的一个小分子受体，当与 P3HT 共混时，共混膜表现出 双连续的薄膜形貌，器件能量转换效率为 1.5%。由于 P3HT 和 **d9** 的结晶性都较 强，可以在薄膜中形成纳米线，基于 P3HT 纳米线和 **d9** 纳米线的有机太阳电池器 件的能量转换效率为 1.15%[113]。

基于 NDI 受体的有机太阳电池器件数据列于表 4-6。

表 4-6　基于 NDI 受体 d1～d9 的有机太阳电池器件数据

受体	λ_{max}^a /nm	E_{opt} /eV	(E_{HOMO}/E_{LUMO}) /eV	μ_e^b/[×10^{-4} cm^2/(V·s)]	给体	V_{OC}/V	J_{SC} /(mA/cm^2)	FF	PCE /%	参考文献
d1	701	1.45	−5.8/−3.77	8500 (o)[96]	P3HT	0.56	3.77	0.65	1.4	[98]
					PTzBI-Si	0.865	15.76	0.7376	10.1	[24]
d1	704	1.44	−5.49/−4.05	7 (o)	PTB7-Th	0.79	11.92	0.56	5.28	[105]
d2	630	1.59	−5.50/−3.91	53 (o)	PTB7-Th	0.81	12.32	0.63	6.29	[105]
d3					PTB7-Th	0.81	13.53	0.62	6.71	[105]
d4		1.85	−5.64/−3.79	0.84 (s, b)	PTB7-Th	0.79	13.46	0.56	5.96	[106]
					PBDTTTPD	1.06	11.22	0.56	6.64	[107]
d5		1.85	−5.65/−3.80	0.18 (s, b)	PTB7-Th	0.80	11.97	0.53	5.05	[106]
6		1.83	−5.64/−3.81	0.013 (s, b)	PTB7-Th	0.81	7.81	0.52	3.25	[106]
d7	614	1.65	−5.65/−4.00	70 (o)	PSEHTT	0.76	7.78	0.55	3.26	[108]
					PSEHTT	0.76	10.47	0.60	4.81	[109]
					PTB7-Th	0.81	18.80	0.51	7.73	[110]
d8^c	578	1.77	<−5.95/−3.89	71 (o)	PBDTTT-C-T	0.79	18.55	0.45	6.29	[111]
d9	654	1.57	−5.53/−4.05	6.9 (o)	P3HT	0.82	3.43	0.53	1.5	[112]
					P3HT	0.81	2.95	0.48	1.15	[113]

注：上角标 a 表示在薄膜中的最大吸收波长，b 表示电子迁移率，c 表示 PDI-硒吩单元的摩尔分数 x = 0.3。 括号中的 o 表示用 OFET 测得的迁移率，s 表示用 SCLC 法测得的迁移率，b 表示共混膜。

3. 其他酰胺/酰亚胺受体材料

基于其他酰胺/酰亚胺类受体的有机太阳电池器件数据列于表 4-7。吡咯并吡咯二酮(DPP)是一种常见的有机半导体构筑单元。Janssen 等合成了一系列基于 DPP 的聚合物受体[114]，当与 P3HT 共混时，DPP 和芴的共聚物 e1(图 4-10)的能量转换效率为 0.37%。基于 P3HT：e1 器件的能量转换效率较低的原因之一是聚合物受体的电子迁移率较低 [5×10^{-5} $cm^2(V \cdot s)$]。占肖卫等以三苯胺为核，以 DPP 为臂，合成了一种星形的受体分子 e2(图 4-10)，这也是第一种具有三维结构的非富勒烯受体分子[115]。基于 P3HT：e2 的器件的 V_{OC} 高达 1.18 V，能量转换效率为 1.20%。占肖卫等还合成了一种以二苯并噻咯为核、DPP 为臂的受体分子 e3(图 4-10)，与 P3HT 共混的器件能量转换效率为 2.05%[116]。Wan 等合成了一种以双螺芴为核，DPP 为臂的 X 形受体分子 e4(图 4-10)，基于 P3HT：e4 的器件的能量转换效率为 3.63%[117]。

表 4-7 基于其他酰胺/酰亚胺类受体 e1~e10 的有机太阳电池器件数据

受体	λ_{max}^{a} /nm	E_{opt} /eV	(E_{HOMO}/E_{LUMO}) /eV	μ_e^{b} /[$\times10^{-4}$ $cm^2/(V \cdot s)$]	给体	V_{OC} /V	J_{SC} /(mA/cm²)	FF	PCE /%	参考文献
e1		1.72	−5.43/−3.71	0.5 (s, n)	P3HT	0.90	1.63	0.25	0.37	[114]
e2		1.85	−5.26/−3.26	0.068 (s, b)	P3HT	1.18	2.68	0.379	1.20	[115]
e3	622	1.83	−5.30/−3.28	3.3 (s, n)	P3HT	0.97	4.91	0.43	2.05	[116]
e4	622	1.79	−5.26/−3.60		P3HT	1.10	6.96	0.475	3.63	[117]
e5		2.20	−5.81/−3.61		P3HT	0.58	4.87	0.57	1.60	[118]
e6	671	1.59	−5.29/−3.70	400 (o)	PSEHTT	0.79	5.14	0.44	1.80	[119]
e7	~500		−5.80/−3.60	5000 (o)	PSEHTT	0.94	3.16	0.49	1.44	[120]
e8	~600		−5.80/−3.80	60 (o)	PSEHTT	0.86	10.14	0.58	5.04	[120]
e9	505	1.91	−5.82/−3.66	560 (o)	PSEHTT	0.92	12.56	0.55	6.37	[121]
e10	615	1.70	−5.72/−3.65	680 (s, b)	PSEHTT	0.93	13.82	0.63	8.10	[122]
					PTB7-Th	0.95	13.99	0.51	6.70	[122]
					PSEHTT/PTB7-Th	0.91	15.67	0.60	8.52	[122]

注：上角标 a 表示在薄膜中的最大吸收波长，b 表示电子迁移率。括号中的 o 表示 OFET 测得的迁移率，s 表示用 SCLC 法测得的迁移率，n 表示单组分薄膜，b 表示共混膜。

通常，含有酰胺/酰亚胺的分子中只有一个或两个缺电子的酰胺/酰亚胺基团，如果在分子中引入更多的酰胺/酰亚胺基团，可以提高分子的电子亲和势，有利于电子注入和传输。Wudl 等合成了一系列基于十环烯三酰亚胺的小分子受体，P3HT 和 e5(图 4-10)共混的有机太阳电池器件能量转换效率为 1.60%[118]。

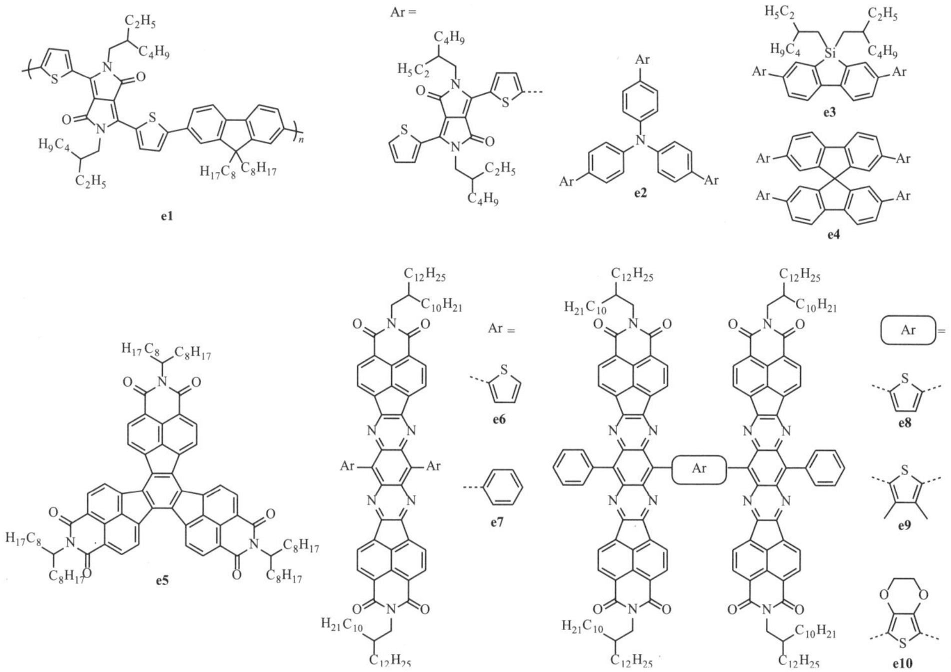

图 4-10　其他酰胺/酰亚胺类受体 **e1**～**e10** 的结构式

Jenekhe 等合成了一系列基于四氮杂苯并二荧蒽二酰亚胺(tetraazabenzodi-fluoranthene diimide，BFI)的小分子受体材料。**e6**(图 4-10)是一种以 BFI 为骨架，噻吩为侧链的小分子受体[119]。基于 PSEHTT：**e6** 的有机太阳电池器件的能量转换效率为 1.80%。将 **e6** 中的噻吩侧链换为苯环得到 **e7**(图 4-10)，基于 PSEHTT：**e7** 的器件的能量转换效率为 1.44%[120]。两个将苯环取代的 BFI 通过噻吩连接起来得到 **e8**(图 4-10)，**e8** 具有非平面的分子结构，抑制了其在共混膜中的过度结晶，从而避免形成过大尺度的相分离[120]。基于 PSEHTT：**e8** 的器件的能量转换效率为 5.04%。将 **e8** 中桥连的噻吩单元换为 3,4-二甲基噻吩和 3,4-乙撑二氧噻吩得到 **e9**[121]和 **e10**[122](图 4-10)。**e8**、**e9** 和 **e10** 中两个 BFI 平面之间的夹角分别为 33°、62° 和 76°，分子结构的扭曲程度越来越大。基于 PSEHTT：**e9** 的器件的能量转换效率为 6.37%，基于 PSEHTT：**e10** 的器件的能量转换效率为 8.10%。当把 **e10** 和 PTB7-Th 共混时，器件的能量转换效率为 6.70%；PSEHTT/PTB7-Th/**e10** 三元共混器件的能量转换效率进一步提高至 8.52%。

4.3.3　稠环电子受体

2015 年，占肖卫等报道了一系列基于引达省并二噻吩(IDT)、引达省并二并噻吩(IDTT) 和 3-(二氰基亚甲基)-茚-1-酮的电子受体材料[26-28]，并首次提出了稠环电子受体(FREA)这一概念[123]。稠环电子受体由强给电子的共轭稠环核、强拉电子的共轭端基和侧链三部分构成，其具有可模块化分子设计、可见和近红外吸收强、电子迁移率高、形貌和器件稳定性好、能量转换效率高、可批量制备等特点，是目前性能最好的一类非富勒烯受体材料。分别对稠环核、端基和侧链进行修饰，可以调控受体材料的吸收、能级和结晶性等性质，从而提高材料的光伏性能。

1. 稠环核工程

占肖卫等设计合成了一系列基于低聚 IDT 核的稠环电子受体 **f1**～**f3**(图 4-11)[124]。随着 IDT 数量的增加，受体的吸收红移，光学带隙从 1.70 eV 减小至 1.53 eV，HOMO 能级从 −5.91 eV 提高到 −5.29 eV，LUMO 能级基本保持不变(−3.83～−3.79 eV)。在 **f2** 和 **f3** 中，IDT 单元之间的扭曲不利于分子间的 π-π 堆积，因此其电子迁移率比 **f1** 低。将 **f1**～**f3** 与聚合物给体 PDBT-T1 共混，基于 PDBT-T1∶**f1** 和 PDBT-T1∶**f2** 的器件的能量转换效率分别为 7.39% 和 2.58%，基于 PDBT-T1∶**f3** 的器件无光伏响应。

在 **f1** 的基础上将中心的苯拓展为萘得到以六并稠环为核的受体分子 **f4** (图 4-11)[125,126]。由于共轭长度的增大，**f4** 的能级上移，有利于提高 V_{OC}；分子间相互作用更强，有利于提高电子迁移率。基于 FTAZ∶**f1** 的器件的 V_{OC} 为 0.896 V，J_{SC} 为 13.6 mA/cm^2，FF 为 0.585，能量转换效率为 7.13%；基于 FTAZ∶**f4** 的器件的 V_{OC} 提高至 0.950 V，J_{SC} 提高至 14.3 mA/cm^2，FF 提高至 0.679，能量转换效率提高至 9.21%。

将 **f4** 中的萘单元替换为强给电子的二并噻吩单元得到另一种以六并稠环为核的受体分子 **f5**(图 4-11)[127]。与 **f4** 相比，**f5** 的吸收显著红移至近红外区，薄膜中的最大吸收波长为 796 nm(**f4** 的最大吸收波长为 674 nm)。**f5** 的电子迁移率可达 $2.4×10^{-3}$ cm^2/(V·s)。将 **f5** 与窄带隙聚合物给体 PTB7-Th 共混得到的活性层，在可见光区只有部分吸收，而在近红外区吸收较强，这样可以使可见光区的光透过，实现视觉上的半透明，同时还能充分利用近红外区的光进行光电转换，从而实现较高的能量转换效率。基于 PTB7-Th∶**f5** 的半透明太阳电池器件，在可见光平均透过率为 36% 时，能量转换效率为 9.77%。

将 **f1** 中五并稠环的 IDT 核拓展为七并稠环的 IDTT 得到受体分子 **f6**，即 ITIC(图 4-11)[28]。由于增加了两个给电子的噻吩单元，**f6** 比 **f1** 吸收红移(薄膜的最大吸收波长为 702 nm)，带隙变窄(1.59 eV)，能级略有升高(HOMO/LUMO 能级：−5.48 eV/−3.83 eV)。基于 PTB7-Th∶**f6** 的器件的能量转换效率为 6.80%，在发表时为非富勒烯受体能量转换效率的最高值。将 **f6** 与其他中宽带隙给体材料共混可以获得更高的能量转换效率，如基于 PBDB-T∶**f6** 的器件的能量转换效率为 11.21%[128]，基于 J71∶**f6** 的器件的能量转换效率为 11.41%[129]，基于 PBDTS-TDZ∶**f6** 的器件的能量转换效率为 12.80%[130]。

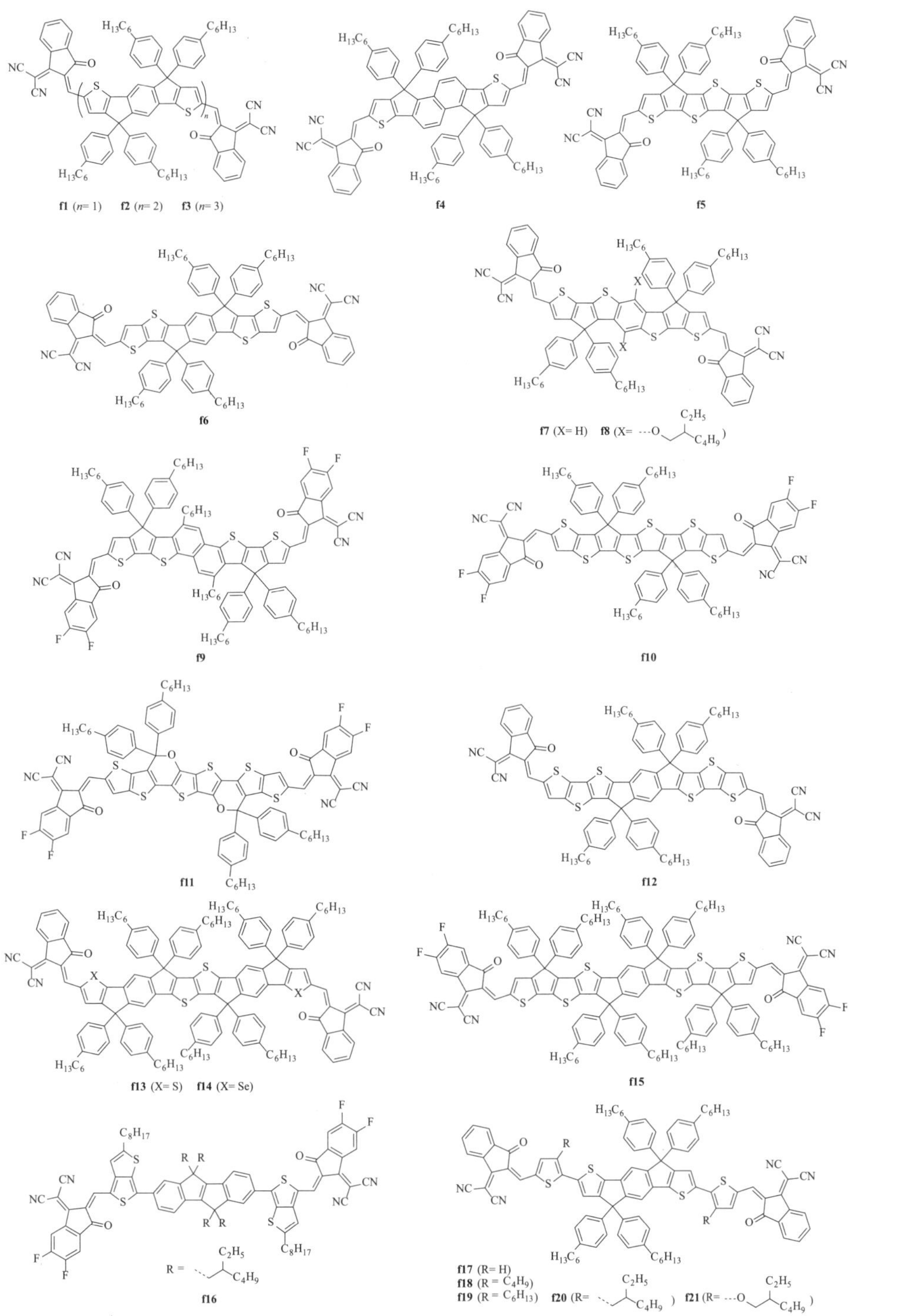

图 4-11 稠环电子受体 **f1**~**f21** 的结构式

将 **f6** 中二芳基环戊二烯单元与相邻的噻吩单元互换可得 **f6** 的同分异构体 **f7**(图 4-11),基于 PBDB-T:**f7** 的器件的能量转换效率为 10.42%[131]。Forrest 等研究了同分异构效应对 **f6** 和 **f7** 的影响[132]。**f6** 在薄膜中的最大吸收波长为 709 nm,带隙为 1.59 eV,HOMO、LUMO 能级分别为−5.58 eV、−3.88 eV;**f7** 在薄膜中的最大吸收波长红移至 739 nm,带隙降低至 1.53 eV,HOMO 能级略有提高(−5.51 eV),LUMO 能级略有下降(−3.90 eV)。通过掠入射 X 射线衍射表征 **f6** 和 **f7** 在薄膜中的聚集态,结果显示 **f7** 在薄膜中有序程度更高,结晶性更好,因而电子迁移率更高。通过 OFET 测得的 **f6** 和 **f7** 的电子迁移率分别为 0.11 cm²/(V·s) 和 0.46 cm²/(V·s)。以 J71 为给体,**f6** 和 **f7** 为受体制备的无后处理器件的能量转换效率分别为 9.0% 和 10.5%。用烷氧基取代 **f7** 分子中心苯环上的氢可以使其吸收红移(**f8**,图 4-11)[133],**f8** 在薄膜中的最大吸收波长为 758 nm,基于 J71:**f8** 的器件的能量转换效率为 10.46%。

将 **f7** 中心的苯拓展为萘得到以八并稠环为核的受体分子 **f9**(图 4-11)[134]。**f9** 在可见光区及近红外区有强的吸收(500∼800 nm),薄膜中的最大吸收峰位于 730 nm 处,光学带隙为 1.55 eV,HOMO、LUMO 能级分别为−5.41 eV、−3.78 eV。窄带隙的 **f9** 和宽带隙聚合物给体 FTAZ 的吸收光谱(400∼650 nm)互补,共混制备的活性层可以充分利用可见光区及近红外区的光。基于 FTAZ:**f9** 的器件的 V_{OC} 为 0.90 V,J_{SC} 为 19.7 mA/cm²,FF 为 0.693,能量转换效率为 12.3%。

在 **f5** 中六并稠环核的基础上,用并噻吩单元取代两侧的噻吩单元可以得到共轭结构进一步拓展的八并稠环核。以此八并稠环为核、3-(二氰基亚甲基)-5,6-二氟-茚-1-酮为端基的受体分子 **f10**(图 4-11)的吸收与 **f5** 相比更进一步向近红外区拓展,其在薄膜中的最大吸收波长为 862 nm,带隙为 1.27 eV[135]。基于 PTB7-Th:**f10** 的器件的能量转换效率为 10.9%。向 **f10** 中二芳基环戊二烯单元中插入一个氧原子得到分子 **f11**(图 4-11)[136]。参与到共轭中的氧原子可以提高稠环核的给电子能力和平面性,**f11** 在薄膜中的最大吸收波长为 830 nm,带隙为 1.26 eV。基于 PTB7-Th:**f11** 的器件的能量转换效率为 12.16%。

将 **f6** 中七并稠环的 IDTT 核进一步拓展为引达省并二(并三噻吩)得到以九并稠环为核的受体分子 **f12**(图 4-11)[137]。**f12** 在薄膜中的最大吸收波长(706 nm)与 **f6**(702 nm)相近,带隙基本相同(**f6**:1.59 eV;**f12**:1.57 eV)。基于 FTAZ:**f12** 的器件的能量转换效率为 7.7%。

将两个五并稠环的 IDT 并在一起可以得到十并稠环核[138]。与 **f1** 相比,基于十并稠环核的受体分子 **f13**(图 4-11)的吸收明显红移,薄膜中的最大吸收波长为 721 nm;带隙变窄,为 1.53 eV;HOMO 和 LUMO 能级升高,分别为−5.42 eV、−3.82 eV。基于 PTB7-Th:**f13** 的器件能量转换效率为 6.48%,高于对比器件 PTB7-Th:**f1** 的效率(3.16%)。将 **f13** 十并稠环核外侧的噻吩换成硒吩得到分子

f14(图 4-11)[139]。**f14** 和 **f13** 的吸收光谱和能级基本相同；J51∶**f14** 共混膜的电子迁移率为 1.27×10^{-5} $cm^2/(V\cdot s)$，是 J51∶**f13** 共混膜的电子迁移率的 2.4 倍 $[5.27\times10^{-6}$ $cm^2/(V\cdot s)]$。这是由于硒的原子半径更大，更容易极化，轨道重叠更大，因而电子迁移率更高。基于 J51∶**f14** 的器件的能量转换效率为 8.02%。

在 IDTT 单元两侧各并一个二芳基环戊二烯并噻吩单元，可以将七并稠环拓展到十一并稠环。基于十一并稠环核的受体分子 **f15**(图 4-11)在可见及近红外区有强的吸收，基于 PTB7-Th∶**f15** 的器件的能量转换效率为 11.2%，半透明器件在可见光平均透过率为 31% 时的能量转换效率为 10.2%[140]。

在稠环核和端基之间插入共轭 π 桥也是调控受体分子吸收、能级和聚集态的方法之一。**f16**(图 4-11)是一种以四并稠环茚并茚为核、噻吩并[3,4-*b*]噻吩为桥、3-(二氰基亚甲基)-5,6-二氟-茚-1-酮为端基的受体分子[141]。与具有 12 个 π 电子的芴相比，茚并茚具有 14 个 π 电子且多了一个 sp^3 杂化的碳原子，其共轭长度更长，并且具有不同的电子结构和在薄膜中的聚集行为。**f16** 在薄膜中的最大吸收波长为 762 nm，带隙为 1.49 eV，HOMO 和 LUMO 能级分别为 -5.68 eV、-3.84 eV。将 **f16** 与 PBDB-T 共混制备的太阳电池器件的 V_{OC} 为 0.86 V，J_{SC} 为 20.67 mA/cm^2，FF 为 0.71，能量转换效率为 12.74%。

f17～**f21**(图 4-11)是一系列以 IDT 为核、取代噻吩为桥、3-(二氰基亚甲基)-茚-1-酮为端基的受体分子，噻吩桥上的取代基依次为氢[26]、正丁基、正己基[142]、2-乙基己基[27]和 2-乙基己氧基[143]。随着取代基碳个数的增加，**f17**～**f20** 的 HOMO 能级依次略微降低，LUMO 能级依次略微升高，因而器件的 V_{OC} 也依次升高。其中，基于 PTB7-Th 和正己基侧链的 **f19** 的共混膜具有最优的相区尺寸和最高的相对相纯度，有利于激子解离和电荷传输，因而电子迁移率和能量转换效率也最高。以 PTB7-Th 为给体，**f17**～**f20** 为受体的有机太阳电池的效率依次为 3.9%、5.4%、7.4% 和 6.0%[142]。将氧原子引入噻吩桥侧链可以使分子的吸收显著红移[143]。**f21** 在薄膜中的最大吸收波长为 805 nm，比 **f20** 红移了近 90 nm；其 HOMO 能级比 **f20** 高，LUMO 能级比 **f20** 低，光学带隙为 1.34 eV。基于 PBDTTT-E-T∶**f21** 的器件的能量转换效率为 8.4%；将 PBDTTT-E-T∶**f21** 作为后电池的叠层器件的能量转换效率可达 13.8%[144]。

稠环电子受体 **f1**～**f21** 的光电性质和有机太阳电池器件数据列于表 4-8。

表 4-8　稠环电子受体 **f1**～**f21** 的光电性质和有机太阳电池器件数据

受体	λ_{max}^{a} /nm	E_{opt} /eV	(E_{HOMO}/E_{LUMO}) /eV	μ_e^b/[$\times10^{-4}$ cm^2/(V·s)]	给体	V_{OC} /V	J_{SC}/(mA/cm^2)	FF	PCE /%	参考文献
f1	688	1.70	-5.91/-3.83	4.5 (s, n)	PDBT-T1	0.92	13.39	0.60	7.39	[124]
	686	1.67	-5.51/-3.81	1.5 (s, n)	FTAZ	0.896	13.6	0.585	7.13	[126]

续表

受体	λ_{max}^a /nm	E_{opt} /eV	(E_{HOMO}/E_{LUMO}) /eV	μ_e^b /[×10⁻⁴ cm²/(V·s)]	给体	V_{OC} /V	J_{SC}/(mA/cm²)	FF	PCE /%	参考文献
f2	692	1.57	−5.42/−3.80	0.84 (s, n)	PDBT-T1	1.02	5.28	0.48	2.58	[124]
f3	704	1.53	−5.29/−3.79	1.2 (s, n)	PDBT-T1	—	—	—	—	[124]
f4	674	1.69	−5.47/−3.75	3.0 (s, n)	FTAZ	0.95	14.3	0.679	9.21	[126]
f5	796	1.38	−5.45/−3.93	24 (s, n)	PTB7-Th	0.754	19.01	0.681	9.77	[127]
f6	702	1.59	−5.48/−3.83	3.0 (s, n)	PTB7-Th	0.81	14.21	0.591	6.80	[28]
					PBDB-T	0.899	16.81	0.742	11.21	[128]
					J71	0.94	17.32	0.6977	11.41	[129]
					PBDTS-TDZ	1.10	17.78	0.654	12.80	[130]
	709	1.59	−5.58/−3.88	1100 (o)	J71	0.96	14.8	0.636	9.0	[132]
f7	731	1.56	−5.40/−3.83	1.38 (s, b)	PBDB-T	0.868	17.85	0.672	10.42	[131]
	739	1.53	−5.51/−3.90	4600 (o)	J71	0.92	17.3	0.655	10.5	[132]
f8	758	1.43	−5.32/−3.85	7.0 (s, n)	J71	0.90	17.75	0.657	10.46	[133]
f9	730	1.55	−5.41/−3.78	10 (s, n)	FTAZ	0.90	19.7	0.693	12.3	[134]
f10	862	1.27	−5.43/−4.00	15 (s, n)	PTB7-Th	0.64	25.12	0.676	10.9	[135]
f11	830	1.26	−5.55/−3.88	0.391 (s, b)	PTB7-Th	0.68	26.12	0.682	12.16	[136]
f12	706	1.57	−5.45/−3.88	0.61 (s, n)	FTAZ	0.957	13.51	0.579	7.7	[137]
f13	721	1.53	−5.42/−3.82	0.454 (s, b)	PTB7-Th	0.94	14.49	0.475	6.48	[138]
f14		1.52	−5.41/−3.81	0.127 (s, b)	J51	0.91	15.16	0.580	8.02	[139]
f15	788	1.41	−5.45/−3.87	11 (s, n)	PTB7-Th	0.796	21.74	0.649	11.2	[140]
f16	762	1.49	−5.68/−3.84	1.19 (s, b)	PBDB-T	0.86	20.67	0.71	12.74	[141]
f17	712	1.62	−5.44/−3.87	2.0 (s, b)	PTB7-Th	0.84	9.9	0.44	3.9	[142]
f18	728	1.60	−5.45/−3.87	4.5 (s, b)	PTB7-Th	0.91	11.1	0.50	5.4	[142]
f19	726	1.60	−5.46/−3.86	60 (s, b)	PTB7-Th	0.93	12.8	0.58	7.4	[142]
f20	716	1.61	−5.48/−3.85	2.5 (s, b)	PTB7-Th	0.95	12.3	0.49	6.0	[142]
f21	805	1.34	−5.32/−3.95	1.4 (s, n)	PBDTTT-E-T	0.82	17.7	0.58	8.4	[143]

注: 上角标 a 表示在薄膜中的最大吸收波长, b 表示电子迁移率。括号中的 o 表示用 OFET 测得的迁移率, s 表示用 SCLC 法测得的迁移率, n 表示单组分薄膜, b 表示共混膜。

2. 端基工程

占肖卫等开发了一系列氟取代的 3-(二氰基亚甲基)-茚-1-酮端基, 并研究了氟取代位置和个数对材料性能的影响[137]。**f22**~**f24**(图 4-12)的端基依次为 3-(二氰基亚甲基)-7-氟-茚-1-酮、3-(二氰基亚甲基)-5(6)-氟-茚-1-酮、3-(二氰基亚甲基)-5,6-二氟-茚-1-酮。由于氟原子强的拉电子作用，与没有氟取代的 **f12** 相比，**f22**～**f24** 的吸收红移，能级降低；**f22**～**f24** 的 HOMO 能级相近(−5.54～−5.52 eV)，LUMO 能级依次降低。氟原子还能增强分子间相互作用，从而增强分子的结晶性，提高迁移率。基于 FTAZ 和 **f22**～**f24** 的器件的能量转换效率依次为 10.1%、10.8% 和 11.5%，高于 FTAZ：**f12** 器件的能量转换效率(7.7%)。

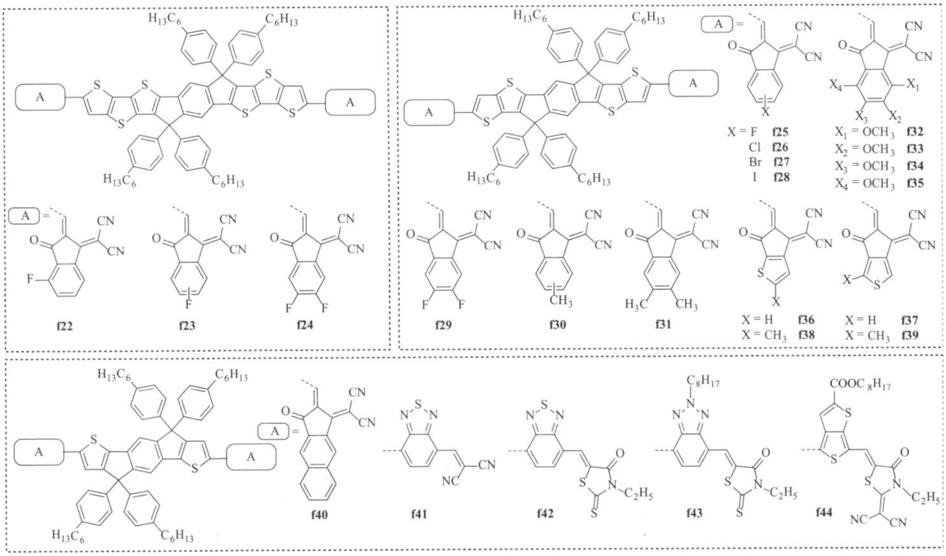

图 4-12　稠环电子受体 **f22**～**f44** 的结构式

除氟原子以外，还可以用其他卤素原子取代端基上的氢原子。**f25**～**f28**(图 4-12)分别是以 IDTT 为核，氟、氯、溴、碘取代的 3-(二氰基亚甲基)-茚-1-酮为端基的受体分子[145]。在溶液中，**f6** 和 **f25**～**f28** 的最大吸收波长依次红移，分别为 677 nm、687 nm、691 nm、692 nm 和 695 nm。卤素取代的 **f25**～**f28** 的能级均比 **f6** 低；氟、氯、溴取代的 **f25**～**f27** 的能级依次降低，而碘取代的 **f28** 的能级反而比溴取代的 **f27** 的能级高，与氯取代的 **f26** 接近。**f25**～**f28** 比 **f6** 具有更强和更尖锐的 XRD 峰，说明 **f25**～**f28** 的结晶性比 **f6** 更强；其中溴取代的 **f27** 的结晶性最强。用 OFET 测得的 **f6** 和 **f25**～**f28** 的电子迁移率分别为 0.047 cm²/(V·s)、0.002 cm²/(V·s)、0.10 cm²/(V·s)、1.3 cm²/(V·s) 和 0.30 cm²/(V·s)。以聚合物 PBDTTTPD 为给体，**f6** 和 **f25**～**f28** 为受体制备的太阳电池器件的能量转换效率分别为 6.4%、8.8%、9.5%、9.4% 和 8.9%。

将 **f6** 中的端基换为 3-(二氰基亚甲基)-5,6-二氟-茚-1-酮得到 **f29**(图 4-12)[146]。由于氟原子具有强的拉电子作用，在端基中增加氟原子的个数会使受体分子

LUMO 能级降低，导致器件 V_{OC} 降低。因此可以在给体中同样引入氟原子，从而降低给体的能级，提高器件 V_{OC}。基于含氟给体 PBDB-T-SF 和 **f29** 的器件的 V_{OC} 为 0.88 V，J_{SC} 为 20.88 mA/cm²，FF 为 0.713，能量转换效率为 13.10%。

除了向端基中引入拉电子的卤素原子，还可以引入具有给电子性质的基团，如烷基、烷氧基等，这样可以提高受体材料的 LUMO 能级，从而提高器件的 V_{OC}。**f30** 和 **f31**（图 4-12）是以 IDTT 为核，3-(二氰基亚甲基)-5(6)-甲基-茚-1-酮和 3-(二氰基亚甲基)-5,6-二甲基-茚-1-酮为端基的两种受体分子[147]。与 **f6**（HOMO/LUMO 能级：−5.61 eV、−4.02 eV）相比，每个端基上只有一个甲基取代的分子 **f30** 的能级上移（HOMO/LUMO 能级：−5.58 eV、−3.98 eV），在薄膜中的最大吸收波长为 700 nm，与 **f6** 相比蓝移了 6 nm；每个端基上有两个甲基取代的分子 **f31** 的能级进一步上移（HOMO/LUMO 能级：−5.56 eV、−3.93 eV），在薄膜中的最大吸收波长为 692 nm，与 **f6** 相比蓝移了 14 nm。与 PBDB-T：**f31** 相比，PBDB-T：**f30** 共混膜中相纯度更高，给体的有序程度更高，因而电子迁移率更高。基于 PBDB-T：**f30** 的器件的 V_{OC} 为 0.94 V，J_{SC} 为 17.44 mA/cm²，FF 为 0.735，能量转换效率为 12.05%；基于 PBDB-T：**f31** 的器件的 V_{OC} 更高，为 0.97 V，但 J_{SC} 和 FF 均有所降低，分别为 16.48 mA/cm² 和 0.706，能量转换效率为 11.29%。

在 **f6** 的基础上，用一个甲氧基分别取代每个端基上的不同位置的氢原子得到分子 **f32**～**f35**（图 4-12）[148]。由于甲氧基的给电子能力比甲基更强，因而 **f32**～**f35** 的能级均比 **f30** 更高。除 **f33** 的吸收比 **f30** 略微红移，带隙略微减小以外，其余三种分子的吸收与 **f30** 相比均发生了蓝移，带隙增大。甲氧基在端基上取代位置的不同显著影响分子的平面性和分子在薄膜中的堆积。当甲氧基取代在 4 位和 7 位时（**f32** 和 **f35**），甲氧基和氰基(或羰基)之间存在空间位阻，因而扭曲了端基，降低了端基部分的平面性，不利于分子在薄膜中的有序堆积。**f32**～**f35** 在薄膜中的 π-π 相干长度分别为 0.91 nm、2.93 nm、2.46 nm 和 1.50 nm，因而 **f33** 在这四个分子中的堆积最为有序，结晶性最强。**f32**～**f35** 的电子迁移率分别为 4.3×10⁻⁶ cm²/(V·s)、1.9×10⁻⁴ cm²/(V·s)、4.0×10⁻⁵ cm²/(V·s) 和 1.6×10⁻⁵ cm²/(V·s)，与形貌表征的结果相符。以 PBDB-T 为给体，**f32**～**f35** 为受体的器件的能量转换效率分别为 6.3%、11.9%、10.8% 和 7.9%。

将 3-(二氰基亚甲基)-茚-1-酮中的苯环换成噻吩可以得到两种同分异构的拉电子端基。将 **f6** 的端基换成这两个含噻吩的端基可以得到分子 **f36** 和 **f37**（图 4-12）。在 **f36** 中[149]，噻吩单元表现出了给电子性质，端基的拉电子能力弱于 3-(二氰基亚甲基)-茚-1-酮，因而核与端基之间的分子内电荷转移减弱。与 **f6**（最大吸收波长 702 nm，带隙 1.59 eV）相比，**f36** 的最大吸收波长蓝移至 670 nm 处，带隙变宽至 1.67 eV，HOMO 和 LUMO 能级分别提高至−5.47 eV、−3.76 eV（**f6** 的 HOMO/LUMO 能级：−5.50 eV、−3.90 eV）。提高受体分子的 LUMO 能级有利于

提高器件的 V_{OC}。基于 PBDB-T：**f36** 的器件的 V_{OC} 高达 1.01 V，能量转换效率为
11.4%。而在 **f37** 中[150]，端基表现出比 3-(二氰基亚甲基)-茚-1-酮略强的拉电子能
力，因此 **f37** 在薄膜中的最大吸收波长红移至 720 nm 处，带隙为 1.58 eV，HOMO
和 LUMO 能级分别降低至 -5.62 eV、-3.96 eV（**f6** 的 HOMO/LUMO 能级：-5.61 eV、
-3.93 eV）。基于 PBT1-EH：**f37** 的器件的 FF 可达 0.751，能量转换效率为 11.8%。

　　用甲基取代 **f36** 和 **f37** 端基中噻吩 α 位上的氢原子得到分子 **f38**[144] 和
f39[151]（图 4-12）。与 **f36** 相比，**f38** 的 LUMO 能级进一步被提高至 -3.67 eV，带
隙也略微变宽，可以用到叠层器件前电池中。基于 PBDB-T：**f38** 的器件的 V_{OC}
为 1.03 V，能量转换效率为 10.1%；将 PBDB-T：**f38** 作为前电池的叠层器件的能
量转换效率可达 13.8%。**f39** 的吸收和带隙与 **f37** 基本相同，HOMO 和 LUMO 能
级分别提高至 -5.57 eV、-3.92 eV。甲基取代的 **f39** 在薄膜中具有更紧密的分子堆
积和更好的结晶性，电子迁移率为 8.4×10^{-4} cm^2/(V·s)，高于 **f37** 的电子迁移率
[6.6×10^{-4} cm^2/(V·s)]。基于 J71：**f37** 的器件的 V_{OC} 为 0.896 V，J_{SC} 为
17.52 mA/cm^2，FF 为 0.741，能量转换效率为 11.63%；而基于 J71：**f39** 的器件的
V_{OC} 提高至 0.918 V，J_{SC} 提高至 18.41 mA/cm^2，FF 为 0.742，能量转换效率提高
至 12.54%。

　　将 3-(二氰基亚甲基)-茚-1-酮中的苯环拓展为萘可以得到一种新的基于萘的
端基[152-154]。以基于 IDT 核和含萘端基的分子 **f40**（图 4-12）为例[153]，与 **f1** 相比，
f40 的共轭长度更长，因而吸收红移；**f40** 的 HOMO 能级（-5.79 eV）比 **f1**（-5.81 eV）
略高，LUMO 能级（-3.98 eV）比 **f1**（-3.94 eV）略低；**f40** 在薄膜中具有更有序和紧
密的 π-π 堆积，其电子迁移率[7.1×10^{-4} cm^2/(V·s)]比 **f1**[3.8×10^{-5} cm^2/(V·s)]高
一个数量级。基于 PBDB-TF：**f1** 的器件的 V_{OC} 为 0.993 V，J_{SC} 为 13.01 mA/cm^2，
FF 为 0.57，能量转换效率为 7.4%；基于 PBDB-TF：**f40** 的器件的 V_{OC} 为
0.946 V，J_{SC} 为 16.58 mA/cm^2，FF 高达 0.78，能量转换效率为 12.2%。

　　除氰基茚酮类拉电子单元以外，其他类型的拉电子单元也可以作为稠环电子
受体的端基。**f41**（图 4-12）是一个以 IDT 为核、二氰基亚甲基取代的苯并噻二唑
为端基的受体分子[155]。**f41** 的最大吸收波长为 688 nm，与 **f1** 接近；带隙为 1.60 eV，
比 **f1** 窄。基于 PBDTTT-C-T：**f41** 的器件的能量转换效率为 4.26%。

　　将 **f41** 中的二氰基亚甲基单元换成 3-乙基罗丹宁得到分子 **f42**（图 4-12）[156]。
与 **f41** 相比，**f42** 的最大吸收波长蓝移至 658 nm，带隙变宽至 1.68 eV，HOMO 和
LUMO 能级分别提高至 -5.52 eV、-3.69 eV。**f42** 的能级较高，可以与经典的聚合
物给体 P3HT 相匹配，器件的 V_{OC} 为 0.84 V，能量转换效率为 5.12%。将 **f42** 与
PTB7-Th 共混制备的器件的 V_{OC} 高达 1.05 V，能量转换效率为 8.5%；向 PTB7-Th：
f42 共混膜中加入 1% 的低能级的小分子 PDI-2DTT（HOMO/LUMO 能级：-5.60 eV、
-3.90 eV）作为"能量驱动器"，增加电子转移的驱动力，可以显著将器件的 J_{SC}

和 FF 分别由 12.8 mA/cm² 和 0.611 提高至 14.5 mA/cm² 和 0.650，能量转换效率提高至 10.1%[157]。通过加入极少量的作为"能量驱动器"的小分子，在 PTB7-Th：**f42** 体系中同时实现了低能量损失（0.55 eV）、高开路电压（大于 1 V）和高能量转换效率（大于 10%）。

将 **f42** 中的苯并噻二唑换成拉电子能力更弱的苯并三氮唑得到分子 **f43**（图 4-12）[158]。由于分子内电荷转移减弱，**f43** 的吸收蓝移，带隙变宽，LUMO 能级明显提高。基于 P3HT：**f43** 的器件的 V_{OC} 高达 1.02 V，能量转换效率为 5.24%。

将 **f42** 中的苯并噻二唑换成酯基取代的噻吩并[3,4-b]噻吩，3-乙基罗丹宁换成拉电子能力更强的 3-乙基-2-二氰基亚甲基罗丹宁，得到分子 **f44**（图 4-12）[159]。**f44** 的吸收比 **f42** 明显红移，带隙变窄至 1.54 eV。基于 PTB7-Th：**f44** 的器件的 V_{OC} 为 0.87 V，J_{SC} 为 16.48 mA/cm²，FF 为 0.70，能量转换效率为 10.07%。

稠环电子受体 **f22**～**f44** 的光电性质和有机太阳电池器件数据列于表 4-9。

表 4-9　稠环电子受体 **f22**～**f44** 的光电性质和有机太阳电池器件数据

受体	λ_{max}^{a} /nm	E_{opt} /eV	(E_{HOMO}/E_{LUMO}) /eV	μ_e^{b} /[×10⁻⁴ cm²/(V·s)]	给体	V_{OC} /V	J_{SC}/(mA/cm²)	FF	PCE /%	参考文献
f22	720	1.56	−5.54/−3.97	1.0 (s, n)	FTAZ	0.929	16.63	0.643	10.1	[137]
f23	728	1.52	−5.52/−3.98	1.2 (s, n)	FTAZ	0.903	17.56	0.668	10.8	[137]
f24	744	1.48	−5.52/−4.02	1.7 (s, n)	FTAZ	0.857	19.44	0.674	11.5	[137]
f25		1.56	−5.65/−4.09	20 (o)	PBDTTTPD	0.94	14.1	0.66	8.8	[145]
f26		1.56	−5.70/−4.14	1000 (o)	PBDTTTPD	0.94	15.6	0.65	9.5	[145]
f27		1.53	−5.73/−4.20	13000 (o)	PBDTTTPD	0.93	15.4	0.66	9.4	[145]
f28		1.55	−5.68/−4.14	3000 (o)	PBDTTTPD	0.95	14.5	0.65	8.9	[145]
f29	717		−5.66/−4.14	5.05 (s, n)	PBDB-T-SF	0.88	20.88	0.713	13.10	[146]
f30	700	1.60	−5.58/−3.98	1.1 (s, b)	PBDB-T	0.94	17.44	0.735	12.05	[147]
f31	692	1.63	−5.56/−3.93	0.47 (s, b)	PBDB-T	0.97	16.48	0.706	11.29	[147]
f32	668	1.67	−5.50/−3.76	0.043 (s, n)	PBDB-T	1.01	12.31	0.51	6.3	[148]
f33	706	1.59	−5.49/−3.86	1.9 (s, n)	PBDB-T	0.93	17.53	0.73	11.9	[148]
f34	686	1.64	−5.52/−3.80	0.4 (s, n)	PBDB-T	0.97	16.38	0.68	10.8	[148]
f35	688	1.63	−5.49/−3.81	0.16 (s, n)	PBDB-T	0.96	14.69	0.56	7.9	[148]
f36	670	1.67	−5.47/−3.76	9.26 (s, n)	PBDB-T	1.01	15.9	0.71	11.4	[149]
f37	720	1.58	−5.62/−3.96	32 (s, n)	PBT1-EH	0.95	16.5	0.751	11.8	[150]
				6.6 (s, n)	J71	0.896	17.52	0.741	11.63	[151]
f38		1.68	−5.50/−3.67		PBDB-T	1.03	14.8	0.663	10.1	[144]
f39	718	1.58	−5.57/−3.92	8.4 (s, n)	J71	0.918	18.41	0.742	12.54	[151]

续表

受体	λ_{max}^{a} /nm	E_{opt} /eV	(E_{HOMO}/E_{LUMO}) /eV	μ_e^{b} /[$\times 10^{-4}$ cm²/(V·s)]	给体	V_{OC} /V	J_{SC}/ (mA/cm²)	FF	PCE /%	参考文献
f40	739	1.59	−5.79/−3.98	7.1 (s, n)	PBDB-TF	0.946	16.58	0.78	12.2	[153]
f41	688	1.60	−5.6/−3.8	0.1 (s, b)	PBDTTT-C-T	0.766	10.10	55.1	4.26	[155]
f42	658	1.68	−5.52/−3.69	3.4 (s, n)	P3HT	0.84	8.91	0.681	5.12	[156]
					PTB7-Th^c	1.03	14.5	0.650	10.1	[157]
f43	610	1.85	−5.51/−3.55	0.32 (s, b)	P3HT	1.02	7.34	0.70	5.24	[158]
f44	736	1.54	−5.50/−3.63	2.40 (s, b)	PTB7-Th	0.87	16.48	0.70	10.07	[159]

注：上角标 a 表示在薄膜中的最大吸收波长，b 表示电子迁移率，c 表示加入 1% PDI-2DTT。括号中的 o 表示用 OFET 测得的迁移率，s 表示用 SCLC 法测得的迁移率，n 表示单组分薄膜，b 表示共混膜。

3. 侧链工程

李永舫等用间己基苯基替换 **f6** 中的四个对己基苯基侧链，合成了分子 **f45**（图 4-13）[160]。**f45** 的吸收光谱与 **f6** 基本相同，HOMO 和 LUMO 能级分别为−5.52 eV、−3.82 eV，比 **f6** 的能级（HOMO/LUMO 能级：−5.54 eV、−3.84 eV）高 0.02 eV。侧链中己基取代位置的不同显著影响了分子在薄膜中的堆积，在 **f6** 的薄膜中同时存在着"面向上"和"边向上"的分子取向，而在 **f45** 的薄膜中分子的取向主要是"面向上"；**f6** 和 **f45** 的 π-π 相干长度分别为 1.96 nm 和 4.69 nm，说明 **f45** 在薄膜中堆积更加有序，结晶性更强。**f6** 和 **f45** 的电子迁移率分别为 1.601×10^{-4} cm²/(V·s) 和 2.45×10^{-4} cm²/(V·s)。J61：**f45** 共混膜的结晶性也强于 J61：**f6**，有利于载流子传输。基于 J61：**f45** 的器件的能量转换效率为 11.77%，高于 J61：**f6** 对比器件（10.57%）。

将 **f6** 中的四个对己基苯基换成己基噻吩得到分子 **f46**（图 4-13）[161]。**f46** 在薄膜中的最大吸收波长为 706 nm，比 **f6** 红移了 4 nm。由于噻吩侧链的 σ 诱导效应，**f46** 的 HOMO/LUMO 能级（−5.66 eV、−3.93 eV）比 **f6**（HOMO/LUMO 能级：−5.48 eV、−3.83 eV）低。**f6** 和 **f46** 在薄膜中的 π-π 相干长度分别为 2.4 nm 和 5.5 nm，说明 **f46** 结晶性更强。基于 **f46** 和窄带隙给体 PTB7-Th 的器件的能量转换效率为 8.7%；将 PTB7-Th 换为与 **f46** 吸收互补且低 HOMO 能级的宽带隙给体 PDBT-T1，可以提高器件的 V_{OC} 和 J_{SC}，进而将能量转换效率提高至 9.6%。

将 **f1** 中的四个对己基苯基侧链换成正己基侧链得到分子 **f47**（IDIC，图 4-13）[162]。正己基侧链空间位阻比对己基苯基侧链更小，有利于分子之间的 π-π 堆积。与 **f1** 相比，**f47** 在薄膜中的最大吸收波长红移，带隙减小，能级降低。基于 PDBT-T1：**f47** 的器件的能量转换效率为 8.71%。将 **f47** 与不同的聚合物给体共混，器件能量转换效率可以从 5.24% 变化到 11.03%，说明给受体的匹配非常重要[163]。在 FTAZ：**f47** 体系中还发现了新的光物理机制[164]。对于传统聚合物给

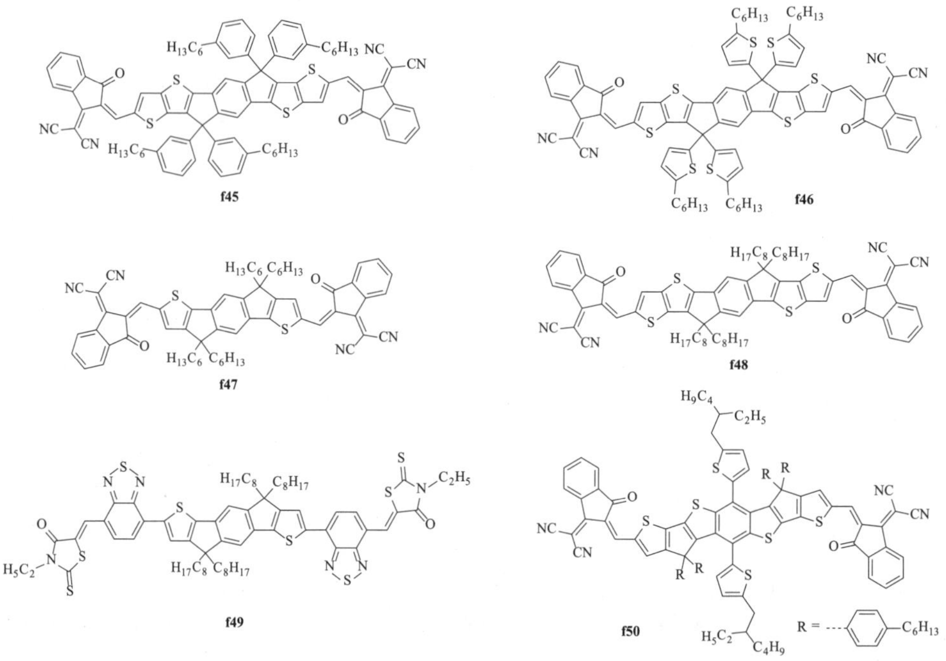

图 4-13 稠环电子受体 **f45**～**f50** 的结构式

体/富勒烯受体体系，电荷的产生主要依赖于聚合物给体材料，且大部分的电荷均在一个非常短的时间尺度(约 0.1 ps)内产生，电荷复合方面存在明显的双分子三线态复合通道。而在 FTAZ：**f47** 体系中，给体和受体均能产生自由电荷，打破了对聚合物给体材料的过度依赖，为实现更高器件性能提供了新的途径；电荷产生方面，只有 10%的电荷在光照后立即产生，其余部分在接下来的几皮秒内缓慢产生，这种慢的电荷产生动力学有利于抑制复合；电荷复合方面，FTAZ：**f47** 体系不存在双分子三线态复合通道。通过具有纳米结构的 ZnO：Al_2O_3 复合层调控器件内的光场和电荷分布，可以将基于 FTAZ：**f47** 的器件的能量转换效率提高至 13.03%，在 610 nm 处获得了 92%的外量子效率[165]。将 **f6** 中的四个对己基苯基侧链换成正辛基侧链得到分子 **f48**(图 4-13)，基于 PFBDB-T：**f48** 的器件的 V_{OC} 为 0.94 V，J_{SC} 为 19.6 mA/cm^2，FF 为 0.72，能量转换效率为 13.2%[166]。将 **f42** 中的四个对己基苯基侧链换成正辛基侧链得到分子 **f49**(图 4-13)，基于 P3HT：**f49** 的器件的 V_{OC} 为 0.72 V，J_{SC} 为 13.9 mA/cm^2，FF 为 0.60，能量转换效率为 6.3%[167]。

除修饰稠环电子受体中的非共轭侧链以外，还可以通过引入共轭侧链来调控分子的性质。向 **f7** 中引入共轭的噻吩侧链得到分子 **f50**(图 4-13)[168]。引入共轭侧链，扩展了分子内共轭，因而 **f50** 的吸收比 **f7** 红移，有利于提高 J_{SC}；共轭噻吩侧链具有给电子性质，提高了 **f50** 的能级，有利于提高 V_{OC}；共轭侧链还能增强分子间相互作用，提高了 **f50** 的电子迁移率，从而有利于提高 J_{SC} 和 FF。基于 FTAZ：**f50** 的器件的 V_{OC} 为 0.925 V，J_{SC} 为 18.88 mA/cm^2，FF 为 0.630，能量转换效率为 11.0%，高于 FTAZ：**f7** 对比器件（V_{OC} 为 0.921 V，J_{SC} 为 16.45 mA/cm^2，FF 为 0.564，能量转换效率为 8.54%）。

稠环电子受体 **f45**～**f50** 的光电性质和有机太阳电池器件数据列于表 4-10。

表 4-10　稠环电子受体 f45～f50 的光电性质和有机太阳电池器件数据

受体	λ_{max}^{a} /nm	E_{opt} /eV	(E_{HOMO}/E_{LUMO}) /eV	μ_e^b /[×10^{-4} cm^2/(V·s)]	给体	V_{OC} /V	J_{SC}/(mA/cm^2)	FF	PCE /%	参考文献
f45	700	1.58	−5.52/−3.82	2.45 (s, n)	J61	0.912	18.31	0.7055	11.77	[160]
f46	706	1.60	−5.66/−3.93	6.1 (s, n)	PTB7-Th	0.80	15.93	0.680	8.7	[161]
					PDBT-T1	0.88	16.24	0.671	9.6	[161]
f47	716	1.62	−5.69/−3.91	11 (s, n)	PDBT-T1	0.89	15.05	0.65	8.71	[162]
					FTAZ	0.850	21.58	0.7102	13.03	[165]
f48	738	1.55	−5.63/−3.91	6.9 (s, b)	PFBDB-T	0.94	19.6	0.72	13.2	[166]
f49	690	1.63	−5.51/−3.88		P3HT	0.72	13.9	0.60	6.3	[167]
f50	738	1.53	−5.43/−3.80	13 (s, n)	FTAZ	0.925	18.88	0.630	11.0	[168]

注：上角标 a 表示在薄膜中的最大吸收波长，b 表示电子迁移率。括号中的 s 表示用 SCLC 法测得的迁移率，n 表示单组分薄膜，b 表示共混膜。

4.4　总结与展望

1986 年邓青云博士将异质结引入有机太阳电池领域，后来有机太阳电池中 n 型半导体的发展经历了由富勒烯时代到非富勒烯时代的转变。在 2015 年以前，富勒烯及其衍生物是占主导地位的有机太阳电池受体材料，亚酞菁、酰亚胺等非富勒烯受体体系稳步发展；2015 年，占肖卫课题组开发的稠环电子受体体系开创了非富勒烯受体材料发展的新纪元。目前，基于非富勒烯受体的有机太阳电池的能量转换效率已经超过了基于富勒烯受体的有机太阳电池，特别是基于稠环电子受体的有机太阳电池的能量转换效率已超过 17%。

未来有机太阳电池的发展可能集中于以下几个方面：①化学层面上，设计合成新的、能量转换效率更高的材料，开发新的材料体系，拓展材料的应用范围。合成新材料的目的不仅是进一步提高有机太阳电池器件的能量转换效率，还要为光物理、器件物理和器件工艺研究提供模型化合物。②物理层面上，目前的研究表明，非富勒烯有机太阳电池中的激子拆分、电荷转移等过程与富勒烯有机太阳电池有很大不同，但其具体的机制和原因仍有待研究。深入研究非富勒烯有机太阳电池中的光物理过程，可以帮助我们寻找进一步降低器件中能量损失的方法，从而获得更高的能量转换效率。③活性层形貌对器件性能有重要影响，目前已经有多种方法可以用于表征活性层形貌，但对形貌形成原因的研究仍比较少。通过研究形貌形成原因，可以指导材料合成和新器件制备工艺的开发。④叠层器件、多组分器件、半透明器件等可能实现具有更高能量转换效率或具有广阔应用前景的新器件仍有待进一步研究。⑤器件对光、热、水、氧、力等的长期稳定性有待进一步研究和提高。⑥大面积器件的制备工艺如辊对辊印刷、刮涂等有待进一步发展。⑦进一步降低从材料合成到器件制备的成本。面向未来有机太阳电池发展方向，继续探索有机太阳电池中 n 型半导体，是推进有机太阳电池商业化，进而解决能源问题的有效途径。

参 考 文 献

[1] Li G, Zhu R, Yang Y. Polymer solar cells. Nat Photonics, 2012, 6: 153-161.

[2] Krebs F C, Espinosa N, Hösel M, et al. 25th anniversary article: Rise to power-OPV-based solar parks. Adv Mater, 2014, 26: 29-39.

[3] Lu L Y, Zheng T Y, Wu Q H, et al. Recent advances in bulk heterojunction polymer solar cells. Chem Rev, 2015, 115: 12666-12731.

[4] Wang J Y, Liu K, Ma L C, et al. Triarylamine: Versatile platform for organic, dye-sensitized, and perovskite solar cells. Chem Rev, 2016, 116: 14675-14725.

[5] Yan C, Barlow S, Wang Z, et al. Non-fullerene acceptors for organic solar cells. Nat Rev Mater, 2018, 3: 18003.

[6] Cheng P, Li G, Zhan X W, et al. Next-generation organic photovoltaics based on non-fullerene acceptors. Nat Photonics, 2018, 12: 131-142.

[7] Hou J, Inganäs O, Friend R H, et al. Organic solar cells based on non-fullerene acceptors. Nat Mater, 2018, 17: 119-128.

[8] Kearns D, Calvin M. Photovoltaic effect and photoconductivity in laminated organic systems. J Chem Phys, 1958, 29: 950-951.

[9] Tang C W. Two layer organic photovoltaic cell. Appl Phys Lett, 1986, 48: 183-185.

[10] Chamberlain G A. Organic solar cells: A review. Solar Cells, 1983, 8: 47-83.

[11] Wang Y F, Zhan X W. Layer-by-layer processed organic solar cells. Adv Energy Mater, 2016, 6: 1600414.

[12] Yu G, Gao J, Hummelen J C, et al. Polymer photovoltaic cells-enhanced efficiencies via a network of internal donor-acceptor heterojunctions. Science, 1995, 270: 1789-1791.

[13] Meng L X, Zhang Y M, Wan X J, et al. Organic and solution-processed tandem solar cells with 17.3% efficiency. Science, 2018, 361: 1094-1098.

[14] Sariciftci N S, Smilowitz L, Heeger A J, et al. Photoinduced electron transfer from a conducting

polymer to buckminsterfullerene. Science, 1992, 258: 1474-1476.

[15] Hummelen J C, Knight B W, LePeq F, et al. Preparation and characterization of fulleroid and methanofullerene derivatives. J Org Chem, 1995, 60: 532-538.

[16] Meerheim R, Körner C, Leo K. Highly efficient organic multi-junction solar cells with a thiophene based donor material. Appl Phys Lett, 2014, 105: 063306.

[17] Che X Z, Xiao X, Zimmerman J D, et al. High-efficiency, vacuum-deposited, small-molecule organic tandem and triple-junction photovoltaic cells. Adv Energy Mater, 2014, 4: 1400568.

[18] Huang J, Wang H Y, Yan K R, et al. Highly efficient organic solar cells consisting of double bulk heterojunction layers. Adv Mater, 2017, 29: 1606729.

[19] Li M M, Gao K, Wan X J, et al. Solution-processed organic tandem solar cells with power conversion efficiencies >12%. Nat Photonics, 2017, 11: 85-90.

[20] Meller A, Ossko A. Phthalocyaninartige bor-komplexe: 15c-Halogeno-triisindolo [1,2,3-cd: 1',2',3'-gh: 1'',2'',3''-kl]-[2,3a,5,6a,8,9a,9b]-hexaazaboraphenalene. Monatsh Chem, 1972, 103: 150-155.

[21] Cnops K, Rand B P, Cheyns D, et al. 8.4% efficient fullerene-free organic solar cells exploiting long-range exciton energy transfer. Nat Commun, 2014, 5: 3406.

[22] Zhan X W, Tan Z A, Domercq B, et al. A high-mobility electron-transport polymer with broad absorption and its use in field-effect transistors and all-polymer solar cells. J Am Chem Soc, 2007, 129: 7246-7247.

[23] Guo X G, Facchetti A, Marks T J. Imide- and amide-functionalized polymer semiconductors. Chem Rev, 2014, 114: 8943-9021.

[24] Fan B B, Ying L, Zhu P, et al. All-polymer solar cells based on a conjugated polymer containing siloxane-functionalized side chains with efficiency over 10%. Adv Mater, 2017, 29: 1703906.

[25] Zhang J Q, Li Y K, Huang J C, et al. Ring-fusion of perylene diimide acceptor enabling efficient nonfullerene organic solar cells with a small voltage loss. J Am Chem Soc, 2017, 139: 16092-16095.

[26] Bai H T, Wang Y F, Cheng P, et al. An electron acceptor based on indacenodithiophene and 1,1-dicyanomethylene-3-indanone for fullerene-free organic solar cells. J Mater Chem A, 2015, 3: 1910-1914.

[27] Lin Y, Zhang Z G, Bai H, et al. High-performance fullerene-free polymer solar cells with 6.31% efficiency. Energ Environ Sci, 2015, 8: 610-616.

[28] Lin Y, Wang J, Zhang Z G, et al. An electron acceptor challenging fullerenes for efficient polymer solar cells. Adv Mater, 2015, 27: 1170-1174.

[29] Zhang S Q, Qin Y P, Zhu J, et al. Over 14% efficiency in polymer solar cells enabled by a chlorinated polymer donor. Adv Mater, 2018, 30: 1800868.

[30] Kroto H W, Heath J R, Obrien S C, et al. C_{60}-buckminsterfullerene. Nature, 1985, 318: 162-163.

[31] Haddock J N, Zhang X, Domercq B, et al. Fullerene based n-type organic thin-film transistors. Org Electron, 2005, 6: 182-187.

[32] Pfuetzner S, Meiss J, Petrich A, et al. Improved bulk heterojunction organic solar cells employing C_{70} fullerenes. Appl Phys Lett, 2009, 94: 223307.

[33] Steinmann V, Kronenberg N M, Lenze M R, et al. Simple, highly efficient vacuum-processed bulk heterojunction solar cells based on merocyanine dyes. Adv Energy Mater, 2011, 1: 888-893.

[34] Xiao X, Bergemann K J, Zimmerman J D, et al. Small-molecule planar-mixed heterojunction photovoltaic cells with fullerene-based electron filtering buffers. Adv Energy Mater, 2014, 4: 1301557.

[35] Wienk M M, Kroon J M, Verhees W J H, et al. Efficient methano[70]fullerene/MDMO-PPV bulk heterojunction photovoltaic cells. Angew Chem Int Ed, 2003, 42: 3371-3375.

[36] Troshin P A, Hoppe H, Renz J, et al. Material solubility-photovoltaic performance relationship in the design of novel fullerene derivatives for bulk heterojunction solar cells. Adv Funct Mater, 2009, 19: 779-788.

[37] He Y J, Li Y F. Fullerene derivative acceptors for high performance polymer solar cells. Phys Chem Chem Phys, 2011, 13: 1970-1983.

[38] Kooistra F B, Mihailetchi V D, Popescu L M, et al. New C_{84} derivative and its application in a bulk heterojunction solar cell. Chem Mater, 2006, 18: 3068-3073.

[39] Lenes M, Wetzelaer G-J A H, Kooistra F B, et al. Fullerene bisadducts for enhanced open-circuit voltages and efficiencies in polymer solar cells. Adv Mater, 2008, 20: 2116-2119.

[40] Mihailetchi V D, van Duren J K J, Blom P W M, et al. Electron transport in a methanofullerene. Adv Funct Mater, 2003, 13: 43-46.

[41] Lenes M, Shelton S W, Sieval A B, et al. Electron trapping in higher adduct fullerene-based solar cells. Adv Funct Mater, 2009, 19: 3002-3007.

[42] Zhang Y, Yip H L, Acton O, et al. A simple and effective way of achieving highly efficient and thermally stable bulk-heterojunction polymer solar cells using amorphous fullerene derivatives as electron acceptor. Chem Mater, 2009, 21: 2598-2600.

[43] He Y J, Chen H Y, Hou J H, et al. Indene-C_{60} bisadduct: A new acceptor for high-performance polymer solar cells. J Am Chem Soc, 2010, 132: 1377-1382.

[44] He Y J, Zhao G J, Peng B, et al. High-yield synthesis and electrochemical and photovoltaic properties of indene-C_{70} bisadduct. Adv Funct Mater, 2010, 20: 3383-3389.

[45] Chen J D, Zhou L, Ou Q D, et al. Enhanced light harvesting in organic solar cells featuring a biomimetic active layer and a self-cleaning antireflective coating. Adv Energy Mater, 2014, 4: 1301777.

[46] Guo X, Cui C H, Zhang M J, et al. High efficiency polymer solar cells based on poly(3-hexylthiophene)/indene-C_{70} bisadduct with solvent additive. Energ Environ Sci, 2012, 5: 7943-7949.

[47] Cheng Y J, Liao M H, Chang C Y, et al. Di(4-methylphenyl)methano-C_{60} bis-adduct for efficient and stable organic photovoltaics with enhanced open-circuit voltage. Chem Mater, 2011, 23: 4056-4062.

[48] Matsuo Y, Sato Y, Niinomi T, et al. Columnar structure in bulk heterojunction in solution-processable three-layered p-i-n organic photovoltaic devices using tetrabenzoporphyrin precursor and silylmethyl[60]fullerene. J Am Chem Soc, 2009, 131: 16048-16050.

[49] Campanera J M, Bo C, Olmstead M M, et al. Bonding within the endohedral fullerenes Sc$_3$N@C$_{78}$ and Sc$_3$N@C$_{80}$ as determined by density functional calculations and reexamination of the crystal structure of {Sc$_3$N@C$_{78}$}·Co (OEP) }·1.5 (C$_6$H$_6$) ·0.3 (CHCl$_3$). J Phys Chem A, 2002, 106: 12356-12364.

[50] Cardona C M, Elliott B, Echegoyen L. Unexpected chemical and electrochemical properties of M$_3$N@C$_{80}$ (M = Sc, Y, Er). J Am Chem Soc, 2006, 128: 6480-6485.

[51] Ross R B, Cardona C M, Guldi D M, et al. Endohedral fullerenes for organic photovoltaic devices. Nat Mater, 2009, 8: 208-212.

[52] Claessens C G, González-Rodríguez D, Rodríguez-Morgade M S, et al. Subphthalocyanines, subporphyrazines, and subporphyrins: Singular nonplanar aromatic systems. Chem Rev, 2014, 114: 2192-2277.

[53] Sullivan P, Duraud A, Hancox I, et al. Halogenated boron subphthalocyanines as light harvesting electron acceptors in organic photovoltaics. Adv Energy Mater, 2011, 1: 352-355.

[54] Verreet B, Rand B P, Cheyns D, et al. A 4% efficient organic solar cell using a fluorinated fused subphthalocyanine dimer as an electron acceptor. Adv Energy Mater, 2011, 1: 565-568.

[55] Ebenhoch B, Prasetya N B A, Rotello V M, et al. Solution-processed boron subphthalocyanine derivatives as acceptors for organic bulk-heterojunction solar cells. J Mater Chem A, 2015, 3: 7345-7352.

[56] Zhan X W, Facchetti A, Barlow S, et al. Rylene and related diimides for organic electronics. Adv Mater, 2011, 23: 268-284.

[57] Zhao X G, Zhan X W. Electron transporting semiconducting polymers in organic electronics. Chem Soc Rev, 2011, 40: 3728-3743.

[58] Meng L Y, Shang Y, Li Q K, et al. Dynamic Monte Carlo simulation for highly efficient polymer blend photovoltaics. J Phys Chem B, 2009, 114: 36-41.

[59] Cheng P, Ye L, Zhao X G, et al. Binary additives synergistically boost the efficiency of all-polymer solar cells up to 3.45%. Energ Environ Sci, 2014, 7: 1351-1356.

[60] Cheng P, Yan C Q, Li Y F, et al. Diluting concentrated solution: A general, simple and effective approach to enhance efficiency of polymer solar cells. Energ Environ Sci, 2015, 8: 2357-2364.

[61] Zhou E J, Cong J Z, Wei Q S, et al. All-polymer solar cells from perylene diimide based copolymers: Material design and phase separation control. Angew Chem Int Ed, 2011, 50: 2799-2803.

[62] Zhou Y, Kurosawa T, Ma W, et al. High performance all-polymer solar cell via polymer side-chain engineering. Adv Mater, 2014, 26: 3767-3772.

[63] Zhou Y, Yan Q F, Zheng Y Q, et al. New polymer acceptors for organic solar cells: The effect of regio-regularity and device configuration. J Mater Chem A, 2013, 1: 6609-6613.

[64] Zhang Y D, Wan Q, Guo X, et al. Synthesis and photovoltaic properties of an n-type two-dimension-conjugated polymer based on perylene diimide and benzodithiophene with thiophene conjugated side chains. J Mater Chem A, 2015, 3: 18442-18449.

[65] Mikroyannidis J A, Stylianakis M M, Sharma G D, et al. A novel alternating phenylenevinylene copolymer with perylene bisimide units: Synthesis, photophysical, electrochemical, and

photovoltaic properties. J Phys Chem C, 2009, 113: 7904-7912.

[66] Rim S B, Fink R F, Schoneboom J C, et al. Effect of molecular packing on the exciton diffusion length in organic solar cells. Appl Phys Lett, 2007, 91: 173504.

[67] Schmidt-Mende L, Fechtenkötter A, Müllen K, et al. Self-organized discotic liquid crystals for high-efficiency organic photovoltaics. Science, 2001, 293: 1119-1122.

[68] Li J L, Dierschke F, Wu J S, et al. Poly (2,7-carbazole) and perylene tetracarboxydiimide: A promising donor/acceptor pair for polymer solar cells. J Mater Chem, 2006, 16: 96-100.

[69] Kamm V, Battagliarin G, Howard I A, et al. Polythiophene: perylene diimide solar cells—The impact of alkyl-substitution on the photovoltaic performance. Adv Energy Mater, 2011, 1: 297-302.

[70] Cai Y H, Huo L J, Sun X B, et al. High performance organic solar cells based on a twisted bay-substituted tetraphenyl functionalized perylenediimide electron acceptor. Adv Energy Mater, 2015, 5: 1500032.

[71] Rajaram S, Shivanna R, Kandappa S K, et al. Nonplanar perylene diimides as potential alternatives to fullerenes in organic solar cells. J Phys Chem Lett, 2012, 3: 2405-2408.

[72] Shivanna R, Shoaee S, Dimitrov S, et al. Charge generation and transport in efficient organic bulk heterojunction solar cells with a perylene acceptor. Energ Environ Sci, 2014, 7: 435-441.

[73] Ye L, Sun K, Jiang W, et al. Enhanced efficiency in fullerene-free polymer solar cell by incorporating fine-designed donor and acceptor materials. ACS Appl Mater Interfaces, 2015, 7: 9274-9280.

[74] Wu C H, Chueh C C, Xi Y Y, et al. Influence of molecular geometry of perylene diimide dimers and polymers on bulk heterojunction morphology toward high-performance nonfullerene polymer solar cells. Adv Funct Mater, 2015, 25: 5326-5332.

[75] Lu Z H, Zhang X, Zhan C L, et al. Impact of molecular solvophobicity vs. solvophilicity on device performances of dimeric perylene diimide based solution-processed non-fullerene organic solar cells. Phys Chem Chem Phys, 2013, 15: 11375-11385.

[76] Zhang X, Lu Z H, Ye L, et al. A potential perylene diimide dimer-based acceptor material for highly efficient solution-processed non-fullerene organic solar cells with 4.03% efficiency. Adv Mater, 2013, 25: 5791-5797.

[77] Zhang X, Zhan C L, Yao J N. Non-fullerene organic solar cells with 6.1% efficiency through fine-tuning parameters of the film-forming process. Chem Mater, 2014, 27: 166-173.

[78] Jiang B, Zhang X, Zhan C L, et al. Benzodithiophene bridged dimeric perylene diimide amphiphile as efficient solution-processed non-fullerene small molecule. Polym Chem, 2013, 4: 4631-4638.

[79] Zhang X, Yao J N, Zhan C L. Selenophenyl bridged perylene diimide dimer as efficient solution-processable small molecule acceptor. Chem Commun, 2014, 51: 1058-1061.

[80] Lu Z H, Jiang B, Zhang X, et al. Perylene-diimide based non-fullerene solar cells with 4.34% efficiency through engineering surface donor/acceptor compositions. Chem Mater, 2014, 26: 2907-2914.

[81] Yan Q F, Zhou Y, Zheng Y Q, et al. Toward rational design of organic electron acceptor for

photovoltaics: A study based on perylenediimide derivatives. Chem Sci, 2013, 4: 4389-4394.

[82] Zhao J B, Li Y K, Lin H R, et al. High-efficiency non-fullerene organic solar cells enabled by a difluorobenzothiadizole-based donor polymer combined with a properly matched small molecule acceptor. Energ Environ Sci, 2015, 8: 520-525.

[83] Wang Y, Yao Y H, Dai S X, et al. Oligothiophene-bridged perylene diimide dimers for fullerene-free polymer solar cells: Effect of bridge length. J Mater Chem A, 2015, 3: 13000-13010.

[84] Zhao J B, Li Y K, Zhang J Q, et al. The influence of spacer units on molecular properties and solar cell performance of non-fullerene acceptors. J Mater Chem A, 2015, 3: 20108-20112.

[85] Ye L, Jiang W, Zhao W C, et al. Selecting a donor polymer for realizing favorable morphology in efficient non-fullerene acceptor-based solar cells. Small, 2014, 10: 4658-4663.

[86] Jiang W, Ye L, Li X G, et al. Bay-linked perylene bisimides as promising non-fullerene acceptors for organic solar cells. Chem Commun, 2014, 50: 1024-1026.

[87] Zang Y, Li C Z, Chueh C C, et al. Integrated molecular, interfacial, and device engineering towards high-performance non-fullerene based organic solar cells. Adv Mater, 2014, 26: 5708-5714.

[88] Sun D, Meng D, Cai Y H, et al. Non-fullerene-acceptor-based bulk-heterojunction organic solar cells with efficiency over 7%. J Am Chem Soc, 2015, 137: 11156-11162.

[89] Lin Y Z, Wang Y F, Wang J Y, et al. A star-shaped perylene diimide electron acceptor for high-performance organic solar cells. Adv Mater, 2014, 26: 5137-5142.

[90] Liu Y H, Mu C, Jiang K, et al. A tetraphenylethylene core-based 3D structure small molecular acceptor enabling efficient non-fullerene organic solar cells. Adv Mater, 2015, 27: 1015-1020.

[91] Lee J, Singh R, Sin D H, et al. A nonfullerene small molecule acceptor with 3D interlocking geometry enabling efficient organic solar cells. Adv Mater, 2016, 28: 69-76.

[92] Chen W Q, Yang X, Long G K, et al. A perylene diimide（PDI）-based small molecule with tetrahedral configuration as a non-fullerene acceptor for organic solar cells. J Mater Chem C, 2015, 3: 4698-4705.

[93] Liu Y, Lai J Y L, Chen S, et al. Efficient non-fullerene polymer solar cells enabled by tetrahedron-shaped core based 3D-structure small-molecular electron acceptors. J Mater Chem A, 2015, 3: 13632-13636.

[94] Zhong Y, Trinh M T, Chen R, et al. Efficient organic solar cells with helical perylene diimide electron acceptors. J Am Chem Soc, 2014, 136: 15215-15221.

[95] Zhong Y, Trinh M T, Chen R, et al. Molecular helices as electron acceptors in high-performance bulk heterojunction solar cells. Nat Commun, 2015, 6: 8242.

[96] Yan H, Chen Z H, Zheng Y, et al. A high-mobility electron-transporting polymer for printed transistors. Nature, 2009, 457: 679-686.

[97] Fabiano S, Chen Z, Vahedi S, et al. Role of photoactive layer morphology in high fill factor all-polymer bulk heterojunction solar cells. J Mater Chem, 2011, 21: 5891-5896.

[98] Schubert M, Dolfen D, Frisch J, et al. Influence of aggregation on the performance of all-polymer solar cells containing low-bandgap naphthalenediimide copolymers. Adv Energy

Mater, 2012, 2: 369-380.

[99] Zhou N, Lin H, Lou S J, et al. Morphology-performance relationships in high-efficiency all-polymer solar cells. Adv Energy Mater, 2014, 4: 1300785.

[100] Mori D, Benten H, Okada I, et al. Low-bandgap donor/acceptor polymer blend solar cells with efficiency exceeding 4%. Adv Energy Mater, 2014, 4: 1301006.

[101] Jung J W, Russell T P, Jo W H. A small molecule composed of dithienopyran and diketopyrrolopyrrole as versatile electron donor compatible with both fullerene and nonfullerene electron acceptors for high performance organic solar cells. Chem Mater, 2015, 27: 4865-4870.

[102] Mu C, Liu P, Ma W, et al. High-efficiency all-polymer solar cells based on a pair of crystalline low-bandgap polymers. Adv Mater, 2014, 26: 7224-7230.

[103] Mori D, Benten H, Okada I, et al. Highly efficient charge-carrier generation and collection in polymer/polymer blend solar cells with a power-conversion efficiency of 5.7%. Energ Environ Sci, 2014, 7: 2939-2943.

[104] Ye L, Jiao X C, Zhou M, et al. Manipulating aggregation and molecular orientation in all-polymer photovoltaic cells. Adv Mater, 2015, 27: 6046-6054.

[105] Jung J W, Jo J W, Chueh C C, et al. Fluoro-substituted n-type conjugated polymers for additive-free all-polymer bulk heterojunction solar cells with high power conversion efficiency of 6.71%. Adv Mater, 2015, 27: 3310-3317.

[106] Lee C, Kang H, Lee W, et al. High-performance all-polymer solar cells via side-chain engineering of the polymer acceptor: The importance of the polymer packing structure and the nanoscale blend morphology. Adv Mater, 2015, 27: 2466-2471.

[107] Kim T, Kim J H, Kang T E, et al. Flexible, highly efficient all-polymer solar cells. Nat Commun, 2015, 6: 8547.

[108] Earmme T, Hwang Y J, Murari N M, et al. All-polymer solar cells with 3.3% efficiency based on naphthalene diimide-selenophene copolymer acceptor. J Am Chem Soc, 2013, 135: 14960-14963.

[109] Earmme T, Hwang Y J, Subramaniyan S, et al. All-polymer bulk heterojuction solar cells with 4.8% efficiency achieved by solution processing from a co-solvent. Adv Mater, 2014, 26: 6080-6085.

[110] Hwang Y J, Courtright B A E, Ferreira A S, et al. 7.7% efficient all-polymer solar cells. Adv Mater, 2015, 27: 4578-4584.

[111] Hwang Y J, Earmme T, Courtright B A E, et al. n-Type semiconducting naphthalene diimide-perylene diimide copolymers: Controlling crystallinity, blend morphology, and compatibility toward high-performance all-polymer solar cells. J Am Chem Soc, 2015, 137: 4424-4434.

[112] Ahmed E, Ren G, Kim F S, et al. Design of new electron acceptor materials for organic photovoltaics: Synthesis, electron transport, photophysics, and photovoltaic properties of oligothiophene-functionalized naphthalene diimides. Chem Mater, 2011, 23: 4563-4577.

[113] Ren G, Ahmed E, Jenekhe S A. Nanowires of oligothiophene-functionalized naphthalene diimides: Self assembly, morphology, and all-nanowire bulk heterojunction solar cells. J Mater

Chem, 2012, 22: 24373-24379.

[114] Falzon M F, Zoombelt A P, Wienk M M, et al. Diketopyrrolopyrrole-based acceptor polymers for photovoltaic application. Phys Chem Chem Phys, 2011, 13: 8931-8939.

[115] Lin Y Z, Cheng P, Li Y F, et al. A 3D star-shaped non-fullerene acceptor for solution-processed organic solar cells with a high open-circuit voltage of 1.18 V. Chem Commun, 2012, 48: 4773-4775.

[116] Lin Y Z, Li Y F, Zhan X W. A solution-processable electron acceptor based on dibenzosilole and diketopyrrolopyrrole for organic solar cells. Adv Energy Mater, 2013, 3: 724-728.

[117] Wu X F, Fu W F, Xu Z, et al. Spiro linkage as an alternative strategy for promising nonfullerene acceptors in organic solar cells. Adv Funct Mater, 2015, 25: 5954-5966.

[118] Pho T V, Toma F M, Chabinyc M L, et al. Self-assembling decacyclene triimides prepared through a regioselective hextuple friedel-crafts carbamylation. Angew Chem Int Ed, 2013, 52: 1446-1451.

[119] Li H, Kim F S, Ren G, et al. Tetraazabenzodifluoranthene diimides: Building blocks for solution-processable n-type organic semiconductors. Angew Chem Int Ed, 2013, 52: 5513-5517.

[120] Li H Y, Earmme T, Ren G Q, et al. Beyond fullerenes: Design of nonfullerene acceptors for efficient organic photovoltaics. J Am Chem Soc, 2014, 136: 14589-14597.

[121] Li H, Hwang Y J, Courtright B A E, et al. Fine-tuning the 3D structure of nonfullerene electron acceptors toward high-performance polymer solar cells. Adv Mater, 2015, 27: 3266-3272.

[122] Hwang Y J, Li H, Courtright B A E, et al. Nonfullerene polymer solar cells with 8.5% efficiency enabled by a new highly twisted electron acceptor dimer. Adv Mater, 2016, 28: 124-131.

[123] Lin Y Z, Zhan X W. Designing efficient non-fullerene acceptors by tailoring extended fused-rings with electron-deficient groups. Adv Energy Mater, 2015, 5: 1501063.

[124] Lin Y Z, Li T F, Zhao F W, et al. Structure evolution of oligomer fused-ring electron acceptors toward high efficiency of as-cast polymer solar cells. Adv Energy Mater, 2016, 6: 1600854.

[125] Yi Y Q Q, Feng H, Chang M, et al. New small-molecule acceptors based on hexacyclic naphthalene (cyclopentadithiophene) for efficient non-fullerene organic solar cells. J Mater Chem A, 2017, 5: 17204-17210.

[126] Zhu J S, Wu Y, Rech J, et al. Enhancing the performance of a fused-ring electron acceptor via extending benzene to naphthalene. J Mater Chem C, 2018, 6: 66-71.

[127] Wang W, Yan C, Lau T K, et al. Fused hexacyclic nonfullerene acceptor with strong near-infrared absorption for semitransparent organic solar cells with 9.77% efficiency. Adv Mater, 2017, 29: 1701308.

[128] Zhao W C, Qian D P, Zhang S Q, et al. Fullerene-free polymer solar cells with over 11% efficiency and excellent thermal stability. Adv Mater, 2016, 28: 4734-4739.

[129] Bin H, Gao L, Zhang Z G, et al. 11.4% efficiency non-fullerene polymer solar cells with trialkylsilyl substituted 2D-conjugated polymer as donor. Nat Commun, 2016, 7: 13651.

[130] Xu X P, Yu T, Bi Z Z, et al. Realizing over 13% efficiency in green-solvent-processed

nonfullerene organic solar cells enabled by 1,3,4-thiadiazole-based wide-bandgap copolymers. Adv Mater, 2018, 30: 1703973.

[131] Kan B, Feng H R, Wan X J, et al. A small molecule acceptor based on the heptacyclic benzodi(cyclopentadithiophene) unit for high efficient non-fullerene organic solar cells. J Am Chem Soc, 2017, 139: 4929-4934.

[132] Li Y X, Zhong L, Lin J D, et al. Isomeric effects of solution processed ladder-type non-fullerene electron acceptors. Sol RRL, 2017, 1: 1700107.

[133] Li Y X, Zhong L, Gautam B, et al. A near-infrared non-fullerene electron acceptor for high performance polymer solar cells. Energ Environ Sci, 2017, 10: 1610-1620.

[134] Zhu J S, Ke Z F, Zhang Q Q, et al. Naphthodithiophene-based nonfullerene acceptor for high-performance organic photovoltaics: Effect of extended conjugation. Adv Mater, 2018, 30: 1704713.

[135] Dai S X, Li T F, Wang W, et al. Enhancing the performance of polymer solar cells via core engineering of nir-absorbing electron acceptors. Adv Mater, 2018, 30: 1706571.

[136] Xiao Z, Jia X, Li D, et al. 26 mA·cm^{-2} J_{SC} from organic solar cells with a low-bandgap nonfullerene acceptor. Sci Bull, 2017, 62: 1494-1496.

[137] Dai S X, Zhao F W, Zhang Q Q, et al. Fused nonacyclic electron acceptors for efficient polymer solar cells. J Am Chem Soc, 2017, 139: 1336-1343.

[138] Li Y, Liu X, Wu F P, et al. Non-fullerene acceptor with low energy loss and high external quantum efficiency: Towards high performance polymer solar cells. J Mater Chem A, 2016, 4: 5890-5897.

[139] Li Y X, Qian D P, Zhong L, et al. A fused-ring based electron acceptor for efficient non-fullerene polymer solar cells with small HOMO offset. Nano Energy, 2016, 27: 430-438.

[140] Jia B Y, Dai S X, Ke Z F, et al. Breaking 10% efficiency in semitransparent solar cells with fused-undecacyclic electron acceptor. Chem Mater, 2017, 30: 239-245.

[141] Xu S J, Zhou Z C, Liu W Y, et al. A twisted thieno[3,4-b]thiophene-based electron acceptor featuring a 14-π-electron indenoindene core for high-performance organic photovoltaics. Adv Mater, 2017, 29: 1704510.

[142] Yan C Q, Wu Y, Wang J Y, et al. Enhancing performance of non-fullerene organic solar cells via side chain engineering of fused-ring electron acceptors. Dyes Pigments, 2017, 139: 627-634.

[143] Yao H F, Chen Y, Qin Y P, et al. Design and synthesis of a low bandgap small molecule acceptor for efficient polymer solar cells. Adv Mater, 2016, 28: 8283-8287.

[144] Cui Y, Yao H F, Gao B W, et al. Fine-tuned photoactive and interconnection layers for achieving over 13% efficiency in a fullerene-free tandem organic solar cell. J Am Chem Soc, 2017, 139: 7302-7309.

[145] Yang F, Li C, Lai W B, et al. Halogenated conjugated molecules for ambipolar field-effect transistors and non-fullerene organic solar cells. Mater Chem Front, 2017, 1: 1389-1395.

[146] Zhao W C, Li S S, Yao H F, et al. Molecular optimization enables over 13% efficiency in organic solar cells. J Am Chem Soc, 2017, 139: 7148-7151.

[147] Li S S, Ye L, Zhao W C, et al. Energy-level modulation of small-molecule electron acceptors to achieve over 12% efficiency in polymer solar cells. Adv Mater, 2016, 28: 9423-9429.

[148] Li S S, Ye L, Zhao W C, et al. Significant influence of the methoxyl substitution position on optoelectronic properties and molecular packing of small-molecule electron acceptors for photovoltaic cells. Adv Energy Mater, 2017, 7: 1700183.

[149] Yao H F, Ye L, Hou J X, et al. Achieving highly efficient nonfullerene organic solar cells with improved intermolecular interaction and open-circuit voltage. Adv Mater, 2017, 29: 1700254.

[150] Xie D J, Liu T, Gao W, et al. A novel thiophene-fused ending group enabling an excellent small molecule acceptor for high-performance fullerene-free polymer solar cells with 11.8% efficiency. Sol RRL, 2017, 1: 1700044.

[151] Luo Z H, Bin H J, Liu T, et al. Fine-tuning of molecular packing and energy level through methyl substitution enabling excellent small molecule acceptors for nonfullerene polymer solar cells with efficiency up to 12.54%. Adv Mater, 2018, 30: 1706124.

[152] Feng H R, Qiu N L, Wang X, et al. An A-D-A type small-molecule electron acceptor with end-extended conjugation for high performance organic solar cells. Chem Mater, 2017, 29: 7908-7917.

[153] Li S S, Ye L, Zhao W Z, et al. Design of a new small-molecule electron acceptor enables efficient polymer solar cells with high fill factor. Adv Mater, 2017, 29: 1704051.

[154] Li R L, Liu G C, Xiao M J, et al. Non-fullerene acceptors based on fused-ring oligomers for efficient polymer solar cells via complementary light-absorption. J Mater Chem A, 2017, 5: 23926-23936.

[155] Bai H T, Wu Y, Wang Y F, et al. Nonfullerene acceptors based on extended fused rings flanked with benzothiadiazolylmethylenemalononitrile for polymer solar cells. J Mater Chem A, 2015, 3: 20758-20766.

[156] Wu Y, Bai H T, Wang Z Y, et al. A planar electron acceptor for efficient polymer solar cells. Energ Environ Sci, 2015, 8: 3215-3221.

[157] Cheng P, Zhang M Y, Lau T K, et al. Realizing small energy loss of 0.55 eV, high open-circuit voltage >1 V and high efficiency >10% in fullerene-free polymer solar cells via energy driver. Adv Mater, 2017, 29: 1605216.

[158] Xiao B, Tang A L, Zhang J Q, et al. Achievement of high V_{OC} of 1.02 V for P3HT-based organic solar cell using a benzotriazole-containing non-fullerene acceptor. Adv Energy Mater, 2016, 7: 1602269.

[159] Liu F, Zhou Z C, Zhang C, et al. A thieno[3,4-*b*]thiophene-based non-fullerene electron acceptor for high-performance bulk-heterojunction organic solar cells. J Am Chem Soc, 2016, 138: 15523-15526.

[160] Yang Y K, Zhang Z G, Bin H J, et al. Side-chain isomerization on n-type organic semiconductor itic acceptor make 11.77% high efficiency polymer solar cells. J Am Chem Soc, 2016, 138: 15011-15018.

[161] Lin Y Z, Zhao F W, He Q, et al. High-performance electron acceptor with thienyl side chains for organic photovoltaics. J Am Chem Soc, 2016, 138: 4955-4961.

[162] Lin Y Z, He Q, Zhao F W, et al. A facile planar fused-ring electron acceptor for as-cast polymer solar cells with 8.71% efficiency. J Am Chem Soc, 2016, 138: 2973-2976.

[163] Lin Y Z, Zhao F W, Wu Y, et al. Mapping polymer donors toward high-efficiency fullerene free organic solar cells. Adv Mater, 2017, 29: 1604155.

[164] Lin Y Z, Zhao F W, Prasad S K K, et al. Balanced partnership between donor and acceptor components in nonfullerene organic solar cells with >12% efficiency. Adv Mater, 2018, 30: 1706363.

[165] Chen J D, Li Y Q, Zhu J, et al. Polymer solar cells with 90% external quantum efficiency featuring an ideal light- and charge-manipulation layer. Adv Mater, 2018, 30: 1706083.

[166] Fei Z P, Eisner F D, Jiao X C, et al. An alkylated indacenodithieno[3,2-*b*]thiophene-based nonfullerene acceptor with high crystallinity exhibiting single junction solar cell efficiencies greater than 13% with low voltage losses. Adv Mater, 2018, 30: 1705209.

[167] Holliday S, Ashraf R S, Wadsworth A, et al. High-efficiency and air-stable P3HT-based polymer solar cells with a new non-fullerene acceptor. Nat Commun, 2016, 7: 11585.

[168] Wang J Y, Wang W, Wang X H, et al. Enhancing performance of nonfullerene acceptors via side-chain conjugation strategy. Adv Mater, 2017, 29: 1702125.

第 **5** 章

n 型有机半导体在钙钛矿太阳电池中的应用

5.1 钙钛矿太阳电池简介

钙钛矿太阳电池是近年来蓬勃兴起的一类新型太阳电池。自 2009 年，Miyasaka 等首次将具有钙钛矿结构的 $CH_3NH_3PbI_3$ 材料应用于染料敏化太阳电池结构[1]，获得了 3.8%的能量转换效率，从此开启了钙钛矿太阳电池发展的新纪元。2019 年，钙钛矿太阳电池的最高能量转换效率已经突破 25%[2,3](图 5-1)，如此快速的发展历程是其他类型的太阳电池所无法相比的，钙钛矿太阳电池也因此成为当下最热门的研究方向之一。

钙钛矿是一类晶体结构与钛酸钙($CaTiO_3$)相似的材料，因俄罗斯科学家 Perovski 得名，其分子通式可表示为 ABX_3，A 位于八面体晶体结构的空隙，主要是 CH_3NH_3(简称 MA)、$HC(NH_2)_2$(简称 FA)和 Cs，B 位于八面体的中心，主要是指 Pb 和 Sn，X 则占据了八面体的六个顶点，通常为卤素(Cl、Br、I)，如图 5-2 所示[4]。钙钛矿材料是直接带隙半导体，吸光系数很高(10^5 cm^{-1})，几百纳米厚的薄膜就可吸收大部分可见光区的光[5]。此外，它们的激子束缚能很小，属于 Wannier-Mott 型激子，可在室温下拆分，不需要借助内建电场的诱导[6]。载流子迁移率很高并具有双极性，材料本身可同时传导电子和空穴，其载流子迁移率达到 10 $cm^2/(V \cdot s)$ 数量级[7,8]，电子和空穴的扩散长度可超过 100 nm[9]，掺氯后更是高达 1 μm[10]。因此钙钛矿被认为是一种优异的光活性层材料，当吸收光产生激子后，会迅速解离为电子和空穴，并分别传输到相应的传输层和电极。

5.1.1 钙钛矿太阳电池的发展历程

2009 年，日本的 Miyasaka 等首次将有机-无机杂化的钙钛矿材料应用到染料敏化太阳电池中，实现了 3.8%的能量转换效率[1]，迈出了钙钛矿太阳电池发展的第一步。但是钙钛矿材料在液态电解质中容易溶解，导致电池非常不稳定。

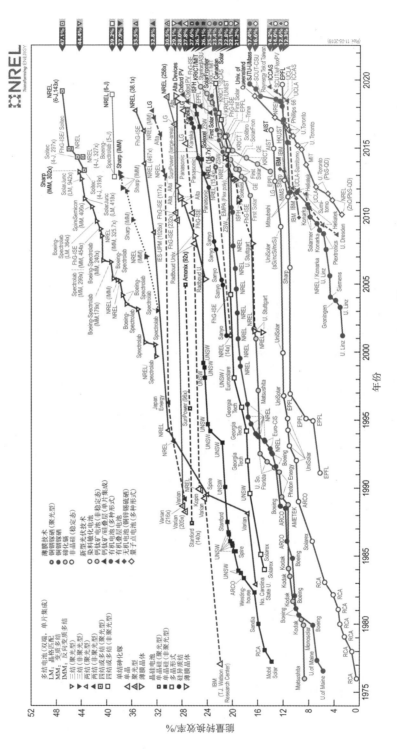

图 5-1　各类太阳电池效率发展历程图[3]

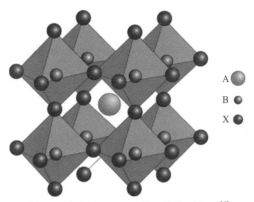

图 5-2　钙钛矿 ABX$_3$ 晶体结构示意图[4]

随后，Park 等优化了氧化钛表面和 CH$_3$NH$_3$PbI$_3$ 的制备工艺，将钙钛矿太阳电池的能量转换效率提高到 6.5%，由于仍是采用液态电解质，电池的能量转换效率 10min 就衰减了 80%[11]。为了提高钙钛矿太阳电池的稳定性，2012 年，Kim 等采用了一种固态空穴传输材料 spiro-OMeTAD{2,2′,7,7′-四[N,N-二(4-甲氧基苯基)氨基]-9,9′-螺二芴}替代了传统的液态电解质，电池能量转换效率可达 9.7%，同时稳定性也有极大改善[12]。至此，钙钛矿太阳电池摆脱了液态电解质对其稳定性的限制，并引起了广泛的关注，进入快速发展阶段。

　　由于 TiO$_2$ 介孔层与空穴传输层(HTL)是直接接触的，容易发生激子复合，Snaith 等将不导电的 Al$_2$O$_3$ 骨架替代传统的介孔 TiO$_2$ 层，避免了电子传输层(ETL)与 HTL 的接触，降低了能量损失。同时，他们首次使用了含 Cl 元素的钙钛矿活性层 CH$_3$NH$_3$PbI$_2$Cl，由此制备的介孔型钙钛矿太阳电池能量转换效率为 10.9%[13]。2013 年，Grätzel 等首次采用两步沉积法制备钙钛矿，优化了钙钛矿薄膜的形貌，提高了活性层的质量，电池能量转换效率达到 15%[14]。同年，Snaith 等利用双源共蒸发技术制备钙钛矿薄膜，首次制备了平面异质结钙钛矿太阳电池，能量转换效率可达 15.4%[15]。2013 年底，钙钛矿太阳电池被《科学》杂志评为当年十大科技进展之一[16]。2014 年，Yang 课题组采用 Y(钇)元素掺杂的 TiO$_2$ 作为电子传输层，改善其导电性，并优化钙钛矿活性层，制备的平面异质结钙钛矿太阳电池获得了 19.3% 的能量转换效率[17]。2015 年，Seok 课题组使用分子内部交换的方法来制备高质量的钙钛矿层，采用 NH=CHNH$_3^+$ 和 Br$^-$ 调节钙钛矿的能带结构，制备的太阳电池器件的能量转换效率达到 20.2%[18]。2016 年，Seok 课题组制备的钙钛矿太阳电池的认证效率高达 22.1%[2]，2017 年，他们又将能量转换效率刷新至 22.7%[3]。至此，钙钛矿太阳电池的能量转换效率超越了薄膜晶硅太阳电池(21.2%)、CdTe 太阳电池(22.1%)、多晶硅太阳电池(22.3%)和 CIGS 太阳电池(非聚光型)(22.6%)，展现出广阔的应用前景。

5.1.2 钙钛矿太阳电池的工作原理

钙钛矿太阳电池一般由透明电极氧化铟锡(ITO)玻璃或氟掺杂的氧化锡(FTO)玻璃、电子传输层、钙钛矿层、空穴传输层和金属电极(Au、Ag、Al 等)等部分组成。图 5-3 简单描述了一个典型的正式平面异质结钙钛矿太阳电池的工作原理。

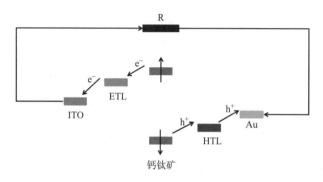

图 5-3　钙钛矿太阳电池的工作原理示意图

当钙钛矿太阳电池工作时，钙钛矿层吸收光子后，将电子激发到导带，并在价带形成空穴，钙钛矿材料的激子束缚能小，很容易解离成自由的电子和空穴。随后，钙钛矿导带的自由电子扩散到钙钛矿/ETL 界面，ETL 的导带往往要低于钙钛矿的导带，自由电子可在能级差的驱动下转移至 ETL 的导带中被传输到 ITO 电极，然后流经外电路到达正极。同时，钙钛矿价带上的空穴将扩散到钙钛矿/HTL界面，HTL 的价带往往要高于钙钛矿的价带，有利于空穴注入到 HTL 的价带并传输到 Au 电极，与电子结合，形成一个完整的回路，从而提供电能。

由于在钙钛矿材料中，电子和空穴的迁移率都很高，且扩散长度可以达到微米级别，远高于钙钛矿层的厚度，因此，激子在转移和输运过程中的理论复合损失是非常少的。但是钙钛矿层在成膜过程中往往存在针眼、缝隙等晶体缺陷，会导致电荷复合。另外，在钙钛矿太阳电池界面处的缺陷也是造成复合损失的主要原因。例如，在钙钛矿层与电子/空穴传输层界面处的复合损失，其受传输层材料的界面特性的影响很大，而且是开路电压和填充因子降低的主要原因之一。因此，合理选择钙钛矿太阳电池中的传输层材料至关重要。

5.1.3 钙钛矿太阳电池的结构分类

钙钛矿太阳电池的结构主要分为介孔结构和平面异质结结构两大类。介孔型钙钛矿太阳电池是由染料敏化太阳电池的结构演化而来，最典型的介孔型钙钛矿太阳电池结构为导电玻璃/TiO$_2$ 致密层/钙钛矿敏化的多孔 TiO$_2$ 或 Al$_2$O$_3$ 层/HTL/金属电极。尽管介孔型电池结构制备工艺复杂，且不利于柔性器件的制备，但目前介孔 TiO$_2$ 仍然被广泛使用，目前认证的最高效率的钙钛矿太阳电池，几乎都是基于介孔结构。

由于钙钛矿材料的激子扩散长度很长，可达到几百纳米甚至超过 1μm，这为制备平面型的电池结构提供了基础。平面异质结钙钛矿太阳电池的制备相对简单，基于钙钛矿材料本身就可产生激子并有效解离，且可以同时传导电子和空穴，将其置于 p 型和 n 型半导体材料之间形成 n-i-p 或 p-i-n 结构，实现电荷收集。n-i-p 型钙钛矿太阳电池的典型结构为导电玻璃/TiO$_2$ 致密层/钙钛矿层/HTL/金属电极，p-i-n 型钙钛矿太阳电池的典型结构为导电玻璃/PEDOT：PSS[poly(3,4-ethylenedioxythiophene)：poly(styrenesulfonate)]/钙钛矿层/ETL/金属电极。还有一类是双层平面异质结结构的钙钛矿太阳电池，这类电池通常只有一种电荷传输层与钙钛矿层形成 p-n 结，此时，钙钛矿层除了作为光吸收层以外，也要承担另一种电荷传输层的作用。但是由于缺少一层电荷传输层的保护，该类型电池很容易出现短路、重复性差等问题。图 5-4 列出了几种主要的钙钛矿太阳电池的结构。

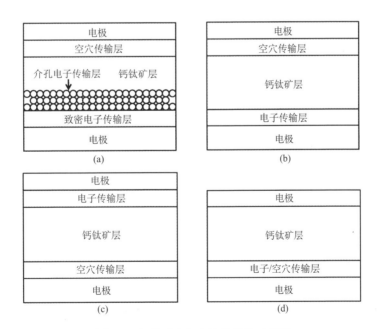

图 5-4　钙钛矿太阳电池的结构示意图

(a) 介孔型结构；(b) n-i-p 型平面异质结结构；(c) p-i-n 型平面异质结结构；(d) 双层平面异质结结构

5.1.4　钙钛矿太阳电池的稳定性

随着钙钛矿太阳电池的能量转换效率取得突破性的进展，稳定性成为制约其商业化应用的关键因素。造成钙钛矿材料不稳定的因素主要包括水分、温度和光照等，而在钙钛矿稳定性研究中存在的最基本的化学反应如下所示。该反应过程中的正向反应表示钙钛矿材料的合成，逆向反应表示钙钛矿材料的分解。在不利的环境条件下，钙钛矿材料会直接分解；当 PbI_2 或 CH_3NH_3I 与电池中的其他组分作用而分解时，也会促使该反应的化学平衡逆向移动，从而导致钙钛矿材料的分解。

$$PbI_2(s) + CH_3NH_3I(aq) \rightleftharpoons CH_3NH_3PbI_3(s)$$

Walsh 等研究了钙钛矿材料在水分存在的条件下发生分解的途径，结果如图 5-5 所示[19]。首先，一个水分子与 $CH_3NH_3PbI_3$ 形成水合中间产物，随后在过量水分子的作用下，进一步溶解出易挥发的 HI 和 CH_3NH_2，最终钙钛矿被分解成黄色的 PbI_2。

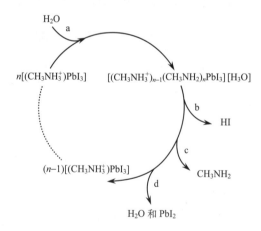

图 5-5　钙钛矿材料在水分存在条件下的分解途径[19]

Karunadasa 等用 $C_6H_5(CH_2)_2NH_3^+$（PEA）部分替代 $CH_3NH_3^+$ 制备了具有二维结构的 $(PEA)_2(CH_3CH_2)_2[Pb_3I_{10}]$ 钙钛矿层，在空气湿度约为 52% 的条件下经过 46 天基本没有分解。而相同条件下，传统的 $CH_3NH_3PbI_3$ 在 4 天后便分解为 PbI_2[20]。这说明二维结构的钙钛矿比三维结构钙钛矿的湿度稳定性更好。Seok 等研究了一系列含有不同比例 Br 的钙钛矿材料（$CH_3NH_3PbI_{3-x}Br_x$），发现当 x 为 0.20 和 0.29 时，器件在 55% 的湿度条件下也可表现出较好的稳定性[21]。这是因为当用体积较小的 Br 取代体积较大的 I 时，可以使钙钛矿的晶型由四方相转变为更稳定的立方相，堆积更加紧密，稳定性提升。

温度对钙钛矿太阳电池的影响包括对钙钛矿材料的热分解、晶型转变、杂质扩散、晶体缺陷产生、相界与晶界的变化等的影响。Park 等发现含有 $CH(NH_2)_2^+$（FA^+）的钙钛矿相比含有 $CH_3NH_3^+$（MA^+）的钙钛矿表现出更好的热稳定性[22]。Snaith 等也进一步印证了上述结论，他们将 $FAPbI_3$ 和 $MAPbI_3$ 放置在 150℃相同环境中，60 min 后，$MAPbI_3$ 分解为黄色的 PbI_2，而 $FAPbI_3$ 仍然保持着原有的颜色，表现出更好的热稳定性[23]。

目前，在钙钛矿太阳电池中，最广泛使用的电子传输材料是 TiO_2，它是一类光催化材料，对光照较为敏感，影响器件的光稳定性。TiO_2 在光照作用下，价带上的电子被激发至导带，同时在价带上产生空穴，而光生空穴具有很强的得电子能力，可夺取与其相接触的物质中的电子。因此，在 TiO_2/钙钛矿界面处，I^- 容易被氧化成 I_2，最终导致 $CH_3NH_3PbI_3$ 分解，降低器件的稳定性。Snaith 等最先研究了钙钛矿太阳电池的光照稳定性，提出了 O_2 可以消除 TiO_2 表面缺陷态的假设，并用 Al_2O_3 骨架替代 TiO_2 制备了钙钛矿太阳电池，绝缘的 Al_2O_3 在光照下不会被激发，最终器件在光照条件下经过 1000 h 仍表现出较好的稳定性[24]。此外，他们还发现，仅用 Al_2O_3 修饰 TiO_2 表面也能提高钙钛矿太阳电池的光照稳定性[25]。Ito 等用 Sb_2S_3 修饰 TiO_2 表面，有效抑制了 I^- 被氧化的过程，如图 5-6 所示，钙钛矿太阳电池的光照稳定性得到改善[26]。因此，寻找新的半导体材料替代或修饰 TiO_2 表面来解决钙钛矿太阳电池的光照稳定性问题是非常必要的。

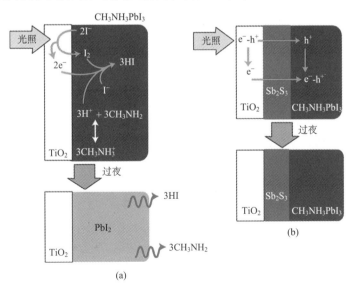

图 5-6　钙钛矿材料在光照条件下的分解与抑制过程[26]

(a) TiO_2/$CH_3NH_3PbI_3$；(b) TiO_2/Sb_2S_3/$CH_3NH_3PbI_3$

5.2 n 型有机半导体在不同结构的钙钛矿太阳电池中的应用

在钙钛矿太阳电池中，有机半导体往往是作为电荷传输层或者界面修饰层存在。电荷传输层的作用是以合适的能级结构与钙钛矿层形成选择性接触，提高电子/空穴的提取能力，并有效阻挡空穴/电子向该侧的转移。通常，理想的电荷传输层需要具备以下特点：较高的透光率以减少光损失；合适的浸润性以利于钙钛矿层在其表面的沉积；合适的能级结构以形成选择性接触；较高的电荷迁移率，防止形成界面电荷积累，影响器件性能；合成过程简便、生产成本低廉。作为界面修饰层时，往往需要有机半导体含有官能团(如—OH、—COOH、—NH$_2$等)，从而可以有效地对钙钛矿层的缺陷进行钝化；也可以对相应的电荷传输层进行能级修饰，以形成更加匹配的能级结构，利于电荷传输；此外，具有疏水作用的修饰层还可以阻挡水分侵入钙钛矿内部，从而提高器件的稳定性。

目前，n 型有机半导体在钙钛矿太阳电池中的应用并不多，它一方面可以作为电子传输层；另一方面可以作为电子传输层与钙钛矿层之间的界面修饰层。下面将对 n 型有机材料在正、反式钙钛矿太阳电池中的应用进行介绍。

5.2.1 n 型有机半导体在反式钙钛矿太阳电池中的应用

由于溶解 PbI$_2$ 一般使用 *N,N*-二甲基甲酰胺(DMF)和二甲基亚砜(DMSO)等强极性的溶剂，它们往往对很多有机物有一定的溶解性，在正式结构中，就容易破坏底层的电子传输层，所以有机电子传输材料大多应用在反式结构器件中，沉积在钙钛矿层的上面。在反式钙钛矿太阳电池，电子传输层的作用是有效传输电子以及阻挡空穴传输，同时还可以覆盖不平整的钙钛矿层表面以避免金属电极与钙钛矿层的直接接触。富勒烯及其衍生物具有较高的电子迁移率、合适的能级结构、可由低温溶液或真空蒸镀制备、可钝化钙钛矿层表面的缺陷等优点，成为反式钙钛矿太阳电池中主要的电子传输材料(图 5-7)。

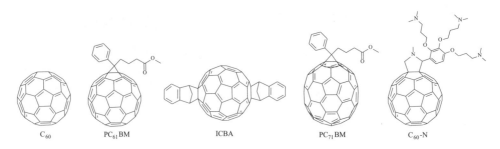

C$_{60}$ PC$_{61}$BM   ICBA   PC$_{71}$BM   C$_{60}$-N

图 5-7 反式器件中常用的富勒烯电子传输材料分子结构

Chen 等最早采用 C_{60}、$PC_{61}BM$、ICBA 作为电子传输层制备平面异质结电池，其中采用 $PC_{61}BM$ 制备电池的能量转换效率达 3.9%[27]。$PC_{61}BM$ 的 LUMO 能级与 $CH_3NH_3PbI_3$ 的导带匹配很好，激子在钙钛矿/$PC_{61}BM$ 和钙钛矿/PEDOT：PSS 界面均可有效解离，$PC_{61}BM$ 也是钙钛矿太阳电池中最常用的电子传输层。$PC_{61}BM$ 膜厚通常小于 100 nm，可提高载流子寿命，有利于载流子传输和收集。Snaith 等以 $PC_{61}BM$ 为电子传输材料，制备的反式平面异质结电池能量转换效率达 9.8%，全低温制备的柔性基底电池的能量转换效率也达 6.4%[28]。Bolink 等以 $PC_{61}BM$ 为电子传输材料，PEDOT：PSS 为空穴传输材料，电池能量转换效率达 12.04%[29]，在 $PC_{61}BM$ 外再添加一层空穴阻挡材料三[2,4,6-三甲基-3-(3-吡啶基)苯基]硼烷{tris[2,4,6-trimethyl-3-(pyridin-3-yl)phenyl]-borane，3TPYMB}可进一步提升电池效率，达 14.8%[30]。Yang 等以 $CH_3NH_3PbI_{3-x}Cl_x$ 为光吸收材料，$PC_{61}BM$ 为电子传输材料，采用液相法在玻璃基底上低温制备的电池能量转换效率达 11.5%，柔性基底上也获得了 9.2% 的能量转换效率[31]。Seok 等通过减小 $PC_{61}BM$ 的厚度来提高其作为电子传输材料的导电性能，同时为了减少由于电子传输层厚度减小引起的电子空穴复合，在 $PC_{61}BM$ 上添加了一层 LiF 薄层作为空穴阻挡层，平面异质结电池能量转换效率达 14.1%[32]。Huang 等在 ITO/PEDOT：PSS/$CH_3NH_3PbI_3$/$PC_{61}BM$/C_{60}/BCP/Al 结构上改进了钙钛矿层的制备工艺，使用分步旋涂法得到能量转换效率为 15.3% 的平面异质结钙钛矿太阳电池[33]，溶剂退火后能量转换效率可提高到 15.6%[34]，且器件性能更稳定。Wu 等用 $PC_{71}BM$ 代替 $PC_{61}BM$ 制备的电池能量转换效率高达 16.31%[35]。Ma 等将含有氨基的富勒烯衍生物 C_{60}-N 作为电子传输层，能量转换效率可达 16.6%，稳定性也有所提升，优于 $PC_{61}BM$ 的器件性能。C_{60}-N 一方面可以降低金属电极的功函，更利于电子收集；另一方面其氨基基团中含有的孤对电子可以钝化钙钛矿层表面的缺陷[36]。Huang 等证明了富勒烯作为电子传输层时，可以钝化钙钛矿表面的缺陷，从而消除迟滞现象，提升器件性能[37]。随后他们又进一步研究了 $PC_{61}BM$ 层的有序程度与器件性能的关系，发现通过简单的溶剂退火处理可以获得能量无序度减小的富勒烯层，最终器件能量转换效率从 17.1% 提升至 19.4%[38]。

然而由于富勒烯及其衍生物能级结构单一，光化学性质不稳定，而且其球形刚性结构导致与钙钛矿层的界面接触不紧密，要获得高性能器件，钙钛矿吸收层必须很平整。此外，在 $PC_{61}BM$ 与铝电极之间，往往需要加入缓冲层或界面层来构建匹配的能级结构，在有机太阳电池中常用的偶极层(LiF、NaBr 和 $CaCl_2$ 等[39,40])或 Na、Ca 等低功函碱(土)金属并不适合钙钛矿太阳电池，因为它们有很强的吸潮性，这对于未被 $PC_{61}BM$ 完全覆盖的钙钛矿界面有很大损害。因此，需要寻找合适的缓冲层或界面层材料，目前常用的有 BCP(bathocuproine) 和 Bphen (bathophenanthroline)。这说明有必要寻找其他有机电子传输材料来替代富勒烯及其衍生物，以应用到反式钙钛矿太阳电池中 (图 5-8)。

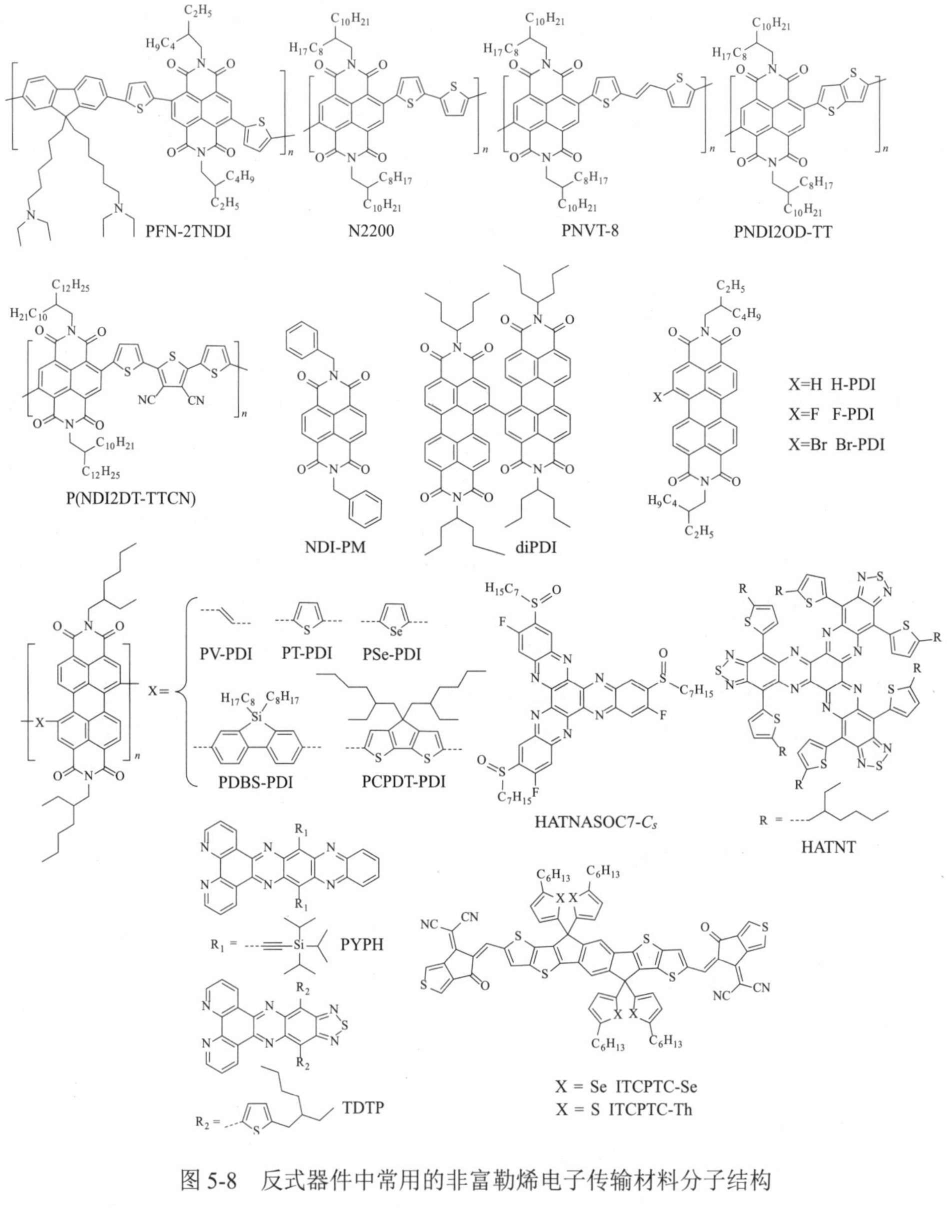

图 5-8　反式器件中常用的非富勒烯电子传输材料分子结构

　　Yip 等将含氨基的共轭聚合物 PFN-2TNDI 作为电子传输层用于反式钙钛矿太阳电池中，能量转换效率可达 16.7%，超过了常用的 PC$_{61}$BM 电子传输层。聚合物侧链末端的氨基不仅可以钝化钙钛矿层的缺陷，还可以通过形成界面偶极减小金属电极的功函，从而形成更匹配的能级结构[41]。Ma 等分别以不同的聚合物 N2200、PNVT-8、PNDI2OD-TT 作为电子传输层制备了反式钙钛矿太阳电池，其中基于 N2200 的器件的能量转换效率为 8.15%，接近基于 PC$_{61}$BM 的器件效率（8.51%）。较低的能量转换效率主要是由聚合物电子传输层形成的较严重的电荷复合造成的[42]。Nakamura 等以聚合物 N2200 作为电子传输层，以 N-DMBI 为 n 型掺杂剂，制备了反式钙钛矿太阳电池，能量转换效率可达 13.93%[43]。掺杂剂的引入不仅增加了聚合物电子传输层的导电性，同时调节了能级，有利于传输电子和阻挡空穴。Park 等合成了一种 NDI 聚合物 P（NDI2DT-TTCN）以代替 PC$_{61}$BM 作为反式钙钛矿太阳电池的电子传输层，该聚合物不仅可以提高电子抽取能力，而且较好的疏水性可以有效抵挡水汽的侵入。它在柔性器件中也表现出较好的机械稳定性，最终基于聚合物的器件能量转换效率达 17.0%，且没有迟滞现象[44]。Im 等将 NDI 小分子 NDI-PM 作为电子传输层，在基于 MAPbI$_3$ 和 FAPbI$_{3-x}$Br$_x$ 的反式钙钛矿太阳电池中分别表现出 18.4% 和 19.6% 的最高能量转换效率。相较于传统的 PC$_{61}$BM，NDI-PM 展现了更强的导电性和电荷抽取能力。由于 NDI-PM 分子更强的氢键相互作用，器件的热稳定性也得到改善[45]。

Jo 等将苝二酰亚胺二聚物(diPDI)作为电子传输层，同时使用 DMBI 作为 n 型掺杂剂，制备了反式钙钛矿太阳电池，能量转换效率为 10.0%[46]。Tan 等将一系列的苝二酰亚胺聚合物(PX-PDI)引入到反式钙钛矿太阳电池中作为电子传输层，其中基于 PV-PDI 电子传输层的器件能量转换效率达 10.14%[47]。Chen 等以苝二酰亚胺衍生物(X-PDI, X = H、F 或 Br)为电子传输层，同时使用 ZnO 纳米颗粒作为缓冲层制备了反式钙钛矿太阳电池，其中基于 Br-PDI/ZnO 结构的器件能量转换效率达 10.5%[48]。

Jen 等使用非富勒烯小分子 HATNASOC7-C_s 作为电子传输层制备了反式钙钛矿太阳电池，器件能量转换效率高达 17.62%，而且没有迟滞现象[49]。Zhang 等以有机小分子 HATNT 作为电子传输层制备的反式钙钛矿太阳电池能量转换效率达 18.1%，优于基于 PC$_{61}$BM 的器件的效率(16.2%)，这是由于 HATNT 有效抑制了在钙钛矿层和电子传输层之间的电荷复合[50]。Zhang 等合成了两种 n 型有机小分子(TDTP 和 PYPH)，将其用作电子传输层制备了反式钙钛矿太阳电池，可以发现含有 S 的 TDTP 分子表现出更好的性能，器件能量转换效率为 18.2%，高于以 PYPH 分子作为电子传输层的器件能量转换效率(9.5%)以及 PC$_{61}$BM 作为电子传输层的器件能量转换效率(17.0%)，这是由于含有 S 的分子 TDTP 与钙钛矿层之间形成了更强的相互作用[51]。

Yang 等将两种侧链分别为噻吩和硒吩的稠环电子受体 ITCPTC-Th/Se 引入到反式钙钛矿太阳电池中，作为电子传输层时，基于 ITCPTC-Th 的器件的最高能量转换效率为 17.11%，作为钙钛矿层和 C$_{60}$ 之间的界面修饰层时，器件的能量转换效率接近 19%[52]。

　　n 型非富勒烯材料除了用作反式器件中的电子传输层外，还可以用作电极修饰层(图 5-9)。Cao 等合成了一种新型的含氨基的聚合物 PN$_4$N，并将其作为电极修饰层，使得器件能量转换效率从 12.4%提升到 15.0%，同时减少了迟滞现象。PN$_4$N 溶解于异丙醇和正丁醇等，而常用的修饰层材料 PFN 溶解于甲醇，而甲醇会导致钙钛矿分解，影响器件性能[53]。

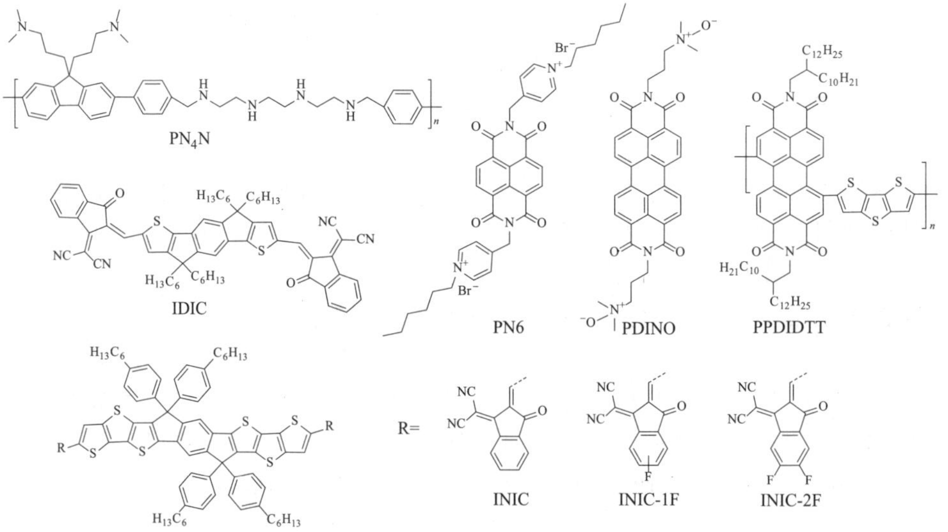

图 5-9　反式器件中常用的非富勒烯修饰层材料分子结构

　　Huang 等合成了一种新型的 n 型宽带隙水/醇溶性的小分子 PN6，并将其作为电极修饰层，制备了结构为 ITO/NiO$_x$/钙钛矿/PC$_{61}$BM/PN6/Ag 的器件，能量转换效率达 17.27%。PN6 能有效降低电极功函，同时对厚度没有严格要求，有利于采取大面积"卷对卷"制备工艺[54]。Brabec 等将 PDINO 作为电极修饰层制备了器件结构为 ITO/PEDOT：PSS/CH$_3$NH$_3$PbI$_{3-x}$Cl$_x$/PC$_{61}$BM/PDINO/Ag 的反式钙钛矿太阳电池，能量转换效率达 14%，高于 ZnO 修饰层的器件效率(11.3%)[55]。Zhan 等利用苝二酰亚胺聚合物 PPDIDTT 作为修饰层，制备了器件结构为 ITO/PEDOT：PSS/MAPbI$_{3-x}$Cl$_x$/ PPDIDTT/PC$_{61}$BM/Bphen/Ag 的反式钙钛矿太阳电池，能量转换效率达 16.5%[56]。

　　Huang 等将 n 型稠环电子受体 IDIC 引入到钙钛矿/C$_{60}$之间作为修饰层，器件的能量转换效率为 19.5%[57]。IDIC 作为路易斯碱可钝化钙钛矿表面缺陷，同时有利于电荷从钙钛矿层到电子传输层的抽取和传输。随后，Zhan 等将稠环电子受体 INIC 系列小分子引入反式钙钛矿太阳电池中作为修饰层材料，提高了器件的电荷抽取能力，同时有效钝化钙钛矿层的缺陷，最高能量转换效率达 19.3%，并消除了迟滞，优于不含修饰层的对比器件(16.6%)[58]。

5.2.2　n 型有机半导体在正式钙钛矿太阳电池中的应用

在正式钙钛矿太阳电池中，不管是介孔结构还是平面结构，二氧化钛都是使用最为广泛的一种电子传输材料。然而，这些无机氧化物半导体往往需要高温烧结以获得好的结晶性和高的载流子迁移率[13, 59]。复杂的制备工艺限制了它们在大面积器件以及柔性器件中的应用。此外，二氧化钛等具有光照不稳定性，容易产生氧空位缺陷，导致器件迟滞现象严重，而且会破坏钙钛矿层，影响器件性能[60]。另外，二氧化钛的电子迁移率[1 cm^2/(V·s)]远远小于钙钛矿的[24.8 cm^2/(V·s)]，导致不平衡的电荷传输，产生迟滞现象[61]。因此使用新型材料替代或修饰二氧化钛对正式钙钛矿太阳电池的发展是十分必要的。

在正式钙钛矿太阳电池中，由于受到溶解性和透光性的限制，n 型有机半导体作为电子传输层的报道还较少，而且报道中以富勒烯及其衍生物为主。Jen 等以 FPI(fulleropyrrolidinium iodide，富勒烯吡咯碘盐)- PEIE (polyethyleneimine，聚乙烯亚胺)/$PC_{61}BM$ 作为电子传输层，构建了 ITO/ETL/$CH_3NH_3PbI_3$/spiro-OMeTAD/Au 的器件结构，能量转换效率达 15.7%[62]。Seok 等以 $PC_{61}BM$ 为电子传输层，构建了 FTO/PEI/$PC_{61}BM$/MAPbI_3/ PTAA(polytriarylamine，聚三芳胺)/Au 的器件，能量转换效率达 15.3%[63]。Lee 等以 $PC_{61}BM$ 作为电子传输层制备了正式钙钛矿太阳电池，能量转换效率达到 18.1%，同时由打印的电子传输层获得的器件能量转换效率为 17.3%[64]。Choi 等将真空蒸镀的 C_{60} 作为电子传输层，制备了器件结构为 ITO/C_{60}/MAPbI_3/spiro-OMeTAD/Au 的正式钙钛矿太阳电池，能量转换效率达 19.1%，同时柔性基底的器件能量转换效率达 16%[65]。Cheyns 等利用 1,6-二叠氮己烷(1,6-diazidohexane，DAZH)使得 $PC_{61}BM$ 发生交联反应，交联后的 $PC_{61}BM$ 可以有效抵抗 DMF 的冲洗，以 PEIE/交联 $PC_{61}BM$ 作为电子传输层的器件的能量转换效率达 16.5%[66]。Yang 等利用三元的电子传输层(PCBM：C_{60}：PFN)来提高器件性能，不仅提升了钙钛矿膜的质量，而且有利于促进电子抽取和传输，最高能量转换效率达 19.31%，另外相比于二氧化钛作为电子传输材料的器件，这种器件表现出了更好的光稳定性[67]。

目前，非富勒烯电子传输材料主要有图 5-10 中的几种。Wang 等将非富勒烯有机小分子 N-PDI 作为电子传输层，制备器件结构为 FTO/N-PDI/$CH_3NH_3PbI_{3-x}$ Cl_x/spiro-OMeTAD/Au 的正式钙钛矿太阳电池，能量转换效率达 17.66%，同时基于柔性基底的器件的能量转换效率达 14.32%[68]。Jen 等合成了一种新型的 n 型有机小分子 CDIN，作为正式钙钛矿太阳电池中的电子传输层，基于玻璃基底的器件的能量转换效率为 17.1%，基于柔性基底的器件的能量转换效率达 14.2%[69]。Wang

等将共轭聚合物 PFN-2TNDI 引入到正式钙钛矿太阳电池中作为电子传输层,器件能量转换效率达 15.96%[70]。Zhan 等将稠环电子受体 IDIC 引入到正式钙钛矿太阳电池中替代二氧化钛作为电子传输层,避免了高温烧结,同时提升了电荷抽取能力并有效地钝化了表面缺陷,最终器件能量转换效率最高达 19.1%[71]。

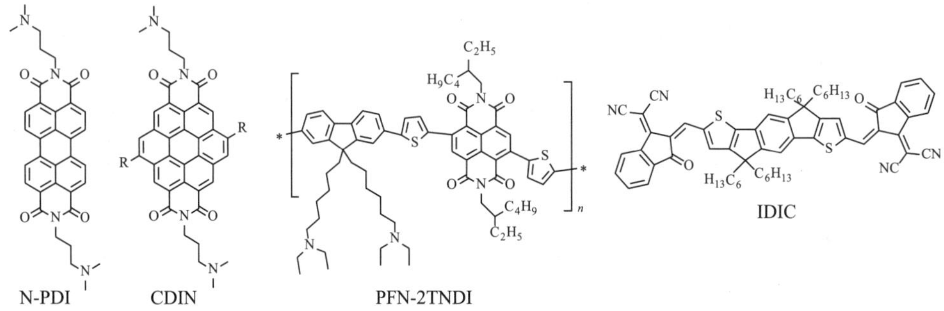

图 5-10　正式器件中常用的非富勒烯电子传输材料分子结构

　　除了用作电子传输材料,n 型有机半导体在正式钙钛矿太阳电池中还可以作为修饰层材料(图 5-11),钝化二氧化钛表面缺陷,促进电荷抽取,提升器件性能。Snaith 等利用富勒烯自组装层(C_{60}SAM)修饰介孔二氧化钛,减少了能量损失,器件能量转换效率达 11.7%[72]。随后,他们又利用另外一种富勒烯自组装层作为致密二氧化钛的修饰层,从而促进了电子转移,同时钝化了界面处的缺陷,减少了电荷非辐射复合,最终能量转换效率达 17.3%[73]。Petrozza 等用 $PC_{61}BM$ 作为修饰层提升了电荷抽取能力,器件的稳态输出效率达 17.6%,而且迟滞现象可忽略不计[74]。Yang 等合成了一种新型的富勒烯衍生物(PCBB-2CN-2C8),用于修饰二氧化钛表面,增强了电荷抽取,而且通过钝化缺陷作用减少了电荷复合,器件能量转换效率和稳定性都得到提升[75]。Bo 等将富勒烯衍生物 PCBA 作为致密二氧化钛的修饰层,有利于电子抽取和阻挡空穴,PCBA 可以钝化二氧化钛层表面的缺陷,从而减少电荷复合,器件最高能量转换效率达 17.76%,开路电压达 1.16 V[76]。Li 等首次利用水溶性的富勒烯醇作为修饰层,促进了钙钛矿层与二氧化钛层之间的电荷抽取,减小了界面电阻,器件能量转换效率得到提升[77]。Yang 等引入含氨基的富勒烯衍生物 PCBDAN 作为二氧化钛的修饰层,可以有效地控制钙钛矿层的成膜,提高膜质量,而且可以减小界面电阻,增强电子抽取,器件能量转换效率得到提升,同时由于修饰层可以有效地抑制二氧化钛的光催化,器件的光稳定性得到明显改善[78]。Petrozza 等将富勒烯衍生物 PCBSD 通过热处理交联反应在二氧化钛表面形成一层修饰层(c-PCBSD),诱导形成了具有更大晶粒的钙钛矿膜,有利于电荷抽取和减少电荷复合,器件能量转换效率高达 18.7%[79]。

Yang 等利用 $PC_{61}BM$ 和 C_{60}-ETA 作为双层的二氧化钛修饰层，器件最高能量转换效率为 18.49%，而且迟滞现象明显减弱，其中 $PC_{61}BM$ 可以钝化二氧化钛表面的缺陷，而亲水性的 C_{60}-ETA 一方面可以提高钙钛矿层的浸润性，另一方面可以促进电子在界面处的传输[80]。Wang 等将 $PC_{61}BM$ 用作 TiO_2∶TOPD[titanium oxide bis(2,4-pentanedione)，双乙酰丙酮氧化钛]的修饰层，消除了界面势垒，缓解了界面电荷聚集现象，有效促进了电荷抽取，从而消除了迟滞现象，同时减少了界面处的缺陷，光生电荷的复合也明显减少，最终器件的最高能量转换效率达 20.3%，稳态输出效率为 20.1%[81]。

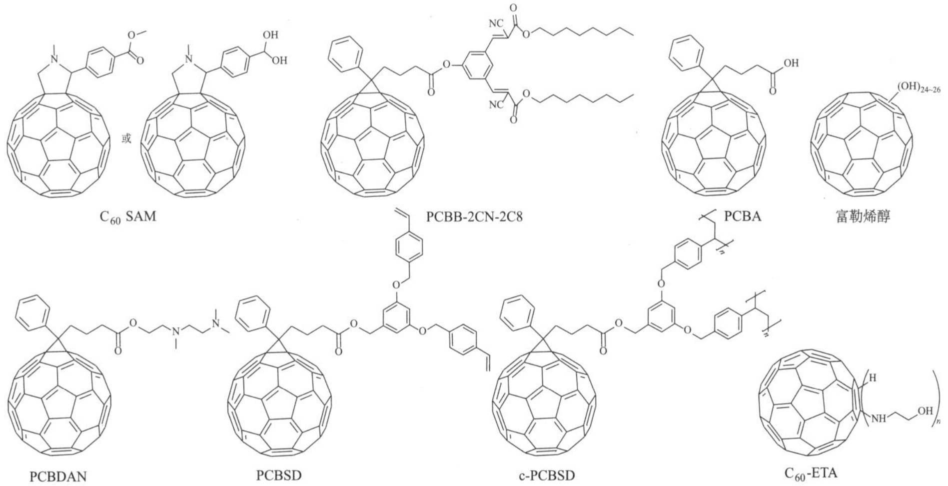

图 5-11　正式器件中常用的富勒烯修饰层材料分子结构

非富勒烯分子作为正式器件的修饰层的报道还比较少(图 5-12)。Zhan 等合成了一种新型的 PDI 聚合物 PPDI-F3N，并将其作为多功能的修饰层用于二氧化钛和钙钛矿层之间，器件最高能量转换效率为 18.3%，稳定性也有所改善。PPDI-F3N 修饰层一方面可以调节二氧化钛的功函，使其与钙钛矿层的导带更加匹配，促进电荷抽取和传输；另一方面可以钝化二氧化钛表面的缺陷，减少电荷复合。此外，基于修饰层生长的钙钛矿膜表现出了更好的结晶性和更大的晶粒[82]。Wang 等将螺旋状的苝二酰亚胺 PDI2 引入到二氧化钛和钙钛矿层之间作为修饰层，制备了正式钙钛矿太阳电池。PDI2 较高的导电性和合适的能级促进了电荷转移，有效避免了电荷在界面处的聚集；此外，分子中的氧原子可以与 Pb^{2+} 配位，从而钝化钙钛矿表面的缺陷，减少电荷复合，基于 PDI2 修饰层的器件的最高能量转换效率为 19.84%，迟滞现象也明显减弱[83]。Liu 等利用稠环电子受体 ITIC 作为二氧化钛的修饰层，该修饰层可以钝化其表面缺陷，并优化能级，从而减少电荷复合，有利于提升开路电压。另外 ITIC 可以诱导形成覆盖率更高、具有更大晶粒的高质量钙钛矿膜，器件能量转换效率高达 20.08%，而且迟滞现象也明显减弱[84]。

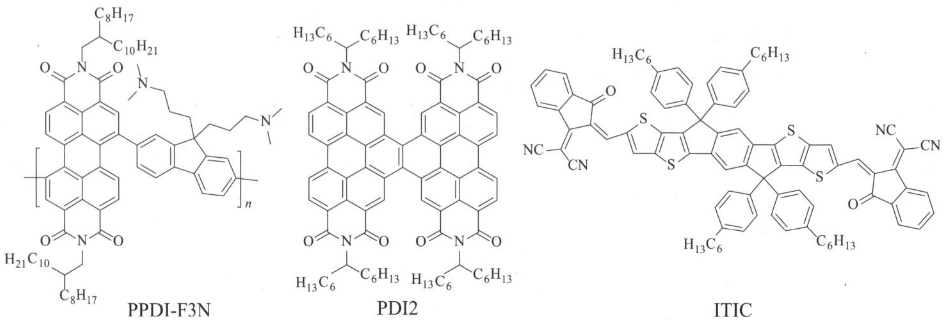

图 5-12 正式器件中常用的非富勒烯修饰层材料分子结构

5.3 总结与展望

钙钛矿太阳电池得益于其优良的吸光性能以及电荷传输性能，已成为新一代备受瞩目的高效薄膜太阳电池。随着钙钛矿薄膜生长工艺的不断改进，钙钛矿太阳电池的能量转换效率已超过 25%。要使性能获得进一步的提升，必须控制器件中各层载流子的动力学过程，因此寻找新的传输层或界面层材料变得更加重要。本章总结了国内外优秀课题组所报道的 n 型有机半导体在钙钛矿太阳电池中的应用。n 型有机半导体可避免无机金属氧化物所需要的高温烧结和退火处理，减少能耗，简化器件制备工艺，而且有利于柔性器件的制备和发展。同时可以通过分子结构设计来调节其能级，使其与钙钛矿层或电极匹配，促进电子在界面处的转移和传输。带有特殊官能团的有机半导体可以与钙钛矿层紧密接触并发生相互作用，从而钝化钙钛矿层表面的缺陷，有效地阻止电荷复合，从而降低器件的性能损失。

目前，n 型有机半导体在钙钛矿太阳电池中的应用主要集中在电子传输层和界面修饰层。它的电子迁移率较高，能级合适。由于通常使用与钙钛矿层成膜相正交的溶剂，因此，n 型有机半导体常用作反式器件结构中的电子传输层，早期富勒烯衍生物最常用。为了进一步提升器件的能量转换效率和稳定性，分子结构更丰富的非富勒烯有机半导体逐渐取代富勒烯，并且明显改善了器件的迟滞现象和稳定性问题，但是，在器件效率方面仍需进一步提高。此外，n 型有机半导体另一个重要应用是在正式钙钛矿太阳电池中作为无机电子传输层和钙钛矿层之间的界面修饰层。n 型有机半导体的修饰可以提高基于无机半导体电子传输层正式器件的能量转换效率，改善迟滞和稳定性等问题。尽管目前无机半导体仍然是正式器件中最常用的电子传输材料，且能量转换效率最高，但是探索新型、可低温加工、高效且不溶于上层钙钛矿成膜所用溶剂的 n 型有机半导体，是今后发展柔性器件的一个重要方向。

另外，鉴于钙钛矿材料本身存在内部缺陷及吸光范围有限等问题，我们可以使 n 型有机半导体进一步发挥在活性层的作用。将含有特殊官能团的有机半导体引入到钙钛矿薄膜中，可以钝化钙钛矿层中的缺陷，改善钙钛矿膜的形貌，提升器件性能。例如，Niu 等将稠环电子受体 ITIC（图 5-12）引入到钙钛矿膜中，以钝化钙钛矿晶界处的缺陷，制备了具有平整表面和晶界减少的致密钙钛矿膜，这有利于器件能量转换效率和稳定性的提升[85]。Lu 等则通过添加 ITIC 的衍生物 ITIC-Th（ITIC 侧链由苯环替换为噻吩环）来研究钙钛矿前驱体溶液的稳定性，结果表明，ITIC-Th 可以通过 Pb-S 相互作用抑制非钙钛矿相的形成，从而稳定钙钛矿前驱体溶液[86]。Zhan 等首次提出了稠环电子受体-钙钛矿杂化的概念，在钙钛矿层添加稠环电子受体 INIC-1F（图 5-9）。INIC-1F 提高了钙钛矿膜的质量，促进了电荷抽取和传输，基于杂化膜的器件的最高能量转换效率达 21.7%，器件稳定性也明显提升[87]。钙钛矿材料在可见光区吸光能力强，然而在近红外区吸收弱。通过分子结构设计，我们可以合成强近红外光吸收的 n 型有机半导体，利用其与 p 型半导体的共混膜制备具有双活性层的有机-无机整合电池，可以将钙钛矿太阳电池的吸光范围扩展到近红外区，从而增大短路电流密度。随着 n 型有机半导体在钙钛矿太阳电池中的应用越来越广泛，将来可能为钙钛矿太阳电池领域带来新的发展机遇和突破。

参 考 文 献

[1] Kojima A, Teshima K, Shirai Y, et al. Organometal halide perovskites as visible-light sensitizers for photovoltaic cells. J Am Chem Soc, 2009, 131(17): 6050-6051.

[2] Yang W S, Park B W, Jung E H, et al. Iodide management in formamidinium-lead-halide-based perovskite layers for efficient solar cells. Science, 2017, 356(6345): 1376-1379.

[3] NREL. Best research-cell efficiencies. https://www.nrel.gov/pv/assets/pdfs/best-research-cell-efficiencies.20191106.pdf.

[4] Green M A, Ho-Baillie A, Snaith H J. The emergence of perovskite solar cells. Nat Photonics, 2014, 8(7): 506-514.

[5] Baikie T, Fang Y, Kadro J M, et al. Synthesis and crystal chemistry of the hybrid perovskite $(CH_3NH_3)PbI_3$ for solid-state sensitised solar cell applications. J Mater Chem A, 2013, 1(18): 5628-5641.

[6] D'Innocenzo V, Grancini G, Alcocer M J P, et al. Excitons versus free charges in organo-lead

tri-halide perovskites. Nat Commun, 2014, 5(4): 3586.

[7] Ponseca C S, Savenije T J, Abdellah M, et al. Organometal halide perovskite solar cell materials rationalized: Ultrafast charge generation, high and microsecond-long balanced mobilities, and slow recombination. J Am Chem Soc, 2014, 136(14): 5189-5192.

[8] Wehrenfennig C, Eperon G E, Johnston M B, et al. High charge carrier mobilities and lifetimes in organolead trihalide perovskites. Adv Mater, 2014, 26(10): 1584-1589.

[9] Xing G C, Mathews N, Sun S Y, et al. Long-range balanced electron- and hole-transport lengths in organic-inorganic $CH_3NH_3PbI_3$. Science, 2013, 342(6156): 344-347.

[10] Stranks S D, Eperon G E, Grancini G, et al. Electron-hole diffusion lengths exceeding 1 micrometer in an organometal trihalide perovskite absorber. Science, 2013, 342(6156): 341-344.

[11] Im J H, Lee C R, Lee J W, et al. 6.5% efficient perovskite quantum-dot-sensitized solar cell. Nanoscale, 2011, 3(10): 4088-4093.

[12] Kim H S, Lee C R, Im J H, et al. Lead iodide perovskite sensitized all-solid-state submicron thin film mesoscopic solar cell with efficiency exceeding 9%. Sci Rep, 2012, 2(8): 591-597.

[13] Lee M M, Teuscher J, Miyasaka T, et al. Efficient hybrid solar cells based on meso-superstructured organometal halide perovskites. Science, 2012, 338(6107): 643-647.

[14] Burschka J, Pellet N, Moon S J, et al. Sequential deposition as a route to high-performance perovskite-sensitized solar cells. Nature, 2013, 499(7458): 316-319.

[15] Liu M, Johnston M B, Snaith H J. Efficient planar heterojunction perovskite solar cells by vapour deposition. Nature, 2013, 501(7467): 395-398.

[16] Newcomer juices up the race to harness sunlight. Science, 2013, 342(6165): 1438-1439.

[17] Zhou H P, Chen Q, Li G, et al. Interface engineering of highly efficient perovskite solar cells. Science, 2014, 345(6196): 542-546.

[18] Yang W S, Noh J H, Jeon N J, et al. High-performance photovoltaic perovskite layers fabricated through intramolecular exchange. Science, 2015, 348(6240): 1234-1237.

[19] Frost J M, Butler K T, Brivio F, et al. Atomistic origins of high-performance in hybrid halide perovskite solar cells. Nano Lett, 2014, 14(5): 2584-2590.

[20] Smith I C, Hoke E T, Solis-Ibarra D, et al. A layered hybrid perovskite solar-cell absorber with enhanced moisture stability. Angew Chem Int Ed, 2014, 53(42): 11232-11235.

[21] Noh J H, Im S H, Heo J H, et al. Chemical management for colorful, efficient, and stable inorganic-organic hybrid nanostructured solar cells. Nano Lett, 2013, 13(4): 1764-1769.

[22] Lee J W, Seol D J, Cho A N, et al. High-efficiency perovskite solar cells based on the black polymorph of $HC(NH_2)_2PbI_3$. Adv Mater, 2014, 26(29): 4991-4998.

[23] Eperon G E, Stranks S D, Menelaou C, et al. Formamidinium lead trihalide: A broadly tunable perovskite for efficient planar heterojunction solar cells. Energ Environ Sci, 2014, 7(3): 982-988.

[24] Leijtens T, Eperon G E, Pathak S, et al. Overcoming ultraviolet light instability of sensitized TiO_2 with meso-superstructured organometal tri-halide perovskite solar cells. Nat Commun, 2013, 4: 2885.

[25] Pathak S K, Abate A, Leijtens T, et al. Towards long-term photostability of solid-state dye sensitized solar cells. Adv Energy Mater, 2014, 4(8): 1301667.

[26] Ito S, Tanaka S, Manabe K, et al. Effects of surface blocking layer of Sb_2S_3 on nanocrystalline TiO_2 for $CH_3NH_3PbI_3$ perovskite solar cells. J Phys Chem C, 2014, 118(30): 16995-17000.

[27] Jeng J Y, Chiang Y F, Lee M H, et al. $CH_3NH_3PbI_3$ perovskite/fullerene planar-heterojunction hybrid solar cells. Adv Mater, 2013, 25(27): 3727-3732.

[28] Docampo P, Ball J M, Darwich M, et al. Efficient organometal trihalide perovskite planar-heterojunction solar cells on flexible polymer substrates. Nat Commun, 2013, 4(7): 2761.

[29] Malinkiewicz O, Yella A, Lee Y H, et al. Perovskite solar cells employing organic charge-transport layers. Nat Photonics, 2014, 8(2): 128-132.

[30] Malinkiewicz O, Roldan-Carmona C, Soriano A, et al. Metal-oxide-free methylammonium lead iodide perovskite-based solar cells: The influence of organic charge transport layers. Adv Energy Mater, 2014, 4(15): 1400345.

[31] You J B, Hong Z R, Yang Y, et al. Low-temperature solution-processed perovskite solar cells with high efficiency and flexibility. ACS Nano, 2014, 8(2): 1674-1680.

[32] Seo J, Park S, Kim Y C, et al. Benefits of very thin PCBM and LiF layers for solution-processed p-i-n perovskite solar cells. Energ Environ Sci, 2014, 7(8): 2642-2646.

[33] Xiao Z G, Bi C, Shao Y C, et al. Efficient, high yield perovskite photovoltaic devices grown by interdiffusion of solution-processed precursor stacking layers. Energ Environ Sci, 2014, 7(8): 2619-2623.

[34] Xiao Z G, Dong Q F, Bi C, et al. Solvent annealing of perovskite-induced crystal growth for photovoltaic-device efficiency enhancement. Adv Mater, 2014, 26(37): 6503-6509.

[35] Chiang C H, Tseng Z L, Wu C G. Planar heterojunction perovskite/$PC_{71}BM$ solar cells with enhanced open-circuit voltage via a (2/1)-step spin-coating process. J Mater Chem A, 2014, 2(38): 15897-15903.

[36] Li Y, Lu K Y, Ling X F, et al. High performance inverted planar heterojunction perovskite solar cells employing amino-based fulleropyrrolidine as the electron transporting material. J Mater Chem A, 2016, 4(26): 10130-10134.

[37] Shao Y C, Xiao Z G, Bi C, et al. Origin and elimination of photocurrent hysteresis by fullerene passivation in $CH_3NH_3PbI_3$ planar heterojunction solar cells. Nat Commun, 2014, 5: 5784.

[38] Shao Y C, Yuan Y B, Huang J S. Correlation of energy disorder and open-circuit voltage in hybrid perovskite solar cells. Nat Energy, 2016, 1: 15001.

[39] Gao Z, Qu B, Xiao L X, et al. Sodium bromide electron-extraction layers for polymer bulk-heterojunction solar cells. Appl Phys Lett, 2014, 104(10): 103301.

[40] Qu B, Gao Z, Yang H S, et al. Calcium chloride electron injection/extraction layers in organic electronic devices. Appl Phys Lett, 2014, 104(4): 043305.

[41] Sun C, Wu Z H, Yip H L, et al. Amino-functionalized conjugated polymer as an efficient electron transport layer for high-performance planar-heterojunction perovskite solar cells. Adv Energy Mater, 2016, 6(5): 1501534.

[42] Wang W W, Yuan J Y, Shi G Z, et al. Inverted planar heterojunction perovskite solar cells employing polymer as the electron conductor. ACS Appl Mater Inter, 2015, 7(7): 3994-3999.

[43] Guo Y, Sato W, Inoue K, et al. n-Type doping for efficient polymeric electron-transporting layers in perovskite solar cells. J Mater Chem A, 2016, 4(48): 18852-18856.

[44] Hong I K, Kim M J, Choi K, et al. Improving the performance and stability of inverted planar flexible perovskite solar cells employing a novel NDI-based polymer as the electron transport layer. Adv Energy Mater, 2018, 8(16): 1702872.

[45] Jin H H, Lee S C, Jung S K, et al. Efficient and thermally stable inverted perovskite solar cells by introduction of non-fullerene electron transporting materials. J Mater Chem A, 2017, 5(39): 20615-20622.

[46] Kim S S, Bae S, Jo W H. Perylene diimide-based non-fullerene acceptor as an electron transporting material for inverted perovskite solar cells. RSC Adv, 2016, 6(24): 19923-19927.

[47] Guo Q, Xu Y X, Xiao B, et al. The effect of energy alignment, electron mobility and film morphology of perylene diimide based polymers as electron transport layer on the performance of perovskite solar cells. ACS Appl Mater Inter, 2017, 9(12): 10983-10991.

[48] Wu J, Huang W K, Chang Y C, et al. Simple mono-halogenated perylene diimides as non-fullerene electron transporting materials in inverted perovskite solar cells with ZnO nanoparticle cathode buffer layers. J Mater Chem A, 2017, 5(25): 12811-12821.

[49] Zhao D, Zhu Z, Kuo M Y, et al. Hexaazatrinaphthylene derivatives: Efficient electron-transporting materials with tunable energy levels for inverted perovskite solar cells. Angew Chem Int Ed, 2016, 55(31): 8999-9003.

[50] Wang N, Zhao K X, Ding T, et al. Improving interfacial charge recombination in planar heterojunction perovskite photovoltaics with small molecule as electron transport layer. Adv Energy Mater, 2017, 7(18): 1700522.

[51] Gu P Y, Wang N, Wang C, et al. Pushing up the efficiency of planar perovskite solar cells to 18.2% with organic small molecules as the electron transport layer. J Mater Chem A, 2017, 5(16): 7339-7344.

[52] Wu F, Gao W, Yu H, et al. Efficient small-molecule non-fullerene electron transporting materials for high-performance inverted perovskite solar cells. J Mater Chem A, 2018, 6(10): 4443-4448.

[53] Xue Q F, Hu Z C, Liu J, et al. Highly efficient fullerene/perovskite planar heterojunction solar cells via cathode modification with an amino-functionalized polymer interlayer. J Mater Chem A, 2014, 2(46): 19598-19603.

[54] Peng S, Miao J S, Murtaza I, et al. An efficient and thickness insensitive cathode interface material for high performance inverted perovskite solar cells with 17.27% efficiency. J Mater Chem C, 2017, 5(24): 5949-5955.

[55] Min J, Zhang Z G, Hou Y, et al. Interface engineering of perovskite hybrid solar cells with solution-processed perylene-diimide heterojunctions toward high performance. Chem Mater, 2014, 27(1): 227-234.

[56] Meng F Q, Liu K, Dai S X, et al. A perylene diimide based polymer: A dual function interfacial

material for efficient perovskite solar cells. Mater Chem Front, 2016, 1 (6): 1079-1086.

[57] Lin Y Z, Liang S, Dai J, et al. π-Conjugated lewis base: Efficient trap-passivation and charge-extraction for hybrid perovskite solar cells. Adv Mater, 2017, 29 (7): 1604545.

[58] Liu K, Dai S X, Meng F Q, et al. Fluorinated fused nonacyclic interfacial materials for efficient and stable perovskite solar cells. J Mater Chem A, 2017, 5 (40): 21414-21421.

[59] Liu M, Johnston M B, Snaith H J. Efficient planar heterojunction perovskite solar cells by vapour deposition. Nature, 2013, 501 (7467): 395-398.

[60] Li W, Zhang W, Reenen S V, et al. Enhanced UV-light stability of planar heterojunction perovskite solar cells with caesium bromide interface modification. Energ Environ Sci, 2016, 9(2): 490-498.

[61] Kim H S, Morasero I, Gonzalezpedro V, et al. Mechanism of carrier accumulation in perovskite thin-absorber solar cells. Nat Commun, 2013, 4(7):2242.

[62] Kim J H, Chueh C C, Williams S T, et al. Room-temperature, solution-processable organic electron extraction layer for high-performance planar heterojunction perovskite solar cells. Nanoscale, 2015, 7 (41): 17343-17349.

[63] Ryu S, Seo J, Shin S, et al. Fabrication of metal-oxide-free $CH_3NH_3PbI_3$ perovskite solar cells processed at low temperature. J Mater Chem A, 2015, 3 (7): 3271-3275.

[64] Lee J, Kim J, Lee C L, et al. A printable organic electron transport layer for low-temperature-processed, hysteresis-free, and stable planar perovskite solar cells. Adv Energy Mater, 2017, 7 (15): 1700226.

[65] Yoon H, Kang S M, Lee J K, et al. Hysteresis-free low-temperature-processed planar perovskite solar cells with 19.1% efficiency. Energ Environ Sci, 2016, 9 (7): 2262-2266.

[66] Qiu W, Bastos J P, Dasgupta S, et al. Highly efficient perovskite solar cells with crosslinked PCBM interlayers. J Mater Chem A, 2017, 5 (6): 2466-2472.

[67] Xie J S, Arivazhagan V, Xiao K, et al. A ternary organic electron transport layer for efficient and photostable perovskite solar cells under full spectrum illumination. J Mater Chem A, 2018, 6 (14): 5566-5573.

[68] Zhang H, Xue L W, Han J B, et al. New generation perovskite solar cells with solution-processed amino-substituted perylene diimide derivative as electron-transport layer. J Mater Chem A, 2016, 4 (22): 8724-8733.

[69] Zhu Z, Xu J Q, Chueh C C, et al. A low-temperature, solution-processable organic electron-transporting layer based on planar coronene for high-performance conventional perovskite solar cells. Adv Mater, 2016, 28 (48): 10786.

[70] Li D, Sun C, Li H, et al. Amino-functionalized conjugated polymer electron transport layers enhance the UV-photostability of planar heterojunction perovskite solar cells. Chem Sci, 2017, 8 (6): 4587-4594.

[71] Zhang M, Zhu J, Liu K, et al. A low temperature processed fused-ring electron transport material for efficient planar perovskite solar cells. J Mater Chem A, 2017, 5 (47): 24820-24825.

[72] Abrusci A, Stranks S D, Docampo P, et al. High-performance perovskite-polymer hybrid solar cells via electronic coupling with fullerene monolayers. Nano Lett, 2013, 13 (7): 3124-3128.

[73] Wojciechowski K, Stranks S D, Abate A, et al. Heterojunction modification for highly efficient organic-inorganic perovskite solar cells. ACS Nano, 2014, 8(12): 12701-12709.

[74] Tao C, Neutzner S, Colella L, et al. 17.6% stabilized efficiency in low-temperature processed planar perovskite solar cells. Energ Environ Sci, 2015, 8(8): 2365-2370.

[75] Li Y W, Zhao Y, Chen Q, et al. Multifunctional fullerene derivative for interface engineering in perovskite solar cells. J Am Chem Soc, 2015, 137(49): 15540-15547.

[76] Dong Y, Li W H, Zhang X J, et al. Highly efficient planar perovskite solar cells via interfacial modification with fullerene derivatives. Small, 2015, 12(8): 1098-1104.

[77] Cao T T, Wang Z W, Xia Y J, et al. Facilitating electron transportation in perovskite solar cells via water-soluble fullerenol interlayers. ACS Appl Mater Inter, 2016, 8(28): 18284-18291.

[78] Zhang Y H, Wang P, Yu X G, et al. Enhanced performance and light soaking stability of planar perovskite solar cells using amine-based fullerene interfacial modifier. J Mater Chem A, 2016, 4(47): 18509-18515.

[79] Chen T, Velden J V D, Cabau L, et al. Fully solution-processed n-i-p-like perovskite solar cells with planar junction: How the charge extracting layer determines the open-circuit voltage. Adv Mater, 2017, 29(15): 1604493.

[80] Zhou W R, Zhen J M, Liu Q, et al. Successive surface engineering of TiO₂ compact layers via dual modification of fullerene derivatives affording hysteresis-suppressed high-performance perovskite solar cells. J Mater Chem A, 2016, 5(4): 1724-1733.

[81] Cai F L, Yang L Y, Yan Y, et al. Eliminated hysteresis and stabilized power output over 20% in planar heterojunction perovskite solar cells by compositional and surface modifications to the low-temperature-processed TiO₂ layer. J Mater Chem A, 2017, 5(19): 9402-9411.

[82] Zhang M Y, Li T F, Zheng G H J, et al. An amino-substituted perylene diimide polymer for conventional perovskite solar cells. Mater Chem Front, 2017, 1(10): 2078-2084.

[83] Yang L Y, Wu M L, Cai F L, et al. Restrained light-soaking and reduced hysteresis in perovskite solar cells employing a helical perylene diimide interfacial layer. J Mater Chem A, 2018, 6(22): 10379-10387.

[84] Jiang J X, Jin Z W, Lei J, et al. ITIC surface modification to achieve synergistic electron transport layer enhancement for planar-type perovskite solar cells with efficiency exceeding 20%. J Mater Chem A, 2017, 5(20): 9514-9522.

[85] Niu T Q, Lu J, Munir R, et al. Stable high-performance perovskite solar cells via grain boundary passivation. Adv Mater, 2018, 30(16): 1706576.

[86] Qin M C, Cao J, Zhang T K, et al. Fused-ring electron acceptor ITIC-Th: A novel stabilizer for halide perovskite precursor solution. Adv Energy Mater, 2018, 8(18): 1703399.

[87] Zhang M Y, Dai S X, Chandrabose S, et al. High-performance fused ring electron acceptor-perovskite hybrid. J Am Chem Soc, 2018, 140(44): 14938-14944.

第 **6** 章

n 型有机半导体在光电探测器中的应用

光电探测器是将光信号转换为电信号的一种基本元件，被广泛应用于图像传感、光通信、监测等多个国防和民生领域。例如，我们生活中常用到的手机摄像头，其图像传感器中每一个感光单元都包含了一个光电探测器。在光通信中，光纤的一端是激光器输入调制后的光信号，另一端是利用光电探测器将调制的光信号还原为电信号。此外，光电探测器在先进智能制造领域有广阔的应用前景。

目前，商业化的光电探测器大多是基于硅、氮化镓等传统无机半导体材料制备的。随着有机半导体材料的快速发展，特别是有机光电子器件(有机电致发光器件、有机光伏器件、有机场效应晶体管等)取得显著进展，有机电致发光器件已经产业化。智能柔性光电子器件的研发已经迈入一个崭新时代，有机光电探测器作为一个关键元件亟须加快发展。目前绝大部分关于有机光电探测器的研究，还停留在基于给受体异质结的二极管型器件。二极管型有机光电探测器的暗电流大、探测灵敏度低等问题严重制约了其发展及应用。如何制备出低暗电流、高灵敏度、响应光谱范围可调的倍增型有机光电探测器具有较大的挑战[1]。近年来，新型高性能有机半导体材料取得了一系列显著进展，这为开发出高性能有机光电探测器提供了更多可选材料。

6.1 光电探测器的工作机理和关键参数

光电探测器可分为二极管型(外量子效率小于100%)和倍增型(外量子效率大于100%)两种。二极管型光电探测器的工作机理是基于光伏效应，半导体材料吸收光子产生激子，激子解离后获得载流子，从而实现光电转换的功能。二极管型光电探测器的光电转换过程与光伏器件中的光电转换过程类似，主要区别在于：

二极管型光电探测器需要在反向偏压下工作，获得尽可能低的暗电流及尽可能高的光电流。倍增型光电探测器具有高响应度，一个光子产生一个电子后，可以经过不同的过程使器件内部产生更多电子，从而获得较高的光电流，或利用光生电子诱导空穴从外电路隧穿注入来获得较高的光电流[2]。

6.1.1 二极管型光电探测器的工作机理

二极管型光电探测器常被直接称为光电二极管(photodiode)，其工作机理是光伏效应。半导体材料吸收光子产生激子，激子在给受体能级差的驱动下解离成电荷并被电极收集，就可将光信号转化为电信号。无论是基于有机半导体材料还是无机半导体材料，二极管型光电探测器的原理基本都是相同的。不同之处在于：有机半导体中激子(由库仑力束缚在一起的电子-空穴对)结合能较高，需要 p 型(电子给体)和 n 型(电子受体)材料间的能级差(或表面电势差)为激子解离提供驱动力。因此，二极管型光电探测器的有源层通常采用 p 型和 n 型半导体形成体异质结，其光电流主要是由光子俘获、光生电荷的产生与收集共同决定的。因此有如下关系：

$$\mathrm{EQE} = \eta_{\text{absorption}} \times \mathrm{IQE} = \eta_{\text{absorption}} \times \eta_{\text{dissociation}} \times \eta_{\text{collection}} \tag{6-1}$$

其中：EQE 为外量子效率；IQE 为内量子效率；$\eta_{\text{absorption}}$ 为材料对太阳光子的吸收效率；$\eta_{\text{dissociation}}$ 为激子解离效率；$\eta_{\text{collection}}$ 为光生电荷被电极收集的效率。值得注意的是，$\eta_{\text{absorption}}$ 是指被吸收的光子数目占总入射光子数目的比例，而不是被吸收的光功率占总入射光功率的比例，虽然这两个比例相等，但不可混淆。外量子效率是光电探测器最基本参数之一，一般来说外量子效率越高，器件对光的响应度越高。若要提高光电探测器的外量子效率，需要尽可能提高有源层对光子的吸收效率、激子解离效率及电荷收集效率。

提高有源层的光子吸收效率可通过采用高吸光系数的有机半导体材料或增加有源层的厚度来实现。有机半导体材料的吸光系数比无机半导体材料高，可制成薄膜型器件。文献中报道的二极管型有机光电探测器多采用三明治结构，即玻璃基底/氧化铟锡(ITO)电极/有源层/Al 电极。有源层可采用单层体异质结或平面异质结。只有被有源层吸收的光子才能对器件有贡献，增强入射光向器件内部的输入耦合可提高光电探测器的响应度。在基底表面制备微纳结构或提高电极表面的粗糙度来增强光的输入耦合效率，从而提高光电探测器的探测响应度。

有机半导体材料给受体间的最高占据分子轨道(HOMO)能级和最低未占分子轨道(LUMO)能级存在一定的能级差，这为激子在给受体界面上的解离提供驱动力。对于富勒烯受体材料而言，一般需要给受体间的能级差大于 0.3 eV 才能为界面处的激子解离提供足够的驱动力。对于非富勒烯材料而言，给受体材料间几乎不需要能级差激子就可被解离，这可能是由于给受体材料具有不同的表面电势[3]。一般情况下，激子迁移到给受体材料的界面处不会立即解离为电子和空穴，而是在库仑场的作用下形成一个电荷转移态(charge-transfer state)。处于电荷转移态的电子-空穴对可能解离成电荷，也有可能在界面处重新复合。在三明治结构的器件中，由于电极功函的不同，在器件中将形成内建电场，在内建电场的作用下，电子-空穴对解离成电荷，电荷沿各自的传输通道向电极移动，并被电极收集。对于光电探测器而言，器件工作于反向偏压下，外加电场将促进处于电荷转移态的电子-空穴对解离成电荷，并在外场的作用下在有源层中定向传输，从而被电极收集。因此，施加的外电场将有利于电子-空穴对从电荷转移态解离成电荷，从而提高激子的解离效率。从器件结构上分析，体异质结结构比分层异质结结构更有利于激子的解离，调控体异质结中给受体材料相分离程度是提高激子解离效率的关键。

光生电荷收集效率是指电荷在有源层中传输并被相应电极收集的效率。光生电荷在被电极收集之前，有可能在有源层内部再复合或被陷阱俘获，这部分电荷将无法被电极收集。因此，优化有源层厚度及调控有源层中电荷传输通道可有效提高电荷的收集效率。优化有源层中的分子排布方式可提高电荷的漂移距离，当电荷漂移距离大于电荷产生位置到电极的距离时，电荷有可能被电极收集。当漂移距离小于电荷产生位置到电极的距离时，电荷将不能被电极收集。光电探测器工作于反向偏压下，反向偏压在器件内部产生的电场方向与内建电场方向一致，增大了器件内部的电场，有利于增大电荷的漂移距离，进而提高电荷的收集效率。选择与半导体材料能级匹配的电极材料降低界面势垒，从而提高电荷的收集效率。

二极管型有机光电探测器的工作机理类似于有机光伏器件，其动力学过程主要包括光子俘获、激子产生、激子解离、电荷传输与收集等，这些动力学过程使其外量子效率不可能超过 100%，导致其对弱光的探测能力极其有限，只有利用后置放大电路对光电流进行放大，才能提高探测器灵敏度，这无疑增大了该类器件的成本。后置放大电路也将对器件的暗电流、噪声电流进行放大，有可能影响到器件的探测灵敏度。

6.1.2　倍增型光电探测器的工作机理

光电倍增(photomultiplication)是指外量子效率超过 100%的现象，即由一个光子诱导引起多个电荷流过器件，使器件在光照条件下产生较大的光诱导电流。要实现倍增型光电探测器，必须在器件中产生二次电荷或诱导电荷从外电路隧穿注入，这些二次电荷或注入电荷必须是由光诱导或触发的。在无机光电探测器中，利用过热电子的碰撞激发或碰撞离化来实现倍增。在有机光电探测器中，由于有机激子结合能较大, 只能利用电荷从外电路的隧穿注入来实现。首先, 简要介绍一下无机光电探测器中实现光电倍增的主要机理。

1. 光电倍增管

处于真空条件下的无机半导体材料在光照下吸收光子, 当外层电子获得足够的能量时就可以克服原子核对它的束缚, 从半导体材料中逸出成为光生电子。光生电子在真空中加速成为过热电子, 过热电子轰击次级半导体材料就会产生二次电子。二次电子在高场中加速又可变成过热电子, 进而激发出更多的二次电子。经过多次循环, 就可以使器件外量子效率远远超过 100%, 实现光电倍增。电子在高场下加速变成过热电子, 需要较高的工作电压及较长的电子加速距离。例如, 光电倍增管的工作偏压较高(几百伏甚至上千伏), 而且真空管本身的体积较大, 不可能应用到小型集成化器件中。器件中的真空环境容易受到破坏, 不适合在恶劣环境中工作。光电倍增管的优点在于, 不需要后置放大电路就可以实现输出电流的放大, 具有较高的探测灵敏度。器件内部的真空环境使得器件的暗电流较低, 且由暗电流引起的散粒噪声也极小。这些特点使得光电倍增管在需要高响应度和低噪声, 不追求便携的场合(精密科学仪器)中被广泛使用, 如光谱仪、单光子计数器等。

光电倍增管中发射光生电子的材料与阴极相连, 被称为光阴极材料。一般选用低功函的材料作为光阴极材料, 光生电子容易从材料中逸出变成自由电子。而有机半导体材料激子束缚能较大, 激子解离后的电子也是局域态电子, 有机半导体薄膜中载流子迁移率较低, 综合以上各种因素, 制备出基于有机材料的光电倍增管具有很大挑战[4, 5]。

2. 雪崩光电二极管

雪崩光电二极管结构与普通光电二极管有一定相似性。区别在于: 器件中有一个较长的耗尽层, 光生电子在外加电场下在耗尽层中加速变成过热电子。过热电子碰撞激发半导体材料而获得二次电子, 经过多级加速、碰撞激发实现光电流的倍增。

雪崩光电二极管与光电倍增管都能在器件内部对电流进行放大, 无须后置电流放大电路。但半导体材料在高偏压下存在较大的漏电流, 导致雪崩光电二极管的暗电流比光电倍增管的暗电流大, 影响其探测器灵敏度。其优点在于体积与普通光电二极管相仿, 远小于光电倍增管。雪崩光电二极管的工作机理要求所使用的半导体材料具有较高的载流子迁移率, 使电荷容易被加速从而获得更高的能量且激子束缚能较小, 也容易产生碰撞激发的现象。而有机半导体材料的载流子迁移率较低、激子结合能较大, 很难制备出基于有机材料的雪崩光电二极管。

3. 光电导器件

光电导器件通常采用横向结构，即两电极处在同一平面内，如常见的叉指电极。这种器件结构相对于三明治结构而言，两电极间距往往达到微米量级。这就要求外加几十伏甚至上百伏的偏压来保证两电极间有足够的电场强度。较大的电极间距导致电荷在半导体中的渡越时间较长，制约了器件响应速度。由于有机半导体材料载流子迁移率比无机半导体材料要差很多，电荷渡越时间更长，导致器件响应速度更慢。因此，有机半导体材料不适合制备光电导器件。

由于有机半导体材料的载流子迁移率低且激子束缚能大，无机半导体中获得光电倍增的方法都难以直接应用到有机半导体中，来制备倍增型光电探测器。如何制备出低暗电流、倍增型有机光电探测器具有较大的挑战。国内几个课题组已陆续开展此方面的研究工作，利用陷阱诱导的界面能带弯曲，增强电荷从外电路的隧穿注入来获得光电倍增。在有机光电子器件中，有机半导体材料的能级与电极之间存在一定的注入势垒。当器件处于反向偏压下时，电子和空穴都很难从电极注入到有源层中，导致器件具有较低的暗电流。在有源层中引入一些电荷陷阱，利用陷阱将一种光生电荷陷在有源层中，另一种电荷可以在有源层中传输并被电极收集。处于有源层与电极附近的陷阱俘获足够多的光生电荷时，在库仑场的作用下将诱导界面能带弯曲，增强空穴的隧穿注入[6]。这种器件的光电流是由界面附近陷阱中电荷诱导界面能带弯曲而引起的，注入电流经过有源层被电极收集。器件的外量子效率(EQE)与陷阱对电荷的束缚和另一种电荷渡越有源层的时间关系如下[7]：

$$\text{EQE} \propto \frac{\tau_{\text{trap}}}{\tau_{\text{transit}}} \tag{6-2}$$

其中：τ_{trap} 为受陷电荷的寿命；τ_{transit} 为另一种电荷流过有源层的渡越时间。$\tau_{\text{trap}}/\tau_{\text{transit}}$ 这个比值的物理意义是，每个受陷电荷在寿命内平均能辅助多少注入电荷渡越到对电极。只要陷阱内有一定数量的电荷被俘获，另一种电荷就能被源源不断地注入。这一机理本质上不依赖光生电荷的产生效率，外量子效率可通过增加陷阱诱导的电荷注入来突破 100% 的限制。当电荷的被陷时间远大于注入电荷的渡越时间时，即 $\tau_{\text{trap}}/\tau_{\text{transit}}$ 远大于 1，外量子效率将大于 100%。通过增加偏置电压缩短电荷渡越有源层的时间，可提高器件的外量子效率。

6.1.3　有机光电探测器的关键参数

光电探测器的应用环境，如待测光的光强、波长、频率、背景环境等非常复杂。为了客观评价光电探测器的性能，接下来简要介绍评估光电探测性能的几个关键参数[1]。

1. 响应度和外量子效率

外量子效率的定义为：光电探测器的光电流对应的电荷数与入射光子数之比。响应度(responsivity, R)是一个与外量子效率紧密相关的参数，定义为：光电探测器的光电流与入射光功率的比值。

$$R = I_{ph}/P_{in} = \left(I_{light} - I_{dark}\right)\Big/P_{in} \tag{6-3}$$

$$EQE = Rh\nu/e \tag{6-4}$$

其中：R 为响应度；P_{in} 为入射光功率；I_{ph} 为光电流；I_{light} 和 I_{dark} 分别为光照和黑暗条件下的电流；$h\nu$ 为光子能量；e 是电子的电荷量。可见，外量子效率与响应度成正比。两个参数表达的物理概念很相近，都是输出与输入的比值，只是一个是量子角度，另一个是物理参量的角度。由于两个参数的特性有很多共通之处，为避免重复，下面主要针对外量子效率进行讨论。

2. 外量子效率-电压特性曲线

二极管型有机光电探测器的工作机理与有机太阳电池类似，无偏压时器件也有光电流的输出，外量子效率-电压特性曲线不过原点。在加反向偏压后，偏压形成的电场与内建电场方向一致，叠加的效果是提高了有源层内的电场强度，提高了 $\eta_{collection}$，外量子效率随着偏压的增大而提高。在反向偏压提高到一定程度后，外量子效率会进入饱和状态，外量子效率不会超过 100%。继续提高反向偏压，电流也会增大，从而导致器件被击穿。

倍增型有机光电探测器，在零偏压时几乎不会有光电流产生，在外加偏压时才会有明显的光电流，所以外量子效率-电压特性曲线基本是过原点的。基于Fowler-Nordheim 隧穿的特点[8]，其外量子效率与电压 V 之间应符合以下关系：

$$\ln\left(EQE/V^2\right) \propto 1/V \tag{6-5}$$

随着电压的上升，外量子效率会迅速上升，并且不存在 100%的外量子效率限制。

3. 外量子效率光谱

测试不同波长下的外量子效率，得到的就是器件的外量子效率光谱。外量子效率光谱能展示出光电探测器对不同波长入射光的响应能力。对于二极管型有机光电探测器而言，外量子效率光谱形状与有源层中材料的吸收光谱密切相关。倍增型探测器中情况则更为复杂，外量子效率光谱的形状主要取决于有源层中的光场分布及靠近电极附近受陷电荷的分布。需要注意的是，外量子效率光谱与响应度光谱的形状并不完全相同。从形状上看，外量子效率光谱在短波长上更"翘"一点，如图 6-1 所示。这是由不同波长的光子能量不同而导致的。

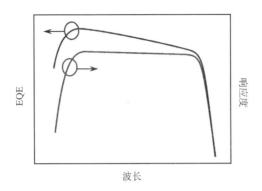

图 6-1　器件的外量子效率与响应度光谱的形状对比示意图

4. 线性动态范围

将截取的光电流-入射光强曲线中线性的部分投影在入射光强坐标轴上，这个范围就是光电探测器的线性动态范围(linear dynamic range，LDR)。线性动态范围是指器件的光电流随入射光光强变化能保持线性变化的范围。一般来说，线性动态范围以数量级或分贝值来表示。例如，某光电探测器在 $0.1\sim1000$ mW/cm^2 的光强范围内都能使光电流与光强保持线性关系，则

$$\text{LDR} = 10\times\lg(1000\,/\,0.1) = 40(\text{dB}) \tag{6-6}$$

其线性动态范围为 4 个数量级或 40dB，如图 6-2 所示。

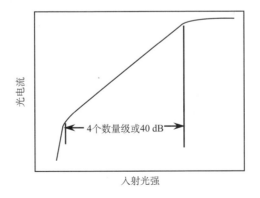

图 6-2　从光电流-入射光强曲线中截取并计算线性动态范围的示意图

5. 噪声、信噪比以及比探测率

光电探测器的噪声是指电流在时域上的随机抖动。如图 6-3 所示，器件 B 比器件 A 有更明显的噪声。这种随机抖动可能会影响有效信号的分辨，是有害的。噪声的频率、相位、振幅都是随机的，在信号处理中需通过计算完全消除噪声的影响。我们需要分析一下在什么情况下噪声的危害较大，以及什么情况下可以避免噪声的影响。

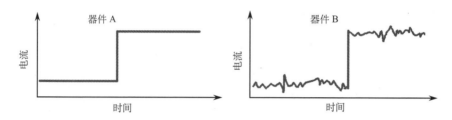

图 6-3   时域上的器件电流，即电流-时间曲线(器件 A 噪声更小，器件 B 噪声更大)

因为噪声是抖动的，可看作许多交流信号的叠加。如果有效信号是交流信号，假设噪声信号的频率与有效信号不一样，则可以在电路中设置一个滤波器，只允许有效信号的频率通过，过滤噪声。假设噪声信号的频率与有效信号一致，则无法过滤。这说明噪声的频率是一个很重要的因素。另外，如果有效信号的振幅明显大于噪声抖动的振幅，也可简单地分辨出有效信号。噪声的频率和振幅是两个重要参数，在时域上难以进行这方面的分析，我们需要将噪声信号转换到频域上再进行分析。常用的转换方法是傅里叶变换。一段时间上的噪声信号通过傅里叶变换后得到其频谱图，横轴为频率 f，单位 Hz，纵轴为噪声密度 S_{noise}，单位 $\text{A}/\sqrt{\text{Hz}}$。也就是说，频谱图展现出噪声密度与频率分布的关系。在此基础上，可定义一个噪声等效电流 I_{noise} 的概念：

$$I_{\text{noise}} = \sqrt{\int_{f_1}^{f_2} S_{\text{noise}}^2 \, \mathrm{d}f} \tag{6-7}$$

一定频率范围内噪声的等效电流，为该频率范围内噪声密度对频率的均方根积分，单位为 A。显然这个频率范围 $f_1 \sim f_2$ 在很大程度上决定着噪声等效电流的大小。实际应用中，用来读取光电探测器输出电流信号的仪器都有一定的信号输入带宽。在输入带宽之外的信号(无论是有效信号还是噪声信号)都无法被读取。这个输入带宽就决定了 f_1 和 f_2 的大小。如果已知待检测的光信号大概的频率范围，可以通过加入带通、高通或低通的电流信号滤波器，把该频率范围外的噪声过滤掉，降低输入带宽的同时也抑制了噪声等效电流。

光电流 I_{ph} 即为器件输出的信号电流，最原始的信噪比定义为 I_{ph}/I_{noise}。然而这个参数并不是非常严谨，因为在不同入射光功率下光电流大小是不同的。需要将信噪比对入射光功率归一化：

$$\left(I_{ph}/I_{noise}\right)/P_{in} = R/I_{noise} \tag{6-8}$$

R/I_{noise} 的倒数 I_{noise}/R 的物理意义是：要产生与噪声电流同样大的有效电流（光电流）需要多大的入射光功率。这个概念称为等效噪声功率（noise equivalent power，NEP）。

$$NEP = I_{noise}/R \tag{6-9}$$

等效噪声功率依然不是很严谨的参数，如果用同样的材料、同样的工艺、同样的结构制作两个光电探测器，唯一的区别是它们的有效受光面积不同，器件的响应度 R 是相同的，然而有效受光面积更大的探测器噪声更大。I_{noise} 的大小还取决于实际应用中读取光电流的电学仪器的输入带宽。所以等效噪声功率还需要对器件的受光面积、信号的输入带宽进行归一化得到比探测率（specific detectivity，D^*）[9-11]：

$$D^* = \sqrt{A\Delta f} \,/\, NEP \tag{6-10}$$

其中：A 为器件受光面积；Δf 为信号输入带宽。可见，比探测率（D^*）本质上就是信噪比经过多次归一化，去除各种干扰因素后的结果。比探测率是用于评价噪声影响较为严谨的参数。

信号输入带宽是由实际应用决定的，没有统一的标准。解决方法是假设存在一个理想的电流滤波器，使得信号输入带宽与有效信号的频率完全吻合。所有频率与有效信号不符的噪声都被屏蔽了。只有那些频率与有效信号完全相同的噪声才有可能引起干扰。对于一个"单色"的有效信号（即在频谱图中分布于一个极窄频率范围内的信号），其对应的信号输入带宽极窄，可认为该带宽内噪声密度 S_{noise} 为固定值，则有

$$I_{noise} = \sqrt{\int_{f_1}^{f_2} S_{noise}^2 df} = \sqrt{S_{noise}^2 \left(f_2 - f_1\right)} = \sqrt{S_{noise}^2 \Delta f} \tag{6-11}$$

比探测率的计算可约简为

$$D^* = \frac{\sqrt{A\Delta f}}{NEP} = \frac{\sqrt{A\Delta f}}{I_{noise}/R} = \frac{R\sqrt{A\Delta f}}{\sqrt{S_{noise}^2 \Delta f}} = \frac{R\sqrt{A}}{S_{noise}} \tag{6-12}$$

噪声密度 S_{noise} 是频率 f 的函数，所以由这种方法算出的比探测率也是频率 f 的函数，可得到比探测率与频率的关系曲线。这条曲线中的每一个比探测率，都是理论上该调制频率的光信号照射在光电探测器上能得到的最佳比探测率。噪声有很多来源，包括量子效应导致的散粒噪声(shot noise)、频率越低强度越大的 $1/f$ 噪声(也称为闪烁噪声或低频噪声)、热导致的热噪声(也称为约翰逊噪声)等。其中散粒噪声与器件的暗电流密切相关，需要重点讨论。

众所周知，电流本质上是电荷的定向移动。当电荷流过光电探测器时，其在时间上与空间上的分布是随机的。时间上分布的随机性是指多个电荷流过器件时，它们前后的时间间隔是随机的。空间上分布的随机性是指在器件的通电横截面上，电荷并不只从一个固定的路径流过，可能会从任意一个路径流过。这种量子效应从根本上导致了电流不可能完全无抖动，只要有电流存在就一定有散粒噪声。可想而知，电流越大散粒噪声也越大。

在光照条件下，光源质量再好光强也会有抖动。光子到达器件具有时间、空间上的随机性。另外，光电流本质上是电荷的定向移动，所以也有量子效应。光强越强，光的量子效应及光电流的量子效应引发的散粒噪声也越明显。在不同光功率下测试噪声，其结果不具有可比性。噪声应该在暗态下测试，可用于计算比探测率的噪声也仅限于暗电流的噪声。

暗电流 I_{dark} 中的散粒噪声，与暗电流 I_{dark} 之间有如下关系：

$$I_{\text{shot noise}} = \sqrt{2eI_{\text{dark}}\Delta f} \tag{6-13}$$

其中：$I_{\text{shot noise}}$ 为散粒噪声的等效电流。当噪声主要组成部分是散粒噪声，其他噪声都可忽略时，可用 $I_{\text{shot noise}}$ 取代 I_{noise} 来估算比探测率：

$$D^* = \frac{R\sqrt{A}}{\sqrt{2eI_{\text{dark}}}} \tag{6-14}$$

一般来说，如果光电探测器的暗电流非常小，那么噪声主要组成部分是散粒噪声这个假设就不成立。比探测率的估算利用式(6-12)来计算更为准确，因为较小的暗电流引起的散粒噪声也较小，器件内其他类型的噪声就不可忽略了。如果忽略其他类型的噪声，仅用一个极小的暗电流值所对应的极低 $I_{\text{shot noise}}$ 来估算比探测率，将低估噪声、高估比探测率。目前，一些文献报道中用散粒噪声来估算比探测率，其比探测率高得匪夷所思，这可能就是错误地忽略了其他类型的噪声。在文献中还常见一种错误——将 $I_{\text{ph}}/I_{\text{dark}}$ 或者 $I_{\text{light}}/I_{\text{dark}}$ 这样的参数称为"信噪比"。由上面给出的定义可知，信噪比应该是 $I_{\text{ph}}/I_{\text{noise}}$。暗电流与噪声等效电流是完全不同的两个概念。

6. 响应时间

光电探测器响应的快慢可在时域[12]或频域[13,14]上表达，甚至可以专门针对时域或频域上的性能进行优化。在时域上，使用响应时间这个参数来表达响应的快慢。光电探测器受到光照后，光电流从零(初始态)上升，一段时间后逐渐达到饱和。关闭入射光后，光电流从饱和态逐渐恢复到初始态。一般来说，光电流上升或下降的过程在开始阶段会相对较快,然后随着电流越来越接近饱和态或初始态，上升或下降会变得越来越慢。光电流恰好完全达到饱和态或完全恢复到初始态，是难以找到一个确定的时间点的。将光电流从饱和值的10%上升到90%的时间定义为上升时间，从90%回落到10%的时间定义为下降时间。这两个时间就是光电探测器的响应时间。

对于二极管型有机光电探测器而言，将光电流产生的过程分为几个步骤：产生激子(约在10 fs量级)；激子转到电荷转移态(约在1 ps量级)；从电荷转移态彻底解离为自由电荷(小于1 ns量级)；电荷被电极收集(在0.1～1 μs量级)。光电探测器的响应时间一般由电荷收集时间决定，理论上二极管型光电探测器的响应时间极限应该也在0.1～1 μs量级[15]。倍增型有机光电探测器的情况则复杂得多。倍增型有机光电探测器产生光电流的机理是：受陷的光生电荷引发能带弯曲进而增大了外电荷隧穿注入的概率。除了上面提到的激子产生、激子解离等过程的时间尺度，电荷在陷阱中积累并诱导能带弯曲是一个慢过程，这就限制了倍增型有机光电探测器的响应速度。当光照射到倍增型有机光电探测器后，随着进入陷阱的电荷越来越多，能带弯曲越来越显著，注入的电性相反的电荷也越来越多。注入的电荷增多也会导致与陷阱中电荷复合的概率增大，当陷阱中电荷达到一个动力学平衡的状态时，光电流将达到饱和状态。这个动力学过程就决定了器件的响应时间会相对长一些。当关闭入射光后，不再有新的受陷电荷产生，陷阱中剩余的受陷电荷在一开始依然能维持能带的弯曲，维持电荷的隧穿注入。同时，陷阱中的电荷不断与注入电荷复合，使能带弯曲越来越弱，抑制了电荷的注入，导致光电流的下降要经历一个相对较长的时间。倍增型有机光电探测器适用于对响应时间要求不高，但探测灵敏度较高的领域。

7. 脉冲激光下的响应

当探测器的响应非常快时，现有的技术无法提供高频的方波调制光进行测试，只能使用脉冲激光器[16,17]。利用外差拍频等技术手段时[18,19]，脉冲激光器的频率能超过60 GHz，这极大地拓宽了测试的频率范围。有机光电探测器先是从无到有，然后从有到优，有朝一日我们也能用这种测试手法来进行表征。光电探测器对脉冲激光的响应特性一直是整个光电探测器研究领域的重点关注方向，下面对这个参数进行讨论。

使用脉冲激光作为光源的问题在于，脉冲激光照射时间极短，光电流可能无法达到饱和态，导致光电流从 10%增大到 90%的上升时间也无法得到。当光电流还没有达到饱和状态时，关掉激发光，光电流就开始下降。这样的下降过程可能会与从饱和态开始下降的过程有所区别，光电流从 90%下降到 10%所需下降时间也无法得到。在这样的测试中，往往不再用上升时间和下降时间来评估其响应的快慢。因为脉冲光照射下的探测器输出的也是脉冲电流信号，常用该脉冲电流信号的半高全宽（full width at half maximum, FWHM）来评价响应的快慢。

脉冲激光光强本身也有上升和下降的快慢，一般也用半高全宽来评价。在测试中脉冲激光光强的半高全宽远小于探测器脉冲电流的半高全宽，才能保证对探测器响应速度表征的准确性［图 6-4(a)］。而假如光电探测器的响应非常快，快到脉冲激光也不能满足测试需求时［图 6-4(b)］，脉冲电流的半高全宽接近脉冲激光光强的半高全宽。只能对脉冲电流的波形曲线进行逆卷积，才可能推算出脉冲电流的半高全宽。

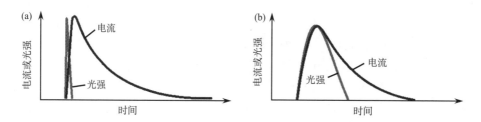

图 6-4　脉冲激光光强半高全宽远小于脉冲电流半高全宽的示意图(a)和脉冲激光光强半高全宽接近脉冲电流半高全宽的示意图(b)

8. 3dB 带宽

前面已经提到过，响应的快慢除了在时域上表示，还可以在频域上表示。在频域上，用于表征光电探测器响应快慢的物理量是响应频率的上限。当入射到光电探测器上的光信号调制频率较低时，每一个周期中的光照时间、暗态时间都很充裕，光电流可以上升到饱和态或下降到初始态，此时输出的电流振幅为最大值。当入射到光电探测器上的光信号调制频率过高时，每一个周期中的光照时间、暗态时间太短，光电流没有足够的时间上升到饱和态或下降到初始态。此时输出的电流振幅变小。定义 3dB 带宽为：当输出的电流振幅减小到最大值的一半（用分贝值来表示就是减小了 3dB），此时的频率为 3dB 带宽。显然，3dB 带宽与响应时间密切相关。响应时间越短的光电探测器，3dB 带宽也越大，这个关系可以用式(6-15)表示：

$$BW_{3dB} = 0.35/\tau \tag{6-15}$$

其中：BW_{3dB} 为 3dB 带宽；τ 为响应时间。这个经验公式只可用来进行数量级上的粗略估计，精确的 3dB 带宽应该从器件在变频率入射光激发下的频域响应谱中得到。

6.2　二极管型有机光电探测器

在 6.1 节中介绍了有机光电探测器的分类：二极管型和倍增型两类，并简要介绍了这两类器件的工作机理。在本节中，将着重介绍二极管型有机光电探测器的研究进展，重点介绍以富勒烯或非富勒烯为受体材料的二极管型有机光电探测器。本章所涉及的材料的结构式如图 6-5 所示。

6.2.1　基于富勒烯材料的二极管型有机光电探测器

富勒烯材料作为主要的受体材料已被广泛应用到有机光电探测器中，该材料与不同的 p 型有机半导体材料共混可制备出不同光谱响应范围的有机光电探测器。使用窄带隙有机半导体可获得近红外响应的探测器，例如，用窄带隙聚合物 PDDTT 与 $PC_{61}BM$ 混合制备有源层，其光谱响应范围覆盖可见光区到 1450 nm 的近红外区[20]。Arnold 等[21]报道了基于 P3HT∶MMDO-PPV 异质结的宽光谱响应范围有机光电探测器；Su 等[22]报道了基于酞菁染料 PbPc 掺杂 C_{70} 的紫外-可见-近红外（UV-Vis-NIR）有机光电探测器，其光谱响应可达到 1100 nm。这些 UV-Vis-NIR 有机光电探测器都将光谱响应范围拓展超过了硅基材料的带边沿。Yang 等[23]通过将厚度达毫米量级的 P3HT∶$PC_{61}BM$ 异质结作为有源层，利用电荷转移态的吸收制备出光谱响应在近红外区域的有机光电探测器。Valouch 等[24]、Ramuz 等[25]、Baierl 等[26,27]以及 Wang 等[28]多个课题组都报道过将聚合物 P3HT 与 $PC_{61}BM$ 共混作为有源层的不同结构的器件，实现了红外盲型可见光探测。光谱响应窗口在短波段受限于 ITO 玻璃基底的吸收边（约 350 nm），在长波段受限于 P3HT∶$PC_{61}BM$ 混合薄膜的吸收边（约 650 nm）。基于窄带隙材料 PCDTBT[29]与 $PC_{71}BM$ 混合制备的器件实现了可见光波段的较高响应（在–1 V 偏压下，EQE 约为 70%）。

6.2.2　基于非富勒烯材料的二极管型有机光电探测器

利用富勒烯材料可制备出高性能有机光电探测器，但是也存在不足之处，例如，合成和提纯富勒烯材料的成本相对较高；当给体材料为窄带隙材料时，富勒烯材料在可见光范围内较低的光吸收无法满足需求；利用富勒烯材料制备的有源层受其容易团聚的影响，器件的长期稳定性受到影响。占肖卫课题组[30-33]开发了一系列高性能非富勒烯受体材料，在有机光伏和有机光电探测器中都展现了较

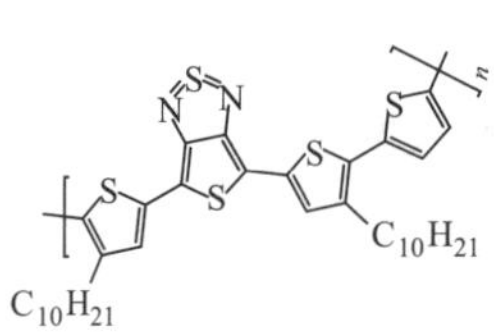

PDDTT

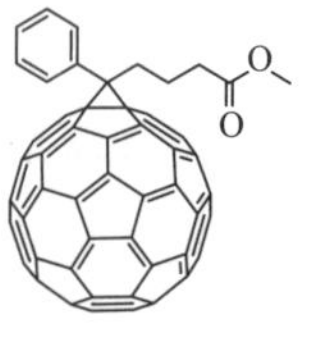

PC$_{61}$BM

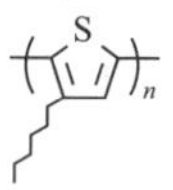

P3HT

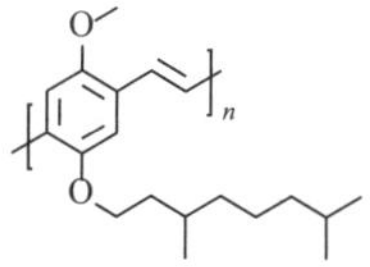

MDMO-PPV

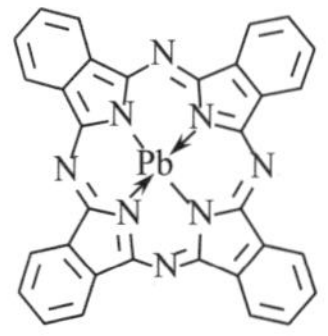

PbPc

C$_{70}$

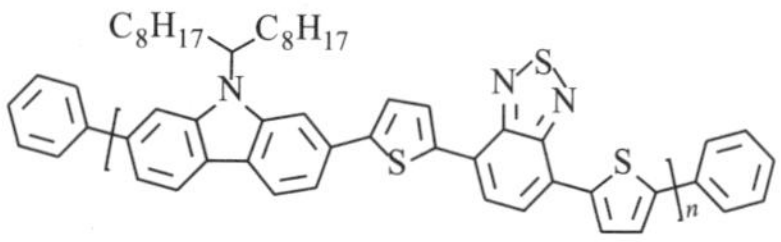

PCDTBT

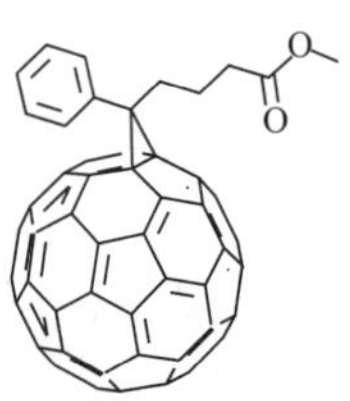

PC$_{71}$BM

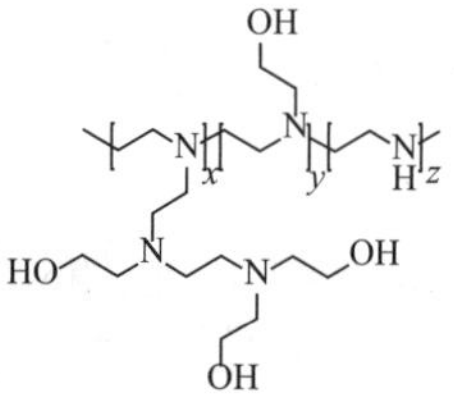

PEIE

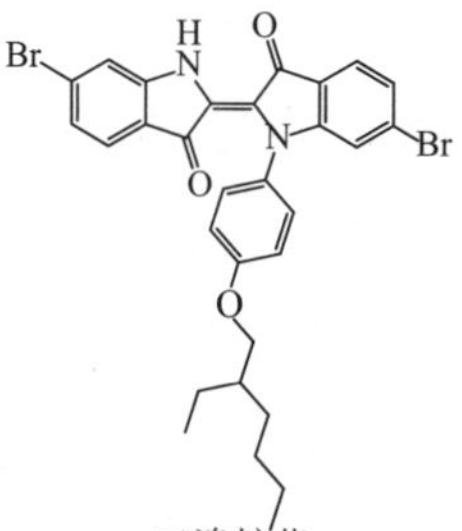

二溴靛蓝

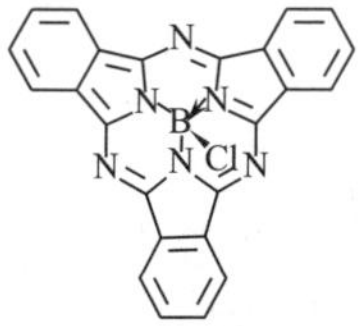

SubPc

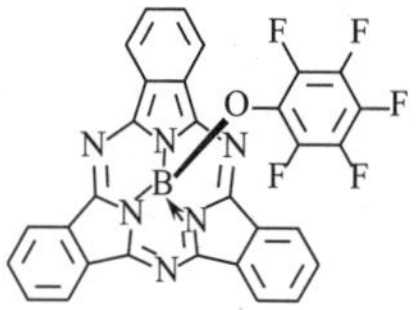

F5-SubPc

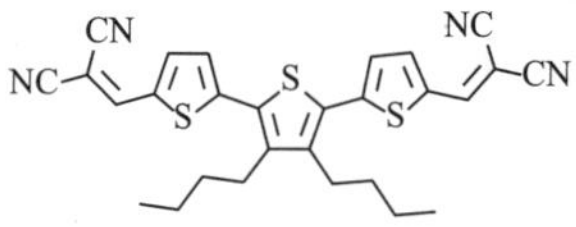

DCV3T

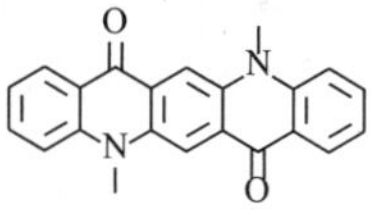

DMQA

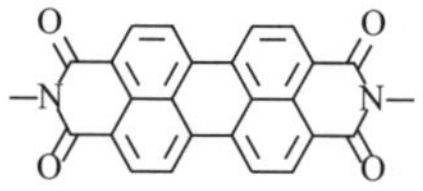

Me-PTC

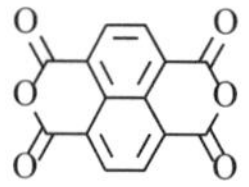

NTCDA

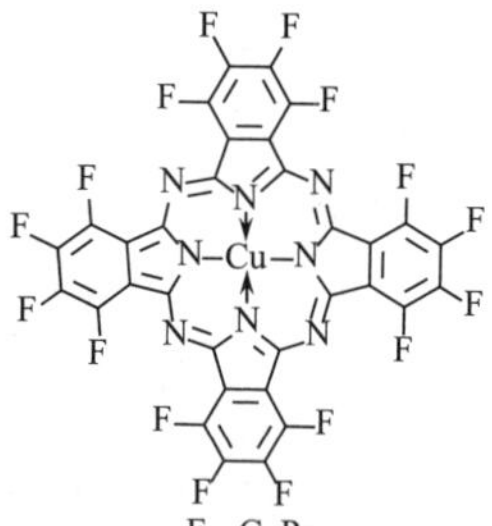

F$_{16}$CuPc

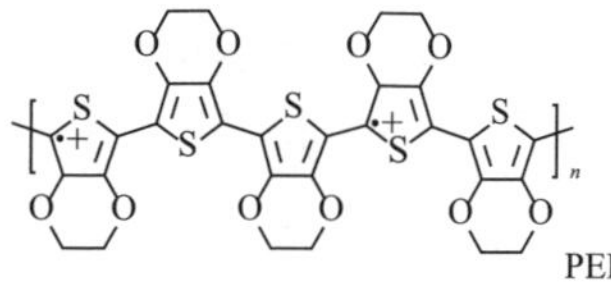

PEDOT

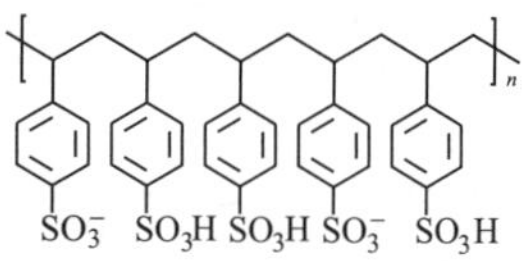

PSS

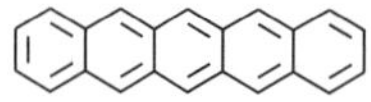

并五苯

C$_{60}$

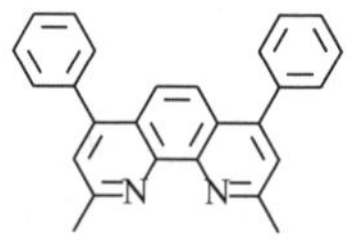

BCP

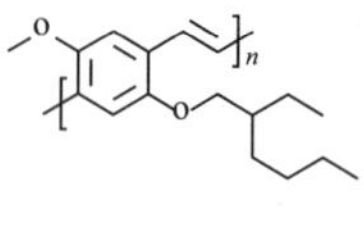

MEH-PPV

PVK　　TPD-Si$_2$　　PMDTC　　Ir-125

Q-switch 1　　PTB7-Th

DC-IDT2T　　Y-TiOPc　　m-TPD

R′ = n-C$_6$H$_{13}$
R = 1,4-C$_6$H$_4$-n-C$_{10}$H$_{21}$

MeLPPP　　F8BT　　DMTPS

KY-3　　Ni(t-Bu)$_4$Pc　　CuPc

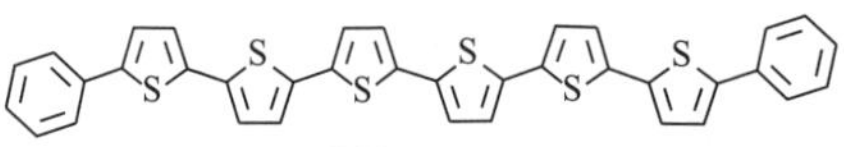

图 6-5　本章中有机材料的分子结构式

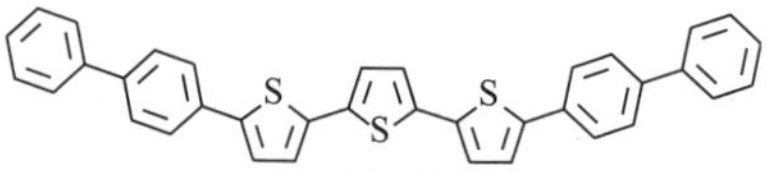

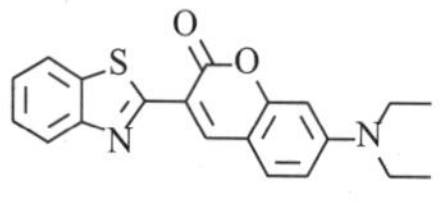

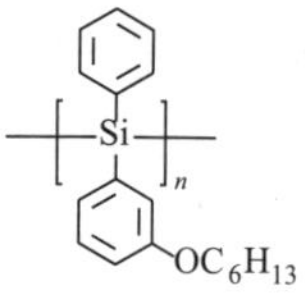

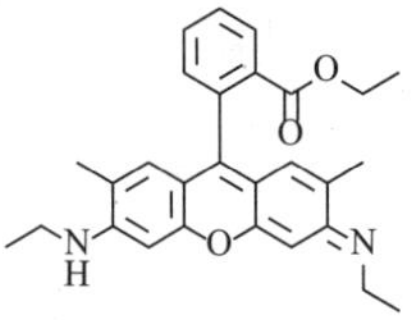

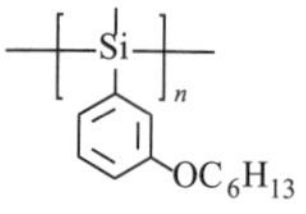

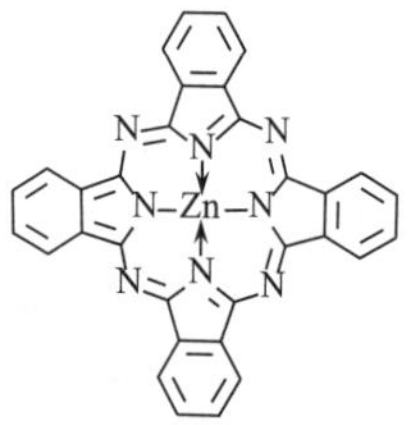

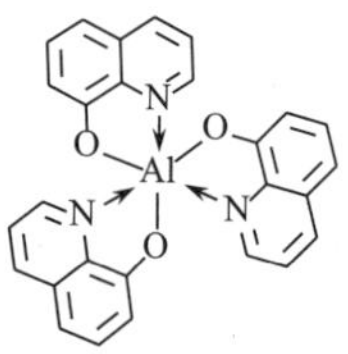

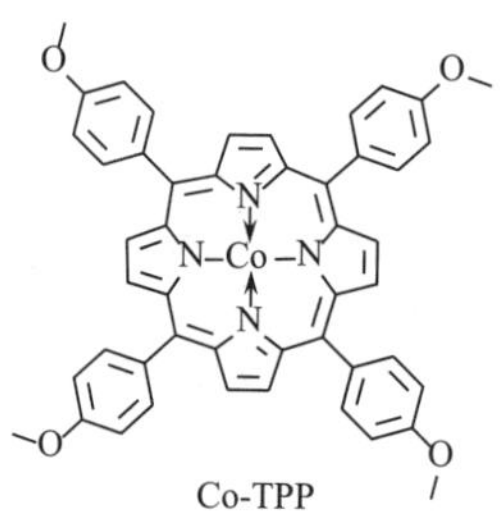

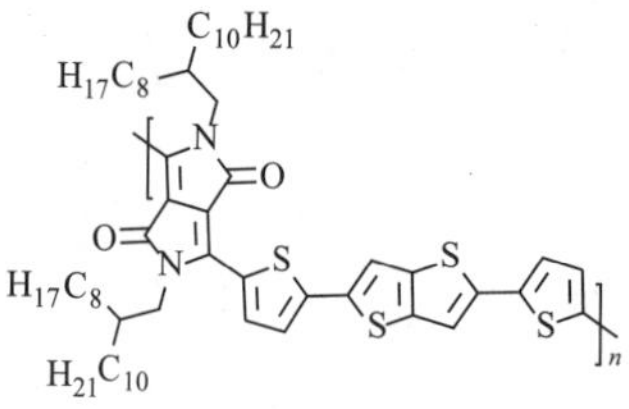

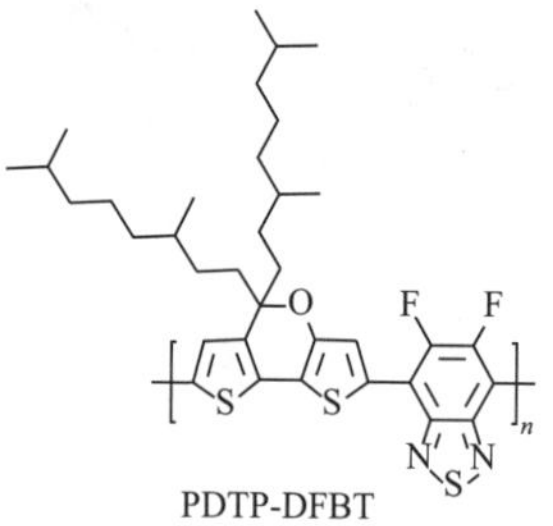

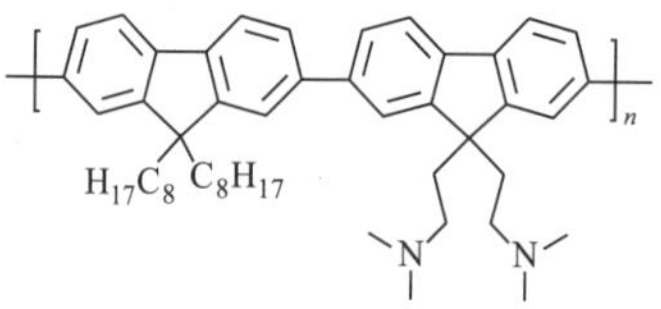

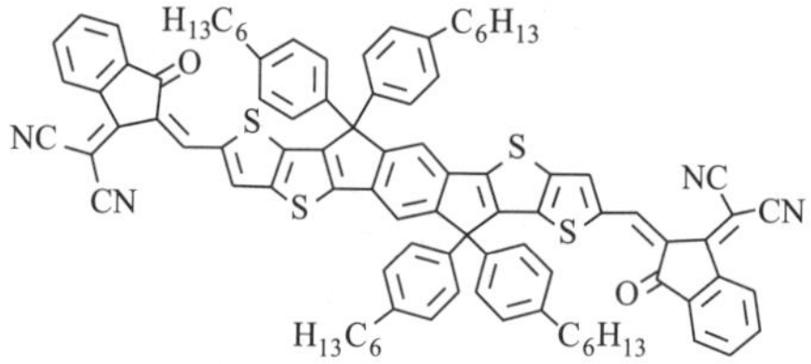

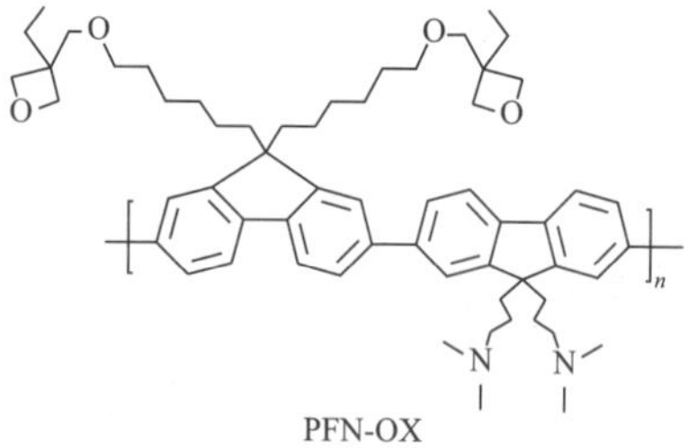

大的优势。Kim 等[34]报道了基于可溶液处理的非富勒烯受体材料二溴靛蓝：P3HT 体异质结（BHJ）的反型结构有机光电探测器 ITO/PEIE/P3HT：二溴靛蓝/MoO₃/Ag。该结构可以和互补金属氧化物半导体（complementary metal oxide semiconductor, CMOS）的像素设计技术集成，同时避免了对水敏感电极（如钙或钐电极）的使用。器件在 350~650 nm 响应范围内展现出平坦的 EQE 光谱，其 EQE 值在 –3 V 偏压下超过 80%［图 6-6（a）］，其响应度和比探测率分别达到 0.4 A/W ［图 6-6（b）］和 1×10¹² Jones（1 Jones=1 cm·Hz¹ᐟ²/W）［图 6-6（c）］。该器件的光电流密度随入射光强度变化呈现线性变化［图 6-6（d）］，其线性动态范围为 170 dB，高于传统的基于 Si 材料（120 dB）和 InGaAs 材料（66 dB）的光电二极管，更接近于人类视觉的线性动态范围（200 dB）。

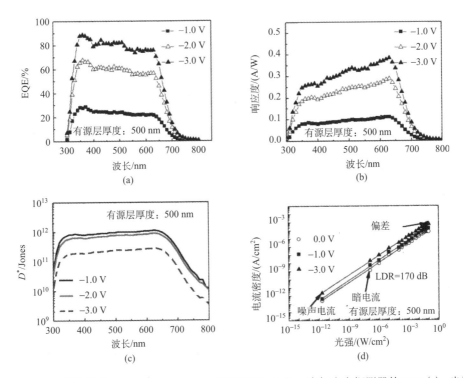

图 6-6　Kim 等报道的 ITO/PEIE/ P3HT：二溴靛蓝/MoO₃/Ag 有机光电探测器的 EQE（a）、光谱响应度（b）、比探测率（c）和线性动态范围（d）[34]

Lee 等[35]报道的基于亚酞菁（SubPc）衍生物的一系列有机光电探测器，对绿光具有选择性响应。器件结构为 ITO/MoOₓ/有源层/Al，有源层给受体分别为 SubPc/F5-SubPc（A）、SubPc/DCV3T（B）、DMQA/SubPc（C）、DMQA/F5-SubPc（D）。图 6-7 给出了四种有机光电探测器的暗电流及器件在 1 mW/cm² 白光下的光电流曲线及四种器件的 EQE 光谱。二极管型有机光电探测器的响应度光谱形状和有源层薄膜的吸收光谱形状非常相似，说明这类器件的工作原理与有机光伏的工作机理类似。以 DMQA 作为给体、SubPc 作为受体所制备出的有机光电探测器性能最优，其比探测率达到 2.34×10^{12} Jones，EQE 值达到 60.1%，响应光谱的半高全宽约为 130 nm。

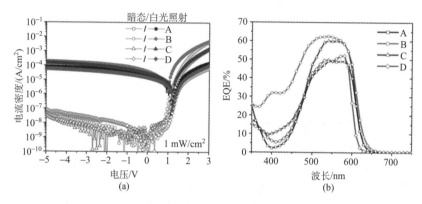

图 6-7　四种有机光电探测器分别在暗态和 1 mW/cm^2 白光照射下的 J-V 曲线 (a) 及器件在 –5 V 偏压下的 EQE 光谱 (b)[35]

6.3　倍增型有机光电探测器

从器件结构上可将倍增型有机光电探测器分为两大类：分层异质结探测器和体异质结探测器。无论哪种结构的倍增型有机光电探测器，其工作机理都是界面附近陷阱中电荷诱导界面能带弯曲，在反向偏压下另一种电荷从外电路向有源层的隧穿注入得到增强，当单位时间流经器件的电荷数大于入射光子数时，即实现了倍增。

6.3.1　分层异质结探测器

1994 年，日本大阪大学的 Hiramoto 等首次报道了基于玻璃/Au(1)/Me-PTC/Au(2)结构的倍增型有机光电探测器，其中 n 型有机半导体材料 N-甲基-3,4,9,10-苝四羧酸二酰亚胺（N-methyl-3,4,9,10-perylenetetracarboxyl-diimide，Me-PTC）为有源层材料[36]。当 Au(2)电极作为阴极时，器件在 1.5 V 偏压下出现倍增现象（EQE 大于 100%）。随外加偏压的增大，光电流迅速增加，当偏压达到 16 V 时，器件的 EQE 达到 10000%。当 Au(1)电极作为阴极时，20 V 偏压下器件的 EQE 达到 5000%。在正反向偏压下器件的量子效率如图 6-8 所示。很显然，器件在正反向偏压下都获得明显的倍增现象。其工作机理为：Au 与 Me-PTC 界面形成了肖特基势垒，在暗条件下电荷很难从外电路注入到有源层中，导致器件具有较小的暗电流，外加偏压都降落在 Au 与 Me-PTC 界面的高阻耗尽层上，光照条件下，靠近界面附近的陷阱中积累了大量的空穴，导致界面能带弯曲，形成楔形势垒，增强了电子的隧穿注入。实验发现，将器件冷冻至零下 50℃后，光电流倍增得到了明显增强，这主要是由于低温下陷阱中空穴的数目增多导致界面能带更加弯曲，从而增强了电子从外电路的隧穿注入，获得更大的光电流。2002 年，该课题组又报道了基于有机单晶材料的倍增型探测器玻璃/Au/NTCDA 单晶/Au，有源层材料为 n 型有机半导体萘四酸酐（naphthalene tetracarboxylic anhydride，NTCDA）[37]。利用物理气相沉积的方法制备 NTCDA 单晶，单晶的厚度约为 0.2 mm。利用热蒸发的方法在 NTCDA 单晶两侧蒸镀 Au 电极，在外加偏压下即可获得光电倍增现象。这种光电倍增效应主要是由于光生电荷在外场作用下向 Au 电极运动，空穴被界面附近的陷阱俘获，导致界面的能带弯曲，从而诱导电子从金属向有机单晶中隧穿注入。在外加电场强度 6×10^3 V/cm 的条件下，器件的 EQE 超过了 100%，当电场强度增大到 4×10^4 V/cm 时，EQE 达到 20000%。

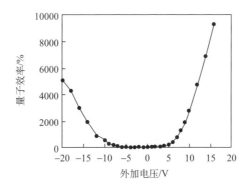

图 6-8　倍增型有机光电探测器的量子效率随偏压的变化关系[36]

比利时布鲁塞尔天主教大学的 Reynaert 课题组报道了基于三明治结构 ITO/PEDOT：PSS/ $F_{16}CuPc$/Al（或 Au）的倍增型有机光电探测器，其有源层材料为 n 型半导体材料十六氟酞菁铜（$F_{16}CuPc$）[5]。无论以 Al 还是 Au 作为电极，暗条件下器件的 J-V 曲线都具有良好的对称性。n 型半导体材料 $F_{16}CuPc$ 与 Al 电极可以形成准欧姆接触，有利于电子从 Al 电极的注入。对于以 Au 为电极的器件而言，其 J-V 曲线与 Al 电极的器件非常一致，说明 Au 与 $F_{16}CuPc$ 也形成了准欧姆接触，尽管 Au 的功函与 $F_{16}CuPc$ 的 LUMO 能级间存在较大的能级差。这一现象说明电子的注入不是由界面能级控制的，而是由有源层内部空间电荷调控的。$F_{16}CuPc$

材料中电子能量的分布有较宽的范围，在 Au 电极界面处电子密度较大，导致界面能带弯曲获得光诱导电子隧穿增强。美国加利福尼亚大学洛杉矶分校（UCLA）杨阳课题组报道了基于 ITO/PEDOT：PSS/并五苯/C_{60}/BCP（bathocuproine）/Al 有序/无序双层结构的倍增型有机光电探测器[38]。并五苯的吸收范围主要为 500～700 nm，富勒烯 C_{60} 的吸收范围主要为 300～500 nm。从器件的内量子效率光谱上看，器件在 300～500 nm 范围内的内量子效率随外加反向偏压的增大而增加，并且内量子效率在较高偏压下超过了 100%。球状的 C_{60} 分子在其薄膜中易出现无序分子排布状态，这种无序的分子排布方式有可能成为缺陷态，薄膜内受陷的电荷将诱导界面能带弯曲，从而增加另一种电荷的隧穿注入。当外加偏压增大时，电荷的隧穿注入也将得到增强，从而使器件在短波长范围内的内量子效率大于100%。在长波范围内，内量子效率随偏压增加略有增强，且内量子效率一直小于100%。对于并五苯层厚度为 40 nm 的器件，其内量子效率小于 80%，这主要是当薄膜厚度增加时，部分激子不能扩散到并五苯/C_{60} 界面，导致部分光生激子不能解离并被相应电极收集。当并五苯厚度为 10 nm 时，器件在无外加偏压下内量子效率已接近 100%，说明大部分光生激子可以扩散到并五苯/C_{60} 界面处解离成电荷。但该器件在大偏压下长波段的内量子效率依然小于 100%，说明在并五苯薄膜中产生的光生激子都可以被有效解离，光生电荷被电极有效收集。这主要是由于并五苯薄膜内分子排布有序、缺陷态比较少，无法形成陷阱诱导的电荷隧穿注入。这一现象再次证明，有机体系中产生倍增现象的根源是界面陷阱中电荷诱导界面能带的弯曲，增强了另一种电荷从外电路向器件内部的隧穿注入。这种机理与倍增型无机光电探测器的工作机理完全不同。

为了验证体缺陷和界面缺陷对光电倍增的影响[38]，杨阳课题组制备了 ITO/PEDOT：PSS/C_{60}/BCP/Al 结构的器件，BCP 作为空穴阻挡层可以有效降低器件在反向偏压下的暗电流。该器件在–1 V 的偏压下，其外量子效率达到了 100%，当外加偏压增大到–4 V 时，外量子效率达到了 5000%。当增大 BCP 层厚度时，器件的外量子效率迅速降低，当 BCP 层厚度达到 20 nm 时，光电倍增现象完全消失。当 BCP 层厚度增加时，PEDOT：PSS/C_{60} 界面层在整个有源层中所占比例会明显降低，同时，外加偏压将大部分降落在 BCP 层上，不利于界面处能带倾斜。这一现象说明，PEDOT：PSS/C_{60} 界面处陷阱中空穴对电子隧穿注入起着重要作用。在外加反向偏压下，光生空穴向 ITO 电极运动，并被限制在 PEDOT：PSS/C_{60} 界面附近的空穴陷阱中。当界面附近空穴密度增大后，将降低电子隧穿注入势垒，增强电子的隧穿注入。这种光电倍增现象主要归因于 C_{60} 薄膜内的无序排布及 PEDOT：PSS/C_{60} 界面附近的电荷陷阱。很显然，利用薄膜中分子排布的无序性和界面缺陷形成的电荷陷阱制备倍增型光电探测器受到很大限制。人们开始尝试在薄膜中掺入窄带隙材料形成电荷陷阱，从而增强陷阱诱导电荷隧穿注入，获得高响应倍增型光电探测器。

6.3.2　体异质结探测器

有机光伏器件一般采用体异质结的结构,通过优化给受体材料的相分离程度,提高激子解离和电荷收集的效率。优化给受体材料的掺杂比例及薄膜制备工艺可调控有源层中相分离程度,形成双连续的电荷传输通道,提高有机光伏器件的能量转换效率。当减少受体材料的掺杂比例时,受体材料不能形成连续的电荷传输通道,光生电子将被限制在受体材料中变成陷阱中的电子。通过改变有源层中受体材料的掺杂比例,可以有效调控有源层中陷阱的浓度,实现陷阱诱导电荷的隧穿注入,制备出倍增型光电探测器。

胶体纳米晶量子点材料由于其可溶液加工的特性和易调控的光学、电学特性,越来越受到人们的关注。2005 年,Qi 等[39]将不同纳米尺寸的硒化铅(PbSe)量子点掺入到 MEH-PPV 中,制备出聚合物掺杂无机量子点的倍增型光电探测器。这种倍增型光电探测器的机理是利用量子点材料的量子剪裁效应实现倍增现象。PbSe 量子点直径为 4.5 nm 时,其吸收峰位于 1100 nm,将这种量子点掺入MEH-PPV 作为有源层,所制器件的外量子效率小于 100%。当采用直径为 8 nm的 PbSe 量子点时,器件的外量子效率大于 100%。直径为 8 nm 的 PbSe 量子点吸收峰位于 1900 nm,当可见光作为激发光时一个光子可以激发出 2 个激子,光生激子在外加电场的作用下解离成电荷,从而使器件的外量子效率大于 100%。Schaller 等通过瞬态吸收光谱研究了利用 PbSe 量子点实现倍增的机理[40],当激发光子的能量比 PbSe 量子点带隙大 3 倍时,一个光子可以激发出多个激子,从而使器件的外量子效率大于 100%。2007 年,Campbell 等[7]将少量的 PbSe 量子点或 C_{60} 掺入到 MEH-PPV 中作为有源层薄膜,器件在正反向偏压下外量子效率都大于100%,这主要归因于界面附近陷阱诱导电荷的隧穿注入,注入的电荷在外电场作用下被对电极收集,实现器件的外量子效率大于 100%。

氧化锌(ZnO)是一种直接带隙 n 型半导体材料,其带隙约为 3.4 eV,在紫外光(300~400 nm)范围内有较强的吸收,可用于制备紫外光电探测器。黄劲松课题组将 ZnO 纳米颗粒掺入到导电聚合物聚乙烯咔唑(PVK)或 P3HT 中制备有源层薄膜,器件结构为 ITO/PEDOT:PSS/TPD-Si₂/活性层/BCP/Al[41]。为了增强 ZnO纳米颗粒在有机溶剂中的溶解性,同时抑制纳米颗粒的聚集,他们在 ZnO 纳米颗粒上增加侧链(配体)。在反向偏压下,器件的响应光谱形状与有源层的吸收光谱基本一致。以 P3HT:ZnO 为有源层器件的光谱响应范围为 300~400 nm,当外加偏压为–1 V 时,器件的外量子效率大于 100%。当外加偏压为–9 V 时,器件对 360nm 紫外光的外量子效率达到了 340600%,同时,器件在可见光范围内也有较高的外量子效率。以 PVK:ZnO 为有源层的器件在外加偏压为–3 V 时,器件的外量子效率达到 100%。当外加偏压达到-9 V 时，在 360 nm 处的外量子效率达到了 245300%。在 360 nm 紫外光（1.25 μW/cm^2）的辐照下，以 PVK：ZnO 为有源层的器件最大光谱响应度和比探测率分别达到 721 A/W 和 3.4×10^{15} Jones，以 P3HT：ZnO 为有源层的器件的最大光谱响应度和比探测率分别达到 1001 A/W 和 2.5×10^{14} Jones。这种倍增型光电探测器的工作机理为：光照下，在纳米颗粒和聚合物材料中产生光生激子，激子扩散到聚合物/纳米颗粒界面处解离成电荷。在反向偏压的作用下，空穴沿着聚合物形成的导电通道被电极收集。有源层中带有配体的 ZnO 纳米颗粒无法形成连续的电子传输通道，也不具备纳米颗粒应有的较强量子限域效应。由于 ZnO 的导带与聚合物半导体的 LUMO 间存在较大的能级差，光生电子将被限制在 ZnO 纳米颗粒中。在无光照的条件下，ZnO 纳米颗粒中没有受陷电子，空穴必须克服 Al 电极与聚合物 HOMO 间的能级差才能从外电路注入到有源层中，导致器件的暗电流非常小。在-10 V 偏压下，器件的暗电流密度小于 10^{-6} A/cm^2。在光照条件下，靠近 Al 附近的 ZnO 纳米颗粒中陷住部分光生电子，陷阱中电子所形成的库仑场将诱导界面能带弯曲，降低空穴隧穿注入势垒，导致大量空穴可以隧穿注入到聚合物的 HOMO 能级上。在外加电场作用下，注入的空穴将沿着聚合物形成的通道传输，使器件获得较大的光电流。综上分析可知，器件的光电流主要由有源层中空穴迁移率的大小以及空穴隧穿注入的难易程度共同决定。

杨阳课题组将包覆 N-苯基-N-甲基二硫化氨基甲酸（N-phenyl-N-methyldi-thiocarbamate，PMDTC）配体的 CdTe 纳米颗粒掺入到 P3HT：PC$_{61}$BM 混合溶液中，制备出 ITO/PEDOT：PSS/活性层/Ca/Al 结构的倍增型光电探测器，器件在-1 V 偏压下外量子效率超过了 100%[42]。在-4.5 V 偏压下，器件在 350 nm 处外量子效率达到 8000%，在 700 nm 处外量子效率达到 600%。对有源层进行溶剂退火后，器件在相同偏压下外量子效率得到明显提高。在薄膜溶剂退火过程中，更多的 CdTe 纳米颗粒有可能朝着薄膜上表面迁移，使得薄膜上表面附近电子陷阱密度增大。在光照时，更多的电子被陷在 CdTe 纳米颗粒中导致界面能带更加弯曲，增强了空穴从外电路的隧穿注入。实验结果表明，在有源层与 Al 电极附近的 CdTe 纳米颗粒中的电子，对外电路空穴的隧穿注入起着重要作用。

2012 年，Chen 等报道了基于纯有机材料的倍增型光电探测器，将窄带隙有机小分子染料（Ir-125, Q-switch 1）掺入到 P3HT：PC$_{61}$BM 的混合溶液中，制备出结构为 ITO/PEDOT：PSS/活性层/Al 的器件，在该器件中获得了光电倍增现象[43]。器件的外量子效率随外加偏压增加而增大，以 P3HT：PC$_{61}$BM：Ir-125（1：1：1）为有源层的器件，在-3.0 V 外加偏压下，器件的外量子效率接近 8000%。以 P3HT：PC$_{61}$BM：Q-switch 1（1：1：1）为有源层的器件，在-5.0 V 外加偏压下，器件的外量子效率达到 840%。以 P3HT：PC$_{61}$BM：Ir-125：Q-switch 1（1：1：

0.5 : 0.5) 为有源层的器件，在-3.7 V 外加偏压下，器件的外量子效率接近 5500%。根据这种倍增型探测器的工作原理，外电路注入电荷在有源层中的传输对器件的外量子效率起着重要作用。促进有源层中另外一种电荷的传输，减少注入电荷的再复合是提升器件性能的有效方法。这种由 3 种或 4 种材料制备的有源层中的电荷传输非常复杂，由于材料的能级位置不尽相同，不可避免地在有源层中形成受陷电荷，这导致有源层中电荷再复合更加严重。

以 P3HT : $PC_{61}BM$ 作为有源层的有机光伏器件已被广泛研究。通过优化 P3HT : $PC_{61}BM$ 的质量比、采用薄膜后处理工艺等手段，调控给受体材料的相分离程度，既要有利于光生激子解离，也要形成双连续互穿网络的电荷传输通道。在聚合物太阳电池中，P3HT 与 $PC_{61}BM$ 的最优比例在 1 : 1 左右[44]。降低 $PC_{61}BM$ 在有源层中的比例，电子传输通道将被破坏，导致部分光生电子将被陷在 $PC_{61}BM$ 中，无法被电极收集。当进一步降低 $PC_{61}BM$ 的掺杂比例时，有源层中的绝大部分 $PC_{61}BM$ 分子(分子团簇)将被聚合物 P3HT 包围，由于 P3HT 和 $PC_{61}BM$ 的 LUMO 间存在约 1.3 eV 的能级差，处于 $PC_{61}BM$ 上的电子将被陷在 P3HT/$PC_{61}BM$/P3HT 所形成的陷阱中。靠近 Al 电极附近 $PC_{61}BM$ 中受陷电子所产生的库仑场将诱导界面能带弯曲，有利于空穴从外电路的隧穿注入，从而实现倍增。根据这一设想，张福俊课题组首次报道了 ITO/PEDOT : PSS/P3HT : $PC_{61}BM$/LiF(1 nm)/Al 结构的倍增型有机光电探测器[45]。以不同 P3HT : $PC_{61}BM$ 质量比为有源层的器件的暗电流密度曲线和 EQE 光谱如图 6-9 所示，当 P3HT : $PC_{61}BM$ 的质量比为 100 : 1 时器件的光电倍增现象最明显。

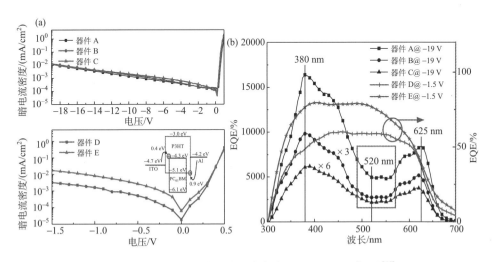

图 6-9　不同器件的暗电流密度曲线(a)及 EQE 光谱(b)[45]

器件 A～E 中 P3HT 与 $PC_{61}BM$ 的质量比分别为 100 : 1、100 : 4、100 : 15、2 : 1、1 : 1；(b)中×3、×6 分别表示图中显示值为真实值的 3 倍和 6 倍

器件的能级结构如图 6-9(a) 插图所示，空穴从 Al 电极到 P3HT 的 HOMO 间注入势垒大约为 0.9 eV，导致空穴很难直接从外电路注入到有源层中。电子从 ITO 电极到 $PC_{61}BM$ 的 LUMO 间注入势垒只有 0.4 eV，当 $PC_{61}BM$ 的比例较大时，电子容易从外电路中注入并沿着 $PC_{61}BM$ 形成的通道传输形成较大的暗电流，导致器件在反向偏压下容易被击穿。当薄膜中 $PC_{61}BM$ 含量降低后，$PC_{61}BM$ 与 ITO 电极接触面积减小，限制了电子从 ITO 电极向有源层中的注入，同时电子在有源层中的传输也受到限制，使得器件在反向偏压下具有较低的暗电流。对于器件 A、B、C 而言，在 –20 V 偏压下器件还未被击穿，这主要是由于器件的暗电流非常小。对于器件 D 和 E 而言，在暗态下外加偏压大于 –2 V 时器件就被击穿，这主要是由于电子和空穴都容易从电极注入并在有源层中传输，导致流经器件的电流过大而引起器件的电击穿。在光照条件下，有源层中光生空穴及从 Al 电极隧穿注入的空穴都沿着 P3HT 形成的通道传输到 ITO 电极并被收集。有源层中光生电子的传输取决于有源层中 $PC_{61}BM$ 的含量，当 $PC_{61}BM$ 比例非常低时不能形成连续的电子传输通道，光生电子将被陷在由 P3HT 包围的 $PC_{61}BM$ 陷阱中。在外加反向偏压的作用下，陷阱中的电子会向 Al 电极附近聚集，当 Al 电极附近的 $PC_{61}BM$ 中积累大量电子后，将诱导界面能带弯曲，使界面处的三角势垒变为楔形势垒，增强空穴从 Al 电极的隧穿注入。一旦空穴从 Al 电极隧穿注入到有源层中，P3HT 将提供一个很好的空穴传输通道，使器件获得较大的光电流。

图 6-9(b) 为器件的外量子效率光谱。很明显，当 P3HT：$PC_{61}BM$ 质量比为 1：1 时，器件的外量子效率光谱与以 P3HT：$PC_{61}BM$ 为有源层电池的外量子效率光谱形状比较接近，且在全光谱范围内 EQE 值小于 100%，器件工作在光电二极管的模式下。在外加反向偏压的作用下，有源层中产生的光生电子和空穴分别被电极收集。当有源层中 $PC_{61}BM$ 的比例较低时，有源层中光生电子被限制在 P3HT/$PC_{61}BM$/P3HT 形成的陷阱中，在外加电场的作用下陷阱中的电子慢慢向 Al 电极迁移，使得 Al 附近的电子陷阱中俘获更多的电子，导致界面能带更加弯曲，增强空穴从 Al 电极向有源层中的隧穿注入。对于 $PC_{61}BM$ 比例较小的器件而言，其 EQE 光谱在 P3HT 强吸收的范围出现明显的下凹，在 380 nm 和 625 nm 处器件的外量子效率达到最大值。为了更好地解释这一现象，利用传输矩阵的方法计算了有源层中的光场和光生电子分布[46]。图 6-10(a) 为有源层内部的光场分布，入射光与 Al 电极反射的光在有源层中相遇后发生干涉，在有源层中形成明显的干涉条纹。假设有源层中 $PC_{61}BM$ 的分布是均匀的，有源层内部各处激子解离的概率相同，可计算出有源层内部的光生电子分布，如图 6-10(b) 所示。在靠近 Al 电极附近，在区域 A 和区域 C 中光生电子的密度大于区域 B，这主要是由不同波长光的干涉引起的。根据器件的工作原理，靠近 Al 电极附近 $PC_{61}BM$ 陷阱中的电子对

空穴的隧穿注入起着决定性作用。由于区域 B 中，光生电子主要集中在 ITO 一侧，这些光生电子又很难迁移到 Al 电极一侧，导致器件在该波长范围内 EQE 光谱明显下凹。

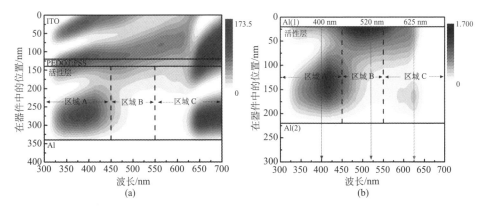

图 6-10　以 P3HT∶PC$_{61}$BM［100∶1（质量比）］为有源层器件中的光场分布示意图（a）和有源层中光生电子分布示意图（b）[46]

　　为了进一步验证器件的外量子效率是由界面附近陷阱中电子诱导的空穴隧穿增强，测试了以 P3HT∶PC$_{61}$BM［100∶1（质量比）］为有源层的器件在不同光照强度下的瞬态光电流，如图 6-11（a）所示。器件的瞬态饱和光电流随光强的增大而增大，是由于在较大光强下有源层中可以产生更多的光生电子，导致界面能带更加弯曲，增强了空穴从外电路中的隧穿注入。很明显，器件的光电流需要经历 3～5s 后才能进入饱和状态，这主要是由于大部分光生电子产生在靠近 ITO 一侧，有源层中的光生电子向 Al 附近的 PC$_{61}$BM 聚集的过程需要较长的时间。当陷阱中的光生电子达到动态平衡时，器件的光电流才能进入饱和状态。为了更加直观地解释器件光电响应较慢的原因，图 6-11（b）示意了器件从暗态到光照下光电流增加的过程。由于少量 PC$_{61}$BM 掺入到 P3HT 中，在有源层内部形成大量分散的电子陷阱。在黑暗条件下，由 P3HT/PC$_{61}$BM/P3HT 形成的陷阱中没有受陷电子。当光从 ITO 一侧照射到器件上时，靠近 ITO 一侧的 P3HT 俘获大量光子产生激子，激子在 P3HT/PC$_{61}$BM 界面处解离，光生电子将被陷在孤立的 PC$_{61}$BM 陷阱中。陷阱中的电子在反向偏压作用下向 Al 电极一侧缓慢聚集，当 Al 电极附近 PC$_{61}$BM 中积累了足够多的电子后，将诱导界面能带弯曲、增强空穴的隧穿注入，从而实现倍增现象。

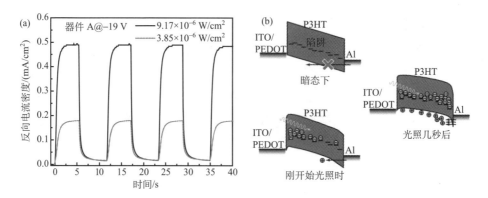

图 6-11　(a) 以 P3HT：PC$_{61}$BM［100：1(质量比)］为有源层的器件在不同光照强度下的瞬态光电流[45]；　(b) 器件在黑暗及光照条件下光生电子迁移及外电路空穴隧穿注入的示意图[46]

为了验证界面附近陷阱中电子诱导的空穴隧穿注入，科研人员制备了 ITO/PEDOT：PSS/活性层 /LiF 有或无)/Al 结构的两种器件。两种器件唯一不同之处在于有无 0.8 nm LiF 界面修饰层，在–19 V 偏压下无 LiF 界面修饰层器件的最大外量子效率达到 37500%，远大于有 LiF 器件在相同反向偏压下的 17600%[47]。这一实验结果表明，光电倍增现象是由界面能带弯曲诱导空穴隧穿注入引起的，当降低势垒厚度时，空穴将更容易向有源层中隧穿注入。

为了拓展倍增型有机光电探测器的光谱响应范围，将窄带隙材料 PTB7-Th 掺入到 P3HT：PC$_{71}$BM 中，同时保持给受体材料的质量比为 100：1。随着 PTB7-Th 在有源层中掺杂比例的增加，器件在长波长范围内的响应明显增强，在紫外及可见光范围内的响应有所减弱，如图 6-12 所示[48]。当 PTB7-Th 与 P3HT 质量比为 1：1 时，器件的光谱响应范围拓展到近红外区域，从紫外到近红外范围内，器件的外量子效率都大于 100%。器件在–10 V 偏压下，在 750 nm 处外量子效率达到 1200%。进一步增加 PTB7-Th 的比例，器件在整个光谱范围内的外量子效率明显降低，当 PTB7-Th 比例大于 70%时，器件的外量子效率降到了 100%以下。但其工作机理依然为界面附近陷阱诱导的空穴隧穿注入，可根据其光谱形状进行判定。PTB7-Th 与 PC$_{71}$BM 的 LUMO 能级位置分别位于–3.5 eV 和–4.3 eV，所形成电子陷阱深度约为 0.8 eV。这种浅电子陷阱不能限制足够多的电子，无法诱导界面能带足够的弯曲。同时由于 PTB7-Th 的 HOMO 能级位置在–5.45 eV，电子从 Al 电极的注入势垒大约为 1.15 eV，导致空穴很难从 Al 电极注入到有源层中。由于 P3HT 与 PTB7-Th 的 HOMO 能级间存在 0.3 eV 左右的能级差，空穴在有源层内部的传输受到限制，使器件的光电倍增现象消失。通过在有源层中掺入适量的窄带隙材料，将器件的响应范围从可见光范围拓展到近红外区域，制备了宽响应的倍增型有机光电探测器。

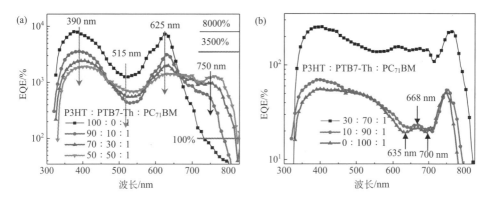

图 6-12　不同 PTB7-Th 掺杂比例的器件在–10 V 偏压下的 EQE 光谱[48]

张福俊课题组与占肖卫课题组合作，将非富勒烯材料 DC-IDT2T 作为电子受体，制备了 ITO/PEDOT：PSS/P3HT：DC-IDT2T/Al 结构的倍增型有机光电探测器。器件在–20 V 偏压下，在 390 nm 和 750 nm 处的外量子效率分别达到 28000%、4000%，首次报道了非富勒烯材料在有机倍增型光电探测器中的应用[49]。李祥高课题组以平均直径约为 2.5 nm 的 Y-TiOPc 作为有源层，以 m-TPD 作为空穴阻挡层制备了 ITO/PEDOT：PSS/Y-TiOPc（1 μm）/m-TPD（12.2 μm）/Al 结构的倍增型光电探测器[50]。

6.4　光谱响应范围的调控

根据光电探测器的响应带宽的不同，一般可将其划分为宽带响应探测器和窄带响应探测器。宽带响应探测器主要应用于多色探测，如日夜监测。窄带响应探测器由于具有光谱选择性，在生物医学传感、安全系统等方面有重要应用，这些应用的共同点是需要在特定波长窗口的入射光产生较大的响应而在所需窗口以外的波段的响应尽可能低，即具有光谱选择性。理想的窄带响应光电探测器应具备以下几个特性：①尽量小的半高全宽；②尽量大的光谱对比度，即响应窗口与响应窗口外的外量子效率（EQE）比；③尽可能小的暗电流及尽可能大的线性动态范围。

目前，窄带响应光电探测器主要是通过将宽光谱响应探测器与光学带通滤波器相结合来获得，从而使特定波段入射光产生响应，然而该方法有一定的局限性。首先，滤波器的使用为光学系统的设计和集成增加了难度，同时也增加了系统的成本。其次，由于滤波器透过率的限制，响应窗口的响应度会有所降低，使得成像质量受到影响。最后，对目前商业可用的光学滤波器而言，其透过窗口没有覆盖到所有所需的窗口。以上因素对获得高性能的窄带响应光电探测器是非常不利的。

根据材料光电特性和器件结构，窄带有机光电探测器可通过以下两种方法获得：

(1) 选择窄带吸收的材料制备有源层，在需要的波段获得较窄的响应；

(2) 设计器件结构，调控器件内部光的吸收或者电荷收集效率，实现窄带响应。

6.4.1 选择窄吸收材料实现窄带响应有机光电探测器

选择不同带隙的有机半导体材料作为有源层，所制得的窄带响应有机光电探测器的半高全宽可以小于 200 nm。在给受体混合薄膜作为有源层的有机光电探测器中，给体和受体的吸收对器件光谱响应范围的贡献都应考虑在内。通过选择不同吸收范围的给受体混合薄膜，可以实现窄带响应的蓝、绿、红光有机光电探测器。以下部分将对这三种窄带响应有机光电探测器进行详细介绍。

1. 蓝光窄带响应有机光电探测器

吸收峰在蓝光波段的宽带隙有机半导体材料在长波段几乎是没有吸收的，这使得蓝光窄带响应有机光电探测器较其他两种窄带响应有机光电探测器更容易实现。Antognazza 等[51]通过选择吸收光谱范围分别在蓝、绿、红光波段的有机材料制备了三色传感器，其中蓝光窄带响应光电探测器的有源层是 MeLPPP，其光谱响应范围为 400~500 nm。Fukuda 等[52]也利用相似的方法制备了三色传感器，其器件结构为 ITO/有源层/Al，其中蓝光窄带响应光电探测器所选用的有源层为 F8BT，获得的半高全宽约为 130 nm，由于有源层采用的是同质结，在–2.3 V 偏压下最大 EQE 只有 0.12%。当 F8BT 与多种电子受体混合组成异质结薄膜时[53-55]，所获得的蓝光窄带响应有机光电探测器的 EQE 得到了较大的提高。例如，在 F8BT 中掺入 40 wt%的 DMTPS 作为电子受体，器件在 2.0×10^5 V/cm 的电场下 EQE 可以提高到 7.6%。值得一提的是，电子受体 DMTPS 的掺入没有使器件的半高全宽增大，这是因为 DMTPS 的强吸收峰与电子给体 F8BT 重合，这意味着在制备窄带响应有机光电探测器时，受体的选择起着至关重要的作用。Paul 等[56]将树状聚噻吩与 PC$_{61}$BM 混合作为有源层制备了蓝光窄带响应光电探测器，在–2 V 偏压下最大的 EQE 达到 23%，半高全宽约为 100 nm，尽管电子受体选用了在长波段吸收较弱的 PC$_{61}$BM，器件在长波段仍然有不可忽略的响应，这不利于窄带响应光电探测器获得大的光谱对比度。

2. 绿光窄带响应有机光电探测器

选择吸收峰值在绿光波段的有机半导体材料制备绿光窄带响应有机光电探测器，面临最大的问题是需要避免材料在蓝光波段的吸收。Burn 等[57]将一种树状有机染料 (KY-3) 与 PC$_{61}$BM 混合作为有源层制备了绿光窄带响应有机光电探测器，在–1 V 偏压下最大的 EQE 为 8%，半高全宽为 130 nm。需要注意的是，混合薄膜的吸收光谱在 725 nm 处有一个较强的肩峰，这主要是由于在固体薄膜中形成了电荷转移络合物，然而该肩峰并没有在 EQE 光谱中明显反映出来，表明在电荷转移络合物中电荷的产生能力远低于吸收峰值处的电荷产生能力。通过选择吸收光谱在绿光波段重叠的给受体，Lee 等[35]制备了一系列高性能的绿光窄带响应有机光电探测器，利用 SubPc、DMQA、F5-SubPc、DCV3T 制备了四种不同的器件，器件结构为 ITO/MoO$_x$/有源层/Al，有源层分别为 SubPc/F5-SubPc、SubPc/DCV3T、DMQA/SubPc、DMQA/F5-SubPc。以 SubPc/DCV3T 为有源层的器件在–5 V 偏压下获得了最高的 EQE，然而其半高全宽较大，达到了 211 nm，这主要是由 DCV3T 在蓝光波段较强的吸收造成的。在光谱选择性方面，其他三种器件都有较好的性能，其中以 DMQA/SubPc 为有源层的器件获得了最小的半高全宽，为 131 nm，在–5 V 偏压下 EQE 也达到了 60.1%。Chung 等[58]合成了一种三异丙基硅乙炔基蒽衍生物并制备了绿光窄带响应有机光电探测器，为了提高电荷的传输能力，通过缓慢蒸发该衍生物的氯仿溶液制备了单晶有源层，并在单晶与 SiO$_2$ 基底之间旋涂了一层透明的全氟树脂作为修饰层，通过系统分析该器件的光电流特性，证明实现了光电倍增响应，获得了大于 10 A/W 的响应度以及 10^{11} Jones 量级的比探测率，响应光谱的半高全宽约为 150 nm。

3. 红光窄带响应有机光电探测器

Ishimaru 等[59]通过利用酞菁镍作为有源层制备了红光窄带响应有机光电探测器，其器件结构为 ITO/PEDOT：PSS/四叔丁基酞菁镍［Ni(*t*-Bu)$_4$Pc］/LiF/Al。由于有源层为纯的酞菁镍薄膜，器件的响应很弱，在–3 V 偏压下 EQE 只有 0.8%。从吸收光谱可以看出，吸收峰值在 618 nm 处，半高全宽约为 130 nm。Ichikawa 等[60]提出了一种制备红光窄带响应有机光电探测器的巧妙方法，有源层选择的是酞菁铜（CuPc）与 C$_{60}$ 的共混薄膜，以 CuPc：C$_{60}$ 作为有源层的器件在蓝光和红光都有较强的响应。为了减小器件在蓝光波段的响应，采用两种 p 型半导体层插入到透明电极与有源层之间，其中一种噻吩衍生物 P6T 用来吸收入射的蓝绿光，而另一种噻吩衍生物 BP3T，其由于具有较大的带隙，用来阻挡从 P6T 到有源层的能量转移。他们制备了以 CuPc：C$_{60}$ 作为有源层、有或者没有插入层的一组平面异质结器件，发现有插入层器件的亮/暗电流都有所减小。有插入层器件在蓝光部分的响应有所降低，而红光部分的响应很好地保持，这主要是因为两种噻吩衍生物在红光波段都几乎没有吸收。在体异质结器件中，器件结构为 ITO/PEDOT：PSS/P6T/BP3T/CuPc/CuPc：C$_{60}$/ C$_{60}$/BCP/Al，CuPc 与 C$_{60}$ 的质量比为 1：1，比较不同厚度 P6T 插入层器件的 EQE 光谱可知，P6T 对器件的光谱对比度（620 nm 处的 EQE 与 450 nm 处的 EQE 比值）有很大影响。当 P6T 的厚度为 200 nm 时，器件在 620 nm 处最大的 EQE 为 51.7%，最优的光谱对比度为 7.4，所获得红光响应的半高全宽约为 200 nm。

综上所述，虽然通过选择合理的材料已经制备了蓝、绿、红光窄带响应有机光电探测器，然而要想获得很窄的响应（半高全宽小于 100 nm）以及较高的光谱对比度仍然有很大的挑战。通常富勒烯受体材料的吸收光谱都比较宽，这使得其在给体的吸收窗口之外仍然有较强的吸收。另外，当给体材料与受体材料混合后，其吸收光谱也会发生一些变化，这都不利于制备窄带响应有机光电探测器。因此，在选择受体材料时应特别注意，其吸收光谱应与给体材料重合，非富勒烯受体材料由于带隙易调控，成为较理想的选择。此外，还可利用插入层吸收响应窗口之外的光，其作用类似于截止滤光片，如通过吸收蓝绿光制备红光窄带响应探测器。

6.4.2 调控器件中光场分布优化其光谱响应范围

三明治结构的光电探测器由于开口率高成为最具发展潜力的器件结构，一般采用两个电极夹有源层的结构，其中一个电极为透明电极，用来将入射光耦合到有源层，另一个电极为反射电极，从而构成一个简单的光学谐振腔。反射电极和透明电极之间反射所产生的干涉效应决定了光在异质结中的吸收，进而决定了器件的光谱响应范围。可通过以下两种方法制备出窄带响应有机光电探测器：

（1）在透明电极与有源层之间加入光学插入层来调节有源层的光吸收；

（2）改变有源层的厚度来调控器件内的光生电荷分布，实现电荷随波长的选择性收集。

Shtein 等[61]利用宽带隙材料作为有源层，实现了窄带响应的有机光电探测器的制备，器件结构为 Ag/BCP/C_{60}/CuPc/MoO_x/Al，两个金属电极构成了法布里-珀罗谐振腔，MoO_x 作为空穴传输层及光学间隔层。通过调控 MoO_x 的厚度，EQE 光谱的峰值可以从 450 nm 红移到 630 nm，且 EQE 光谱的半高全宽仍可保持在 50 nm 左右。Lo 等[62]报道了利用 C_{60} 光学间隔层制备出窄带响应有机光电探测器，其响应范围主要在蓝光波段。他们首先模拟了器件玻璃/ITO（80 nm）/MoO_x（25 nm）/有源层（不同厚度）/Al 的光场分布，其中有源层为酞菁发色团与 $PC_{61}BM$ 的混合薄膜，可以发现随着有源层厚度的变化，EQE 光谱的形状也在发生变化。当在有源层与 Al 电极之间插入光学间隔层 C_{60} 后，模拟发现器件在蓝光波段的响应范围可大大减小，响应光谱的半高全宽由没有 C_{60} 光学间隔层的 108 nm 减至 90 nm。

Ichikawa 等[60]将 p 型半导体层插入到透明电极与有源层之间来吸收响应窗口之外的光，以此获得窄带响应。Aihara 等[63]分别用 C6：PHPPS、R6G/PMPS、ZnPc：Alq_3 作为蓝光、绿光、红光吸收材料制备了叠层有机光电探测器，在制备器件时需要注意不同子单元的叠放顺序。对红光响应的子单元除了主要吸收红光以外，对蓝光和绿光都有一定的吸收，要将红光响应子单元放在远离入射光一端。蓝光响应子单元只对蓝光有响应，将其放在靠近入射光一端。绿光响应子单元对蓝光也有一定的吸收，因此将其放在蓝光响应子单元与红光响应子单元之间。Seo 等[64]分别选用 Co-TPP/Alq₃、DMQA/Alq₃、ZnPc：Alq₃ 作为蓝光、绿光、红光吸收材料，蓝光、绿光、红光响应子单元响应光谱的半高全宽分别为 40 nm、100 nm、240 nm。对于绿光和红光响应子单元来说，通过叠层结构获得的光谱选择性要优于不使用叠层结构的单一结构。这主要是由于在叠层结构中，靠近入射光一侧的子单元对入射光具有过滤作用，例如，红光响应子单元除了吸收红光以外，对蓝绿光也有一定的吸收。在叠层结构中，入射光一侧的蓝绿光响应子单元已经对入射光中的蓝绿光进行了过滤，使得只有红光到达红光响应子单元，因此蓝绿光响应子单元可以看作是光学插入层来调控到达红光响应子单元的入射光。对绿光响应子单元而言，蓝光响应子单元也起到了同样的作用。

以上部分所提到的有机光电探测器，有源层的厚度为几十或者几百纳米，不同波长入射光产生的电荷几乎都可被电极很好地收集。因此，器件响应光谱形状与器件内有源层吸收光谱形状基本一致。Meredith 等[65]发现，当有源层厚度远大于有源层吸收系数的倒数时，有源层强吸收波段的入射光的光强随着传输距离的增加呈指数形式衰减，即遵循朗伯-比尔定律。强吸收波段的入射光在有源层中传输较短距离后就可被完全吸收，即大部分光生电荷产生在靠近透明电极一侧，在反向偏压下光生空穴可以有效地被透明电极收集，而光生电子无法穿过整个有源层到达金属电极，器件对该波段的光响应消失。对于有源层吸收较弱的入射光而言，光可以穿透整个厚膜到达金属电极，从金属电极反射的光与入射光发生干涉效应，使得光生电荷的分布可以贯穿整个有源层，光生电荷可被相应的电极收集，器件展现出窄带响应特性。他们利用厚的 PCDTBT：PC₇₁BM 和 DPP-DTT：PC₇₁BM 作为有源层，分别制备了红光和近红外光窄带响应有机光电探测器，其响应峰都位于吸收光谱的下降沿，半高全宽分别为 65 nm 和 80 nm，远小于通过选择材料的方法制备的窄带响应有机光电探测器的半高全宽。由于在响应波段仍然有很大部分电荷在有源层中被复合，这导致其响应较低，在 1 V 偏压下 EQE 值仅分别为 18%和 8%。该方法被进一步用来制备钙钛矿窄带响应光电探测器。2015 年该课题组[66]报道了在钙钛矿溶液中通过调节卤素比例以及加入其他有机组分实现了蓝、绿、红光窄带响应光电探测器的制备，其半高全宽约为 80 nm，EQE 约为 10%。同时，黄劲松课题组[67]报道了在单晶钙钛矿中通过调节卤素的比例实现光谱可调的窄带响应光电探测器的制备，其调节范围覆盖蓝光到红光，获得的半高全宽约为 20 nm，最大 EQE 为 3%。

随后，黄劲松课题组[68]通过将电子陷阱引入到厚有源层中实现了光电倍增响应，其中有源层为 P3HT：PC₆₁BM，通过引入 CdTe 量子点作为电子陷阱，器件由二极管型转变为倍增型。器件的最大 EQE 由 10%提高到 200%，同时也获得了较小的半高全宽。然而，由于电子受体 PC₆₁BM 在 700 nm 左右也有不可忽略的吸收，分别以 P3HT：PC$_{61}$BM 和 P3HT：PC$_{61}$BM：CdTe 为有源层的两种器件的 EQE 光谱没有陡峭的下降沿，同时，CdTe 量子点的吸收也在 700 nm 附近，对器件的光谱分辨能力也有一定的影响，所以所选陷阱材料的吸收光谱应与原器件的光谱响应范围重合。随后，该课题组利用同样的方法实现了更窄响应的倍增型有机光电探测器[69]，其器件结构为 ITO/SnO$_2$/有源层/MoO$_3$/Ag，其中有源层为 PDTP-DFBT：PC$_{71}$BM，PbS 量子点作为陷阱材料，EQE 值由 15%提高到 183%，且器件响应光谱的半高全宽仍可保持在 50 nm 以下。

通过在厚有源层中掺入量子点作为电荷陷阱可以实现窄带响应光电倍增型探测器，其窄带响应特性随偏压的增大逐渐消失。2017 年，张福俊课题组[70]成功制备出窄带响应倍增型有机光电探测器，如图 6-13 所示，该成果入选"2017 年中国光学十大进展"。通过优化有源层的厚度来调控界面附近受陷电荷的分布，他们制备出窄带响应倍增型有机光电探测器，且光谱响应范围不随偏压的增大而展宽。当有源层 P3HT：PC$_{71}$BM［100：1(质量比)］厚度达到 2.5 μm 时，制备出半高全宽为 27 nm 的超窄带响应倍增型有机光电探测器，在–20 V 偏压下 EQE 可以达到 600%；在–60 V 偏压下 EQE 提升到 53500%，光谱对比度(EQE 峰值与 520 nm 处 EQE 的比值)达到 2020。这类倍增型有机光电探测器在大偏压下，其响应光谱的半高全宽可保持在 30 nm 以下，这主要归因于有源层内的光生电子分布受偏压的影响较小。当有源层厚度由 2.5 μm 增大到 6.0 μm，窄带响应的峰值从 650 nm 红移到 695 nm，这主要归因于有源层吸收边下降沿的移动，与器件中的光场分布息息相关。该现象进一步证明器件的光谱响应是由界面附近受陷电荷分布决定的。如果这种解释是正确的，有望制备出双向响应且具有宽/窄带响应特性的倍增型有机光电探测器。该课题组[71]又利用超薄半透明 Al 电极制备出以 P3HT：PC$_{61}$BM (100：1)作为有源层、具有双向响应特性的倍增型有机光电探测器，同时提出"载流子注入窄化"(charge injection narrowing, CIN)的概念。入射光可以分别由器件的顶电极(超薄 Al 一侧)及底电极(ITO 一侧)照射，在不同入射条件下器件中的光场分布不同，特别是靠近电极附近的光生电子分布也有所不同。器件在反向偏压(ITO 正极，Al 负极)下，当光从顶电极(超薄 Al 一侧)入射的情况下器件展现出宽带响应特性，其光谱响应覆盖 300～700 nm 这一较宽的范围。当光从底电极(ITO 一侧)入射情况下，器件展现出窄带响应的特性，光谱响应范围为 620～700 nm，响应光谱的半高全宽约为 30 nm。通过优化有源层的厚度及超薄 Al 电极的厚度，器件在–50 V 偏压时顶/底入射条件下最大的 EQE 均为 4000%。该课题组又利用三元策略，以 P3HT：PTB7-Th：PC$_{61}$BM［50：50：1(质量比)］作为有源层，通过调控有源层的厚度使器件在顶入射条件下，其宽带响应光谱范围拓宽到 300～860 nm，与二元器件相比，在长波段拓展了 160 nm。在底入射条件下，器件的窄带响应光谱范围红移至 760～860 nm，响应光谱的半高全宽小于 50 nm。对于三元倍增型有机光电探测器而言，器件在不同偏压下 EQE 光谱形状基本保持一致，不同偏压下 EQE 光谱归一化后基本重合，表明三元混合薄膜中光生电子分布受偏压影响很小。

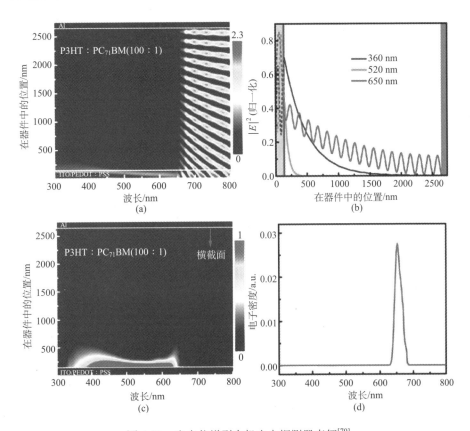

图 6-13　光电倍增型有机光电探测器表征[70]

(a) 2.5 μm 厚 P3HT∶PC₇₁BM 活性层中光场分布模拟图；(b) 360 nm、520 nm 和 650 nm 三个波长在活性层中的光场强度；(c) 活性层中归一化的光生电子分布模拟图；(d) 离 Al 电极大约 50 nm 横截面处光生电子分布

目前文献报道的探测器，无论是二极管型还是倍增型，都只能工作在单向偏压下。张福俊课题组首次报道了可工作在正/反双向偏压下的倍增型有机光电探测器，器件结构为 ITO/PFN/P3HT∶ITIC[100∶1(质量比)]/Al[72]。该器件在不同方向偏压下，光谱响应范围基本保持不变，增加偏压还可以提高器件的灵敏度。非富勒烯受体 ITIC 将器件光谱响应范围拓展至近红外区，这是首次将非富勒烯材料应用到倍增型有机光电探测器中，并拓展了器件在近红外区域的响应。随后该课题组又报道了可工作在双向偏压下的窄带响应倍增型有机光电探测器：在正向偏压下具有两个窄带响应窗口，而反向偏压下具有一个窄带响应窗口[图 6-14 (a)、 (b)]$^{[73]}$。器件在不同偏压下的窄带响应窗口保持不变,且响应窗口的半高全宽始终保持在小于 30 nm。通过增加外加偏压,器件的光谱对比度(SCR,即 EQE_{peak}/ $EQE_{480\,nm}$)明显提高,展现出较高的窄带探测能力。进一步地,该课题组又实现了可工作在双向偏压下且宽/窄带响应可调的倍增型有机光电探测器,如图 6-14(c)、(d)所示$^{[74]}$。在正向偏压下,宽带光谱响应范围覆盖 350~800 nm;在反向偏压下,具有窄响应特性,其响应峰值位于 800 nm 处,半高全宽约 40 nm;器件在正向和反向偏压下 EQE 峰值分别为 600% 和 200%。这是文献中首次报道的具有双向响应且兼具宽/窄带探测能力的倍增型有机光电探测器。将宽/窄带响应特性集成到单个器件中,为该类器件在微型集成光电系统中的应用提供了新的解决方案。

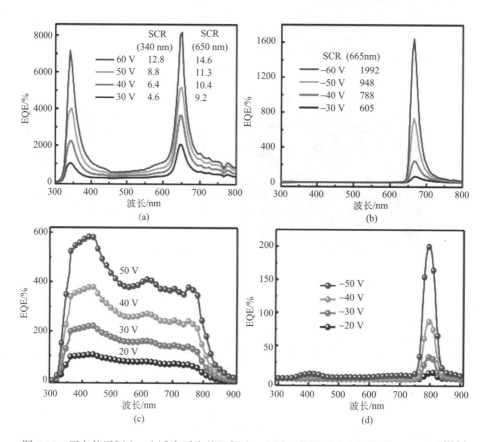

图 6-14 正向偏压[(a)、(c)]和反向偏压[(b)、(d)]下倍增型光电探测器 EQE 光谱$^{[73,74]}$

器件结构为:(a)、(b) ITO/PFN-OX/P3HT:PC$_{61}$BM[100:1(质量比),4.0 μm]/Al;(c)、(d) ITO/PFN-OX/P3HT:
PTB7-Th:PC$_{61}$BM[40:60:1(质量比),3.0 μm]/Al

6.5　有机光电探测器面临的机遇与挑战

　　有机光电探测器经过不断的发展，与基于无机材料的传统光电探测器相比具有一定的优势，如响应范围易调控、工作电压低、全固态、柔性等，有一些参数(如 EQE、线性动态范围、比探测率等)可以与传统光电探测器相媲美。有机光电探测器的稳定性、响应速度等问题制约其应用范围。材料的稳定性问题使得有机光电探测器的使用寿命远不如传统无机光电探测器长。尤其是在强光、高热的严酷环境中，基于无机材料的光电探测器依然具有无可比拟的长寿命，有机光电探测器在这方面的改善还有赖于未来新型的高稳定性有机半导体材料的开发，以及器件封装技术的进一步发展。有机半导体材料载流子迁移率较低，限制了有机光电探测器的响应速度。合成超高迁移率的新型有机半导体材料有望提升有机光电探测器的响应速度，特别是开发新型非富勒烯 n 型半导体材料有非常重要的意义。

　　随着人工智能、智能柔性光电子器件的发展，基于有机材料的光电探测器具有广阔的应用前景。特别是基于新机理的新型光电探测器的研发，必将推动相关产业和领域的发展。面向成像的需求，需要开发宽响应高灵敏的探测器，这对有机材料在载流子迁移率和光学带隙方面提出了新的要求。面对监测、光谱分辨等领域的需求，如何将器件的光谱响应范围降低到 10 nm 以下，这需要从材料和器件物理的角度开展更加深入的研究工作。近年来，占肖卫课题组开发了以 ITIC 为代表的一系列高性能的非富勒烯材料，极大地促进了有机光电探测器的发展。这些窄带隙非富勒烯材料在宽响应倍增型有机光电探测器、近红外窄响应倍增型有机光电探测器以及半透明倍增型有机光电探测器中具有广阔的应用前景。有机光电探测器的研究随着有机光电子领域的兴起而方兴未艾，在较短的时间内就取得了长足的进步，展现了巨大的发展潜力。随着高性能有机半导体材料的发明，响应范围可调的高灵敏度有机光电探测器也必将得到快速的发展，有机半导体材料因其成本低、质量轻、环境友好等特点，有望在各类消费级光电器件中得到应用。

参 考 文 献

[1] Miao J L, Zhang F J. Recent progress on photomultiplication type organic photodetectors. Laser Photonics Rev, 2019, 13(2): 1800204.

[2] Miao J L, Zhang F J. Recent progress on highly sensitive perovskite photodetectors. J Mater Chem C, 2019, 7(7): 1741-1791.

[3] Yao H, Qian D, Zhang H, et al. Critical role of molecular electrostatic potential on charge generation in organic solar cells. Chin J Chem, 2018, 36(6): 491-494.

[4] Pettersson L A A, Roman L S, Inganäs O. Quantum efficiency of exciton-to-charge generation in organic photovoltaic devices. J Appl Phys, 2001, 89(10): 5564-5569.

[5] Reynaert J, Arkhipov V I, Heremans P, et al. Photomultiplication in disordered unipolar organic materials. Adv Funct Mater, 2006, 16(6): 784-790.

[6] Pananakakis G, Ghibaudo G, Kies R, et al. Temperature dependence of the Fowler-Nordheim current in metal-oxide-degenerate semiconductor structures. J Appl Phys, 1995, 78(4): 2635-2641.

[7] Campbell I H, Crone B K. Bulk photoconductive gain in poly(phenylene vinylene) based diodes. J Appl Phys, 2007, 101(2): 024502.

[8] Heeger A J, Parker I D, Yang Y. Carrier injection into semiconducting polymers: Fowler-Nordheim field-emission tunneling. Synth Met, 1994, 67(1): 23-29.

[9] Baum W A. Photosensitive detectors. Annu Rev Astron Astrophys, 1964, 2: 165-184.

[10] Jones R C. Proposal of the detectivity D^{**} for detectors limited by radiation noise. J Opt Soc Am, 1960, 50(11): 1058-1059.

[11] Jones R C. Phenomenological description of the response and detecting ability of radiation detectors. Proc IRE, 1959, 47(9): 1495-1502.

[12] Pospischil A, Humer M, Furchi M M, et al. CMOS-compatible graphene photodetector covering all optical communication bands. Nat Photonics, 2013, 7(11): 892-896.

[13] Kang Y, Liu H D, Morse M, et al. Monolithic germanium/silicon avalanche photodiodes with 340 GHz gain-bandwidth product. Nat Photonics, 2009, 3(1): 59-63.

[14] Lischke S, Knoll D, Mai C, et al. High bandwidth, high responsivity waveguide-coupled germanium p-i-n photodiode. Opt Express, 2015, 23(21): 27213-27220.

[15] Youngblood N, Chen C, Koester S J, et al. Waveguide-integrated black phosphorus photodetector with high responsivity and low dark current. Nat Photonics, 2015, 9(4): 247-252.

[16] Xia F, Mueller T, Lin Y M, et al. Ultrafast graphene photodetector. Nat Nanotechnol, 2009, 4(12): 839-843.

[17] Mueller T, Xia F, Avouris P. Graphene photodetectors for high-speed optical communications. Nat Photonics, 2010, 4(5): 297-301.

[18] Hawkins R T, Jones M D, Pepper S H, et al. Comparison of fast photodetector response measurements by optical heterodyne and pulse response techniques. J Lightwave Technol, 1991, 9(10): 1289-1294.

[19] Zhu N H, Wen J M, San H S, et al. Improved optical heterodyne methods for measuring frequency responses of photodetectors. IEEE J Quantum Electron, 2006, 42(3): 241-248.

[20] Gong X, Tong M H, Xia Y J, et al. High-detectivity polymer photodetectors with spectral response from 300 nm to 1450 nm. Science, 2009, 325(5948): 1665-1667.

[21] Arnold M S, Zimmerman J D, Renshaw C K, et al. Broad spectral response using carbon nanotube/organic semiconductor/C_{60} photodetectors. Nano Lett, 2009, 9(9): 3354-3358.

[22] Su Z S, Hou F H, Wang X, et al. High-performance organic small-molecule panchromatic photodetectors. ACS Appl Mater Inter, 2015, 7(4): 2529-2534.

[23] Yang C M, Tsai P Y, Horng S F, et al. Infrared photocurrent response of charge-transfer exciton in polymer bulk heterojunction. Appl Phys Lett, 2008, 92(8): 083504.

[24] Valouch S, Hönes C, Kettlitz S W, et al. Solution processed small molecule organic interfacial

layers for low dark current polymer photodiodes. Org Electron, 2012, 13 (11) : 2727-2732.

[25] Ramuz M, Bürgi L, Winnewisser C, et al. High sensitivity organic photodiodes with low dark currents and increased lifetimes. Org Electron, 2008, 9 (3) : 369-376.

[26] Baierl D, Fabel B, Gabos P, et al. Solution-processable inverted organic photodetectors using oxygen plasma treatment. Org Electron, 2010, 11 (7) : 1199-1206.

[27] Baierl D, Fabel B, Lugli P, et al. Efficient indium-tin-oxide (ITO) free top-absorbing organic photodetector with highly transparent polymer top electrode. Org Electron, 2011, 12 (10) : 1669-1673.

[28] Wang X, Amatatongchai M, Nacapricha D, et al. Thin-film organic photodiodes for integrated on-chip chemiluminescence detection-application to antioxidant capacity screening. Sensors Actuators B: Chem, 2009, 140 (2) : 643-648.

[29] Armin A, Hambsch M, Kim I K, et al. Thick junction broadband organic photodiodes. Laser Photonics Rev, 2014, 8 (6) : 924-932.

[30] Dai S X, Li T F, Wang W, et al. Enhancing the performance of polymer solar cells via core engineering of NIR-absorbing electron acceptors. Adv Mater, 2018, 30 (15) : 1706571.

[31] Li T F, Dai S X, Ke Z F, et al. Fused tris (thienothiophene) -based electron acceptor with strong near-infrared absorption for high-performance as-cast solar cells. Adv Mater, 2018, 30 (10) : 1705969.

[32] Yan C Q, Barlow S, Wang Z H, et al. Non-fullerene acceptors for organic solar cells. Nat Rev Mater, 2018, 3 (3) : 18003.

[33] Lin Y, Wang J, Zhang Z G, et al. An electron acceptor challenging fullerenes for efficient polymer solar cells. Adv Mater, 2015, 27 (7) : 1170-1174.

[34] Kim I K, Li X, Ullah M, et al. High-performance, fullerene-free organic photodiodes based on a solution-processable indigo. Adv Mater, 2015, 27 (41) : 6390-6395.

[35] Lee K H, Leem D S, Castrucci J S, et al. Green-sensitive organic photodetectors with high sensitivity and spectral selectivity using subphthalocyanine derivatives. ACS Appl Mater Inter, 2013, 5 (24) : 13089-13095.

[36] Hiramoto M, Imahigashi T, Yokoyama M. Photocurrent multiplication in organic pigment films. Appl Phys Lett, 1994, 64 (2) : 187-189.

[37] Hiramoto M, Miki A, Yoshida M, et al. Photocurrent multiplication in organic single crystals. Appl Phys Lett, 2002, 81 (8) : 1500-1502.

[38] Huang J S, Yang Y. Origin of photomultiplication in C_{60} based devices. Appl Phys Lett, 2007, 91 (20) : 203505.

[39] Qi D, Fischbein M, Drndić M, et al. Efficient polymer-nanocrystal quantum-dot photodetectors. Appl Phys Lett, 2005, 86 (9) : 093103.

[40] Schaller R D, Klimov V I. High efficiency carrier multiplication in PbSe nanocrystals: Implications for solar energy conversion. Phys Rev Lett, 2004, 92 (18) : 186601.

[41] Guo F W, Yang B, Yuan Y B, et al. A nanocomposite ultraviolet photodetector based on interfacial trap-controlled charge injection. Nat Nanotechnol, 2012, 7 (12) : 798-802.

[42] Chen H Y, Lo M K F, Yang G, et al. Nanoparticle-assisted high photoconductive gain in

composites of polymer and fullerene. Nat Nanotechnol, 2008, 3(9): 543-547.

[43] Chuang S T, Chien S C, Chen F C. Extended spectral response in organic photomultiple photodetectors using multiple near-infrared dopants. Appl Phys Lett, 2012, 100(1): 013309.

[44] Dang M T, Hirsch L,Wantz G. P3HT:PCBM, best seller in polymer photovoltaic research. Adv Mater, 2011, 23(31): 3597-3602.

[45] Li L L, Zhang F J, Wang J, et al. Achieving EQE of 16700% in P3HT ：PC$_{71}$BM based photodetectors by trap-assisted photomultiplication. Sci Rep, 2015, 5: 9181.

[46] Li L L, Zhang F J, Wang W B, et al. Revealing the working mechanism of polymer photodetectors with ultra-high external quantum efficiency. Phys Chem Chem Phys, 2015, 17(45): 30712-30720.

[47] Li L L, Zhang F J, Wang W B, et al. Trap-assisted photomultiplication polymer photodetectors obtaining an external quantum efficiency of 37500%. ACS Appl Mater Inter, 2015, 7(10): 5890-5897.

[48] Wang W B, Zhang F J, Li L L, et al. Highly sensitive polymer photodetectors with a broad spectral response range from UV light to the near infrared region. J Mater Chem C, 2015, 3(28): 7386-7393.

[49] Wang W B, Zhang F J, Bai H, et al. Photomultiplication photodetectors with P3HT ： Fullerene-free material as the active layers exhibiting a broad response. Nanoscale, 2016, 8(10): 5578-5586.

[50] Li X L, Wang S R, Xiao Y, et al. A trap-assisted ultrasensitive near-infrared organic photomultiple photodetector based on Y-type titanylphthalocyanine nanoparticles. J Mater Chem C, 2016, 4(24): 5584-5592.

[51] Antognazza M R, Scherf U, Monti P, et al. Organic-based tristimuli colorimeter. Appl Phys Lett, 2007, 90: 163509.

[52] Fukuda T, Komoriya M, Kobayashi R, et al. Wavelength-selectivity of organic photoconductive devices by solution process. Jpn J Appl Phys, 2009, 48(4): 04C162.

[53] Fukuda T, Kobayashi R, Kamata N, et al. Improvements in photoconductive characteristics of organic device using silole derivative. Jpn J Appl Phys, 2010, 49(1): 01AC05.

[54] Kimura S, Fukuda T, Honda Z, et al. Doping effect of ethylcarbazole-contained-silole in blue-sensitive organic photoconductive device. Mol Cryst Liq Cryst, 2012, 566(1): 54-60.

[55] Fukuda T, Kimura S, Kobayashi R, et al. Ultrafast study of charge generation and device performance of a silole-doped fluorene-mixed layer for blue-sensitive organic photoconductive devices. Phys Status Solidi A, 2013, 210(12): 2674-2682.

[56] Pandey A K, Johnstone K D, Burn P L, et al. Solution-processed pentathiophene dendrimer based photodetectors for digital cameras. Sensor Actuat B: Chem, 2014, 196: 245-251.

[57] Jansen-van Vuuren R D, Pivrikas A, Pandey A K, et al. Colour selective organic photodetectors utilizing ketocyanine-cored dendrimers. J Mater Chem C, 2013, 1(22): 3532-3543.

[58] Lim B T, Kang I, Kim C M, et al. Solution-processed high-performance photodetector based on a new triisopropylsilylethynyl anthracene derivative. Org Electron, 2014, 15(8): 1856-1861.

[59] Ishimaru Y, Wada M, Fukuda T, et al. Red-sensitive organic photoconductive device using

soluble Ni-phthalocyanine. IEICE Trans Electron, 2011, 94(2): 187-189.

[60] Higashi Y, Kim K S, Jeon H G, et al. Enhancing spectral contrast in organic red-light photodetectors based on a light-absorbing and exciton-blocking layered system. J Appl Phys, 2010, 108(3): 034502.

[61] An K H, O'Connor B, Pipe K P, et al. Organic photodetector with spectral response tunable across the visible spectrum by means of internal optical microcavity. Org Electron, 2009, 10(6): 1152-1157.

[62] Lyons D M, Armin A, Stolterfoht M, et al. Narrow band green organic photodiodes for imaging. Org Electron, 2014, 15(11): 2903-2911.

[63] Aihara S, Hirano Y, Tajima T, et al. Wavelength selectivities of organic photoconductive films: Dye-doped polysilanes and zinc phthalocyanine/tris-8-hydroxyquinoline aluminum double layer. Appl Phys Lett, 2003, 82(4): 511-513.

[64] Seo H, Aihara S, Watabe T, et al. Color sensors with three vertically stacked organic photodetectors. Jpn J Appl Phys, 2007, 46(49): L1240-L1242.

[65] Armin A, Jansen-van Vuuren R D, Kopidakis N, et al. Narrowband light detection via internal quantum efficiency manipulation of organic photodiodes. Nat Commun, 2015, 6: 6343.

[66] Lin Q, Armin A, Burn P L, et al. Filterless narrowband visible photodetectors. Nat Photonics, 2015, 9(10): 687-694.

[67] Fang Y J, Dong Q F, Shao Y C, et al. Highly narrowband perovskite single-crystal photodetectors enabled by surface-charge recombination. Nat Photonics, 2015, 9(10): 679-686.

[68] Shen L, Fang Y J, Wei H T, et al. A highly sensitive narrowband nanocomposite photodetector with gain. Adv Mater, 2016, 28(10): 2043-2048.

[69] Shen L, Zhang Y, Bai Y, et al. A filterless, visible-blind, narrow-band, and near-infrared photodetector with a gain. Nanoscale, 2016, 8(26): 12990-12997.

[70] Wang W B, Zhang F J, Du M D, et al. Highly narrowband photomultiplication type organic photodetectors. Nano Lett, 2017, 17(3): 1995-2002.

[71] Wang W, Du M, Zhang M, et al. Organic photodetectors with gain and broadband/narrowband response under top/bottom illumination conditions. Adv Opt Mater, 2018, 6(16): 1800249.

[72] Miao J L, Zhang F J, Lin Y Z, et al. Highly sensitive organic photodetectors with tunable spectral response under bi-directional bias. Adv Opt Mater, 2016, 4(11): 1711-1717.

[73] Miao J L, Zhang F J, Du M D, et al. Photomultiplication type narrowband organic photodetectors working at forward and reverse bias. Phys Chem Chem Phys, 2017, 19(22): 14424-14430.

[74] Miao J L, Zhang F J, Du M D, et al. Photomultiplication type organic photodetectors with broadband and narrowband response ability. Adv Opt Mater, 2018, 6(8): 1800001.

第 **7** 章

n 型有机半导体在逻辑电路中的应用

半导体电路是实现现代信息传递的重要组成部分，随着无机电路特别是硅基电路的研究发展进入瓶颈，有机电路的研究对于电路及系统的未来发展意义更加重大。近十年来，有机电路取得了飞速的发展，多种基本元器件已经达到可应用程度，有机电路已经应用于环形振荡器的逻辑门、有关显示器的驱动电路、电子纸、射频标签(RFID)等领域。同时，有机电路也因其所具有的低成本、可弯折、高透光等特性而具有更大的发展空间。

7.1 有机逻辑电路简介

在数字电路中，能够实现基本逻辑关系的电路称为逻辑门电路，基本的逻辑关系有三个——与、或、非，表现在逻辑门电路上即与门、或门、非门、与非门、或非门、与或非门、异或门等几种。在逻辑运算中，只有"真"与"假"两个值，而逻辑"与"所实现的便是当且仅当所有值为"真"时，结果为"真"；相反地，逻辑"或"所实现的便是当且仅当所有值为"假"时，结果为"假"；而逻辑"非"则是实现非"真"即"假"。通过将信息均表现为"真"与"假"，便可以只使用这三个逻辑进行所有的运算表述。而对这三个逻辑进行描述的逻辑门电路便成为逻辑电路(数字电路)的组成基础。

与、或、非三种基本的逻辑门电路(图 7-1)可以解决各种逻辑问题，而且电路也很简单[1]。采用二极管和三极管都能实现特定逻辑电路的构筑。采用二极管构筑的逻辑电路(与门和或门)，其电气性能较差(如负载能力、抗干扰能力差)。并且在多个门电路串联时电平偏移，易造成逻辑错误等，因而直接应用很少。采用三极管构筑的非门电路，其输出高低电平平稳，负载能力及抗干扰能力强，但功能过于单一(只有倒相作用)。因此为了充分利用它们各自的优点,将其组合起来形成复合门电路如与非门、或非门、与或非门等,能实现不同功能,即组合逻辑电路。

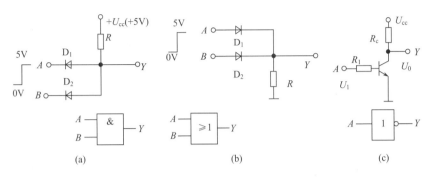

图 7-1　(a)与门电路图和逻辑符号;(b)或门电路图和逻辑符号;(c)非门电路图和逻辑符号[1]

　　三个逻辑门电路中,非门是最为基础的。非门又称为反相器,在目前的有机电路构建中,组成反相器的方式主要有两种:单极构建与互补型构建。目前能够用于有机半导体电路制备的材料中,以 p 型材料为主,相应的 n 型材料较少而且性能较低,稳定性也较差。因此,在进行电路构建时,大多选择了基于 p 型材料的单极构建方式。但由于使用单极逻辑构筑的电路对单个晶体管依赖较强,有时会导致所得到的器件性能发生偏差,如反相器的反向电压点发生偏移等。就目前技术而言,单极型的逻辑器件由于自身所限,依然存在性能较低、稳定性较差等缺点。因此在研究中使用互补型逻辑构建基本器件具有更大的吸引力。

7.2　n 型小分子半导体材料

7.2.1　氟化的有机共轭分子

　　将强吸电子的氟原子或含氟烷基引入到有机共轭分子中,有利于材料 LUMO 能级的降低与电子的有效注入[2]。它是实现有机共轭材料由 p 型转变成 n 型的重要途径之一。氟化共轭小分子主要有氟化的苯基稠环化合物与氟化的杂环类衍生物两大类(图 7-2)。Tokito 等[3]报道的全氟并五苯材料(化合物 **1**)具有典型的电子传输特性。用有机场效应晶体管(OFET)测得薄膜的电子迁移率为 0.11 $cm^2/(V \cdot s)$。在并五苯两端引入氟烷基链的化合物 **2**[4]的 OFET 器件的电子迁移率为 1.7×10^{-3} $cm^2/(V \cdot s)$。Bao 等[5]报道了一系列全氟取代的酞菁金属衍生物,这类材料的 OFET 器件也显示出电子传输特性,以及良好的空气稳定性。例如,全氟取代的酞菁铜衍生物(化合物 **3**)蒸镀薄膜的电子迁移率为 0.03 cm²/(V·s)。Marks 等报道的两端引入全氟烷基链的联四噻吩(化合物 **4**)[6]的电子迁移率为 0.22 cm²/(V·s),用五氟苯封端的化合物 **5**[7]的电子迁移率高达 0.5 cm²/(V·s)。Yamashita 等报道用三氟甲基封端的化合物 **6**[8]的电子迁移率为 0.18 cm²/(V·s),将分子中心的联二噻吩单元换成联二噻唑单元的化合物 **7**[9]的电子迁移率则高达 1.83 cm²/(V·s)。研究表明,化合物 **7** 薄膜中的分子具有近似平面的几何构型,分子间形成了有利于 π-π 重叠的层状相堆积结构。

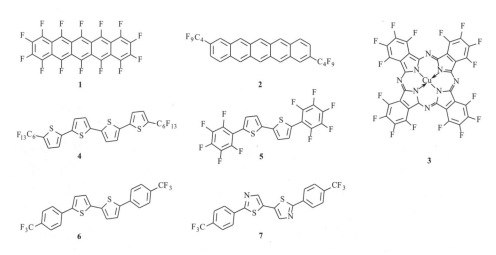

图 7-2　氟化共轭小分子的化学结构

7.2.2 含羰基的有机共轭分子

羰基也是吸电子能力较强的基团。将羰基引入有机共轭分子中能够达到降低体系 LUMO 能级的作用。图 7-3 列出了一些含羰基的有机共轭小分子。文献报道的这类有机共轭分子通常同时含有羰基与氟取代基。Yamashita 等[10,11]研究了卤化、烷基化与酰基化的苊并芴二酮衍生物(化合物 **8a**~**8e**)。这些化合物的 LUMO 能级在-3.74~-4.15 eV 范围。其中,化合物 **8a** 与 **8e** 具有较好的电子迁移率,两者都在 10⁻² 数量级。Aso 等[12]对比研究了两种末端含三氟甲基羰基的联二噻唑衍生物(化合物 **9** 与化合物 **10**)。化合物 **10** 的分子结构中两个噻唑环用一个羰基桥连起来。这种结构上的改进,使得该化合物的 LUMO 能级降为-3.64 eV,其在真空下测得的最大电子迁移率为 0.06 cm²/(V·s),开关比为 10⁶,在空气中存储 1 年后,在真空与空气中测得电子迁移率分别为 4.6×10⁻³ cm²/(V·s)与 6.1×10⁻⁵ cm²/(V·s)。但基于化合物 **9** 的器件在空气中却没有测得载流子传输性能,在真空下测得电子迁移率最高仅为 2.0×10⁻³ cm²/(V·s),开关比为 10⁴。Marks 等[13]

报道了基于化合物 **11** 制备的器件的电子迁移率为 0.45 cm^2/(V·s)，开关比为 10^8。研究表明，该化合物具有高度的结晶性，这是获得高电子迁移率的重要原因。Yamashita 等[14]合成了一种苯并[1,2-*b*:4,5-*b′*]二噻吩-4,8-二酮衍生物(化合物 **12**)。单晶结构解析表明，该化合物分子具有近似平面结构，苯醌上的氧原子与芳环上的氢原子之间存在氢键作用。基于该化合物制备的 OFET 器件，在真空中测得的电子迁移率为 0.15 cm^2/(V·s)，开关比为 10^4；在空气中测得的电子迁移率为 0.10 cm^2/(V·s)，开关比为 10^5。

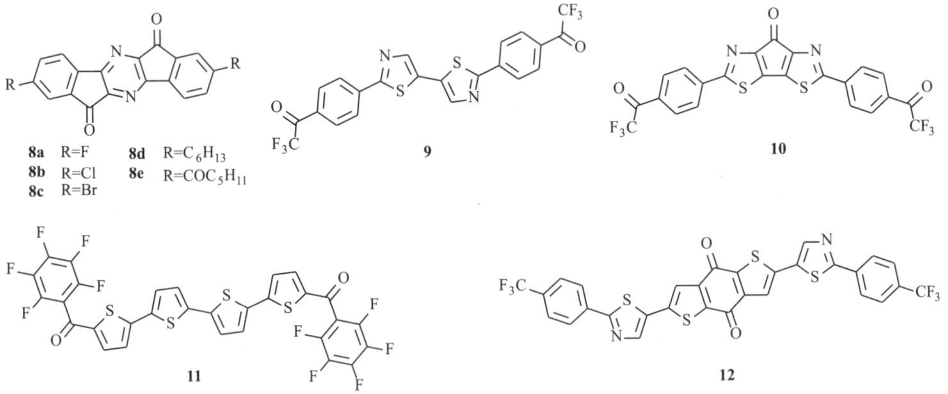

图 7-3　含羰基有机共轭小分子的化学结构

7.2.3　含氰乙烯基的有机共轭分子

将具有强吸电子能力的氰乙烯基引入到共轭化合物中，可以明显降低其 LUMO 能级，有利于电子的有效注入，提高材料的稳定性。二氰乙烯基取代的低聚物或稠环化合物是一类具有良好电子传输性能的有机共轭材料(图 7-4)。Zhu 等[15]设计合成了基于吡咯并吡咯二酮单元的化合物 **13** 与化合物 **14**。具有短烷基侧链的化合物 **13** 通过蒸镀成膜制备的 OFET 器件，在空气中测得其电子迁移率为 0.55 cm^2/(V·s)，开关比为 10^6。具有长烷基侧链的化合物 **14** 可通过溶液旋涂得到高质量的薄膜，以其制备的 OFET 器件测得的电子迁移率为 0.35 cm^2/(V·s)，开关比在 10^5~10^6 之间。Li 等[16]合成了二氰乙烯基封端的并四噻吩衍生物 **15**。该化合物的 LUMO 能级低至-4.30 eV。将该化合物通过滴注成膜后制备的 OFET 器件，在空气中测得的电子迁移率高达 0.9 cm^2/(V·s)，同时也表现出良好的空气稳定性。Wang 等[17]报道了化合物 **16** 的 LUMO 能级在-4.1 eV。化合物 **16** 的单晶结构解析表明，其分子间具有紧密的 π-π 堆积，它的电子迁移率为 0.33 cm^2/(V·s)。Chi 等[18]报道了将中心苯环用并噻吩取代的同类化合物 **17**。该化合物的 LUMO 能级在−3.88 eV。在氮气中测得化合物 **17** 薄膜器件的电子迁移率为 0.16 cm^2/(V·s)。Park 等[19]设计合成了含氰基的二乙烯基苯小分子。这些分子某种程度上可以看作是二氰乙烯基中的一个氰基被"其他基团"取代的二氰乙烯基衍生物。例如，化合物 **18** 与化合物 **19** 的"其他基团"为三氟甲基苯。采用 OFET 测得化合物 **18** 的电子迁移率为 0.04 cm^2/(V·s)。在化合物分子中心苯环上引入己氧链的化合物 **19** 具有更紧密的分子堆积结构以及更好的薄膜结晶性能，其在氮气中测得的最大电子迁移率达到 2.14 cm^2/(V·s)。Suzuki 等[20,21]报道了带有酯基链的氰乙烯基联三噻吩衍生物(化合物 **20**)。该化合物的 LUMO 能级低于−4.1 eV，并且溶解性很好。基于化合物 **20** 的 OFET 器件的电子迁移率为 0.015 cm^2/(V·s)。

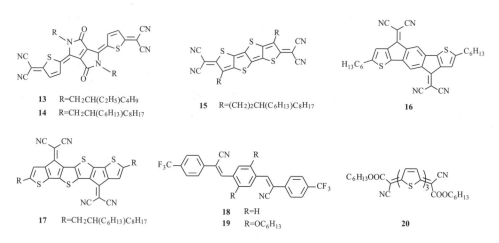

13 R=CH$_2$CH(C$_2$H$_5$)C$_4$H$_9$
14 R=CH$_2$CH(C$_6$H$_{13}$)C$_8$H$_{17}$

15 R=(CH$_2$)$_2$CH(C$_6$H$_{13}$)C$_8$H$_{17}$

16

17 R=CH$_2$CH(C$_6$H$_{13}$)C$_8$H$_{17}$

18 R=H
19 R=OC$_6$H$_{13}$

20

图 7-4 氰乙烯基共轭小分子的化学结构

7.2.4 萘酰亚胺与苝酰亚胺衍生物

萘酰亚胺与苝酰亚胺的衍生物具有大的 π 共轭平面结构与较低的 LUMO 能级，是一类具有良好 n 型传输性能的有机半导体材料。首先介绍应用于 OFET 的萘酰亚胺衍生物(图 7-5)。至今研究最为成功的萘酰亚胺衍生物之一是在酰亚胺氮原子上引入环己烷基的化合物 **21**[22]。基于其制备的 OFET 器件在真空中测得的电子迁移率高达 6.2 cm^2/(V·s)。将含氟的烷基链引入到酰亚胺的氮原子上，有助于改进材料的空气稳定性与降低体系的 LUMO 能级。Katz 等[23]报道了侧链含三氟甲基苯的化合物 **22** 薄膜在空气中测得的电子迁移率为 0.12 cm^2/(V·s)，引入氟取代长烷基链的化合物 **23** 对应器件的电子迁移率可达 0.7 cm^2/(V·s)[24]。Bao 等[25]设计了一些侧链为氟烷基链、萘核用氯取代的萘酰亚胺衍生物。电化学

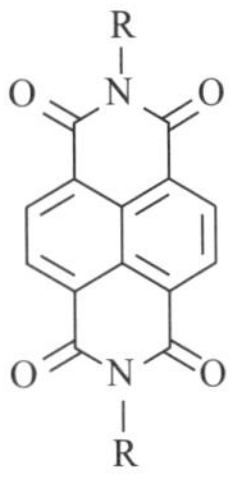

21 R = ─◯ (环己基)

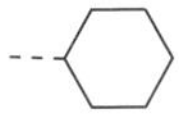

22 R = CH₂C₆H₄CF₃

23 R = C₃H₆C₈F₁₇

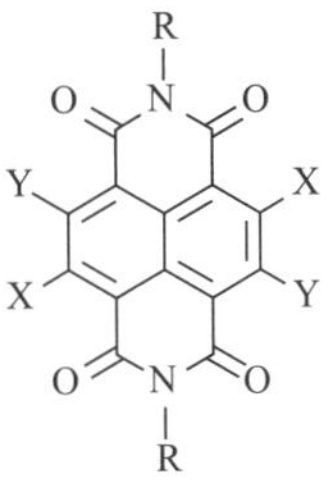

24 X= Cl, Y = H, R = CH₂C₃F₇

25 X= Cl, Y = H, R = CH₂C₄H₉

26 X= Y = Cl, R = CH₂C₃F₇

27 X= Y = Cl, R = CH₂C₄H₉

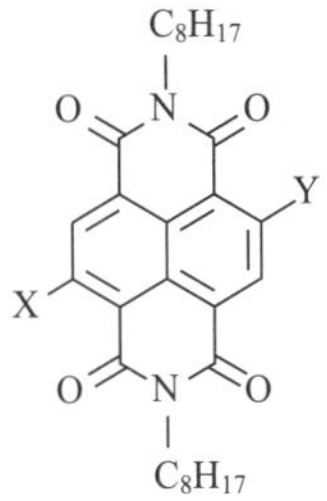

28 X = CN, Y = H

29 X= Y = CN

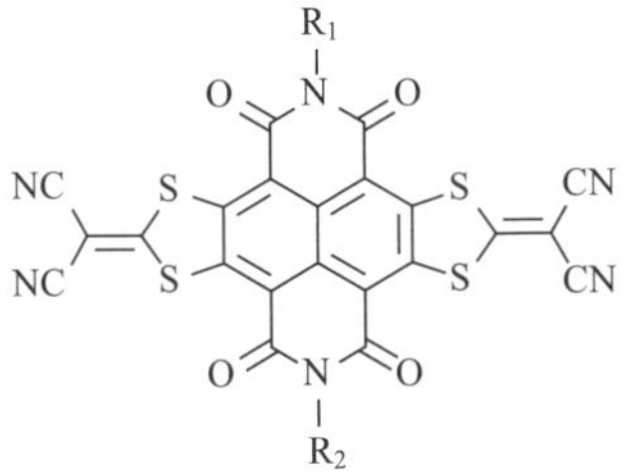

30 R₁ = R₂ = CH₂CH(C₁₀H₂₁)C₂₂H₄₅

31 R₁ = R₂ = CH₂CH(C₈H₁₇)C₁₀H₂₁

32 R₁ = R₂ = CH₂CH(OC₈H₁₇)₂

33 { R₁ = CH₂CH(C₈H₁₇)C₁₀H₂₁ R₂ = C₆H₄C(CH₃)₃

36 X= ─◯ (thienothiophene)

37 X= ─◯ (dithienothiophene)

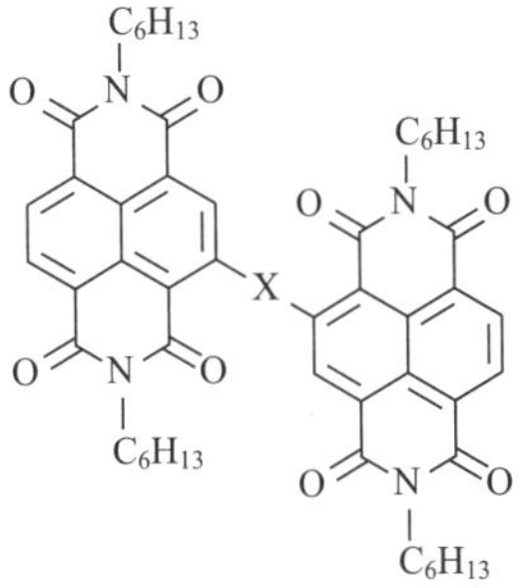

38 X= ─◯ (N-C₆H₁₃ dithienopyrrole)

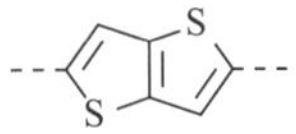

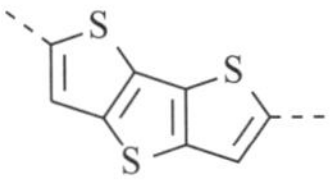

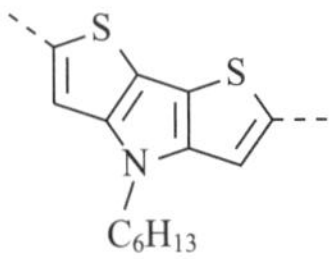

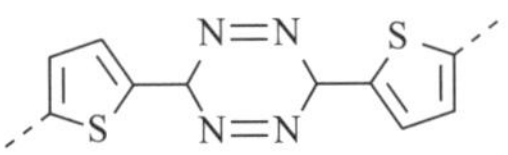

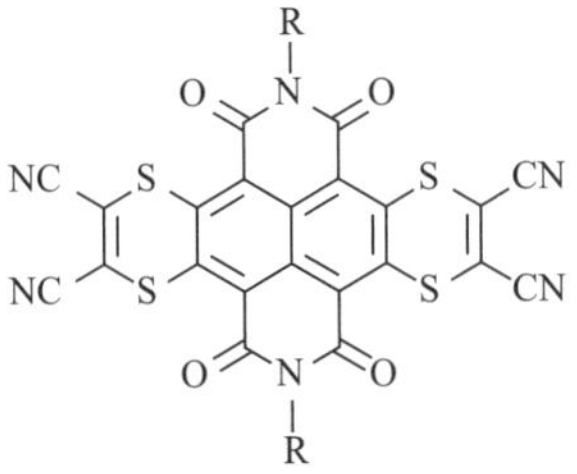

34 R= CH₂CH(C₁₀H₂₁)C₁₂H₂₅

35 R= CH₂CH(C₈H₁₇)C₁₀H₂₁

39 X= ─◯ (tetrazine-dithiophene)

图 7-5　萘酰亚胺衍生物的化学结构

测试表明，氯的取代个数对体系的 HOMO 能级影响不大，但四氯取代化合物的 LUMO 能级(-4.14 eV)比二氯取代化合物的 LUMO 能级(-4.01 eV)低 0.13 eV。氯取代能够使共轭体系的 π 电子离域到氯原子中未占用的 3d 轨道上，从而降低体系的 LUMO 能级及带隙。他们对比了四氯取代化合物与二氯取代化合物的 OFET 器件性能。在空气中测得二氯取代的化合物 **24** 与化合物 **25** 的电子迁移率分别为 1.43 cm²/(V·s) 与 0.91 cm²/(V·s)。而四氯取代的化合物 **26** 与化合物 **27** 的电子迁移率分别为 0.021 cm²/(V·s) 与 0.04 cm²/(V·s)。这种性能上的差异归因于二氯取代的化合物的 π 共轭体系的平面性更好以及氟烷基链堆积得更紧密。Marks 等[26]在萘核上直接引入氰基，得化合物 **28** 与 **29**，氰基的引入能有效降低体系的 LUMO 能级，引入两个氰基的化合物 **29** 的 LUMO 能级达到−4.3 eV，在空气中测得的电子迁移率达到 0.11 cm²/(V·s)。通过萘核扩展 π 共轭平面是一条获得空气中稳定的高性能材料的有效途径。Gao 等[27-29]报道了化合物 **30**~**33**。N 上长支链烷基的引入使材料能够通过溶液法成膜；萘核上稠合丙二腈取代的硫杂环，不仅可以促进分子之间的 π-π 相互作用，丙二腈的引入对体系 LUMO 能级的降低也起到重要的作用(电化学测试得到四个化合物的 LUMO 能级范围在 −4.29~−4.5 eV 之间)。化合物 **30**~**32** 薄膜器件在空气中测得的最大电子迁移率分别达到 0.2 cm²/(V·s)、1.20 cm²/(V·s) 与 0.12 cm²/(V·s)。另外，非对称取代的化合物 **33** 薄膜器件的电子迁移率达到 0.7 cm²/(V·s)。他们所设计的另外的一些扩环结构化合物[30,31](如 **34** 与 **35**)在空气中均具有良好的电子传输能力。Marder 等[32]报道了用富电子的 π 共轭单元桥连两个萘酰亚胺的衍生物 **36**~**38**。化合物 **36** 与 **37** 薄膜器件的电子迁移率分别为 0.13 cm²/(V·s) 与 0.24 cm²/(V·s)。化合物 **38** 薄膜器件的电子迁移率则高达 1.5 cm²/(V·s)。他们也用缺电子的 π 共轭单元桥连萘酰亚胺，得到化合物 **39**[33]，基于化合物 **39** 制备的器件在氮气中测得的电子迁移率可达到 0.17 cm²/(V·s)。

花酰亚胺具有比萘酰亚胺更大的共轭平面，花核也具有更多的官能团修饰点(图 7-6)。Choi 等[34]报道了化合物 **40** 薄膜器件在空气中测得的电子迁移率为 0.67 cm²/(V·s)。引入 N 取代的含氟基团有利于提高材料在空气中的稳定性。Würthner 等[35]报道了化合物 **41** 薄膜器件在真空中与空气中分别测得的电子迁移率为 1.44 cm²/(V·s) 与 1.24 cm²/(V·s)，而化合物 **42** 薄膜器件在真空中与空气中分别测得的电子迁移率为 0.62 cm²/(V·s) 与 0.37 cm²/(V·s)。Facchetti 等[36]将氰基引入花核得到化合物 **43**。通过溶液旋涂法成膜制备的化合物 **43** 薄膜的 OFET 器件电子迁移率为 0.08 cm²/(V·s)。另外，Noh 等[37]报道了化合物 **43** 通过喷墨打印法制备的 OFET 器件的电子迁移率也可达 0.056 cm²/(V·s)。在花核引入氰基的基础上，在 N 上引入含氟烷基链，所得的化合物 **44**[35]在空气中具有良好的器件稳定性，氟烷基链有利于分子间堆积更加紧密。在空气中测得 **44** 薄膜器件的电子迁移率为 1.3 cm²/(V·s)。通过在花核上引入氟原子也能得到空气中稳定的 n 型材料。例如，化合物 **45**[35]薄膜器件在空气中测得的电子迁移率为 0.36 cm²/(V·s)。

氯原子取代花核的化合物也具有空气中稳定的高电子迁移能力。二氯取代物 **46**[38]的 LUMO 能级(−3.9 eV)相对未取代物的 LUMO 能级(−3.7 eV)有明显降低，

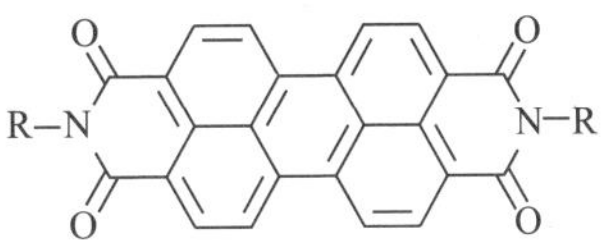

40　R = C₈H₁₇
41　R = CH₂C₃F₇

42　R =

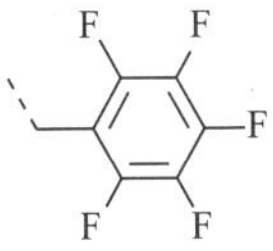

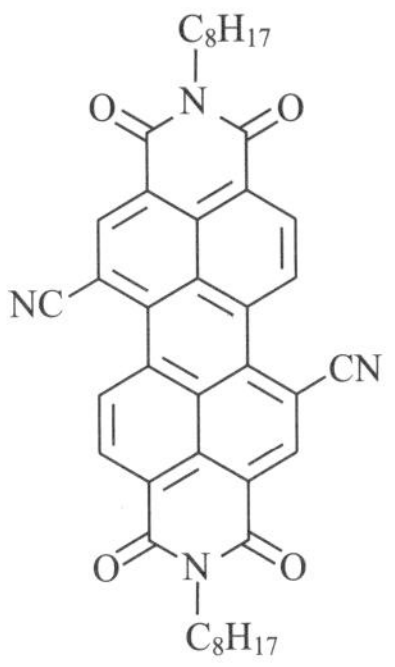

43

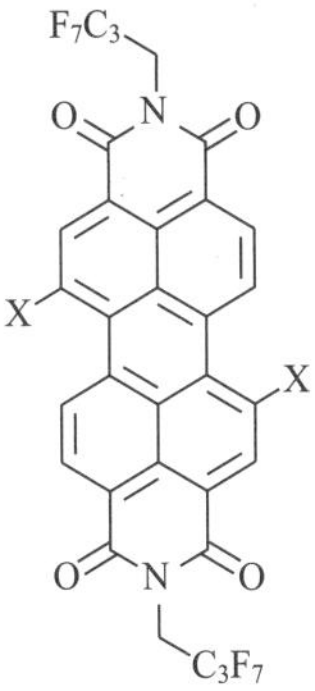

44　X = CN
45　X = F

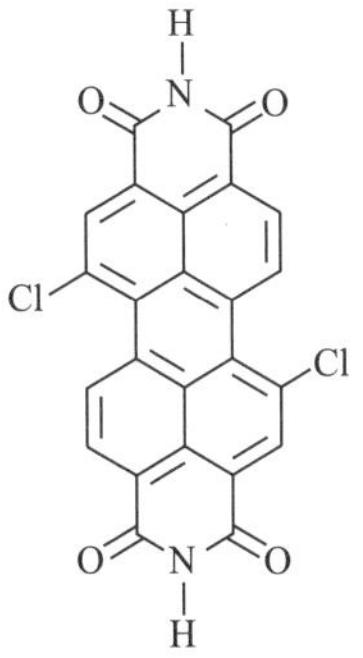

46

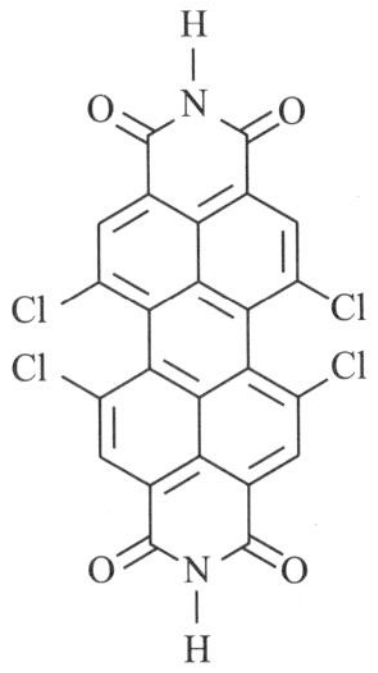

47

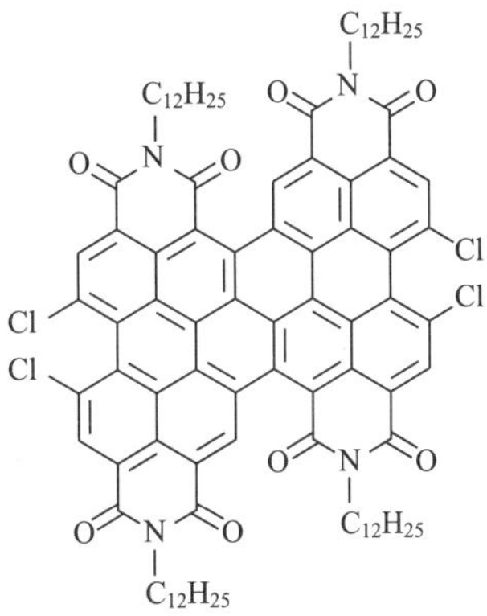

48

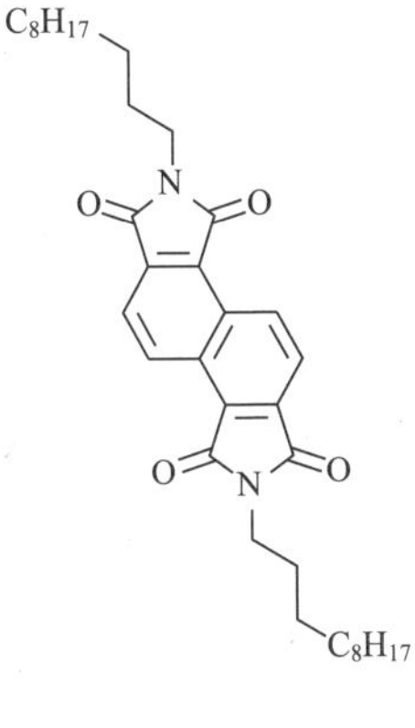

49

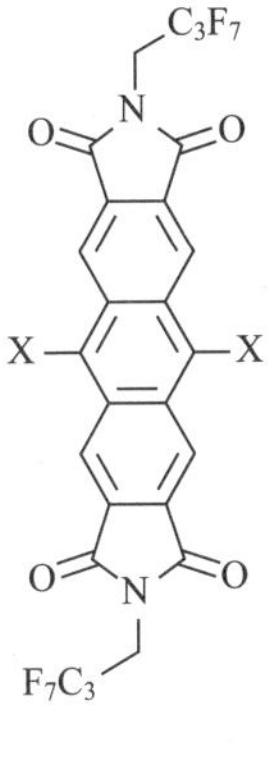

50　X = H
51　X = Br
52　X = CN

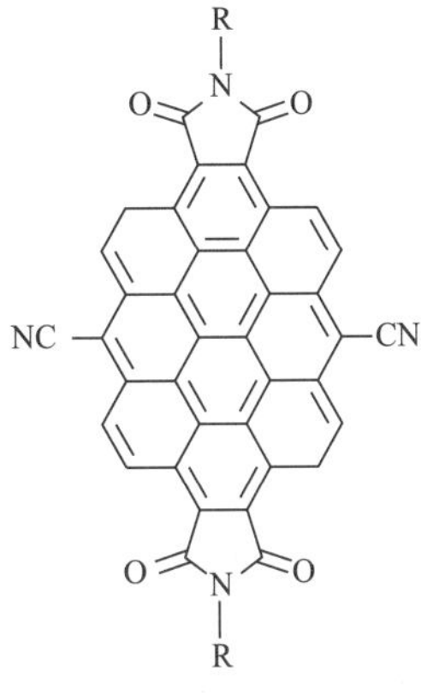

53　R = CH₂CH(C₈H₁₇)C₁₀H₂₁

图 7-6　苝酰亚胺及其他酰亚胺衍生物的化学结构

四氯取代物 **47**[39]的 LUMO 能级(-4.2 eV)则进一步降低。低的 LUMO 能级有利于电子的注入,以获得更好的电子迁移率与空气稳定性。化合物 **46** 薄膜器件在空气中的电子迁移率达到 0.18 cm²/(V·s),空气中存储 80 天后测得的电子迁移率为 0.04 cm²/(V·s)。化合物 **47** 薄膜器件在空气中的电子迁移率达到 0.91 cm²/(V·s),空气中存储 20 个月后测得的电子迁移率为 0.6 cm²/(V·s),开关比为 10⁷。Lv 等[40]设计合成了化合物 **48**,它的 LUMO 能级为-4.2 eV,且具有很好的溶解性。基于该化合物单晶的场效应晶体管器件测得的电子迁移率高达 4.65 cm²/(V·s)。一些其他芳香大稠环的酰亚胺衍生物也可作为 n 型半导体材料(图 7-6)。Zheng 等[41,42]报道了基于萘酰亚胺异构体的一些化合物(含五元酰亚胺环)的载流子传输性质。例如,化合物 **49** 薄膜的电子迁移率经器件优化后达到 0.51 cm²/(V·s)[41]。Marks 等[43]报道了一些基于蒽核的二酰亚胺衍生物(化合物 **50~52**)。中心苯环上的取代基影响到化合物的 LUMO 能级,其中引入吸电子氰基的化合物 **52** 具有低的 LUMO 能级(-4.2 eV),其在空气中测得稳定的电子迁移率 为 0.04 cm²/(V·s)。Li 等[44]报道了大盘状化合物 **53**,该化合物在未引入氰基前的 LUMO 能级为 -3.14 eV,引入氰基后的 LUMO 能级降低为-3.9 eV。两端长支链的引入使化合物能够旋涂成膜制备 OFET 器件。在真空中与空气中测得该材料的最大电子迁移率分别为 1.0 cm²/(V·s) 与 0.5 cm²/(V·s)。研究表明,在固态薄膜中分子呈现出典型的层状相堆积并具有高度的结晶性。

7.3 n 型聚合物材料

n 型聚合物材料主要集中于含酰亚胺(imide)与内酰胺(lactam)结构的共轭聚合物。其中,研究较多的是基于萘酰亚胺与苝酰亚胺的 n 型聚合物材料(图 7-7)。通常这类材料是利用一些推(或拉)电子单元与 N-取代烷基链的萘酰亚胺或苝酰亚胺单元进行交替共聚得到。研究者能充分利用萘酰亚胺或苝酰亚胺单元具有低的 LUMO 能级以及可逆的还原电位的性质,通过在主链引入其他共轭单元对分子结构进行修饰与能级调节,从而获得具有良好电子传输能力的聚合物材料。Facchetti 等[45]在 2009 年首次报道了萘酰亚胺聚合物 **54**,其场效应晶体管器件在空气中的电子迁移率高达 0.85 cm²/(V·s),而且该材料可以选择旋转涂布、柔版印刷或喷墨打印等方式进行加工处理。基于聚合物 **54** 薄膜的许多工作侧重于研究薄膜形貌、介电层材料及器件构型等因素对器件性能的影响[46-52]。Zhan 等[53]报道了聚合物 **55**,其 LUMO 能级为-3.79 eV,在氮气氛围中测得的电子迁移率为 0.05 cm²/(V·s),开关比为 10⁴。Marks 等[54]报道了聚合物 **56**,其 LUMO 能级为-4.0 eV,在空气中测得的电子迁移率为 0.5 cm²/(V·s),开关比为 10⁵。Zhan 等[53]报道了聚合物 **57** 在氮气中测得的电子迁移率也可达到 0.05 cm²/(V·s)。

他们也对比研究了聚合物 **58** 与引入炔键的聚合物 **59** 的电荷传输性质[55]。聚合物 **59** 相比聚合物 **58** 具有更低的 LUMO 能级、更佳的薄膜结晶性以及更好的空气稳定性。基于聚合物 **58** 薄膜的 OFET 器件在空气中测得的最大电子迁移率为 0.038 cm²/(V·s)，而聚合物 **59** 薄膜在空气中测得的最大电子迁移率达到 0.075 cm²/(V·s)。

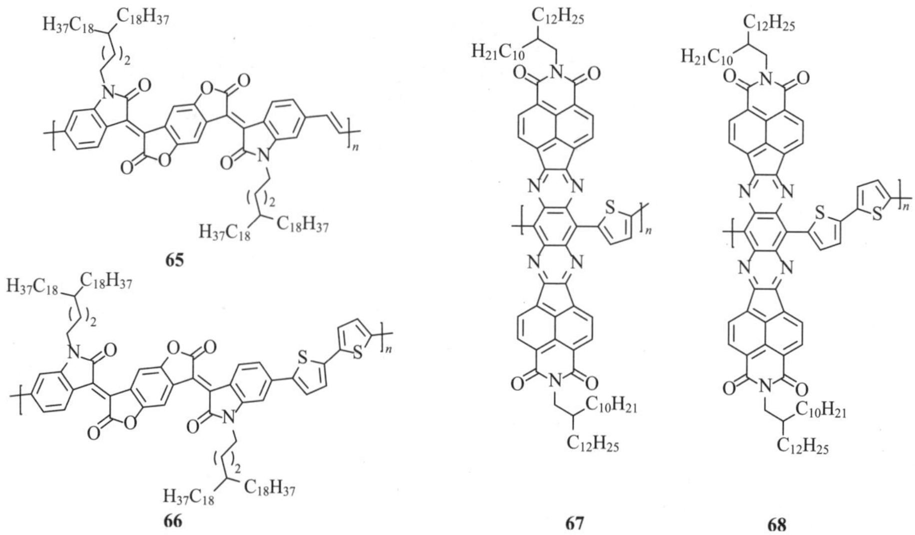

图 7-7　n 型共轭聚合物的化学结构

除了典型的萘酰亚胺与苝酰亚胺单元，近年来一些新的构筑块也成功用于合成电子传输型聚合物材料(图 7-7)。Patil 等[56]报道了吡咯并吡咯二酮(DPP)聚合物 60。该聚合物的侧链不同于常规的全碳氢烷基侧链，聚合物 60 的侧链通过引入部分醚链不仅为材料提供了更好的溶解性，有利于获得更高分子量的聚合物，也降低了惰性长分支的烷基链对共轭主链堆积排列的不利影响，同时可利用氢键的作用使链与链之间的堆积更紧密。基于聚合物 60 薄膜的 OFET 器件的电子迁移率为 3 cm^2/(V·s)。Park 等[57]通过在 DPP 聚合物的共轭主链引入四氟取代苯，得到 LUMO 能级为 -4.18 eV 的聚合物 61。基于其薄膜的 OFET 器件的电子迁移率也高达 2.36 cm^2/(V·s)，并且在空气中存储 7 个月后的器件性能并没有明显降低，即表现出良好的空气稳定性。Marks 等[58]设计合成了含七元酰亚胺环的聚合物 62，并研究了聚合物的分子量对器件性能的影响。研究指出，高分子量的聚合物 62 具有好的结晶性，最大电子迁移率为 0.19 cm^2/(V·s)。Luscombe 等[59]设计合成了梯形聚合物 63，其薄膜 OFET 器件的平均电子迁移率为 2.6×10^{-3} cm^2/(V·s)。Li 等[60]通过在异靛蓝双键结构中插入苯并二呋喃二酮单元得到一种大 π 共轭新结构单元，将其与噻吩共聚得到聚合物 64。其 LUMO 能级与 HOMO 能级分别为 -4.43 eV 与 -5.79 eV。基于聚合物 64 薄膜的 OFET 器件的最大电子迁移率为 5.4×10^{-3} cm^2/(V·s)，开关比为 10^3。Pei 等[61]也合成了同样的 π 共轭结构单元，并通过引入双键形成共轭聚合物 65。基于早前该课题组的一些侧链结构优化的工作，聚合物 65 的侧链也选用支化点远离主链的大叉支链。同时作者从一个新的视角表现工作的创新性，聚合物 65 可以视为经典聚合物聚对苯撑乙烯

[poly(*p*-phenylenevinylene)，PPV]经结构改进后的材料。在氮气中测得 PPV 的电子迁移率仅为 10^{-4} cm^2/(V·s)，而聚合物 **65** 薄膜在空气中测得的电子迁移率高达 1.1 cm^2/(V·s)。该分子的设计策略为：一是采取了稠合并环策略，降低了环间扭转二面角；二是引入分子内氢键等弱相互作用；三是引入一些吸电子基团，以降低材料的 LUMO 能级。他们随后报道了聚合物 **66**[62]，基于这一聚合物的 OFET 器件电子迁移率也高达 1.74 cm^2/(V·s)。Jenekhe 等[63]报道了两种新颖的二维共轭聚合物 **67** 与 **68**，其薄膜的 OFET 器件的最大电子迁移率分别为 0.30 cm^2/(V·s) 与 0.09 cm^2/(V·s)。作者认为，聚合物 **68** 比 **67** 具有更差的溶解性与成膜性是造成器件性能更低的重要因素。

7.4　基于有机场效应晶体管的有机电路

7.4.1　基于有机场效应晶体管有机电路的构建方法

目前用于构建有机场效应晶体管的材料主要为有机小分子材料和聚合物。尽管用于构建有机场效应晶体管以及有机电路的材料成本都很低，如可以选择塑料作为基底，但仅仅是材料价格的低廉，无法决定有机电路的最终成本，因为电路的制备以及封装等才是制作成本中的主要部分。因此，能否成功地将有机半导体材料应用于有机电子学领域，将主要取决于能否通过制作方法的不断改进来实现其低成本的应用。对于利用有机小分子或者聚合物构建的有机电路，其有机传输层的沉积方式往往不同。

1. 真空蒸镀沉积有机半导体层

对于利用有机小分子作为有源传输层的电路，一般采用真空蒸镀来沉积，即在一个真空的腔体内对源材料进行加热，此生长装置与传统分子束外延生长系统相似，源材料被加热后将在真空腔体内直接升华，然后沉积在其正上方的基底上。这种方法一般也被应用于无机半导体材料的沉积，因而也为将有机-无机材料进行复合来构建复杂电路提供了一个有效的方法[64,65]。这种沉积方式的优点在于能够比较精确地控制有机半导体层的厚度(控制范围为±0.5 nm)，可以同时对多个基底进行沉积[66]，甚至是对多个不同功能的材料层进行沉积，到目前为止，大部分高性能的电路都是采用此方法来制备的[67-72]。

虽然利用这种方法已经实现了对很多高性能电路的制备，但是此种方法还存在一些缺点，如浪费材料。由于大多数有机分子是热的不良导体，因而很难有比较均一的沉积速率，即在盛放源材料的舟内，与持续加热区域接触的有机材料可能被迅速地蒸出来。为了避免这个缺点，还可以利用有机气相沉积的方式[73,74]。

此种方法是在一个热的腔体内实现源材料的蒸发和沉积，源材料蒸出后通过载气（通常为氮气或者氩气）从蒸发源传送至温度较低的基底实现材料的沉积。此种方法是通过载气输运使得源材料分子能够实现在平衡过程中进行沉积，而在真空热沉积系统中，分子则是在非平衡的系统中进行沉积。因此，在有机气相沉积体系中，分子到达基底的表面并进行沉积的过程相对缓慢，更有利于分子的自组装，进而提高薄膜的质量。

2. 溶液法制备有机半导体层

有机场效应晶体管有望实现低成本、大面积电子器件的构筑，尤其是能够在柔性基底上实现大面积电路的构筑，因而备受关注。聚合物材料相对于小分子而言，因为有优良的溶解性和成膜性，更适合于利用溶液法（如浸蘸法、旋涂法等）加工处理[75-78]，更容易实现低成本、大面积有机电路的构筑。尽管利用溶液法得到的场效应晶体管的迁移率通常都比较低，比利用气相沉积方法得到的晶体管的迁移率低一个数量级左右，但是其能够在较大甚至柔性基底上实现半导体的低温、均一、快速制备，因此具有不可替代的优势。

3. 喷墨打印法

尽管利用溶液法来制备有机场效应晶体管以及有机电路具有显著的优点，但也存在一定的弊端。例如，后一工艺所采用的溶剂通常会对前一工艺的薄膜造成一定的影响（性能也因此下降），在器件中造成所谓"串层"现象，这就限制了复杂有机电路的设计[79,80]。同时，利用溶剂法沉积同一有机半导体层还存在另一更加难以避免的问题，即无法实现电子器件的局部图案化。例如，彩色显示器的制作要求必须在同一层内实现大量的局部图案化处理，三个紧密排布的红、绿、蓝聚合物 OLED 子像素必须具有一定的独立性，以确保能分别调控各个子像素的强度，从而获得需要的颜色以及灰色区域的强度[81]，这是利用传统溶液处理方法如旋涂法、浸蘸法等无法实现的，因此，在保证器件性能和降低器件制作成本两者之间，通常会选择折中和平衡。另外，随着研究的深入必然有新方法出现，喷墨打印法[82-86]就是一种有效的方法。

首先打印出一条金属的栅电极，然后打印聚合物的绝缘层，接着是源漏电极的打印，最后在界面未做任何优化的情况下，利用此种打印方法制备的场效应晶体管电子迁移率达到了 0.1 $cm^2/(V \cdot s)$。另外，还可以采取先将微米尺度的"聚合物墙"印于基底上，因而在基底的表面会形成限制每个像素点的区域（一般直径为 50～100 μm），接着将溶解了的聚合物液滴从微米级的喷嘴内喷到基底上，这样该液滴就会束缚在已经形成的聚合物微米阱内。每一个红、绿、蓝子像素点都要利用此方法来实现。喷墨式打印要求准确地控制聚合物的化学性能以满足高性能显示器的电学和光学特性的要求，同时对聚合物溶液的加工性能也提出很高的要求，即聚合物溶液必须在每个聚合物的微米阱内均匀地分布，因而当施加电压时，局部的电流密度会受到聚合物半导体层厚度的影响。

目前基于喷墨打印法已经成功地制备了 17in（1in=2.54 cm）的彩色显示器[87]，尽管在其投入实际应用前，显示器像素点的分辨率以及显示器的工作寿命等问题还需要进一步的研究。但利用喷墨打印能够制备如此大面积的彩色显示器，也进一步证实了利用喷墨打印技术能够实现更大面积、更复杂有机电路的构筑。

4. 热转移和直接转移法

该方法首先将被转移的有机半导体层（小分子或聚合物的半导体层）沉积在图案化的 "donor" 薄片上，然后将该薄片转移到目标基底上实现紧密接触，通过对材料加热（一般采用激光器或者局部的热源加热），可以将有机半导体材料转移到目标基底上[88,89]。也可以采用印章的方式直接构筑有机电路。将两个干净的基底紧紧地压在一起，通过两个基底的接触或者对二者施加一个特定的压力，就可以将图案进行转移[90-92]。利用此种方法构筑的有机电子器件，其分辨率达到 10 nm[93]。

7.4.2　基于有机薄膜场效应晶体管的有机电路

1995 年，飞利浦实验室的 Brown 等[94]首次利用并五苯以及聚（2,5-噻吩）亚基乙烯等实现了反相器、异或门以及包含五个非门的振荡器电路的构筑，在构建复杂有机集成电路的研究上迈出了第一步。这一电路的获得是建立在两个同为 p 型有机半导体材料的基础上的。事实上，数字集成电路通常采用的方法是互补逻辑电路。与仅由 p 型或者仅由 n 型有机场效应晶体管组建的电路相比，由 p 型和 n 型有机场效应晶体管共同组建的电路具有几大优势，即功耗低、操作稳定性好、操作速度快、噪声容限高、设计简单等。因而复杂、高集成度有机电路的获得，必须同时引入高性能的 p 型和 n 型有机半导体。尽管人们在 n 型有机半导体材料性能的提升以及空气稳定性的改善上投入了很大的精力，但是空气中稳定的、高性能的 n 型材料还是很少[95-99]。

1996 年，Dodabalapur 等[100]最先提出了混合有机和无机互补电路的解决方案，在重掺杂硅基底上实现了将 n 型 a-Si∶H OFET 与 p 型六联噻吩（α-6T）OFET 集成制备出互补型的反相器电路。随着性能相对稳定的 n 型有机半导体材料的出现及其场效应迁移率的不断提高，Dodabalapur 及其研究小组于 1996 年又率先提出了有机材料的互补集成器件。当时具有最高电子迁移率的 n 型有机半导体材料 NTCDA 被应用于互补逻辑的 n 沟道 OFET 中，而 p 沟道的 OFET 则采用了酞菁铜、α-6T 和并五苯等材料[101]。虽然器件性能不是很理想，但却是有机互补集成电路能够实现的标志性的一步。

1999 年，贝尔实验室 Lin 领导的研究小组[102]用 α-6T 和全氟酞菁铜材料制备了 5 段的振荡器，用 α,ω-二己基五联噻吩（DHα5T）替代 α-6T 后，振荡器的性能得到很大提升，振荡频率达到 2.63 kHz，这在当时是最高的振荡频率。

2000 年，飞利浦实验室的 Gelinck 等[103]通过优化工艺和新的结构设计，将同实验室 Drury 等设计的电路性能进一步提升，其数据流的位率达到了 100 bps。在同期的研究工作中，还包括 Jackson 研究小组[104]基于单一 p 型并五苯有机材料 OFET 的反相器、振荡器的研究，以及 p 型并五苯 OFET 与 n 型 a-Si：H TFT 集成的互补逻辑电路的研究。

同年，贝尔实验室的 Crone 等[105]报道了利用 α-6T 作为 p 型半导体，全氟酞菁铜（$F_{16}CuPc$）作为 n 型半导体构筑的有机电路。该电路为包含了 864 个场效应晶体管的 48 阶移位寄存器电路，可以在时序频率为 1kHz 下进行操作。此电路可实现行解码及移位寄存器的功能，这是当时能够获得的最大规模的有机互补集成电路。这将纯有机集成电路的发展向前推进了一大步。

2000 年底，剑桥大学的 Cavendish 实验室报道了采用高分辨率喷墨打印工艺制备的沟道宽度仅为 5 μm 的全聚合物反相器电路[106]。随后几年，有机集成电路的性能不断提升，2007 年，Klauk 等[107]以并五苯为 p 型材料，全氟酞菁铜为 n 型材料，单分子自组装层为绝缘层制备的反相器和环形振荡器可以在 1.5 V 的电压下工作，但在同一个基底上分别生长 p 型和 n 型材料比较困难。

2011 年，Wen 等[108]使用并五苯和 C_{60} 分别作为 p 型材料与 n 型材料制备了互补型反相器。当输入低压时，p 管 V_g 小于 0 V，p 管导通，而 n 管则相反，由于 V_g 接近 0 V 而截止，从而输出高压；当输入端为高压时，情况刚好相反。p 管与 n 管串联且共用一个栅电压，所以其两管状态通常均相反，导致器件能够得到良好的噪声容限以及高的增益，这对电路而言是极其重要的。

上面的报道都是基于有机小分子作为半导体的情况。1998 年，飞利浦实验室的 Drury 及其合作者[109]在全聚合物集成电路研究方面迈出了一大步，他们在柔性基底上首次制备了较大规模的有机集成电路。在单管 OFET 器件基础上，实现了简单的非门、与非门逻辑电路，接着是包含 7 个非门的振荡器电路以及 D 类型触发器电路，最后完成了包含 326 个有机场效应晶体管和 300 个过孔的 15 位编码发生器，其位率达到 30 bps，这是历史上第一个真正意义上的具有一定逻辑功能的较大规模的有机集成电路，也是实现智能卡、价格标签、商品防盗标签等有机电子功能器件的基础。

7.4.3　基于有机单晶场效应晶体管的有机电路

以上报道的都是基于有机场效应晶体管的有机电路。众所周知，有机单晶场效应晶体管更能反映有机半导体材料的本征性能，更有望构筑高质量的器件以及电路。因此，基于有机单晶场效应晶体管的电路的研究也一直是相关学者努力的方向。

对有机单晶电路的研究仅仅开始于近几年，反相器被认为是有机补偿性逻辑电路的一个基本部分，因而对有机单晶电路的研究始于有机单晶反相器的制备。2006 年，Briseno 等首先利用一种并五苯衍生物——四甲基并五苯 (tetramethylpentacene，TMPC)的单晶作为 p 型传输沟道，一种苝酰亚胺的衍生物 N,N'-二 (2,4-二氟苯基)-3,4,9,10-苝酰亚胺 [N,N'-di(2,4-difluorophenyl)-3,4,9,10-pery-lenetetracarboxylic diimide, PTCDI]单晶作为 n 型传输沟道，首次实现了有机单晶反相器的制备，所采用材料的分子结构如图 7-8 所示。但是可能因为这两种材料的迁移率匹配得不好，p 型传输沟道的迁移率为 $1 \text{ cm}^2/(\text{V} \cdot \text{s})$，n 型为 $0.006 \text{ cm}^2/(\text{V} \cdot \text{s})$，所以反相器的增益值仅为 4.2[110]。

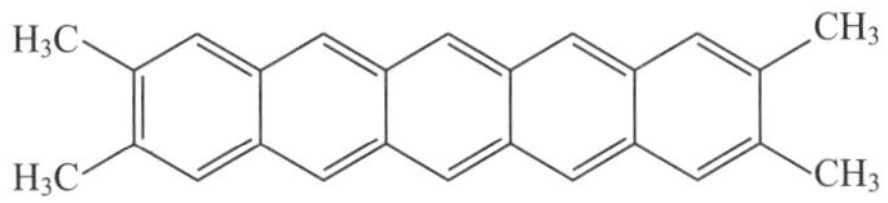

图 7-8　p 型和 n 型材料分子式

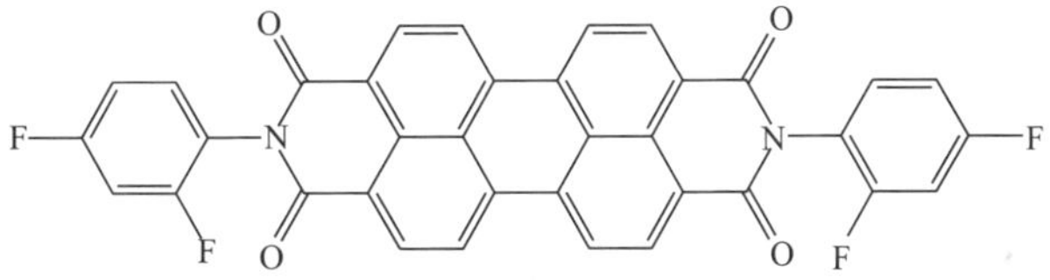

有机半导体材料中迁移率高、空气中稳定性好，而且能够长成规则的单晶形状的 n 型有机半导体材料非常少，而相对性能比较优异的 p 型有机半导体材料的获得要容易得多。胡文平课题组利用 p 型蒽衍生物(DPV-Ant)的微纳单晶作为有源传输层制备了单一有机半导体材料的反相器。由于 DPV-Ant 具有较高的迁移率 [单晶场效应晶体管的迁移率达 $4.3 \text{ cm}^2/(\text{V} \cdot \text{s})$]和优异的稳定性[111]，因而基于此材料的反相器也表现出优异的性能和稳定性，其最大增益可以达到 80[112]。

有机半导体材料中性能高、稳定性好的 n 型单晶材料的获得相对困难，以及 n 型有机半导体材料的能级与通常使用的金属电极(如金电极)的匹配性较差等问题，大大限制了有机互补电路材料的选择和电路的构建。而无机半导体材料多为 n 型，其场效应晶体管的电子迁移率也很高，空气稳定性较好。如果能够将有机/无机材料进行复合来构筑器件，就能够同时利用有机半导体材料(成本低、柔韧性好)和无机半导体材料(迁移率高、稳定性好)的优点来构建高质量的器件。胡文平课题组将氧化锌(ZnO)和酞菁铜(CuPc)的纳米单晶进行复合，构建了双极性场效应晶体管和反相器，其最大增益达到 29[113]。这首次实现了利用一维的有机/无机单晶纳米带复合来构建双极性场效应晶体管和反相器,充分证明了这种有机/无机复合体系在构建复杂集成电路上的潜在应用前景。

另外,对于纯有机单晶互补单路的研究一直是科学家们努力的一个重要方向。Briseno 等将利用自组装方法得到的 n 型苝酰亚胺衍生物 PTCDI-C8 纳米线同 p 型并五苯衍生物(HTP)纳米线进行复合,利用溶液法构建了纯有机的互补型反相器[114]。该反相器显示出良好的性能,最大增益可达 8。这一报道是首次实现将有机半导体的纳米线进行复合来构筑有机互补反相器的例证,对于利用一维有机纳米结构来构筑电路起到了引领作用。

$F_{16}CuPc$ 是在空气中稳定的有机半导体材料,其最佳的电子迁移率可以达到 0.35 $cm^2/(V \cdot s)$,作为 n 型有机半导体层被广泛研究[115]。胡文平研究组通过将 $F_{16}CuPc$ 与 CuPc 单晶纳米带进行复合来构建互补逻辑电路,其中包括反相器、静态随机存储器(SRAM)、传输门、与门、或门、非门等。他们利用 CuPc 作为 p 型的传输沟道,$F_{16}CuPc$ 作为 n 型的传输沟道,两者的场效应晶体管的迁移率都高达 0.6 $cm^2/(V \cdot s)$。此外,他们将这两种材料的纳米带同 SnO_2:Sb 纳米线(充当源漏电极)结合,再通过对有机单晶纳米带的交叉来制备各种功能电路。利用有机单晶来实现有机电路的集成,这向利用有机单晶来构建集成电路迈出了开创性的一步[116]。

7.5 总结与展望

自从第一个 OFET 报道以来,OFET 被广泛关注和研究,性能得到很大提升,单晶 OFET 的迁移率已超过 40 $cm^2/(V \cdot s)$,OFET 在电路中也得到应用,基于 OFET 的射频标签可以在 13.56 MHz 的频率下稳定工作。有机半导体由于其材料的多样性,加工方法简单以及在大面积、可弯曲系统等方面的独特优势,是当前非晶硅晶体管的有力竞争者。虽然有机器件及其集成电路在近十年中得到了极大的发展,但是有机场效应晶体管的集成电路在应用方面仍然面临很多挑战,仍然存在许多问题亟须解决。在信息采集器件中,尤其是以有机场效应晶体管为基本元件组成的传感器中,虽然器件已能实现较高的灵敏度、较多的选择性、较低的工作温度以及低廉的制备成本,但器件的稳定性依然困扰着研究人员。特别是在复杂环境中,对器件的影响因素较多,这为准确的信息采集增加了难度。在信息处理器件及电路中,寻找合适的高性能有机材料依然是一个挑战,尤其是 n 型半导体材料的选择依然很少。同时,由于大部分有机材料在面对高压、高温时均会出现不同程度的损伤,这对于多层复杂电路的构建工艺是一个巨大的挑战。目前我们能够从大量廉价的有机材料中进行选择,并用来制备各种器件和电路以满足市场的需要，而使用这些器件和电路构成的产品将成为我们未来生活中不可缺少的一部分。与无机电路相比，有机器件及电路目前还有很多缺点需要进一步改善，这也为未来有机电路的发展指明了方向。今后对有机电路的研究应主要集中在以下几方面。半导体材料方面：应加快 n 型有机半导体的设计和开发，并提高 n 型有机半导体的稳定性，实现高性能柔性有机互补逻辑电路的制备；绝缘层方面：寻找高介电常数并易加工的聚合物绝缘层，并对其性能进行优化，进一步提升器件性能；柔性基底方面：高透明度、力学性能好、低成本、耐高温、耐腐蚀的柔性基底也是亟待发展的研究方向。另外，发展与之相对应的低成本的溶液加工技术也是产业化的必然要求。

参 考 文 献

[1] 贺国庆, 胡文平, 白凤莲. 分子材料与薄膜器件. 北京: 化学工业出版社：2010.

[2] 刘云圻. 有机纳米与分子器件. 北京: 科学出版社：2010.

[3] Sakamoto Y, Suzuki T, Kobayashi M, et al. Perfluoropentacene: High-performance p-n and complementary circuits with pentacene. J Am Chem Soc, 2004, 126: 8138-8140.

[4] Okamoto K, Ogino K, Ikari M, et al. Synthesis and characterization of 2,9-bis（perfluorobutyl）-pentacene（Ⅵ）as an n-type organic field-effect transistor. Bull Chem Soc Jpn, 2008, 81: 530-535.

[5] Bao Z, Lovinger J A, Brown J. New air-stable n-channel organic thin film transistors. J Am Chem Soc, 1998, 120: 207-208.

[6] Facchetti A, Mushrush M, Yoon M H, et al. Building blocks for n-type molecular and polymeric electronics. Perfluoroalkyl- versus alkyl-functionalized oligothiophenes（nTs; $n = 2 \sim$ 6）. Systematics of thin film microstructure, semiconductor performance, and modeling of majority charge injection in field-effect transistors. J Am Chem Soc, 2004, 126: 13859-13874.

[7] Yoon M H, Facchetti A, Stern C E, et al. Fluorocarbon-modified organic semiconductors: molecular architecture, electronic and crystal structure tuning of arene-versus fluoroarene-thiophene oligomer thin-film properties. J Am Chem Soc, 2006, 128: 5792-5801.

[8] Ando S, Nishida J, Tada H, et al. High performance n-type organic field-effect transistors based on π-electronic systems with trifluoromethylphenyl groups. J Am Chem Soc, 2005, 127: 5336-5337.

[9] Ando S, Murakami R, Nishida J, et al. n-Type organic field-effect transistors with very high electron mobility based on thiazole oligomers with trifluoromethylphenyl groups. J Am Chem Soc, 2005, 127: 14996-14997.

[10] Nakagawa T, Kumaki D, Nishida J, et al. High performance n-type field-effect transistors based on indenofluorenedione and diindenopyrazinedione derivatives. Chem Mater, 2008, 20: 2615-2617.

[11] Nishida J, Ichimura S, Nakagawa T, et al. Preparation, physical properties and n-type FET

characteristics of substituted diindenopyrazinediones and bis（dicyanomethylene）derivatives. J Mater Chem, 2012, 22: 4483-4490.

[12] Ie Y, Nitani M, Karakawa M, et al. Air-stable n-type organic field-effect transistors based on carbonyl-bridged bithiazole derivatives. Adv Funct Mater, 2010, 20: 907-913.

[13] Letizia J A, Facchetti A, Stern C L, et al. High electron mobility in solution-cast and vapor-deposited phenacyl-quaterthiophene-based field-effect transistors: Toward n-type polythiophenes. J Am Chem Soc, 2005, 127: 13476-13477.

[14] Mamada M, Kumaki D, Nishida J, et al. Novel semiconducting quinone for air-stable n-type organic field-effect transistors. ACS Appl Mater Inter, 2010, 2: 1303-1307.

[15] Qiao Y L, Guo Y L, Yu C M, et al. Diketopyrrolopyrrole-containing quinoidal small molecules for high-performance, air-stable, and solution-processable n-channel organic field-effect transistors. J Am Chem Soc, 2012, 134: 4084-4087.

[16] Wu Q H, Li R J, Hong W, et al. Dicyanomethylene-substituted fused tetrathienoquinoid for high-performance, ambient-stable, solution-processable n-channel organic thin-film transistors. Chem Mater, 2011, 23: 3138-3140.

[17] Tian H K, Deng Y F, Pan F, et al. A feasibly synthesized ladder-type conjugated molecule as the novel high mobility n-type organic semiconductor. J Mater Chem, 2010, 20: 7998-8004.

[18] Shi X L, Chang J J, Chi C J. Solution-processable n-type and ambipolar semiconductors based on a fused cyclopentadithiophenebis（dicyanovinylene）core. Chem Commun, 2013, 49: 7135-7137.

[19] Yun S W, Kim J H, Shin S, et al. High-performance n-type organic semiconductors: Incorporating specific electron-withdrawing motifs to achieve tight molecular stacking and optimized energy levels. Adv Mater, 2012, 24: 911-915.

[20] Suzuki Y, Miyazaki E, Takimiya K. ［（Alkyloxy）carbonyl]cyanomethylene-substituted thienoquinoidal compounds: A new class of soluble n-channel organic semiconductors for air-stable organic field-effect transistors. J Am Chem Soc, 2010, 132: 10453-10466.

[21] Suzuki Y, Shimawaki M, Miyazaki E, et al. Quinoidal oligothiophenes with （acyl）cyanomethylene termini: Synthesis, characterization, properties, and solution processed n-channel organic field-effect transistors. Chem Mater, 2011, 23: 795-804.

[22] Shukla D, Nelson S F, Freeman D C, et al. Thin-film morphology control in naphthalene-dimide-based semiconductors: High mobility n-type semiconductor for organic thin-film transistors. Chem Mater, 2008, 20: 7486-7491.

[23] Katz H, Johnson J, Lovinger A, et al. Naphthalenetetracarboxylic diimide-based n-channel transistor semiconductors: Structural variation and thiol-enhanced gold contacts. J Am Chem Soc, 2000, 122: 7787-7792.

[24] Jung B J, Lee K, Sun J, et al. Air-operable, high-mobility organic transistors with semifluorinated side chains and unsubstituted naphthalenetetracarboxylic diimide cores: High mobility and environmental and bias stress stability from the perfluorooctylpropyl side chain. Adv Funct Mater, 2010, 20: 2930-2944.

[25] Oh J H, Suraru S L, Lee W Y, et al. High-performance air-stable n-type organic transistors based

on core-chlorinated naphthalene tetracarboxylic diimides. Adv Funct Mater, 2010, 20: 2148-2156.

[26] Jones B, Facchetti A, Marks T, et al. Cyanonaphthalene diimide semiconductors for air-stable, flexible, and optically transparent n-channel field-effect transistors. Chem Mater, 2007, 19: 2703-2705.

[27] Gao X K, Di C A, Hu Y B, et al. Core-expanded naphthalene diimides fused with 2-(1,3-dithiol-2-ylidene) malonitrile groups for high-performance, ambient-stable, solution-processed n-channel organic thin film transistors. J Am Chem Soc, 2010, 132: 3697-3699.

[28] Zhao Y, Di C A, Gao X K, et al. All-solution-processed, high-performance n-channel organic transistors and circuits: Toward low-cost ambient electronics. Adv Mater, 2011, 23: 2448-2453.

[29] Hu Y B, Qin Y K, Gao X K, et al. One-pot synthesis of core-Expanded naphthalene diimides: Enabling N-substituent modulation for diverse n-type organic materials. Org Lett, 2012, 14: 292-295.

[30] Hu Y B, Gao X K, Di C A, et al. Core-expanded naphthalene diimides fused with sulfur heterocycles and end-capped with electron-withdrawing groups for air-stable solution-processed n-channel organic thin film transistors. Chem Mater, 2011, 23: 1204-1215.

[31] Tan L X, Guo Y L, Zhang G X, et al. New air-stable solution-processed organic n-type semiconductors based on sulfur-rich core-expanded naphthalene diimides. J Mater Chem, 2011, 21: 18042-18048.

[32] Polander L E, Tiwari S P, Pandey L, et al. Solution-processed molecular bis(naphthalene diimide) derivatives with high electron mobility. Chem Mater, 2011, 23: 3408-3410.

[33] Hwang D K, Dasari R R, Fenoll M, et al. Stable solution-processed molecular n-channel organic field-effect transistors. Adv Mater, 2012, 24: 4445-4450.

[34] Oh J, Seo H, Kim D, et al. Device characteristics of perylene-based transistors and inverters prepared with hydroxyl-free polymer-modified gate dielectrics and thermal post-treatment original research article. Org Electron, 2012, 13: 2192-2200.

[35] Schmidt R, Oh J H, Sun Y S, et al. High-performance air-stable n-channel organic thin film transistors based on halogenated perylene bisimide. J Am Chem Soc, 2009, 131: 6215-6228.

[36] Yan H, Zheng Y, Blache R, et al. Solution processed top-gate n-channel transistors and complementary circuits on plastics operating in ambient conditions. Adv Mater, 2008, 20: 3393-3398.

[37] Baeg K J, Khim D, Kim J, et al. Improved performance uniformity of inkjet printed n-channel organic field-effect transistors and complementary inverters. Org Electron, 2011, 12: 634-640.

[38] Ling M M, Erk P, Gomez M, et al. Air-stable n-channel organic semiconductors based on perylene diimide derivatives without strong electron withdrawing groups. Adv Mater, 2007, 19: 1123-1127.

[39] Gsanger M, Oh H, Konemann M, et al. A crystal-engineered hydrogen-bonded octachloroperylene diimide with a twisted core: An n-channel organic semiconductor. Angew Chem Int Ed, 2010, 49: 740-743.

[40] Lv A, Puniredd S R, Zhang J, et al. High mobility, air stable, organic single crystal transistors of

an n-type diperylene bisimide. Adv Mater, 2012, 24: 2626-2630.

[41] Chen S C, Zhang Q K, Zheng Q D, et al. Angular-shaped naphthalene tetracarboxylic diimides for n-channel organic transistor semiconductors. Chem Commun, 2012, 48: 1254-1256.

[42] Chen S C, Ganeshan D, Cai D D, et al. High performance n-channel thin-film field-effect transistors based on angular-shaped naphthalene tetracarboxylic diimides. Org Electron, 2013, 14: 2859-2865.

[43] Wang Z, Kim C, Facchetti A, et al. Anthrecenedicarboximides as novel n-channel semiconductors for thin-film transistors. J Am Chem Soc, 2007, 129: 13362-13363.

[44] Li J L, Chang J J, Tan H S, et al. Disc-like 7,14-dicyano-ovalene-3,4:10,11-bis(dicarboximide) as a solution-processible n-type semiconductor for air stable field-effect transistors. Chem Sci, 2012, 3: 846-850.

[45] Yan H, Chen Z H, Zheng Y, et al. A high-mobility electron-transporting polymer for printed transistors. Nature, 2009, 457: 679-686.

[46] Baeg K, Khim D, Kim J, et al. Controlled charge transport by polymer blend dielectrics in top-gate organic field-effect transistors for low-voltage-operating complementary circuits. ACS Appl Mater Inter, 2012, 4: 6176-6184.

[47] Li J H, Du J, Xu J B, et al. The influence of gate dielectrics on a high-mobility n-type conjugated polymer in organic thin-film transistors. Appl Phys Lett, 2012, 100: 033301.

[48] Baeg K, Khim D, Jung S, et al. Remarkable enhancement of hole transport in top-gated n-type polymer field-effect transistors by a high-*k* dielectric for ambipolar electronic circuits. Adv Mater, 2012, 24: 5433-5439.

[49] Fabiano S, Musumeci C, Chen Z, et al. From monolayer to multilayer n-channel polymeric field-effect transistors with precise conformational order. Adv Mater, 2012, 24: 951-956.

[50] Baeg K, Facchetti A, Noh Y. Effects of gate dielectrics and their solvents on characteristics of solution-processed n-channel polymer field-effect transistors. J Mater Chem, 2012, 22: 21138-21143.

[51] Rivnay J, Toney M, Zheng Y, et al. Unconventional face-on texture and exceptional in-plane order of a high mobility n-type polymer. Adv Mater, 2010, 22: 4359-4363.

[52] Caironi M, Bird M, Fazzi D, et al. Very low degree of energetic disorder as the origin of high mobility in an n-channel polymer semiconductor. Adv Funct Mater, 2011, 21: 3371-3381.

[53] Zhou W Y, Wen Y G, Ma L C, et al. Conjugated polymers of rylene diimide and phenothiazine for n-channel organic field-Effect transistors. Macromolecules, 2012, 45: 4115-4121.

[54] Huang H, Chen Z H, Ponce Ortiz R. Combining electron-neutral building blocks with intramolecular "conformational locks" affords stable, high-mobility p- and n-channel polymer semiconductors. J Am Chem Soc, 2012, 134: 10966-10973.

[55] Zhao X G, Ma L C, Zhang L, et al. An acetylene-containing perylene diimide copolymer for high mobility n-channel transistor in air. Macromolecules, 2013, 46: 2152-2158.

[56] Kanimozhi C, Yaacobi N, Chou K, et al. Diketopyrrolopyrrole-diketopyrrolopyrrole-based conjugated copolymer for high-mobility organic field-effect transistors. J Am Chem Soc, 2012, 134: 16532-16535.

[57] Park J H, Jung E H, Jung J W, et al. A fluorinated phenylene unit as a building block for high-performance n-type semiconducting polymer. Adv Mater, 2013, 25: 2583-2588.

[58] Guo X G, Ortiz R P, Zheng Y, et al. Bithiophene-imide-based polymeric semiconductors for field-effect transistors: Synthesis, structure-property correlations, charge carrier polarity, and device stability. J Am Chem Soc, 2011, 133: 1405-1418.

[59] Durban M, Kazarinoff P, Segawa Y, et al. Synthesis and characterization of solution-processible ladderized n-type naphthalene bisimide co-polymers for OFET applications. Macromolecules, 2011, 44: 4721-4728.

[60] Yan Z Q, Sun B, Li Y N. Novel stable $(3E,7E)$-3,7-bis(2-oxoindolin-3-ylidene) benzo $[1,2\text{-}b{:}4,5\text{-}b']$　difuran-2,6$(3H,7H)$-dione based donor-acceptor polymer semiconductors for n-type organic thin film transistors. Chem Commun, 2013, 49: 3790-3799.

[61] Lei T, Dou J H, Cao X Y, et al. Electron-deficient poly(p-phenylene vinylene) provides electron mobility over 1 cm$^2 \cdot$ V$^{-1} \cdot$ s^{-1} under ambient conditions. J Am Chem Soc, 2013, 135: 12168-12171.

[62] Lei T, Dou J H, Cao X Y, et al. A BDOPV-based donor-acceptor polymer for high-performance n-type and oxygen-doped ambipolar field-effect transistors. Adv Mater, 2013, 45: 6589-6593.

[63] Li H Y, Kim F S, Ren G Q, et al. High-mobility n-type conjugated polymers based on electron-deficient tetraazabenzodifluoranthene diimide for organic electronics. J Am Chem Soc, 2013, 135: 14920-14923.

[64] Liu P T, Chou Y T, Teng L F, et al. High-gain complementary inverter with InGaZnO/ pentacene hybrid ambipolar thin film transistors. Appl Phys Lett, 2010, 97: 083505.

[65] Na J H, Kitamura M, Arakawa Y. Organic/inorganic hybrid complementary circuits based on pentacene and amorphous indium gallium zinc oxide transistors. Appl Phys Lett, 2008, 93: 203505.

[66] Forrest S R. Ultrathin organic films grown by organic molecular beam deposition and related techniques. Chem Rev, 1997, 6: 1793-1896.

[67] Klauk H, Halik M, Zschieschang U, et al. Flexible organic complementary circuits. IEEE Trans Electron Dev, 2005, 52: 618-622.

[68] Kane M G, Campi J, Hammond M S, et al. Analog and digital circuits using organic thin-film transistors on polyester substrates. IEEE Electron Device Lett, 2000, 21: 534-536.

[69] Klauk H, Halik M, Zschieschang U, et al. Pentacene organic transistors and ring oscillators on glass and on flexible polymeric substrates. Appl Phys Lett, 2003, 82: 4175-4177.

[70] Baldo M A, Deutsch M, Burrows P E. et al. Organic vapor phase deposition. Adv Mater, 1998, 10: 1505-1514.

[71] Halik M, Klauk H, Zschieschang U, et al. Polymer gate dielectrics and conducting-polymer contacts for high-performance organic thin-film transistors. Adv Mater, 2002, 14: 1717-1722.

[72] Rolin C, Steudel S, Myny K, et al. Pentacene devices and logic gates fabricated by organic vapor phase deposition. Appl Phys Lett, 2006, 89: 203502.

[73] Burrows P E, Forrest S R, Sapochak L S, et al. Organic vapor phase deposition: A new method for the growth of organic thin films with large optical non-linearities. J Cryst Growth, 1995, 156:

91-98.

[74] Shtein M, Gossenberger H F, Benziger J B, et al. Material transport regimes and mechanisms for growth of molecular organic thin films using low-pressure organic vapor phase deposition. J Appl Phys, 2001, 89: 1470-1476.

[75] Meijer E J, de Leeuw D M, Setayesh S, et al. Solution-processed ambipolar organic field-effect transistors and inverters. Nat Mater, 2003, 2: 678-682.

[76] Dodabalapur A, Katz H E, Torsi L, et al. Organic heterostructure field-effect transistors. Science, 1995, 296: 1560-1562.

[77] Fix W, Ullmann A, Ficker J, et al. Fast polymer integrated circuits. Appl Phys Lett, 2002, 81: 1735-1737.

[78] Knobloch A, Manuelli A, Bernds A, et al. Fully printed integrated circuits from solution processable polymers. J Appl Phys, 2004, 96: 2286-2291.

[79] Wu C C, Sturm J C, Register R A. Integrated three-color organic light-emitting devices. Appl Phys Lett, 1996, 69: 3117-3119.

[80] Jiang X, Register R A, Killeen K A, et al. Effect of carbazole-oxadiazole excited-state complexes on the efficiency of dye-doped light-emitting diodes. J Appl Phys, 2002, 91: 6717-6724.

[81] Gu G, Forrest S R. Design of flat-panel displays based on organic light-emitting devices. IEEE J Sel Top Quant, 1998, 4: 83-99.

[82] Dagani R. Polymer transistors: Do it by printing-ink-jet technique may hasten advent of low-cost organic electronic for certain uses. Chem Eng News, 2001, 79: 26-27.

[83] Hebner T R, Sturm J C. Local tuning of organic light-emitting diode color by dye droplet application. Appl Phys Lett, 1998, 73: 1775-1777.

[84] Kido J, Kimura M, Nagai K. Multilayer white light-emitting organic electroluminescent device. Science, 1995, 267: 1332-1334.

[85] Shimoda T, Morii K, Seki S, et al. Inkjet printing of light-emitting polymer displays. MRS Bull, 2003, 28: 821-827.

[86] Hebner T R, Wu C C, Marcy D, et al. Ink-jet printing of doped polymers for organic light emitting devices. Appl Phys Lett, 1998, 72: 519-521.

[87] Molesa S, Chew M, Redinger D, et al. High-performance inkjet-printed pentacene transistors for ultra-low cost PFID applications. Materials Research Society Spring Meeting, San Francisco, 2004.

[88] Karnakis D M, Lippert T, Ichinose N, et al. Laser induced molecular transfer using ablation of a triazeno-polymer. Appl Surf Sci, 1998: 127-129, 781-786.

[89] Blanchet G B, Loo Y, Rogers J A, et al. Large area, high resolution, dry printing of conducting polymers for organic electronics. Appl Phys Lett, 2003, 82: 463-465.

[90] Loo Y, Someya T, Baldwin K, et al. Soft, conformable electrical contacts for organic semiconductors: High-resolution plastic circuits by lamination. Proc Natl Acad Sci USA, 2002, 99: 10252-10256.

[91] Briseno A L, Mannsfeld C B S, Ling M M, et al. Patterning organic single-crystal transistor

arrays. Nature, 2006, 444: 913-917.

[92] Zschieschang U, Klauk H, Halik M, et al. Flexible organic circuits with printed gate electrodes. Adv Mater, 2003, 15: 1147-1151.

[93] Kim C, Forrest S R. Fabrication of organic light-emitting devices by low-pressure cold welding. Adv Mater, 2003, 15: 541-545.

[94] Brown A R, Pomp A, Hart C M, et al. Logic gates made from polymer transistors and their use in ring oscillators. Science, 1995, 270: 972-974.

[95] Yoo B, Jung T, Basu D, et al. High-mobility bottom-contact n-channel organic transistors and their use in complementary ring oscillators. Appl Phys Lett, 2006, 88: 082104.

[96] Bao Z A, Feng Y, Dodadalapur A, et al. High-performance plastic transistors fabricated by printing techiniques. Chem Mater, 1997, 9: 1299-1301.

[97] Kim C, Facchetti A, Marks, T J. Polymer gate dielectric surface viscoelasticity modulates pentacene transistor performance. Science, 2007, 318: 76-80.

[98] Burroughes J H, Jones C A, Friend R H. New semiconductor device physics in polymer diodes and transistors. Nature, 1998, 335: 137-141

[99] Gundlach D J, pernstich K P, Wilchens G, et al. High mobility n-channel organic thin-film transistors and complementary inverters. J Appl Phys, 2005, 98: 064502.

[100] Dodabalapur A, Baumbach J, Baldwin K, et al. Hybrid organic/inorganic complementary circuits. Appl Phys Lett, 1996, 68: 2246-2248.

[101] Dobadalapur A, Laquindanum J, Katz H E, et al. Complementary circuits with organic transistors. Appl Phys Lett, 1996, 69: 4227-4229.

[102] Lin Y Y, Dodabalapur A, Sarpeshkar R, et al. Organic complementary ring oscillators. Appl Phys Lett, 1999, 74: 2714-2716.

[103] Gelinck G H, Geuns T C T, de Leeuw D M. High-performance all-polymer integrated circuits. Appl Phys Lett, 2000, 77: 1487-1489.

[104] Klauk H, Gundlach D J, Jackson T N. Fast organic thin-film transistor circuits. IEEE Electron Device Lett, 1999, 20: 289-291.

[105] Crone B, Dodabalapur A, Lin Y Y, et al. Complementary circuits with organic transistors. Nature, 2000, 403: 521-523.

[106] Sirringhaus H, Kawase T, Friend R H, et al. High-resolution inkjet printing of all-polymer transistor circuits. Science, 2000, 43: 2123-2126.

[107] Klauk H, Zschieschang U, Pflaum J, et al. Ultralow-power organic complementary circuits. Nature, 2007, 445: 745-748.

[108] Chang J W, Wang C G, Huang C Y, et al. Chicken albumen dielectrics in organic field-effect transistors. Adv Mater, 2011, 23: 4077-4081.

[109] Drury C J, Mutsaers C M J, Hart C M, et al. Low-cost all-polymer integrated circuits. Appl Phys Lett, 1998, 73: 108-110.

[110] Briseno A L, Tseng R J, Li S, et al. Organic single-crystal complementary inverter. Appl Phys Lett, 2006, 89: 222111.

[111] Meng H, Sun F P, Goldfing M B, et al. 2,6-Bis[2-(4-pentylphenyl)vinyl]anthracene: A stable

and high charge mobility organic semiconductor with densely packed crystal structure. J Am Chem Soc, 2006, 128: 9304-9305.

[112] Jiang L, Hu W P, Wei Z M, et al. High-performance organic single-crystal transistors and digital inverters of an anthracene derivative. Adv Mater, 2009, 21: 3649-3653.

[113] Zhang Y J, Tang Q X, Li H X, et al. Hybrid bipolar transistors and inverters of nanoribbon crystals. Appl Phys Lett, 2009, 94: 203304.

[114] Briseno A L, Mannsfeld S C B, Reese C, et al. Perylenediimide nanowires and their use in fabricating field-effect transistors and complementary inverters. Nano Lett, 2007, 7: 2847-2853.

[115] Tang Q X, Tong Y H, Li H X, et al. Air/vacuum dielectric organic single crystalline transistors of copper-hexadecafluorophthalocyanine ribbons. Appl Phys Lett, 2008, 92: 083309.

[116] Tang Q X, Tong Y H, Hu W P, et al. Assembly of nanoscale organic single-crystal cross-wire circuits. Adv Mater, 2009, 21: 4234-4237.

索 引